21世纪立体化高职高专计算机系列教材

SQL Server 项目实现教程

邵顺增　刘小园　主　编

李　琳　耿　亚　丁　倩
陈火荣　冯益斌　车金庆　副主编

罗才华　巫志勇
朱宝生　霍福华　参　编

严正宇　主　审

電子工業出版社
Publishing House of Electronics Industry
北京 · BEIJING

内容简介

Microsoft推出的SQL Server是当前信息管理中广泛使用的数据库管理系统之一，特别适合在中小型信息管理系统中使用，它与Microsoft开发的操作系统和编程环境的配合更是天衣无缝，相得益彰。

本书以Microsoft SQL Server 2014 Express为蓝本，包括了SQL Server数据库的所有基本内容。主要任务有：了解SQL Server概貌，设计数据库，创建数据库和数据表，保证数据完整性，查询信息，添加、修改和删除记录，创建视图与索引，编写批处理，设计与管理存储过程，设计触发器与游标，安全管理，管理与维护数据库。为了拓展学生的知识和能力，还增加了数据报表；为了提高学生的实际技能，最后增加了实训。

本书适用于高等职业院校的学生，也适合希望提高SQL Server实际应用能力的各类在职人员使用。

图书在版编目（CIP）数据

SQL Server项目实现教程 / 邵顺增，刘小园主编. —北京：电子工业出版社，2016.7
ISBN 978-7-121-28911-8

Ⅰ. ①S… Ⅱ. ①邵… ②刘… Ⅲ. ①关系数据库系统－高等学校－教材 Ⅳ. ①TP311.138

中国版本图书馆CIP数据核字（2016）第114036号

策划编辑：薛华强　胡伟晔
责任编辑：程超群　　　　特约编辑：许振伍　苗丽敏
印　　刷：北京捷迅佳彩印刷有限公司
装　　订：北京捷迅佳彩印刷有限公司
出版发行：电子工业出版社
　　　　　北京市海淀区万寿路173信箱　　邮编　100036
开　　本：787×1 092　1/16　印张：20.25　字数：558千字
版　　次：2016年7月第1版
印　　次：2023年1月第5次印刷
定　　价：45.00元

凡所购买电子工业出版社图书有缺损问题，请向购买书店调换。若书店售缺，请与本社发行部联系，联系及邮购电话：（010）88254888，88258888。

质量投诉请发邮件至zlts@phei.com.cn，盗版侵权举报请发邮件至dbqq@phei.com.cn。

本书咨询联系方式：电话010-62017651；邮箱fservice@vip.163.com；
QQ群427695338；微信DZFW18310186571。

前言

随着信息社会的发展，信息管理在社会各方面的应用越来越广泛。信息管理离不开数据库，其中 Microsoft SQL Server 已经成为最受欢迎的数据库管理系统之一，特别是 Microsoft 推出的 SQL Server 2014，其功能更加完善。无论是用于小型项目开发，还是用来构建各类网站，SQL Server 2014 都证明自身具备稳定、可靠、快速、可信等良好特征，足以胜任任何数据存储业务的需要。

本书特色

本书获选“十二五”江苏省高等学校重点教材（编号2014-1-146）。本书由《SQL Server 2005项目实现教程》改版而来，《SQL Server 2005项目实现教程》曾获得中国电子教育学会2011年全国电子信息类优秀教材一等奖、教育部高等学校高职高专计算机类专业教学指导委员会2010年度高职高专计算机类专业优秀教材。

编写指导思想介绍

本书是针对高等职业院校学生编写的，它打破了传统的以学科系统理论知识为主的课程体系，建立了以培养 SQL Server 使用和管理能力为主的课程体系，其目的是为了提高对数据库的实际应用能力。书中各部分内容都从企业系统实际应用入手，通过完成不同的工作任务的方法来进行描述。这种编排结构可使读者有更加明确的学习目的性，对所掌握的能力也有较深刻的认识。

作者介绍

常州工程职业技术学院从 2007 年开始在全校启动了全面的课程改革，首先邀请全国知名的职业教育专家对全体教师进行课程改革培训，然后由上而下行动起来，先对课程进行全面的项目化改革，当课程改革思想逐渐深入人心，课程改革也取得了一定的成效和经验后，启动了对课程体系的全面改革。本书的编者在全校进行的职业教育（课程改革）能力测试中取得了优秀成绩，在 SQL Server 课程方面进行了多年的课改实践，本书是在总结编者教学体会的基础上编写而成的。

内容介绍

以两个企业实际数据库项目应用的实现贯穿全书，一个是“长江家具数据库”，另一个是“在线书店数据库”（建议在授课时教师自己增加一个现实项目或者用最后实训模块作为课下配套项目）。模块1首先介绍“长江家具信息管理系统”的使用，通过读者自己的操作使用，增强读者对企业数据库应用的认识，提高学习数据库的积极性；后面的模块把企业数据库建设和使用的过程分解成一个个的工作任务，明确告诉读者每部分要完成的任务（功能）和作用。具体的课时安排可参考下表。

子 项 目	课 时
SQL Server 概貌	4
设计数据库	4
创建数据库和数据表	4
查询信息	12
添加、修改和删除记录	4
创建视图与索引	2
保证数据完整性	2
编写批处理	2
设计与管理存储过程	4
设计用户定义数据类型与用户定义函数	4
设计触发器与游标	4
安全管理	4
管理与维护数据库	4
使用 Reporting Services	4
实训：高招录取辅助系统数据库设计	12
合 计	68

适合阅读本书的读者

高等、中等职业院校的学生。

SQL Server 初中级读者。

SQL Server 数据库开发人员。

SQL Server 数据库管理人员。

使用 SQL Server 进行数据库应用开发的人员。

本书由常州工程职业技术学院邵顺增、罗定职业技术学院刘小园担任主编；由常州工程职业技术学院李琳、耿亚，山东省潍坊商业学校丁倩，罗定职业技术学院陈火荣，常州工程职业技术学院冯益斌、车金庆担任副主编；参与编写的还有罗定职业技术学院罗才华，广东女子职业技术学院巫志勇，常州工程职业技术学院朱宝生，山西国际商务职业学院霍福华；由常州工程职业技术学院严正宇担任主审。

我们衷心感谢学校及二级学院的领导和同事的帮助！由于编者水平有限，加上时间仓促，书中不妥之处在所难免，恳请读者批评指正。

编 者

目　录

模块 1　SQL Server 概貌 …… 1

工作任务 1.1　使用“长江家具”系统 …… 2

工作任务 1.2　了解“在线书店系统”数据库 …… 13

工作任务 1.3　了解数据处理技术发展及数据库 …… 14

工作任务 1.4　了解 SQL Server 2014 数据库管理系统 …… 18

能力训练 …… 24

模块 2　设计数据库 …… 25

工作任务 2.1　定义实体及属性 …… 26

工作任务 2.2　设计 E-R 图 …… 30

工作任务 2.3　设计关系模型 …… 35

工作任务 2.4　规范化关系模型 …… 38

能力训练 …… 41

模块 3　创建数据库和数据表 …… 42

工作任务 3.1　创建长江家具信息管理系统数据库 …… 43

工作任务 3.2　修改数据库 …… 49

工作任务 3.3　删除数据库 …… 53

工作任务 3.4　创建数据表 …… 54

工作任务 3.5　修改数据表 …… 61

工作任务 3.6　删除数据表 …… 64

能力训练 …… 67

模块 4　查询信息 …… 68

工作任务 4.1　查询基本信息 …… 69

工作任务 4.2　选择查询信息 …… 76

工作任务 4.3　根据条件查询信息 …… 80

工作任务 4.4　查询并排序信息 …… 93

工作任务 4.5　分组查询信息 …… 97

工作任务 4.6　用子查询查询信息 …… 102

工作任务 4.7　多表查询信息 …… 109

能力训练 …… 115

模块 5　添加、修改和删除记录 …… 118

工作任务 5.1　向仓库表中添加数据 …… 120

工作任务 5.2　修改产品表中数据 …… 127

工作任务 5.3　删除员工表中数据 …… 131

能力训练 …… 134

目 录

模块 6　创建视图与索引 …… 136
工作任务 6.1　设计产品信息视图 …… 137
工作任务 6.2　设计产品入库明细视图 …… 141
工作任务 6.3　设计 IX_ 产品数量索引 …… 144
能力训练 …… 150
模块 7　保证数据完整性 …… 151
工作任务 7.1　创建主键 …… 152
工作任务 7.2　创建外键 …… 153
工作任务 7.3　创建默认值 …… 155
工作任务 7.4　创建规则 …… 156
工作任务 7.5　创建约束 …… 156
工作任务 7.6　创建触发器 …… 157
能力训练 …… 159
模块 8　编写批处理 …… 160
工作任务 8.1　原材料入库批处理 …… 161
工作任务 8.2　用户密码修改批处理 …… 165
能力训练 …… 168
模块 9　设计与管理存储过程 …… 170
工作任务 9.1　创建与执行存储过程 …… 171
工作任务 9.2　管理存储过程 …… 176
能力训练 …… 184
模块 10　设计用户定义数据类型与用户定义函数 …… 186
工作任务 10.1　设计"产品数量"用户定义数据类型 …… 187
工作任务 10.2　设计"单据状态"用户定义数据类型 …… 188
工作任务 10.3　设计 getDateNoTime 用户定义函数 …… 192
工作任务 10.4　设计 getPy 用户定义函数 …… 195
工作任务 10.5　用 Transact-SQL 语句定义数据类型和函数 …… 198
能力训练 …… 200
模块 11　设计触发器与游标 …… 201
工作任务 11.1　设计"trg_ 客户"触发器 …… 202
工作任务 11.2　设计"trg_ 删除员工"触发器 …… 206
工作任务 11.3　设计"资金往来"存储过程 …… 207
能力训练 …… 215
模块 12　安全管理 …… 216
工作任务 12.1　创建登录用户 …… 218
工作任务 12.2　创建数据库操作用户 …… 227
工作任务 12.3　设置用户操作权限 …… 233
工作任务 12.4　创建和管理角色 …… 241
能力训练 …… 251

模块 13 管理与维护数据库 ………………………………………… 252
工作任务 13.1 备份及还原“长江家具”数据库……………………………… 253
工作任务 13.2 导入、导出数据……………………………………………… 257
工作任务 13.3 监视服务器性能和活动……………………………………… 261
工作任务 13.4 事务日志……………………………………………………… 263
工作任务 13.5 自动化管理…………………………………………………… 265
工作任务 13.6 执行作业……………………………………………………… 268
工作任务 13.7 响应事件……………………………………………………… 271
能力训练……………………………………………………………………… 273
模块 14 使用 Reporting Services ………………………………………… 274
工作任务 14.1 安装及配置 Reporting Services ……………………………… 274
工作任务 14.2 创建“产品销售统计”报表………………………………… 288
工作任务 14.3 创建“区域销售数据统计”报表…………………………… 296
能力训练……………………………………………………………………… 304
模块 15 实训：高招录取辅助系统数据库设计 ……………………………… 305
工作任务 15.1 设计并创建辅助管理系统数据库…………………………… 306
工作任务 15.2 设计统计分析用视图………………………………………… 310
工作任务 15.3 设计事务处理存储过程……………………………………… 311
工作任务 15.4 设计数据导入触发器………………………………………… 311
工作任务 15.5 自动化管理数据库…………………………………………… 312
参考文献……………………………………………………………………… 313

模块 1 SQL Server 概貌

专业岗位工作过程分析

案例背景

长江家具公司是一家成立多年的民营企业，随着多年的经营和扩张，公司规模不断扩大，业务类型逐步增多，给企业管理层带来不少管理问题。同时，虽然公司的硬件和网络建设比较完备，但缺乏用于管理决策支持的信息系统，因此，公司拟建设长江家具信息管理系统并决定由内部团队负责。

角色介绍

张林：80 后，公司 IT 部门主管，负责公司所有与软件、硬件及网络相关事务的统筹处理；配合业务部门的信息化建设，最大程度地满足各业务部门的信息化需求。

李新：80 后，公司 IT 部门软件项目经理，负责公司各类信息系统、门户网站、数据库等项目的建设和维护工作。

王明：90 后，大学刚毕业，应聘到公司 IT 部门，经过公司管理层讨论后安排担任李新工程师的助手。

岗位分工

IT 部门在接到公司管理层建设长江家具信息管理系统的任务后，成立了由张林牵头，李新和王明负责具体工作的三人项目团队。团队很快召开了第 1 次项目碰头会，并决定由张林负责项目需求分析，李新负责功能设计，王明负责数据库设计及后续的日常维护工作。

工作过程

长江家具信息管理系统是王明参加工作后接触的第 1 个项目，尽管他在学校里也学习过软件开发和数据库之类的课程，但是如何将软件、数据库等工具与企业应用的需求匹配，并利用这些工具提高管理效率，这些对王明来说还有不少是需要学习的。

因此，在接到工作任务后，王明第一时间找到项目经理李新，想先了解这个项目的概况。

李新向王明简要说明了长江家具信息管理系统项目的基本情况。

1. 该信息系统覆盖长江家具公司各个主要业务部门的日常业务，能够帮助各部门员工利用信息化手段进行业务处理和数据汇总查询。

2. 在各个部门的业务完全基于该信息系统运行后，企业管理层及决策层能够实时查看企业经营的业务统计数据，能够有效制定经营策略，提高企业对客户需求的实时响应。

3. 系统本身是基于企业局域网访问进行设计的，各类用户直接通过浏览器就可以进行业务操作。

4. 系统的后台数据库使用的是 Microsoft SQL Server 2014 Express。数据库是由 IT 部门进行管理和维护的数据存储平台，对普通用户而言，数据库是不可见的，他们只需要通过长江家具信息管理系统进行业务处理操作，不需要关心后台数据库的实现细节。

王明在了解了长江家具信息管理系统的基本情况后，结合自身在学校学习的知识，开始进行数据库设计和维护的准备工作。他通过贯穿本书的信息管理系统操作，进一步提高了对数据库在信息化社会中应用的认识，进而对 SQL Server 数据库管理系统提高了认识，也温习了数据库的基本概念及应用，最后了解 SQL Server 2014。

工作目标

终极目标

1. 了解 SQL Server 数据库的应用。
2. 了解数据库的基本概念。

促成目标

1. 通过实际使用“长江家具”系统了解数据库的应用。
2. 通过实际使用“在线书店”系统熟悉数据库的应用。
3. 了解数据处理技术的发展及数据库的概念。
4. SQL Server 2014 简介。

工作任务

1. 工作任务 1.1　使用“长江家具”系统。
2. 工作任务 1.2　了解“在线书店”系统数据库。
3. 工作任务 1.3　了解数据处理技术发展及数据库。
4. 工作任务 1.4　了解 SQL Server 2014 数据库管理系统。

工作任务 1.1　使用“长江家具”系统

本任务的目的是通过使用“长江家具”系统，了解数据库在信息系统中的应用，从而对数据库有一些直观认识；了解数据库在现实企业应用中的重要性，提高学习数据库的兴趣和主动性。

1.1.1　系统简述

长江家具信息管理系统是一个集销售、生产、采购、库存、财务、总经理查询等多项信息管理功能为一体的企业信息管理系统。系统结合企业业务的特点，本着实用、够用的原则，进行针对性的软件开发，实现物流、资金流、信息流的一体化管理，帮助企业决策者、管理者、生产者在企业经营过程中随时了解原材料采购与库存明细 / 汇总数据、半成品与成品的生产数量及次品率、应收应付明细与月结月清数据、资金往来与各银行账户余额表即时数据等信息，实现企业管理的信息化，增强企业经营过程中各环节的可预见性及可控性，为企业的现代化管理提供强有力的保证。

长江家具信息管理系统是一个网络系统，允许多个用户通过计算机网络同时进行独立操作，数据共享，不同人员的访问权限有别，操作内容也不同。

1.1.2 系统功能模块

长江家具信息管理系统的功能模块如图 1.1 所示。

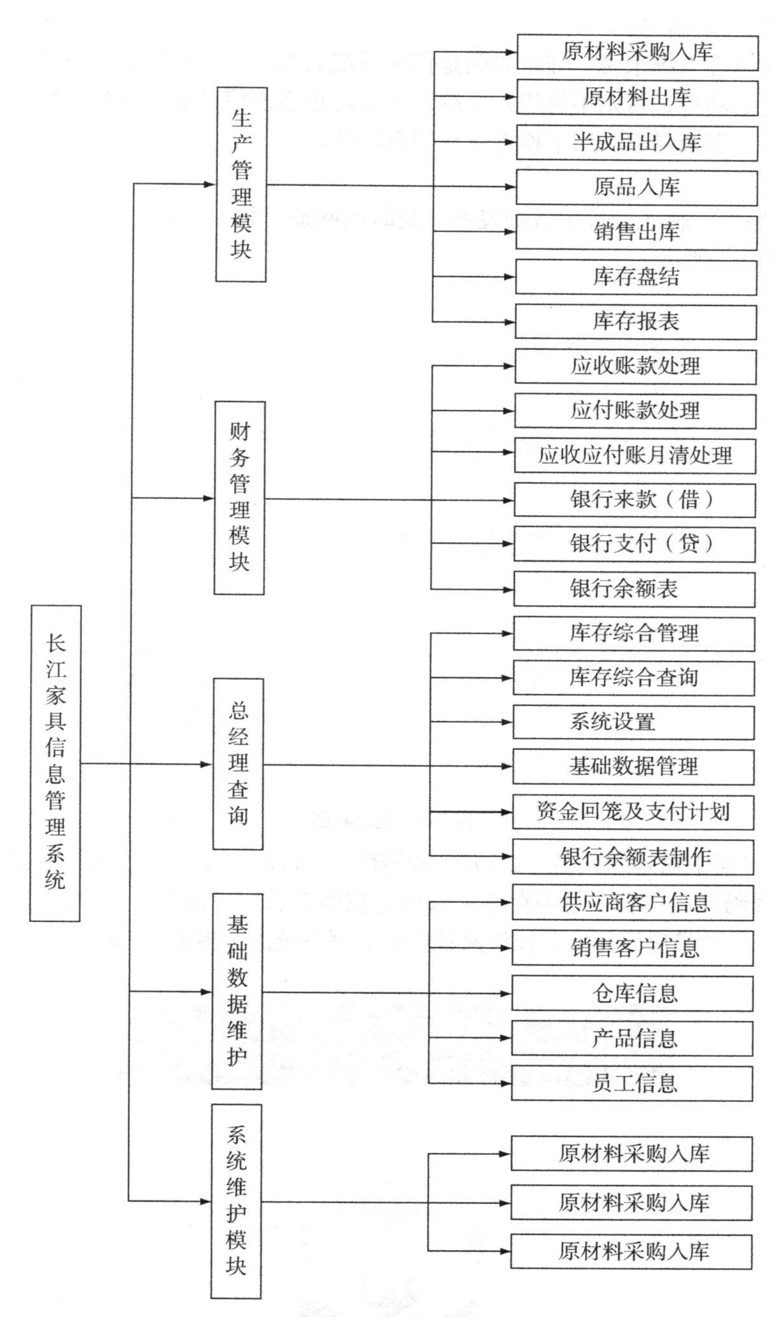

图 1.1 长江家具信息管理系统的功能模块

1.1.3　登录

功能： 检验用户的合法性。

操作数据表： sys 用户表。

对任何信息管理系统来说，登录界面是信息系统的大门，只有合法的用户才能进入信息管理系统，使用它的功能，否则不能进入系统，从而防止系统信息泄露或被破坏。因此，信息管理系统都会有一个登录界面，用于检查用户的合法性。

操作步骤：

1）打开浏览器，输入网址（教师发布系统时的网址，如 172.39.18.39）后按回车键，出现登录界面，如图 1.2 所示。

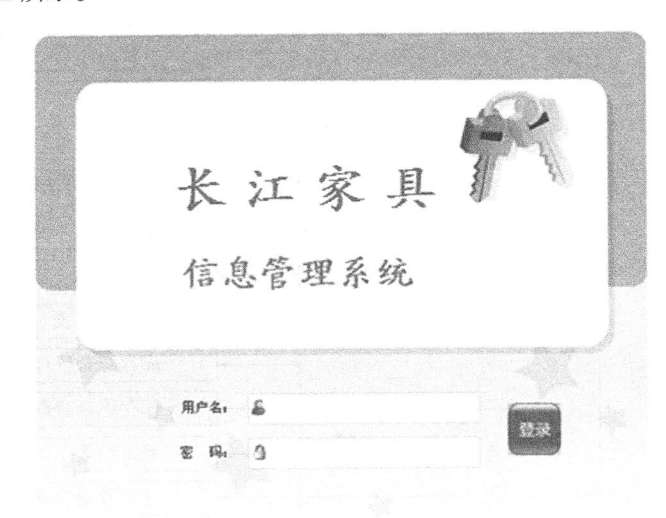

图 1.2　登录界面

2）在登录界面中输入用户名（admin）和密码（admin），单击“登录”按钮。系统检查输入的用户名和密码在用户表中是否存在，如果存在即表示用户是合法用户，否则是非法用户，不能进入系统。登录成功后，显示长江家具信息管理系统的主界面，如图 1.3 所示。

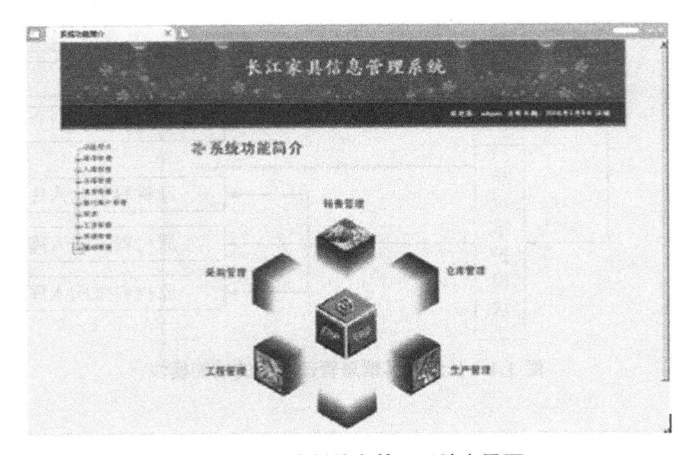

图 1.3　长江家具信息管理系统主界面

1.1.4　注销

功能：登录用户从系统退出，返回登录界面。

操作步骤：

单击如图 1.4 所示界面右下角的“注销”超链接。

图 1.4　注销

注意：用户在使用完系统后，一定要记住从系统退出，否则可能会有人在当前登录状态下操作系统，造成对系统的破坏。

1.1.5　设置基础数据

基础数据是所有信息的数据源，如果没有基础数据，信息系统不能完成任何功能，所以在信息系统使用前首先要设置基础数据。

这部分内容在如图 1.5 所示的系统左边导航的“基础数据”下。

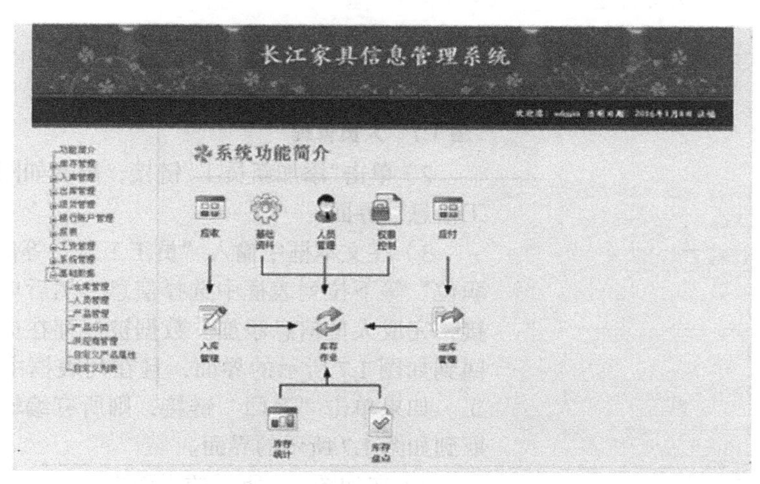

图 1.5　基础数据

1. 维护仓库信息

功能：实现了对系统所需仓库信息的添加、编辑和删除。

操作数据表：仓库表。

操作步骤：

1）在导航的“基础数据”下单击“仓库管理”，出现如图 1.6 所示的“仓库管理”界面。

2）在“仓库编号”等文本框中输入仓库信息，在“上级仓库”下拉列表框中选择上级仓库。

3）单击“添加”链接，新仓库被添加为顶级仓库或某一个仓库的下级仓库，数据被保存到仓库表中，并显示在其下面的列表中。

4）在下面的仓库列表中可以通过“编辑”链接对现存仓库信息进行修改，即修改仓库表中的数据。

5）单击“删除”链接，可删除已有仓库，即删除仓库表中的数据。

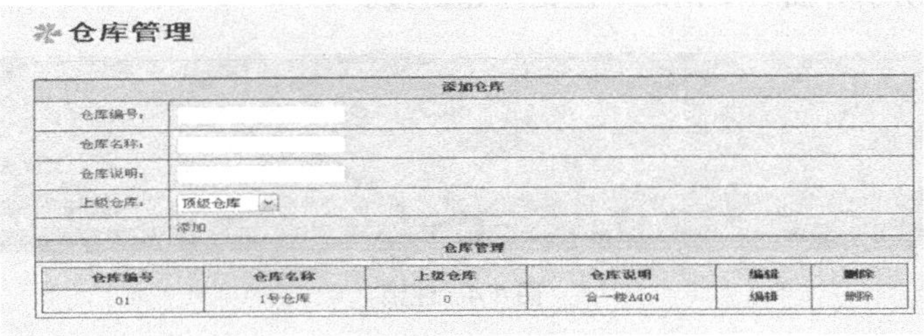

仓库管理

添加仓库

仓库编号：

仓库名称：

仓库说明：

上级仓库：顶级仓库

添加

仓库管理

仓库编号	仓库名称	上级仓库	仓库说明	编辑	删除
01	1号仓库	0	会一楼A404	编辑	删除

图 1.6　仓库管理

2. 维护操作人员信息

功能：实现了对系统操作人员信息的添加、编辑和删除。

操作数据表：员工表。

操作步骤：

1）在导航的“基础数据”下单击“人员管理”，出现如图 1.7 所示的“人员管理”界面。

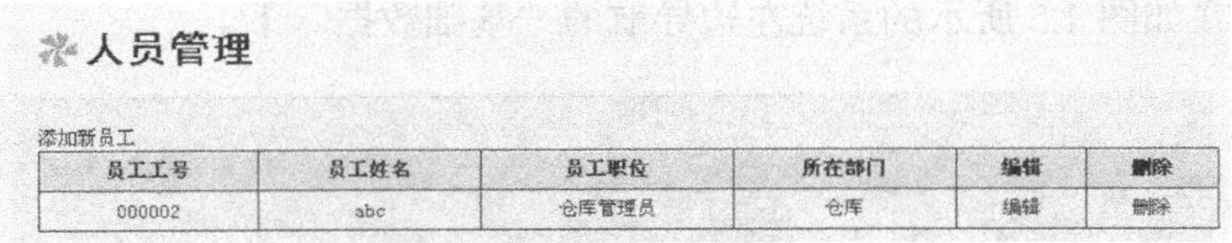

人员管理

添加新员工

员工工号	员工姓名	员工职位	所在部门	编辑	删除
000002	abc	仓库管理员	仓库	编辑	删除

图 1.7　人员管理

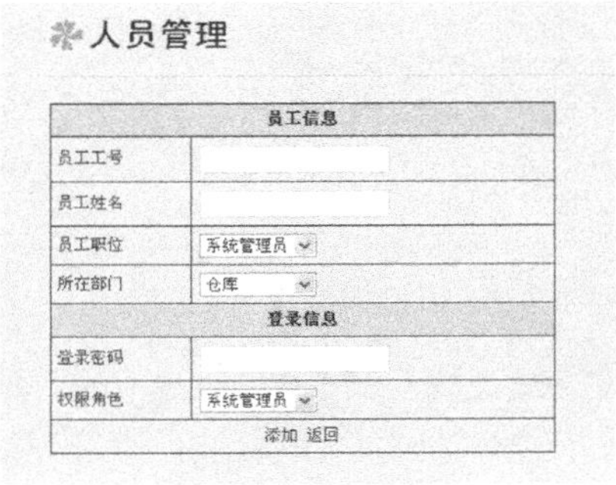

2）单击“添加新员工”链接，出现如图 1.8 所示的“员工信息”界面。

3）在文本框中输入“员工工号”等信息，从“员工职位”等下拉列表框中选择信息，然后单击“添加”链接，完成人员信息添加。数据被保存在员工表中，并返回到如图 1.7 所示的界面，且在列表框中显示添加的员工。如果单击“返回”链接，则所有编辑被放弃，并返回到如图 1.7 所示的界面。

4）在如图 1.7 所示的界面中，通过“编辑”“删除”链接实现对已有人员信息的修改及删除功能，修改和删除员工表中的数据。

人员管理

员工信息

员工工号

员工姓名

员工职位　系统管理员

所在部门　仓库

登录信息

登录密码

权限角色　系统管理员

添加 返回

图 1.8　添加员工

3. 维护产品信息

功能：实现了对产品信息的添加、编辑和删除。

操作数据表：产品表。

操作步骤：

1）在导航的“基础数据”下单击“产品管理”，出现如图 1.9 所示的“产品管理”界面。

产品管理

产品名称： 查询 添加

产品编号	产品名称	计量单位	产品规格	产品分类	所在仓库	编辑	删除
0101	品1	平方米	点多大	产成品	1号仓库	编辑	删除
0201	半成品1	平方米	点多大	半成品	1号仓库	编辑	删除
0301	木纹纸	张	1000	原材料	1号仓库	编辑	删除
0302	木纹纸	张	1001	原材料	1号仓库	编辑	删除
0303	木纹纸	张	1002	原材料	1号仓库	编辑	删除
0304	木纹纸	张	1003	原材料	1号仓库	编辑	删除

图 1.9　产品管理

2）单击“添加”链接，出现如图 1.10 所示的“添加产品”界面。

3）在文本框中输入“产品编号”等信息，从“计量单位”等下拉列表框中选择信息，然后单击“保存”链接，返回到如图 1.9 所示的界面。在列表框中显示了添加的产品，产品被添加到产品表中。

4）在如图 1.9 所示界面中，可通过“编辑”“删除”链接实现对已有产品信息的修改及删除功能，对产品表中的数据进行修改和删除。

5）通过“查询”按钮，可从产品表中查出已有产品信息。

注意： 新添加产品的产品编号必须唯一，这也是可以通过数据库来控制的。

维护产品分类信息、维护供应商信息和维护产品自定义属性的具体操作参照前面的维护操作，这里不再赘述。

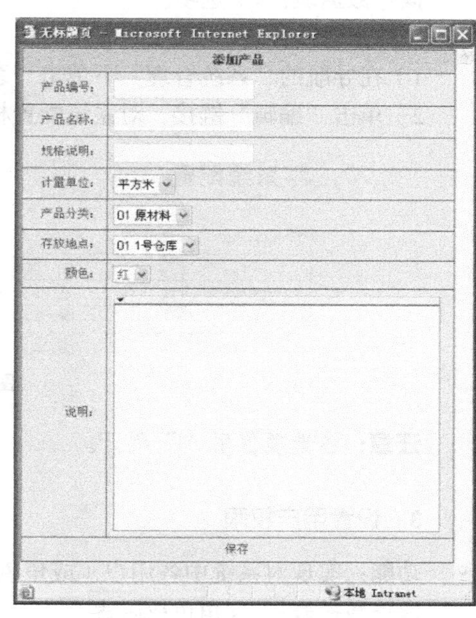

图 1.10　添加产品

1.1.6　管理系统信息

这部分内容都在左边导航的“系统管理”下。

1. 修改密码

功能： 用户对自己的密码进行修改。

操作数据表： sys 用户表。

操作步骤：

1）在导航的“系统管理”下单击“修改密码”，出现如图 1.11 所示的“修改密码”界面。

2）输入旧密码和新密码，并确认新密码。

3）单击“保存”链接，如果输入的旧密码正确，且两次新密码完全相同，就会将新密码信息保存到 sys 用户表中，否则报错。

注意： 为了防止用户密码被盗，过一段时间用户就应修改一下自己的密码。

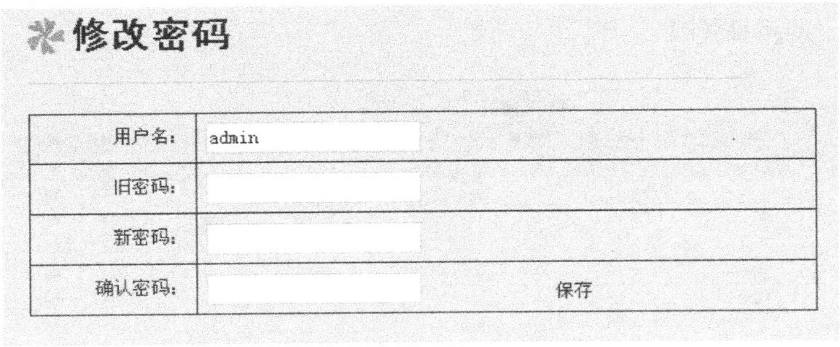

修改密码

用户名:	admin
旧密码:	
新密码:	
确认密码:	保存

图 1.11　修改密码

2. 配置系统信息

功能：对部门、计量单位和职位信息进行维护。
操作数据表：sys 选项。
操作步骤：

1）在导航的“系统管理”下单击“系统配置”，出现如图 1.12 所示的“系统配置”界面。

2）单击“编辑”链接，对系统配置相关信息进行维护。维护结果保存在 sys 选项表中。

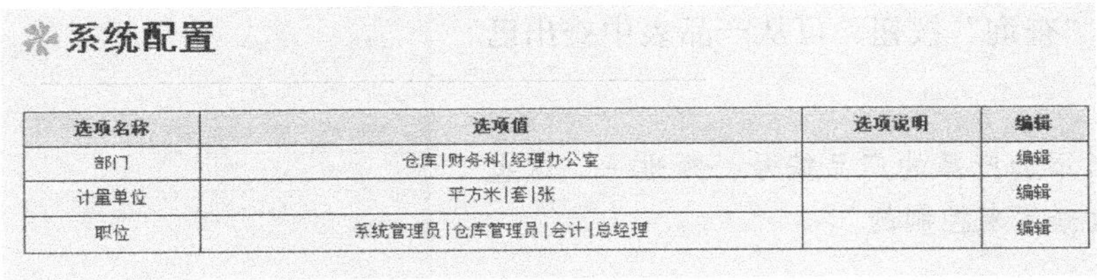

系统配置

选项名称	选项值	选项说明	编辑
部门	仓库|财务科|经理办公室		编辑
计量单位	平方米|套|张		编辑
职位	系统管理员|仓库管理员|会计|总经理		编辑

图 1.12　系统配置

注意：各选项值用“|”隔开。

3. 设置用户权限

功能：实现对系统中各用户（或角色）的授权。
操作数据表：sys 角色权限表。
操作步骤：

1）在导航的“系统管理”下单击“权限管理”，出现如图 1.13 所示的“角色 – 权限 管理”界面。

2）从“角色”下拉列表框中选择操作用户（角色）。

3）从下面的权限列表中选择所有赋给用户的权限。

4）单击“保存”链接，完成用户权限设置。数据被保存到 sys 角色权限表中。

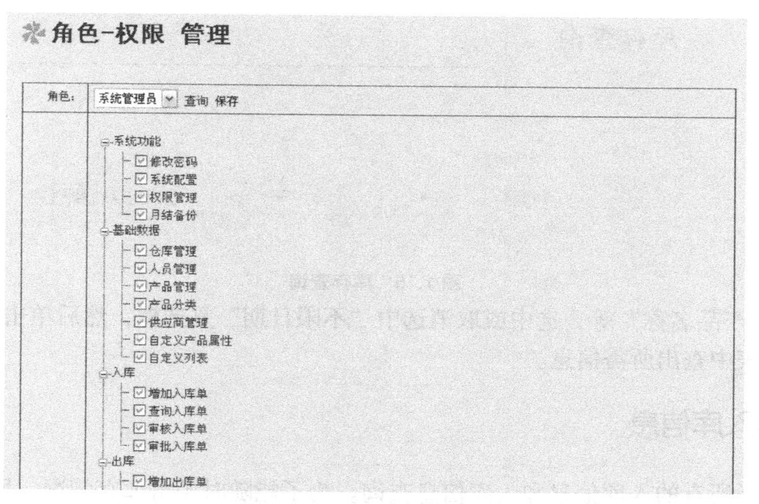

图 1.13　角色－权限管理

4. 月结备份

功能：对系统数据进行备份、恢复和月结的管理。
操作数据表：整个数据库。
操作步骤：
通过单击如图 1.14 所示的各种按钮，完成操作。操作步骤与前述操作相似，在此不再赘述。

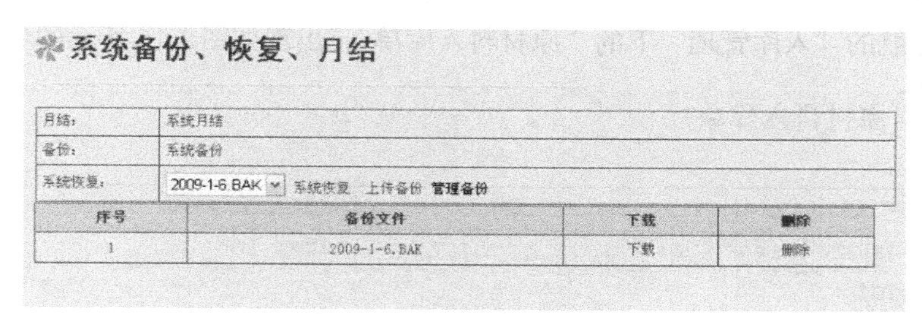

图 1.14　系统备份、恢复和月结

注意：月结前最好进行一次数据的备份，从而保证系统数据的安全。

1.1.7 管理库存信息

这部分内容都在左边导航的"库存管理"下。

查询库存信息

功能：实现对库存产品的查询。
操作数据表：产品表等。
操作步骤：
1）单击导航的"库存管理"下的"库存查询"，出现如图 1.15 所示的界面。

库存查询

产品名称： 木纹纸

产品规格： 1000

查询日期： 2008-1-1 至 2009-2-10 □不限日期 查询

图 1.15 库存查询

2）输入“产品名称”等，选中或取消选中“不限日期”复选框，然后单击“查询”按钮，从产品表等多表中查出所需信息。

1.1.8 管理入库信息

此部分包括所有的入库信息和入库信息查询。为了能随时了解库存情况，所有的入库都要有入库记录，即入库单，通过汇总入库单，就可以知道总的入库情况。

此部分都在导航的“入库管理”下。

1. 原材料入库

功能：实现原材料入库的处理。

操作数据表：产品表、入库单表和入库单明细表。

操作步骤：

1）单击导航的“入库管理”下的“原材料入库单”，出现如图 1.16 所示的界面。

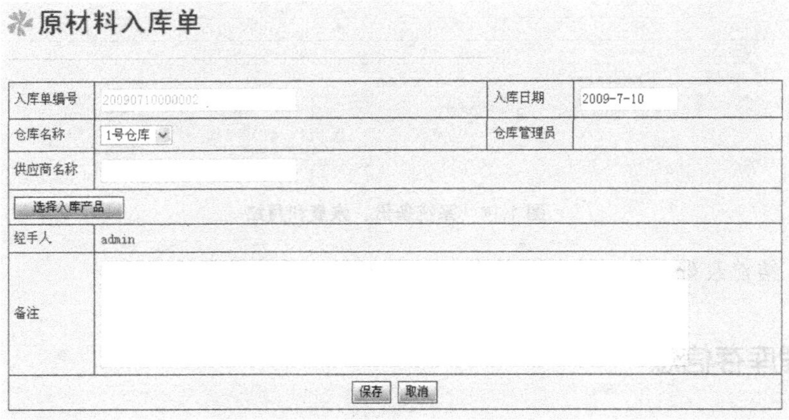

原材料入库单

入库单编号	20090710000002	入库日期	2009-7-10
仓库名称	1号仓库	仓库管理员	
供应商名称			
选择入库产品			
经手人	admin		
备注			
保存 取消			

图 1.16 原材料入库单

2）单击“选择入库产品”按钮，出现如图 1.17 所示的“选择产品”界面。

3）单击某一产品右边的“选择”链接，返回到如图 1.18 所示的界面，与图 1.16 相比，原材料列表中增加了一条记录。如果单击“返回”按钮，则返回到如图 1.16 所示界面。

4）在如图 1.8 所示界面中，可对每条记录的数量、单价和摘要等信息进行修改，然后通过单击“更新”链接保存该记录。

5）选择“仓库名称”，输入“供应商名称”，然后单击“保存”按钮，保存入库单。数据被保存到了入库单表、入库单明细表和产品表中。

原材料入库单

选择产品

所有分类
原材料

返回

产品编号	产品名称	计量单位	产品规格	库存数量	产品分类	存放仓库	选择
0301	木纹纸	张	1000	172.00	原材料	1号仓库	选择
0302	木纹纸	张	1001	199.00	原材料	1号仓库	选择
0303	木纹纸	张	1002	110.00	原材料	1号仓库	选择
0304	木纹纸	张	1003	5000.00	原材料	1号仓库	选择

图 1.17　选择产品

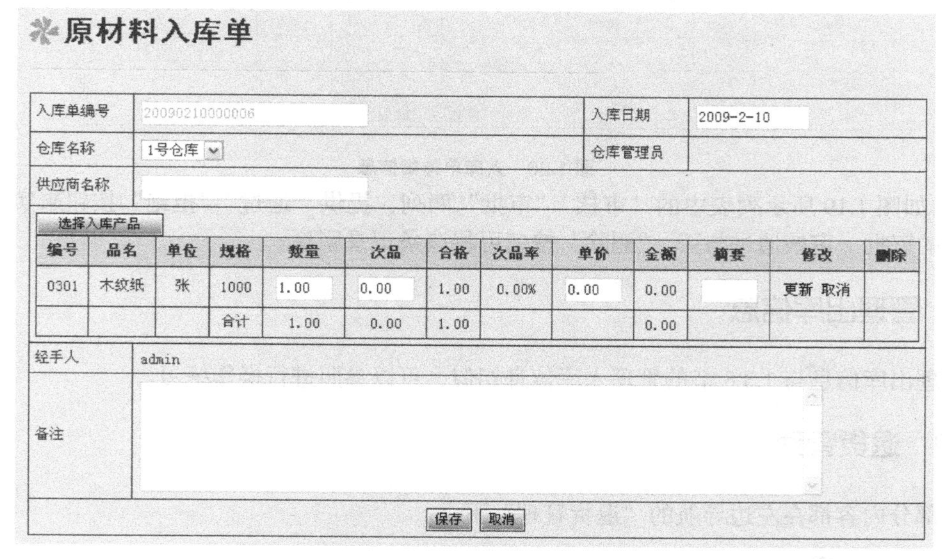

图 1.18　返回的原材料入库单

半成品入库单和产成品入库单参照原材料入库单，在此不再赘述。

2. 查询入库单

功能：实现对入库单信息的查询。

操作数据表：入库单表和入库单明细表。

操作步骤：

1）单击导航的“入库管理”下的“查询入库单”，出现如图 1.19 所示的界面。

2）输入查询日期区间，单击“查询”按钮，从入库单表中查询此日期区间的相关入库单。

图 1.19　入库单查询

3）单击“详细”链接，显示如图 1.20 所示界面，可以查看该条入库记录的详细情况。单击“编辑”按钮，可以编辑该条记录（如果该条记录已经审核、审批，则不能进行编辑）。单击“打印”按钮，可以将该入库单打印出来。

入库单查询

入库单编号	20090710000001
日期	2009-7-10 0:00:00
状态	已入库
经手人	admin
审核人	admin
审批人	admin
入库明细	（见下表）
备注	
	编辑　返回　打印

入库明细：

编号	品名	规格	单位	数量	次品	合格	次品率	单价	金额	摘要
0101	品1	点多大	平方米	1.00	0.00	1.00	0.00%	0.00	0.00	
			合计	1.00	0.00	1.00			0.00	

图 1.20　入库单详细信息

4）如图 1.19 所示列表中的“审核”“审批”两列，提供“通过”“拒绝”按钮来实现对该条记录的审批、审核通过与否。“删除”按钮可将该条记录删除。

1.1.9　管理出库信息

管理出库信息与 1.3.8 节的管理入库信息相似，可以参照进行操作练习。

1.1.10　退货管理

这部分内容都在左边导航的“退货管理”下。

处理原材料退货

功能：实现原材料退货的操作。
操作数据表：退货单表。
操作步骤：
1）单击导航的“退货管理”下的“原材料退货”，出现如图 1.21 所示的界面。
2）在“表单内容填写”部分，填写原材料退货单表单内容。
3）在“表体内容（退货原材料）填写”部分，填写原材料退货单表体内容。
4）单击“退货单预览”按钮，实现对该笔采购退货单的预览。
5）单击“退货单生成”按钮，可以生成该张退货单。

原材料退货

表单内容填写

退货单号	20090101000001		
供应商	c	日期	2009-2-10
退款类型	冲抵往来	仓库	原材料
业务员	1	备注	

表体内容（退货原材料）填写

品名	木纹纸	规格	1001
单价	20	数量	1
税率	0	摘要	

添加

序号	原材料退货单据号	物料编号	品名	规格	批号	退货数量	单价	计量单位	折扣	税率	到期日	采购单号	摘要	金额	删除
21	20090101000001	0301	木纹纸	1000		1	10.00	张		0.00				10.00	删除
22	20090101000001	0302	木纹纸	1001		1	20.00	张		0.00				20.00	删除

退货单预览　退货单生成

图 1.21　原材料退货

工作任务 *1.2*　了解“在线书店系统”数据库

本书使用的另外一个系统是“在线书店系统”，此系统在这里不作过多的介绍，只把所用的数据库中的主要数据表放在这里（见图 1.22），以备后边练习用。

图 1.22　“在线书店系统”数据表

工作任务 1.3 了解数据处理技术发展及数据库

数据库技术是一门综合性技术，涉及操作系统、数据结构、算法设计、程序设计等基础理论知识，是计算机科学中一项专门的学科。本任务在前面使用数据库的基础上，主要让读者了解数据库、数据库系统、数据库管理系统、数据模型等基本概念。

1.3.1 数据、信息与数据处理

1. 数据

数据用来表示客观事物的特性和特征的各种各样的物理符号及这些符号组合。例如，某人的名字叫"三毛"，身高是 1.85 m，那么，"三毛"和 1.85 是描述此人特征的，它们都是数据。

数据的概念包括两个方面：数据内容和数据形式。数据内容是指所描述客观事物的具体特性，即数据的"值"，如上例中的"三毛"和 1.85 都是数据的内容；数据形式是指数据内容存储在媒体上的具体形式，即数据的"类型"，如上例中的"三毛"是字符型，而 1.85 是数值型。简单地说，只要是能存放到计算机中的都是数据。

2. 信息

信息是指经过加工处理后具有一定意义的数据。信息是以某种数据形式表现的。

数据和信息的区别与联系：它们的表现形式都是符号，但数据是没有太大意义的符号，而信息是数据经过处理后具有一定意义的符号，如 1.85 只是数据，而"三毛身高 1.85 m"就是信息。

另外，数据和信息是相对概念，对某些人是信息，对另外一些人可能就只是简单的数据。例如，"张明今年考上大学了"这句话，对与张明有关系的人来说是一个信息，而对不认识张明的人来说它只是一句普通的话。

3. 数据处理

数据处理就是将数据转换为信息的过程，主要包括数据的收集、整理、存储、加工、分类、维护、排序、检索和传输等步骤。数据处理的目的是从大量的数据中，根据数据自身的规律及其相互联系，通过分析、归纳、推理等科学方法，利用计算机技术、数据库技术等技术手段，提取有效的信息资源，为进一步分析、管理、决策提供依据。数据处理也称为信息处理。

1.3.2 数据处理的发展

数据处理和数据管理的发展过程大致经历了人工管理、文件管理、数据库管理及分布式数据库管理 4 个阶段。

1. 人工管理阶段

20 世纪 50 年代中期以前属于人工管理阶段，这一阶段计算机主要用于科学计算。在这个阶段，计算机硬件只有磁带、卡片和纸带等外部存储器，还没有磁盘等直接存取存储设备；软件方面，编程语言只有汇编语言，也没有数据管理方面的软件。数据处理方式基本是批处理。在此阶段，管理数据有如下几个特点。

① 数据面向程序。计算机系统不提供对用户数据的管理功能，用户编写程序时，不仅需要考虑程序的设计，还要考虑程序处理的数据的定义、存储结构及存取方法等。程序代码和要处理的数据是一个不可分割的整体，如图 1.23 所示。

程序代码1
……
程序代码*n*
数据1
……
数据*n*

图 1.23　包含数据的程序

② 数据不能共享。每一个程序有自己的数据，即使不同的程序使用了相同的一组数据，这些数据也不能被不同的程序共享，每个程序仍然需要各自加载这组数据，否则程序不能完成它的功能。

由于这种数据的不可共享性，必然导致系统中存在大量的重复数据，浪费了宝贵的存储空间。

2. 文件管理阶段

20 世纪 50 年代后期到 60 年代中期属于文件管理阶段，在这一阶段计算机不仅用于科学计算，还逐渐被运用在信息管理方面。随着社会的发展，需要处理的数据量不断增加，数据的存储、汇总处理、检索和维护问题成为人们紧迫的需要。随着计算机技术的发展，外部存储器已有磁盘、磁鼓等存储设备；软件领域出现了操作系统、高级语言和应用软件，操作系统中的文件系统管理单独存放的各种文件，文件成为操作系统管理的重要资源之一，数据结构和数据管理技术迅速发展起来。此时，数据处理方式有批处理，也有联机实时处理。此阶段的管理数据有如下几个特点。

① 数据文件可以独立存在。数据以“文件”形式单独保存在外部存储器的磁盘上，计算机的操作系统能对数据文件进行建立、查询、修改和插入等操作。

② 数据有了逻辑结构与物理结构之分。计算机操作系统的文件系统提供存取方法（读/写），程序只需通过数据文件的文件名就可以使用数据，不必关心数据的物理位置。

③ 数据不再面向某个特定的程序，可以被多个程序使用，即数据面向应用。如图 1.24 所示，数据文件虽然能被多个程序使用，但是数据文件中数据的存储结构仍然是基于特定的用途，并不能被所有的程序使用，因此程序与数据之间的依赖关系并未根本改变，只是比以前有所改观而已。

随着社会的发展，数据管理规模越来越大，管理的数据量急剧增加，文件系统显露出了它下面的缺陷。

① 数据冗余。由于文件的存储结构都是固定的，且没有一个统一的格式，而每种程序只能使用特定结构的数据文件，因此，可能导致程序不能访问其他程序创建的数据文件，造成数据在多个文件中重复存储。

② 数据不一致。这点也是由数据冗余的原因造成的。

3. 数据库管理阶段

20 世纪 60 年代后期到 70 年代末属于数据库管理阶段，这一阶段数据管理技术进入到数据库系统阶段。数据库系统克服了文件系统管理数据的缺陷，提供了对数据更高级、更有效的管理。这个阶段的程序和数据的联系通过数据库管理系统（DBMS）来实现，如图 1.25 所示。

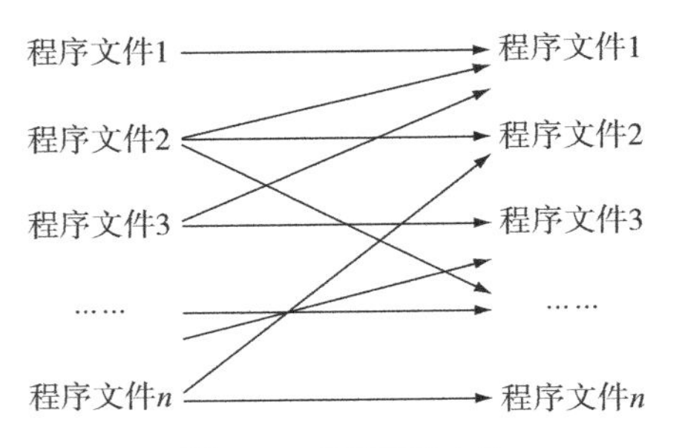

图 1.24　程序访问文件

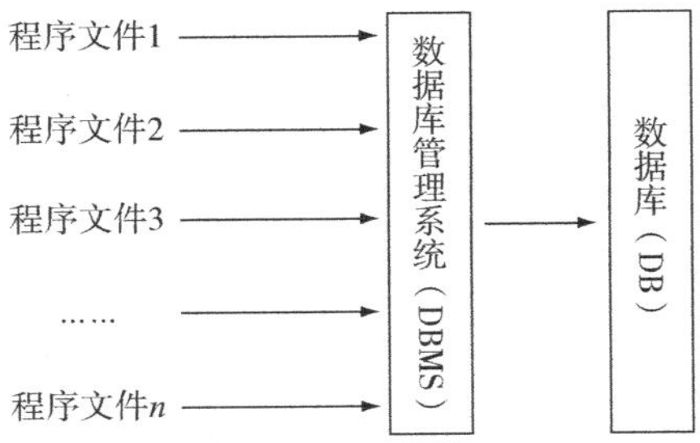

程序文件1
程序文件2
程序文件3
……
程序文件n
数据库管理系统（DBMS）
数据库（DB）

图 1.25　程序访问数据库

数据库系统阶段的数据管理具有以下特点。

① 数据结构化。在数据库系统中，数据用数据模型来描述，它不仅描述数据本身的特征，还描述数据之间的联系，这样将数据保存和联系起来。

② 数据能被共享。数据不再面向特定的某个或多个应用，而是面向整个应用程序系统。数据冗余明显减少，实现了数据共享。

③ 有较高的数据独立性。数据独立性是指存储在数据库中的数据与应用程序之间不存在依赖关系，而是相互独立的。

④ 数据库系统为用户提供了方便的用户接口。用户可以使用查询语言或终端命令操作数据库，也可以用程序方式（如用 C# 高级语言）操作数据库。

⑤ 数据库系统提供了数据控制功能。对数据库进行并发控制，以防数据库被破坏；在数据库出现问题时，系统可以把数据库恢复到最近某个正确状态；控制并使数据安全，防止数据被破坏。

⑥ 保证了安全可靠性和正确性。通过对数据的完整性控制、安全性控制、并发控制和数据的备份与恢复策略，使存储在数据库中的数据有了更大的保障。

4. 分布式数据库管理阶段

20 世纪 80 年代初属于分布式数据库管理阶段。在数据库管理阶段之后，随着 Internet 的使用越来越普及和网络技术的产生与发展，出现了分布式数据库系统（Distributed Data Base System，简称 DDBS），如图 1.26 所示。分布式数据库系统是把同一数据库系统分布在计算机网络的不同节点上，每一个节点是一个独立的数据库系统，不同节点的数据库集合成一个大型的数据库系统。

分布式数据库系统的主要特点如下。

① 数据在物理上是分布的。数据根据需要分布在计算机网络的不同节点上，分别被使用，而不是集中在一个服务器上由各用户共享的网络数据库系统，这样可以减少数据在网络上的传递。

② 数据是逻辑相关的。数据物理分布在各个场地，但逻辑上是相互联系的一个整体，它

们被所有用户（全局用户）共享，并由一个 DBMS 统一管理。

③ 节点的自治性。各节点上的数据由本地的 DBMS 管理，因而能够独立地管理局部数据库。局部数据库中的数据不仅供本节点用户存取使用，也可供其他节点上的用户存取使用，提供全局应用。

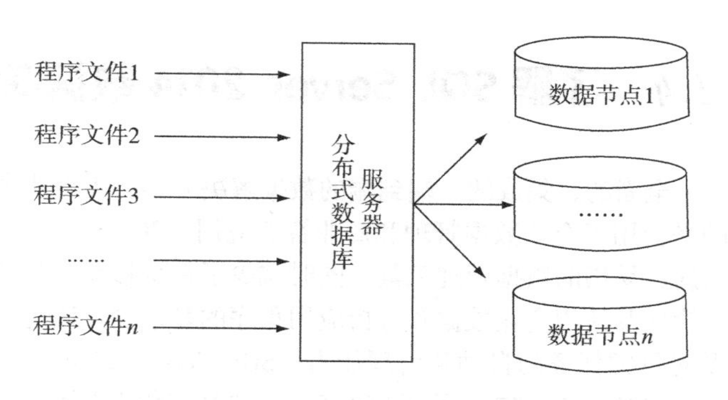

图 1.26　程序访问分布式数据库

1.3.3　数据库系统的组成

数据库应用系统简称数据库系统（Data Base System，简称 DBS），是在计算机硬件的支撑下，用户通过操作计算机软件（包括数据库管理系统、数据库和应用程序）访问数据的系统。

1. 计算机硬件

这是数据库系统的物质支撑，主要包括主机、外部设备和计算机网络环境。

2. 数据库管理系统（DBMS）

这是整个数据库系统的核心，是建立、使用和管理数据库的系统软件。DBMS 统一管理和控制数据的所有数据库资源，所有用户和应用程序使用数据库必须通过数据库管理系统。它必须运行在相关的操作系统平台下。

现在的数据库管理系统有多种，本教材中的 SQL Server 就是最常用的数据库管理系统之一。

3. 数据库（Date Base，简称 DB）

数据库简单点说就是数据仓库，包括数据和数据库对象的集合。它定义了多个对象，包括表、视图、存储过程和触发器等。

数据库中的数据由数据库管理系统进行统一管理和控制，用户对数据库进行的各种操作都是通过数据库管理系统实现的。

4. 应用程序（Application）

应用程序一般是信息管理程序（系统），它是由用户根据实际需要开发的，用于处理特定业务的。

5. 数据库用户（User）

数据库用户是指创建、管理和使用数据库系统的人员，通常包括数据库管理员和数据用户，还有应用程序设计人员。数据库管理员（Data Base Administrator，简称 DBA）负责创建、

管理、维护数据库系统的正常运行；数据库用户（End-User）是在数据库管理系统中使用数据库的普通用户，或者通过信息管理系统使用数据库的用户；应用程序设计人员（Application Programmer）是进行应用程序需求分析和程序设计、开发、维护的人员。

工作任务 1.4　了解 SQL Server 2014 数据库管理系统

SQL Server 是一个全面的、集成的、端到端的数据解决方案，为企业中的用户提供了一个安全、可靠和高效的平台用于企业数据管理和商业智能应用。SQL Server 2014 为 IT 专家和信息工作者带来了强大的、易用的数据管理工具，同时减少了在从移动设备到企业数据系统的多平台上创建、部署、管理及使用企业数据和分析应用程序的复杂度。通过全面的功能集和现有系统的集成性，以及对日常任务的自动化管理能力，SQL Server 2014 为不同规模的企业提供了一个完整的数据解决方案。图 1.27 显示了 SQL Server 2014 数据平台的组成架构。

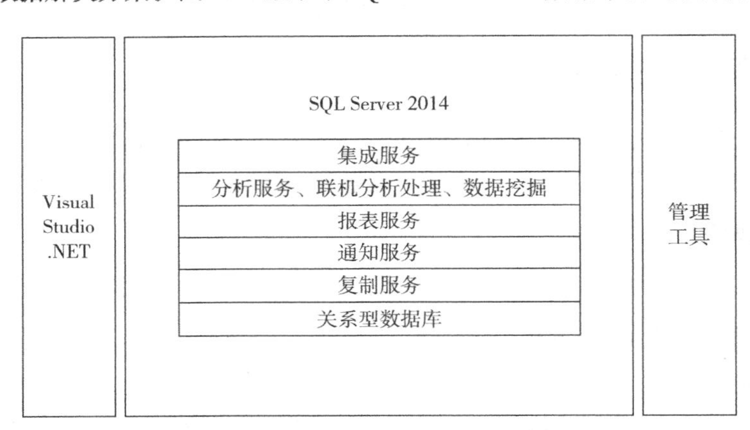

图 1.27　SQL Server 2014 数据平台

1.4.1　SQL Server 2014 数据平台

SQL Server 2014 数据平台包括以下工具。

1. 关系型数据库

安全、可靠、可伸缩、高可用的关系型数据库引擎，提升了性能且支持结构化和非结构化（XML）数据。

2. 复制服务

数据复制可用于数据分发、处理移动数据应用、系统高可用、企业报表解决方案的后备数据可伸缩存储、与异构系统的集成等，包括已有的 Oracle 数据库。

3. 通知服务

用于开发、部署可伸缩应用程序的先进的通知服务能够向不同的连接和移动设备发布个性化的、及时的信息更新。

4. 集成服务

可以支持数据仓库和企业范围内数据集成的抽取、转换和装载能力。

5. 分析服务

联机分析处理（OLAP）功能可用于多维存储的大量、复杂的数据集的快速高级分析。

6. 报表服务

全面的报表解决方案，可创建、管理和发布传统的、可打印的报表和交互的、基于 Web 的报表。

7. 管理工具

SQL Server 包含的集成管理工具可用于高级数据库的管理和调谐，它也同其他微软工具（如 MOM 和 SMS）紧密集成在一起。标准数据访问协议大大减少了 SQL Server 同现有系统间数据集成所花费的时间。此外，构建于 SQL Server 内的内嵌 Web Service 支持并确保了同其他应用及平台的互操作能力。

8. 开发工具

SQL Server 为数据库引擎、数据抽取、转换和装载（ETL）、数据挖掘、OLAP 和报表提供了同 Microsoft Visual Studio® 相集成的开发工具，以实现端到端的应用程序开发能力。SQL Server 中每个主要的子系统都有自己的对象模型和 API，能够以任何方式将数据系统扩展到不同的商业环境中。

SQL Server 2014 数据平台为不同规模的组织提供了以下好处。

① 充分利用数据资产。除了为业务线和分析应用程序提供一个安全可靠的数据库之外，SQL Server 2014 也使用户能够通过嵌入的功能（如报表、分析和数据挖掘等）从他们的数据中得到更多的价值。

② 提高生产力。通过全面的商业智能功能和熟悉的 Microsoft Office 系统之类的工具集成，SQL Server 2014 为组织内信息工作者提供了关键的、及时的商业信息以满足他们特定的需求。SQL Server 2014 的目标是将商业智能扩展到组织内的所有用户，并且最终允许组织内所有级别的用户能够基于他们最有价值的资产——数据来作出更好的决策。

③ 减少 IT 复杂度。SQL Server 2014 简化了开发、部署和管理业务线和分析应用程序的复杂度，为开发人员提供了一个灵活的开发环境，为数据库管理人员提供了集成的自动管理工具。

④ 更低的总体拥有成本（TCO）。对产品易用性和部署上的关注及集成的工具提供了工业上最低的规划、实现和维护成本，使对数据库的投资能快速得到回报。

1.4.2 SQL Server 2014 管理工具

SQL Server 2014 中提供了多种类型的管理工具，特别是图形化管理工具，是其中最常用的。下面分别进行简单介绍。

1. Microsoft SQL Server Management Studio

这是用于管理关系数据库和商业智能数据库，并用于编写 Transact-SQL、MDX 和 XML 代码的工具。其界面如图 1.28 所示。

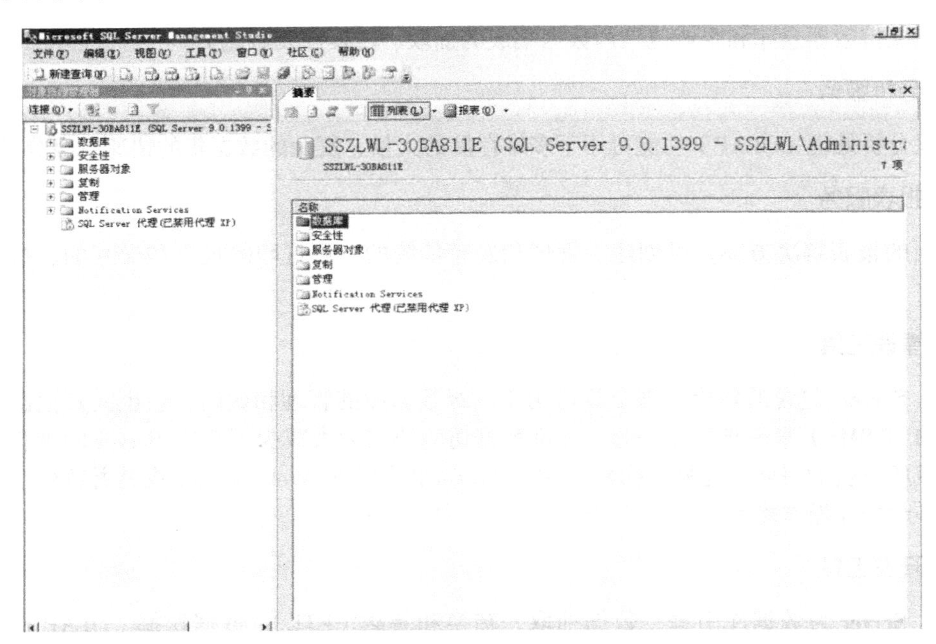

图 1.28　Microsoft SQL Server Management Studio

Microsoft SQL Server Management Studio 是 Microsoft SQL Server 2014 提供的一种新集成环境，用于访问、配置、控制、管理和开发 SQL Server 的所有组件。Microsoft SQL Server Management Studio 将一组多样化的图形工具与多种功能齐全的脚本编辑器组合在一起，可为各种技术级别的开发人员和管理员提供对 SQL Server 的访问。

Microsoft SQL Server Management Studio 将以前版本的 SQL Server 中所包括的企业管理器、查询分析器和 Analysis Manager 功能整合到单一环境中。此外，Microsoft SQL Server Management Studio 还可以与 SQL Server 的所有组件协同工作，如 Reporting Services、Integration Services、SQL Server Mobile 和 Notification Services。开发人员可以获得熟悉的体验，而数据库管理员可获得功能齐全的单一实用工具，其中包含易于使用的图形工具和丰富的脚本撰写功能。

使用 Microsoft SQL Server Management Studio，数据库开发人员和管理员可以开发或管理任何数据库引擎组件。

2. Business Intelligence Development Studio

这是用于开发商业智能多维数据集、数据源、报表和 SQL Server 2014 Integration Services（SSIS）包的工具。

Business Intelligence Development Studio 是包含特定于 SQL Server 2014 商业智能的附加项目类型的 Microsoft Visual Studio 2014，是用于开发包括 Analysis Services、Integration Services 和 Reporting Services 项目在内的商业解决方案的主要环境。每个项目类型都提供了用于创建商业智能解决方案所需对象的模板，并提供了用于处理这些对象的各种设计器、工具和向导。

3. SQL Server Profiler

这是用于捕获和监视活动的工具。其界面如图 1.29 所示。

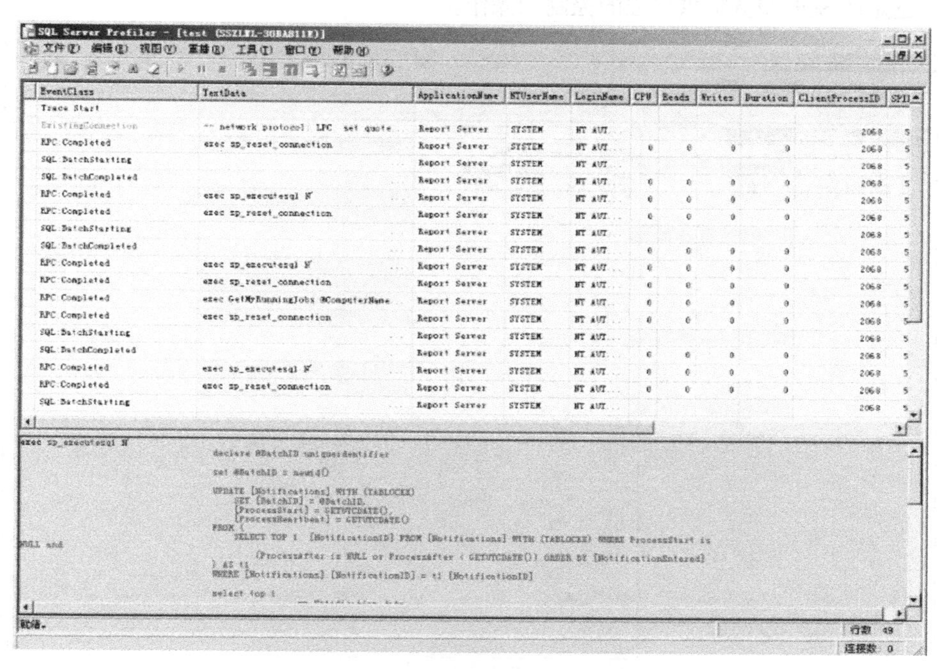

图 1.29　SQL Server Profiler

SQL Server Profiler 是用于从服务器捕获 SQL Server 2014 事件的工具。事件保存在一个跟踪文件中，可在以后对该文件进行分析，也可以在试图诊断某个问题时，用它来重播某一系列的步骤。SQL Server Profiler 用于下列活动中。

① 逐步分析有问题的查询以找到问题的原因。

② 查找并诊断运行慢的查询。

③ 捕获导致某个问题的一系列 Transact SQL 语句，然后用所保存的跟踪在某台测试服务器上复制此问题，接着在该测试服务器上诊断问题。

④ 监视 SQL Server 的性能以优化工作负荷。

⑤ 使性能计数器与诊断问题相关联。

SQL Server Profiler 还支持对 SQL Server 实例上执行的操作进行审核。审核将记录与安全相关的操作，供安全管理员以后复查。

4. SQL Server 配置管理器

这是用于配置自动启动选项和复杂的高级选项的工具。其界面如图 1.30 所示。

SQL Server 配置管理器是一种工具，用于管理与 SQL Server 相关联的服务、配置 SQL Server 使用的网络协议及从 SQL Server 客户端计算机管理网络连接配置。SQL Server 配置管理器是一个 Microsoft 管理控制台管理单元，可以从“开始”菜单进行访问，也可以将其添加到其他任何 Microsoft 管理控制台显示中。Microsoft 管理控制台（mmc.exe）使用 Windows\ System32 文件夹中的 SQLServerManager.msc 文件打开 SQL Server 配置管理器。SQL Server 配置管理器集成了以下 SQL Server 2000 工具的功能：服务器网络实用工具、客户端网络实用工具和服务管理器。

SQL Server 配置管理器和 Microsoft SQL Server Management Studio 使用 Windows Management

Instrumentation（WMI）来查看和更改某些服务器设置。WMI 提供了一种统一的方式，用于与管理 SQL Server 工具所请求注册表操作的 API 调用进行连接，并可对 SQL Server 配置管理器管理单元组件选定的 SQL 服务提供增强的控制和操作。

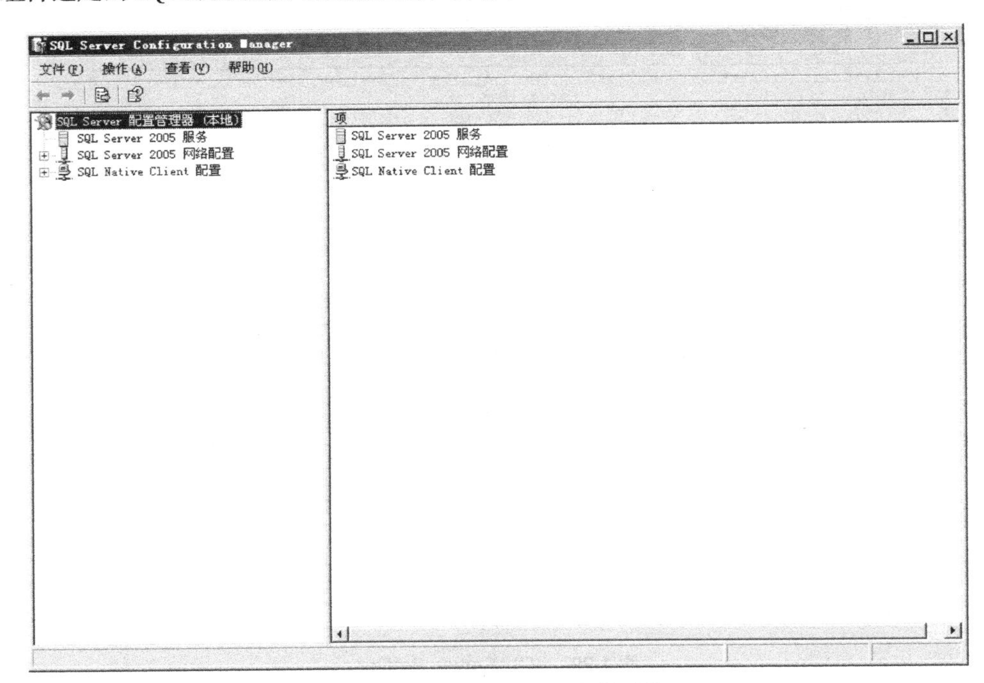

图 1.30　SQL Server 配置管理器

5. 数据库引擎优化顾问

这是用于提高数据库性能的工具。其界面如图 1.31 所示。

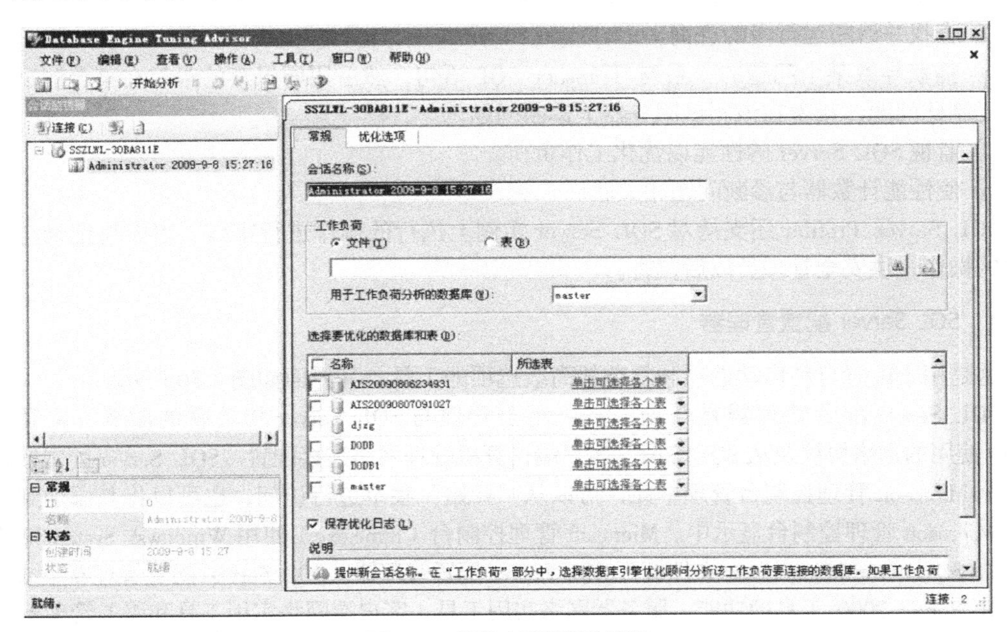

图 1.31　数据库引擎优化顾问

借助 Microsoft SQL Server 2014 数据库引擎优化顾问，不必精通数据库结构或 Microsoft SQL Server 的精髓，即可选择和创建索引、索引视图和分区的最佳集合。

数据库引擎优化顾问分析一个或多个数据库的工作负荷和物理实现。工作负荷是对要优化的一个或多个数据库执行的一组 Transact-SQL 语句。在优化数据库时，数据库引擎优化顾问将使用跟踪文件、跟踪表或 Transact-SQL 脚本作为工作负荷输入。可以在 Microsoft SQL Server Management Studio 中使用查询编辑器创建 Transact-SQL 脚本工作负荷。可以通过使用 SQL Server Profiler 中的优化模板来创建跟踪文件和跟踪表工作负荷。

对工作负荷进行分析后，数据库引擎优化顾问会建议添加、删除或修改数据库中的物理设计结构。此顾问还可针对应收集哪些统计信息来备份物理设计结构提出建议。物理设计结构包括聚集索引、非聚集索引、索引视图和分区。数据库引擎优化顾问会推荐一组物理设计结构，以降低工作负荷的开销（由查询优化器估计）。

数据库引擎优化顾问具备下列功能。

① 通过使用查询优化器分析工作负荷中的查询，推荐数据库的最佳索引组合。

② 为工作负荷中引用的数据库推荐对齐分区或非对齐分区。

③ 推荐工作负荷中引用的数据库的索引视图。

④ 分析所建议的更改将会产生的影响，包括索引的使用、查询在表之间的分布，以及查询在工作负荷中的性能。

⑤ 推荐为执行一个小型的问题查询集而对数据库进行优化的方法。

⑥ 允许通过指定磁盘空间约束等高级选项对推荐进行自定义。

⑦ 提供对所给工作负荷的建议执行效果的汇总报告。

⑧ 考虑备选方案，即以假定配置的形式提供可能的设计结构方案，供数据库引擎优化顾问进行评估。

6. 命令提示实用工具

这是指与 SQL Server 一起使用的命令提示工具。本书不作介绍。

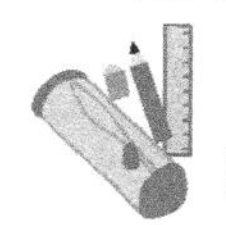

能力（知识）梳理

根据多年的教学经验知道，经常会出现学习一段时间后，有的人还不知道所学知识的用处，从而没有学习动力，所以本书的开始特别选择了一个实用的信息管理系统来介绍使用，目的是让读者清楚数据库的应用，加强感性认识，提高学习数据库的兴趣。

1. 基本概念

数据、信息及两者的关系。

数据 + 处理 = 信息。

2. 数据处理和数据管理的发展过程大致经历了 4 个阶段

人工管理、文件管理、数据库管理及分布式数据库管理。

3. 数据库系统的组成

硬件系统和软件系统，其中软件包括数据库管理系统、数据库和应用程序。

4. SQL Server 2014 数据库管理系统

SQL Server 2014 是一个全面的、集成的、端到端的数据解决方案，为企业中的用户提供了一个安全、可靠和高效的平台用于企业数据管理和商业智能应用。

对于 SQL Server 2014 的其他内容，读者先有一点认识和了解，通过后面的能力训练，进一步提高对基础知识的理解。

能力训练

1. 简述数据库在企业信息系统中的应用。
2. 安装 SQL Server 2014。

模块 2 设计数据库

专业岗位工作过程分析

任务背景

管理信息系统软件能够正常运行的前提之一是保障各类数据源安全正常的存储，然后 IT 技术人员才能够利用模型对数据源进行自动化处理，从而加工生成有助于企业管理层进行有效决策的信息。

因此，如何保障数据安全正常存储是进行数据库设计的首要任务之一。王明在了解了项目的基本情况后，开始着手进行数据库设计。

软件开发是一项系统性工程，从软件需求分析开始，将历经概要设计、详细设计、代码编写与调试、软件测试、系统发布与运行维护等诸多不同的阶段与过程。其中，数据库设计属于概要设计中的一个环节，但是它在整个软件开发中的地位却是至关重要的，特别是对于信息管理类软件而言更是如此。

工作过程

王明首先梳理了以下进行数据库设计前需要解决的几个问题（数据库需求）。

1. 首先分析公司内部哪些部门对系统有哪些功能方面的要求。
2. 各个部门对系统功能要求方面是否存在关联？能否进行逻辑提炼？
3. 各个部门对系统功能的要求是否清晰？能否明确到具体的数据类型和字段？
4. 数据库设计时如何定义实体？如何定义实体间的联系？
5. 数据库的逻辑模型和物理模型之间存在什么样的联系？

在明确了问题之后，王明开始着手解决。

李新还提醒王明，在数据库设计时要注意避免不同部门对同一类数据提出重复的要求。因此，为了提高数据存储和访问的效率，会采取一些规范化的处理手段。王明注意到这个问题，准备在进行数据库设计时注意各类“范式”的要求。

工作目标

模块 1 中已经了解到长江家具信息管理系统的基本情况，鉴于系统的规模及其实施的难度情况，本模块主要针对入库管理功能进行数据库设计，要求依托入库管理功能的需求情况，能设计出合理的概念模型，并绘制详细的 E–R 图（实体 – 联系图），能将 E–R 图转化为适宜的关系模型（要求所确定模型不限于入库管理模块本身，而是以入库管理模块为基础，将该模块以外的、与之有关的其他模块的部分内容也加以扩充）。

终极目标

设计出入库管理数据库的关系模型。

促成目标

1. 能从系统需求中正确提取出相关实体。
2. 能正确描述出所有实体间的相互联系，并能绘制 E-R 图。
3. 能将 E-R 图转化为正确的关系模型。
4. 规范关系模式。

工作任务

1. 工作任务 2.1　定义实体及属性。
2. 工作任务 2.2　设计 E-R 图。
3. 工作任务 2.3　设计关系模型。
4. 工作任务 2.4　规范化关系模型。

工作任务 2.1　定义实体及属性

在从事具体的实体及其属性划分之前，必须明确的是，数据库设计的起源在于系统需求分析或系统分析阶段。在系统分析阶段中，已经针对系统的需求情况、环境情况等，分别建立了数据流程图与数据字典。由于该部分内容的详细设计方法已经超出本书内容，因此本模块将该部分详细的设计过程省略，直接给出相关结果。

2.1.1　入库管理功能的基本需求

入库管理功能的基本需求如下。

① 员工登录到系统后获取经理分配的一定的权限（不同的岗位与职务，所能操作的对象的权限不同）。

② 能选择不同的入库类型（原材料、半成品、产成品），并分别进行入库产品数据输入操作（不同类型的产品，要放到不同的仓库中去），形成汇总与明细报表。

③ 能进行随机库存查询。

④ 能进行入库信息查询。

⑤ 高级别权限的员工能进行已入库信息的修改。

2.1.2　数据流程图

经过对入库管理功能的分析，可以得到如图 2.1 所示的数据流程图。

图 2.1 中，外部实体“员工”既包括普通仓库管理人员，同时也包含高级经理等，由于各自权限不同，因此可选择的操作不同。经过相关权限确认处理后，用户可选择相应的入库操作，并实施入库处理动作，被入库的数据将存入相对应的仓库，并记录相关数据，以便后期查询及报表输出。

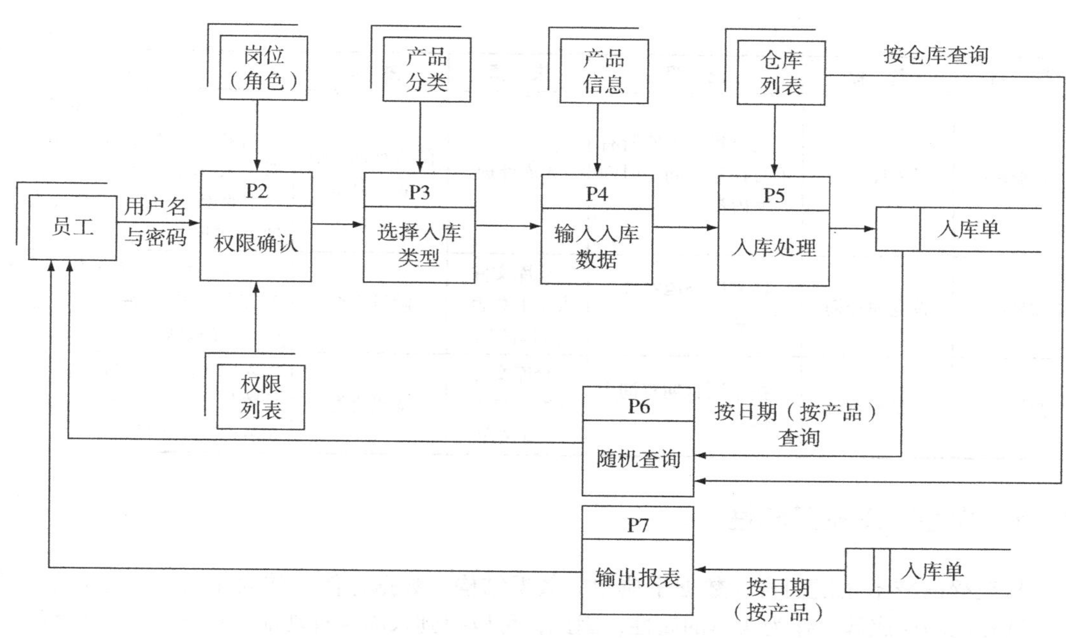

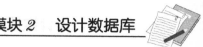

图 2.1　入库管理功能数据流程图

2.1.3　数据字典

根据图 2.1 中的具体流向及其相关存储，可以得到如表 2.1 所示的部分数据字典描述。

表 2.1　入库管理功能部分数据字典描述

项　目	名　称	说　明	来　源	去　向	组　成
外部实体	员工	操作用户，涉及各部门一线操作人员与管理者	系统管理	整个系统	用户编号、用户姓名、员工工号、密码
外部实体	岗位（角色）文件	给出单位内部所有岗位列表清单	系统管理	整个系统	角色编号、角色名称、角色描述
外部实体	权限列表	给出所有可能的操作权限信息	系统管理	整个系统	权限编号、权限名称、权限分类、权限描述
外部实体	产品分类	规定所有可能的产品类型	系统管理	仓库管理、生成管理、销售管理	产品分类编号、产品分类名称、上级分类编号、产品分类描述
外部实体	仓库列表	给出不同种类的仓库信息	系统管理	仓库管理、生成管理、销售管理	仓库编号、仓库名称、上级仓库、仓库说明
外部实体	产品信息	标明企业内部可能用到的所有产品（原材料、半成品、产成品等）	系统管理	整个系统	产品编号、产品名称、计量单位、产品规格、产品颜色、单价、说明

（续表）

项目	名称	说明	来源	去向	组成
数据存储	入库单	记录每笔入库所有汇总信息（同一时间入库内容）	入库处理	随机查询、报表、盘整	入库单编号、产品编号、产品名称、产品数量、入库日期、入库单状态、经手人工号、审核人工号、审批人工号、备注
数据流	按仓库查询	按不同仓库查询入库信息	仓库文件、入库汇总表、入库清单	随机查询	仓库编号、仓库名称、入库单编号、产品编号、产品名称、产品数量、单价
数据流	按日期查询	按不同日期查询入库信息	仓库文件、入库汇总表、入库清单	随机查询	入库单编号、产品名称、产品数量、价格、仓库编号、仓库名称、入库日期

2.1.4 确定实体及其属性

从纯粹的技术角度而言，数据字典中的数据结构、数据存储、数据流条目都可以作为实体，其相应的组成部分作为实体的属性，因此，可以得到入库管理功能模块自身应具有的 4 个实体——入库单明细、入库单汇总、按日期查询、按仓库查询。由于“按日期查询、按仓库查询”实体对于系统而言仅是临时信息，不需要在系统中长期保存与管理，因此，失去作为实体存在的实际价值，故此处将后两种实体舍弃。

同时，由于入库单明细与入库单汇总实体均涉及外部实体属性，为方便后继关系描述及其转换，此处将所有外部实体（其他模块中与之相关的内容）添加进来，将入库管理功能模块的实体集合进行扩充，作为整个系统的部分实体进行考察。至此，得到了长江家具管理系统中的 7 个实体。其实体及其属性的表示分别如图 2.2 所示。

以上是通过标准技术处理得到的系统部分实体，但鉴于系统分析部分超出本书范畴，因此，也可以不严格按照这种模式来产生实体及其属性。这就要求首先要明确什么是实体及其属性，然后再去分析系统的基本需求，从中分离出符合实体界定的基本对象。在系统需求中，主要应该关注的是静态的事物，这种事物一般是动作（或操作、处理）的发起者、终结者或中间产物。然后考查所选择的事物与已经筛选出的其他实体是否能彼此区分；该事物是否拥有自己的属性特征；当把该事物添加进其他实体中构成一个集合时，新集合的各元素之间是否有一定的关系。同时，必须明确实体是独立存在的，能代表一组物理存在（现实如员工角色）或概念存在（抽象如经理角色）的对象的集合。可以使用一个唯一的名字和一些特征（属性）来表示每个实体，虽然一个实体有不同的属性集合，但是每个实体的每个属性都有自己的值。

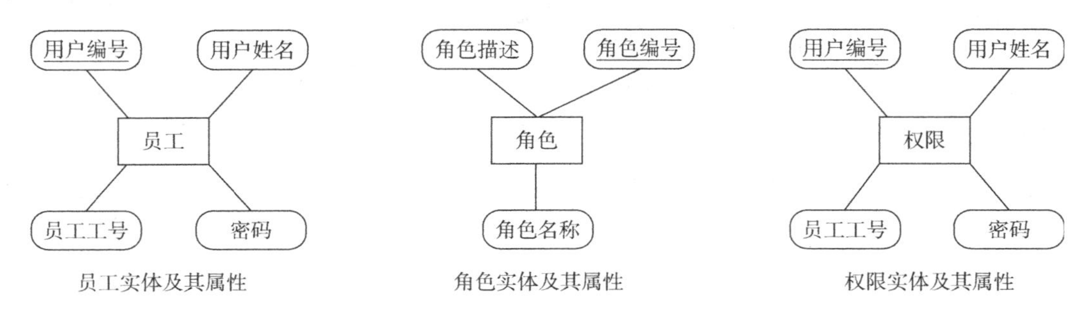

员工实体及其属性　　角色实体及其属性　　权限实体及其属性

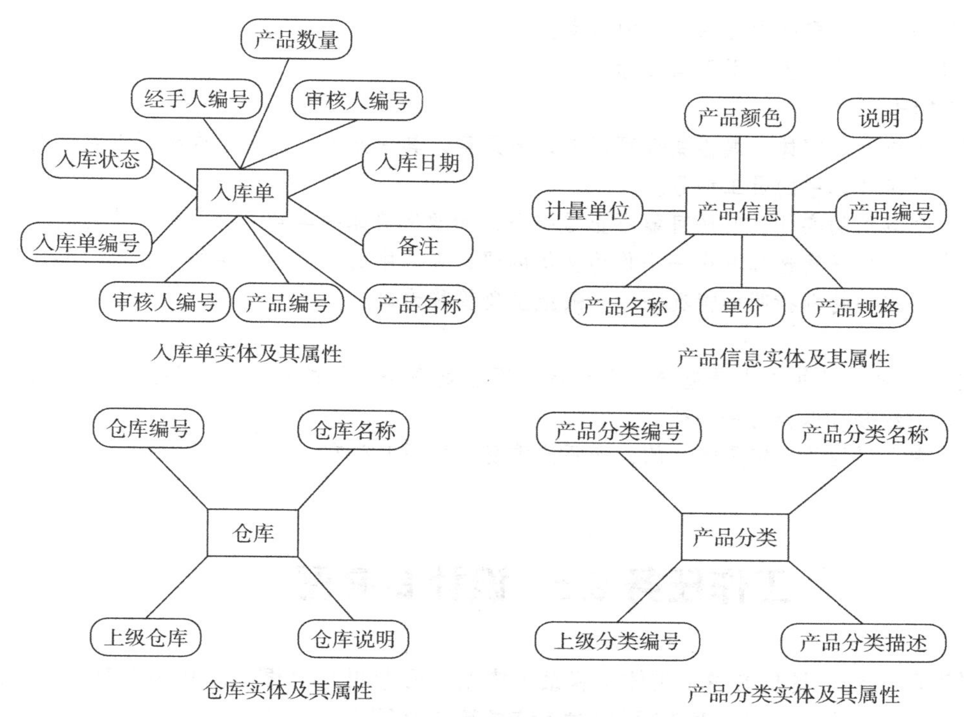

图 2.2　部分实体及其属性

知识点

实体及其表示

1. 实体的概念

通常情况下，把客观存在的、能彼此相互区别的对象（事物）称为实体。它可以是具体的物件，如李四、电脑等，也可以是抽象的概念，如法律法规，还可以是某种联系，如学生选课、顾客购物。

2. 属性的概念

实体具有的每一个特性，又称为实体的属性，如法规的名称、编号等。选择出的实体的属性越多，所刻画出的实体就越清晰。但是对于一个固定系统而言，并不是选择的属性越多越好，而是所选择的属性应该符合系统的功能模块需要，如员工属性中的身份证号码本应是每一员工均有的属性，但因为系统本身功能模块并未涉及对该属性的操作与管理而被舍弃。属性分“型”与“值”的概念，属性的名称就是属性的“型”；对型的具体赋值就是属性的“值”。例如，学生实体可以由学号、姓名、性别、年龄等属性型的序列来描述，而各属性的值（20070101001，章杨，男，18）的集合则表征了一个学生实体的值。

3. 实体集的概念

实体集是实体集合的简称，表示的是全部实体所构成的集合。不特别说明情况下所提到的实体，一般指的是实体集。

4. 实体的描述方式

实体的描述可以用图形化模式来表示，用矩形表示实体，矩形中写入实体的名字；用椭圆表示实体的每一属性，椭圆中写入属性的名字。

在属性表中，实体的主码用下画线标明。

5. 码与主码

码也称作关键字。实体的属性集合可能有许多元素，其中能唯一确定（或标识）实体的属性称为码，如员工实体中的员工编号。

当然，一个具体的实体，其码可能不止是一个，如学生实体的学号、身份证号均为码。在数据库设计中，可以任意选择其中一个作为实体的码，被选中的码又称为实体的主码，其他码则称为候选码。在不特别指明的情况下，一般把主码简称为码。

注意：

（1）码或主码有时并不止是包含一个属性，可能是多个属性的组合，如学生实体中的姓名、家庭地址的组合可以作为一个码。

（2）在表中主码的值一定是唯一的，即不能重复，也不能为空。

工作任务 2.2　设计 E–R 图

概念模型的主要工具是 E–R（实体 – 联系）模型，或者叫 E–R 图。E–R 图主要由实体、属性与联系 3 个要素构成。利用表 2.2 可以对系统局部 E–R 图进行图形化描述。

表 2.2　E–R 图图形元素

图形符合	含　义
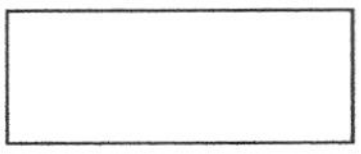 矩形	表示实体，并在框中填写实体名称
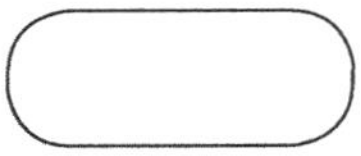 圆角矩形	表示实体或联系的属性，并在圈中填写属性名称
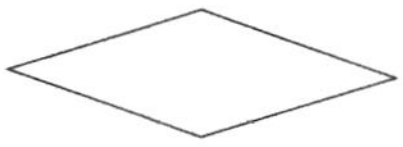 菱形	表示联系，并在框中填写联系名称
直线	连接以上 3 种图形，构成概念模型

2.2.1　局部关系描述

在 2.1.4 节中已经得到了具体的实体及其属性，在这些实体中，彼此之间可能会发生这样或那样的关系。局部关系描述的主要任务就是力图找到彼此有关系的两个实体，并能描述出实体与实体间的关系。

1. 员工与角色

在该系统中，角色是指工作岗位或职务。因此员工与角色之间必定有着一定的关系，每一个员工只能有一种岗位（角色）；反过来，每一种角色至少是由一个员工来承担的（如公司的保安角色就由多员工承担）。因此，角色与员工之间是一对多的关系，用 E–R 图表示如图 2.3 所示。

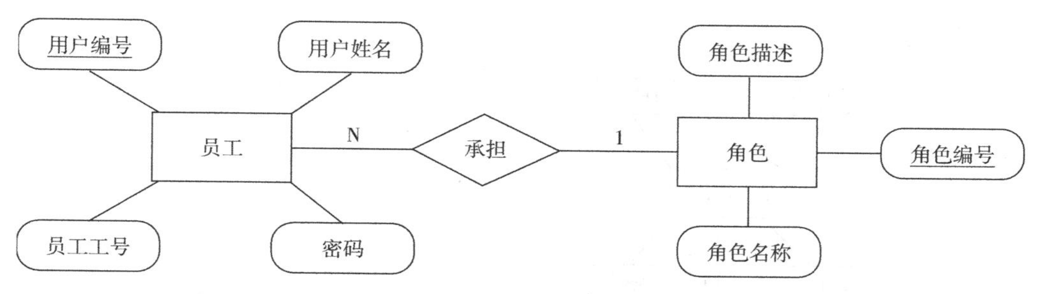

图 2.3　员工与角色的关系图

2. 角色与权限

权限是针对角色而言，指不同的角色所能进行的操作的权利是不同的。例如，仓库管理员就只能对仓库的入库、出库进行操作，因此，对于财务管理等与其无关的功能模块，对普通仓库管理人员而言应该是不可见的。

每一种角色均可执行多种不同的权限，同时，一个权限也由许多不同的角色来执行，所以权限与角色实体的关系也是多对多的关系。其 E-R 图如图 2.4 所示。

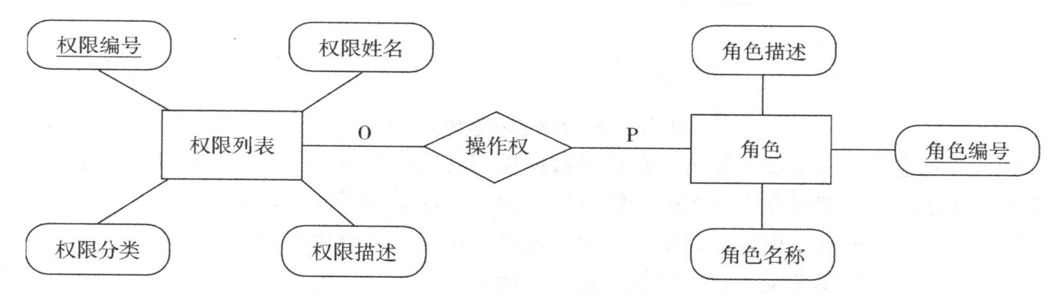

图 2.4　角色与权限的关系图

3. 产品分类与产品信息

本系统中产品主要有 3 种类型：原材料、半成品、产成品。每种类型中又包含诸多不同的产品，同时每一具体的产品均属于唯一的一个产品分类，所以产品分类与产品信息之间是一对多的关系。其 E-R 图如图 2.5 所示。

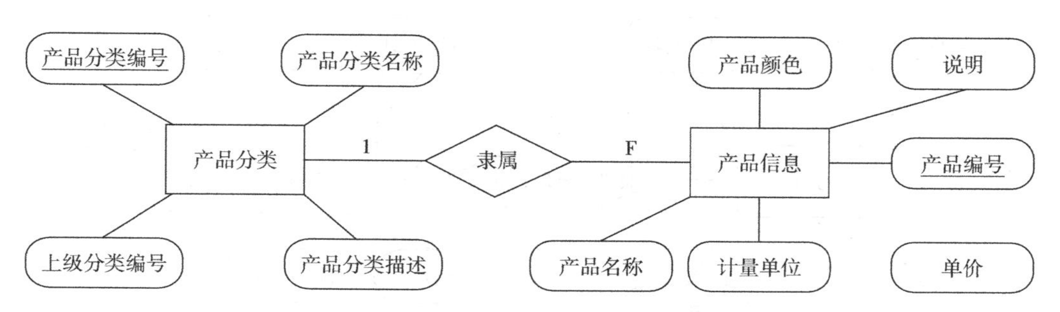

图 2.5　产品分类与产品信息的关系图

4. 员工、仓库与产品信息

产品要进行出入库处理，所以员工、产品与仓库之间必定有特定的“入库”联系。其 E-R

图如图 2.6 所示。

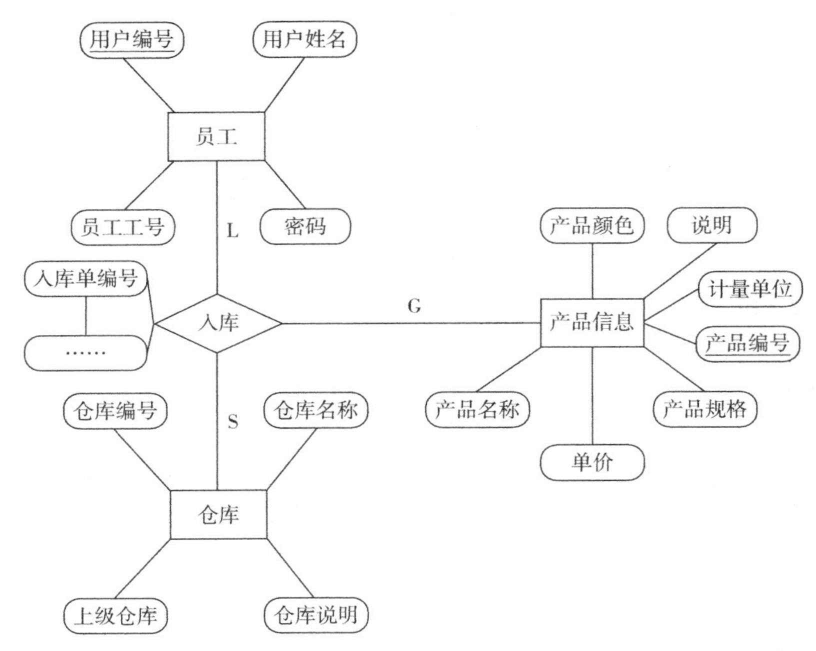

图 2.6　仓库与产品信息的关系图

然而，上述关系表示过于复杂，在后继数据模型转化中会带来诸多困扰，所以需要利用相关技术进行分解。由知识点中介绍的分解方法，引入入库单纽带实体作为过渡，此时，员工与入库单实体间存在审批、审核、制单的一对多联系；由于一个仓库可以对应很多入库单，但是针对一个具体的入库单来说，其可存放的仓库只能是一个，所以仓库与入库单实体间存在一对多联系；一张入库单可以定义很多产品入库，一个产品也可以在多张入库单上进行定义，从而分别入库，所以产品与入库单实体间存在多对多联系。

经过上述分解策略后，分别得到分解后的 E–R 图如图 2.7 至图 2.9 所示。图中入库单实体的属性已根据发生联系的实体对象不同进行重新分配，属性取舍原则是以当前环境下系统需要为准则。另外，图 2.7 中的员工与入库单实体间的联系其实是 3 个——制单、审批、审核，原因是不同联系的发起员工不同，此处针对全体员工而言，为简化起见合并表示。

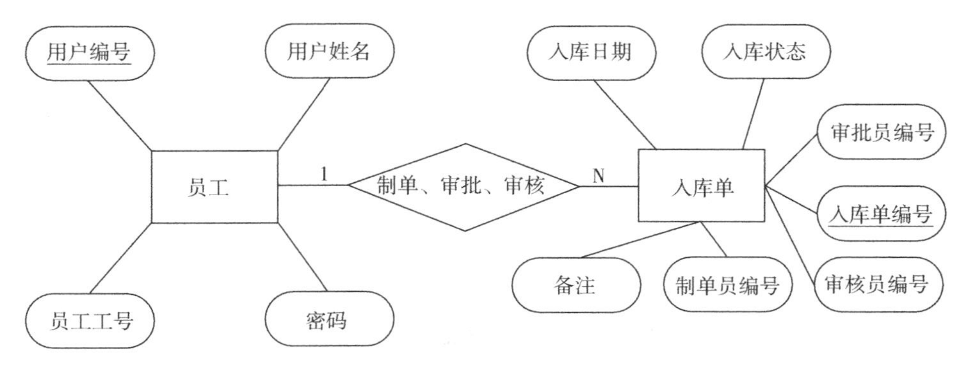

图 2.7　员工与入库单实体间的关系图

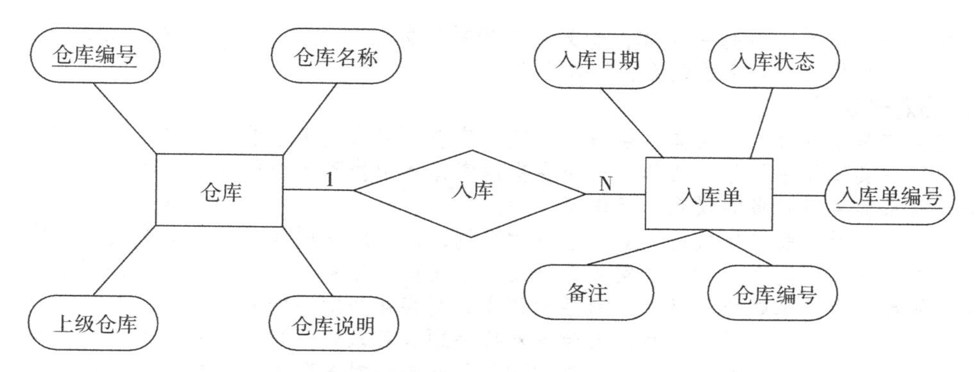

图 2.8 仓库与入库单实体间的关系图

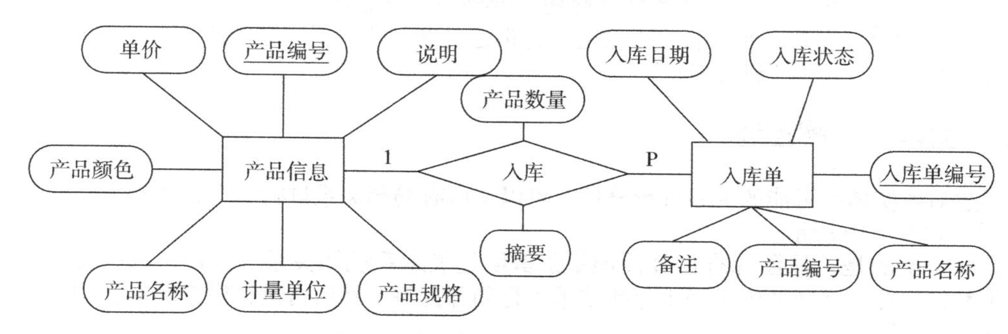

图 2.9 产品与入库单实体间的关系图

5. 员工与产品

除上述入库关系外，员工与产品之间存在查询关系，但是由于本系统对于查询关系仅作为临时信息对待，因此，在数据库中不需要长期保存，故此处将该关系省略，有兴趣的读者可以自行添加。

需要说明的是，上述所有局部实体间的关系仅为部分内容，其他内容（如员工实体自联系：经理对普通员工的管理）请自行绘制。

知识点

实体间的联系

实体集内部或实体集之间总是会发生某种含义的关联，把这种相互间的关联称为联系。其中，实体集内部的联系是指组成实体的各属性之间的联系，又称为内联系；实体集之间的联系是指不同实体间的联系，又称为外联系。

联系可以有自己的特定属性，用于表示联系的基本特征。

实体型之间的联系可以分为 3 类。

1. 一对一联系

当前实体集中的每一实体，在另一个实体集中最多只能找到一个可以与之相对应的实体；反过来说，在另一个实体集中的每一个实体，也只能在当前实体集中最多找到一个能够与之相对应的实体。该情况下的联系称为一对一的联系，记作 1 ：1。

2. 一对多联系

当前实体集中的每一个实体，在另一个实体集中可以找到多个能够与之相对应的实体；反

过来，在另一实体集中的每一实体，却只能在当前实体集中找到一个能够与之相对应的实体。该情况下的联系称为一对多的联系，记作 1 ： n。

3. 多对多联系

当前实体集中的每一个实体，在另一个实体集中可以找到多个能够与之相对应的实体；反过来，在另一实体集中的每一实体，也能在当前实体集中找到多个能够与之相对应的实体。该情况下的联系称为多对多的联系，记作 m ： n。

事实上，一对一联系仅仅是一对多联系的特例，而一对多联系又是多对多联系的特例。在实际处理中，总是将两个一对一的实体合并成一个实体，而将一个多对多联系分解为两个一对多联系。例如，在顾客购物活动中，商品和顾客之间存在多对多的联系，此时增加一个购物实体就可以将多对多的关系进行分解。因为虽然每个顾客可以购买多个商品，但每一次购物活动只能由一个人付款完成，所以“顾客”与“购物”间为一对多联系；同样，一件商品虽然可以由多个顾客购买，但是在一次具体的“购物”活动中，只能由一个人来完成购买动作，所以“商品”和“购物”也是一对多联系。在这个转化过程中，“购物”实体起到了一个纽带的作用，所以又把这样的实体叫“纽带实体”。

2.2.2　整体 E–R 图描述

经过对各实体间可能的关系进行分析，可以将所有局部关系进行整合，进而得到整合后的 E–R 图，如图 2.10 所示。

需要说明的是，整合后的 E–R 图能更加鲜明地表示系统间关系，但是，对于后继的模型转化不利，因此实际转换中多采用分解技术进行局部拆解，然后再进行模型转换。这部分内容将在 2.3 节中介绍。

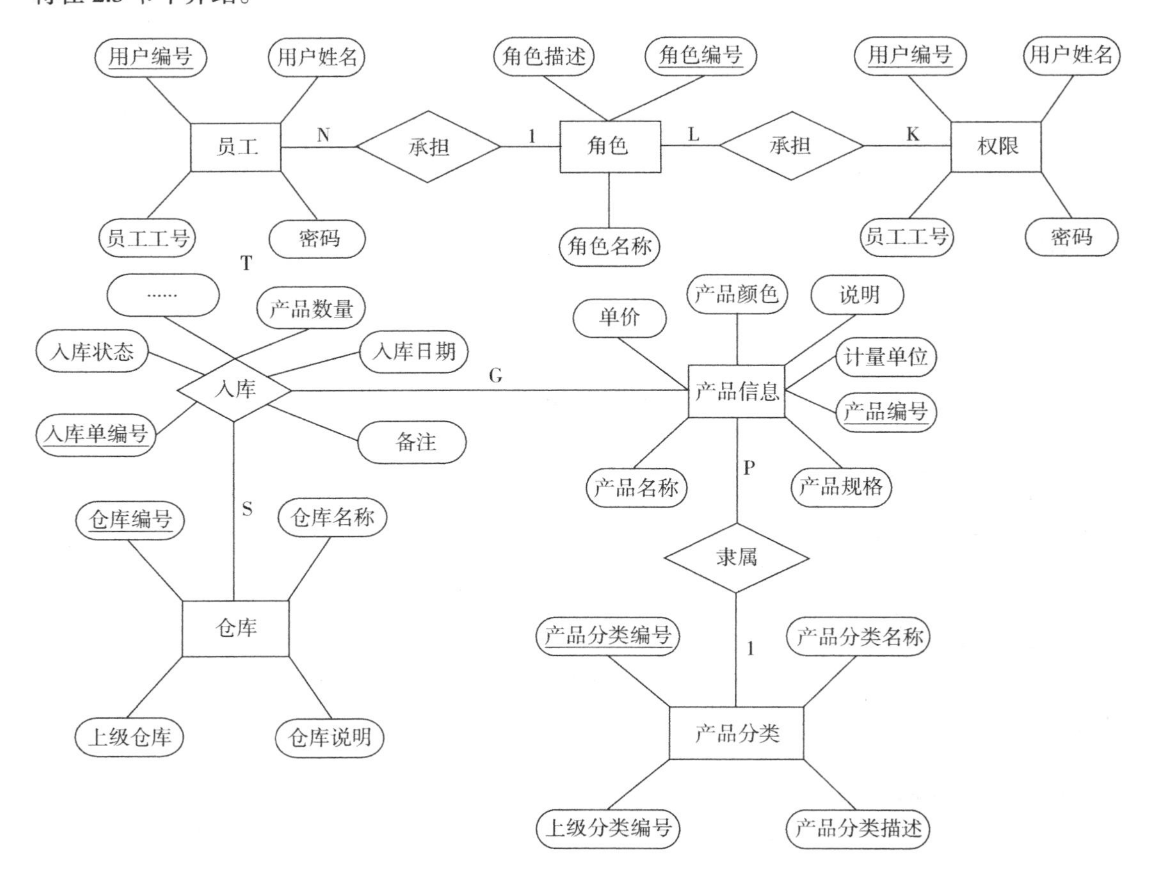

图 2.10　整合后的 E–R 图

工作任务 2.3　设计关系模型

概念结构可以用 E-R 模型清晰地表示，它是独立于任何一种数据模型的信息结构。逻辑结构设计的任务，就是把概念结构设计阶段建立的基本 E-R 图，按照选定的管理系统软件支持的数据模型（层次、网状、关系），转换成相应的逻辑模型。由于现在使用的数据库系统都采用关系数据模型，因此，这种转换就要符合关系数据模型的规则。

E-R 图向关系模型的转换是要解决如何将实体和实体间的联系转换为关系，并确定这些关系的属性和码。接下来，将利用两种转换策略，分别将上述 E-R 模型进行关系模型的转换。

2.3.1　第1种转换模式

第 1 种转换模式采用如下转换策略。

① 首先将 E-R 图中所有实体转换成关系，实体的名称为转换后的关系的名称，实体的属性为转换后的关系的属性，实体的码转换为关系的码。

② 如果实体与实体间的联系是多对多的 $m:n$ 模式，则直接将联系转换为实体，联系的名称转换为关系名称，联系的属性转换为关系的属性，发生联系的两个实体的码添加到关系中，作为关系的码。

③ 如果实体与实体间的联系是 1 ：1 或 1 ：n 模式，此时将联系的所有属性（包含码）直接添加进由 n 端实体转换得到的关系中，作为其属性，同时将 1 端实体的主码也添加到该关系中。

按照这种策略，可以得到如下的关系模型（注：部分重复内容已删除，同时，在处理员工与入库单之间的联系时，将员工编号进行职能拆分，分别转换为制单员员工编号、审核员员工编号、审批员员工编号）。

① 员工（用户编号，用户姓名，员工工号，密码，角色编号）

② 角色（角色编号，角色名称，角色描述）

③ 权限列表（权限编号，权限名称，权限分类，权限描述）

④ 权限角色操作权（角色编号，权限编号）

⑤ 产品分类（产品分类编号，产品分类名称，上级分类编号，产品分类描述）

⑥ 仓库列表（仓库编号，仓库名称，上级仓库，仓库说明）

⑦ 产品信息（产品编号，产品名称，计量单位，单价，产品颜色，说明，产品分类编号）

⑧ 入库单（入库单编号，产品编号，产品名称，入库日期，入库单状态，备注，制单员工编号，审核员工编号，审批员工编号，仓库编号）

⑨ 产品信息入库单入库（入库单编号，产品编号，产品数量，摘要）

按照码相同的关系需要合并的原则，将所得到的模型进行合并，此时得到如下的关系模型。

① 员工（用户编号，用户姓名，员工工号，密码，角色编号）

② 角色（角色编号，角色名称，角色描述）

③ 权限列表（权限编号，权限名称，权限分类，权限描述）

④ 权限角色操作权（角色编号，权限编号）

⑤ 产品分类（产品分类编号，产品分类名称，上级分类编号，产品分类描述）

⑥ 仓库列表（仓库编号，仓库名称，上级仓库，仓库说明）

⑦ 产品信息（产品编号，产品名称，计量单位，单价，产品颜色，说明，产品分类编号）

⑧ 入库单（入库单编号，产品编号，产品名称，入库日期，入库单状态，备注，制单员工编号，审核员工编号，审批员工编号，仓库编号）

⑨ 产品信息入库单入库（入库单编号，产品编号，产品数量，摘要）

最后将部分关系模型进行修正，主要将名称改成容易理解的名称，同时设置相关主码，其结果如下。

① 用户表（用户编号，用户姓名，员工工号，密码，角色编号）

② 角色表（角色编号，角色名称，角色描述）

③ 权限表（权限编号，权限名称，权限分类，权限描述）

④ 权限角色表（角色编号，权限编号）

⑤ 产品分类表（产品分类编号，产品分类名称，上级分类编号，产品分类描述）

⑥ 仓库表（仓库编号，仓库名称，上级仓库，仓库说明）

⑦ 产品表（产品编号，产品名称，计量单位，单价，产品颜色，说明，产品分类编号）

⑧ 入库单表（入库单编号，产品编号，产品名称，入库日期，入库单状态，备注，制单员工编号，审核员工编号，审批员工编号，仓库编号）

⑨ 入库单明细表（入库单编号，产品编号，产品数量，摘要）

2.3.2　第 2 种转换模式

第 2 种转换模式采用如下转换策略。

① 首先将 E–R 图中所有实体转换成关系模型，实体的名称为转换后的关系的名称，实体的属性为转换后的关系的属性，实体的码转换为关系的码。

② 将 E–R 图中的实体与实体间的联系转换成关系模型，联系的名称为关系的名称，联系的属性及其联系所连接的实体的码都转换为关系的属性。如果联系为 1 ∶ 1 模式，则联系所连接的实体的码都成为转换后关系的候选码；如果联系为 1 ∶ n 模式，则 n 端实体码作为转换后的关系的码；如果联系为 m ∶ n 模式，则联系所连接的实体的码的组合作为转换后的关系的码。

按照这种策略，可以得到如下的关系模型（注：部分重复内容已删除）。

① 员工（用户编号，用户姓名，员工工号，密码）

② 角色（角色编号，角色名称，角色描述）

③ 员工承担角色（角色编号，用户编号）

④ 权限列表（权限编号，权限名称，权限分类，权限描述）

⑤ 权限角色操作权（角色编号，权限编号）

⑥ 产品分类（产品分类编号，产品分类名称，上级分类编号，产品分类描述）

⑦ 仓库列表（仓库编号，仓库名称，上级仓库，仓库说明）

⑧ 产品信息（产品编号，产品名称，计量单位，单价，产品颜色，说明）

⑨ 产品信息产品分类（产品编号，产品分类编号）

⑩ 入库单（入库单编号，入库日期，入库单状态，备注，产品编号，产品名称，入库日期，入库单状态，备注，制单员工编号，审核员工编号，审批员工编号）

⑪ 员工入库单入库（入库单编号，制单员工编号，审核员工编号，审批员工编号）

⑫ 仓库入库单入库（入库单编号，仓库编号）

⑬ 产品信息入库单入库（入库单编号，产品编号，产品数量，摘要）

按照码相同的关系需要合并的原则，将所得到的模型进行合并，此时得到如下的关系模型。

① 员工（用户编号，用户姓名，员工工号，密码，角色编号）

② 角色（角色编号，角色名称，角色描述）

③ 权限列表（权限编号，权限名称，权限分类，权限描述）

④ 权限角色操作权（角色编号，权限编号）

⑤ 产品分类（产品分类编号，产品分类名称，上级分类编号，产品分类描述）

⑥ 仓库列表（仓库编号，仓库名称，上级仓库，仓库说明）

⑦ 产品信息（产品编号，产品名称，计量单位，单价，产品颜色，说明，产品分类编号）

⑧ 入库单（入库单编号，产品编号，产品名称，入库日期，入库单状态，备注，制单员工编号，审核员工编号，审批员工编号，仓库编号）

⑨ 产品信息入库单入库（入库单编号，产品编号，产品数量，摘要）

最后将部分关系模型进行修正，主要将名称改成容易理解的名称，同时设置相关主码，其结果如下。

① 用户表（用户编号，用户姓名，员工工号，密码，角色编号）

② 角色表（角色编号，角色名称，角色描述）

③ 权限表（权限编号，权限名称，权限分类，权限描述）

④ 权限角色表（角色编号，权限编号）

⑤ 产品分类表（产品分类编号，产品分类名称，上级分类编号，产品分类描述）

⑥ 仓库表（仓库编号，仓库名称，上级仓库，仓库说明）

⑦ 产品表（产品编号，产品名称，计量单位，单价，产品颜色，说明，产品分类编号）

⑧ 入库单表（入库单编号，产品编号，产品名称，入库日期，入库单状态，备注，制单员工编号，审核员工编号，审批员工编号，仓库编号）

⑨ 入库单明细表（入库单编号，产品编号，产品数量，摘要）

知识点

逻辑模型

1. 逻辑模型的基本概念

逻辑模型是数据模型的核心，是指用户通过数据库管理系统看到的现实世界。它描述了数据库数据的整体结构。逻辑模型通常由数据结构、数据操作、数据完整性约束 3 部分概念组成。其中，数据结构是对系统静态特性的描述。

从数据结构的角度划分，逻辑模型有层次模型、网状模型、关系模型、面向对象模型等。层次模型的特点是实体间按层次关系来定义。由于层次模型不能很好地表达实体间的负责关系，于是产生了网状模型，但是网状模型又会对原始数据结构及其应用程序的修改产生严重的后果，因此，在 1970 年，美国的 E. F. Codd 提出了关系模型的理论，首次运用数学方法来研究数据结构和数据操作，将数据库的设计从以经验为主提高到以理论指导为主。目前，常规使用的都是属于关系模型结构的数据库系统。

关系模型是一种新的数据模型。在数据库中的数据结构如果按照关系模型定义，就是关系数据库系统。关系数据库系统由许多不同的关系构成，每个关系就是一个实体，可以用一张二维表表示。

关系模型涉及的基本概念有如下内容。

① 关系。可以简单地把一张二维表看做一个关系，如表 2.3 所示。

表 2.3　二维表

姓名	性别	学号	班级
李四	男	20080109	计算机 0801
……	……	……	……

② 属性。表中的每一列叫做一个属性，属性有名和值的区别。

③ 元组。由属性值组成的每一行叫做一个元组。

④ 框架。由属性名组成的表头称为框架。

⑤ 分量。表中的每一个属性值。

⑥ 域。每一属性的取值范围。

⑦ 候选码。可以唯一确定一个元组的属性或属性组合。

⑧ 主码。被指定用来唯一标识元组的候选码称为主码。

⑨ 主属性。可以作为候选码的属性。

⑩ 非主属性。不能作为候选码的属性。

关系模型的基本描述模式如下。

关系名（属性列表）

在属性列表中，针对主码，需要用下划线标注。

需要说明的是，关系模型中不但实体用关系来表示，实体间的联系也用关系来表示。

2. E-R 图向关系模型的转换

关系模型的转换主要有两种策略，其内容前文已经提及，此处不再赘述。需要说明的是，为了进一步提供数据应用系统的性能，还应该根据实际需要适当地对转换得到的关系模型进行调整与完善、优化。关系模型的优化是采用规范化理论实现的。

作为一个关系模型基本的约束条件，最低限度要满足如下规范。

① 表格中每一数据项不可再分。

② 每一列数据有相同的类型。

③ 各列均有唯一的名称和不同的属性值。

④ 列与行的顺序是无关的。

⑤ 每个表格中不允许有相同的两个或两个以上的元组存在。

工作任务 2.4　规范化关系模型

经过 2.5 节的描述，很容易就得到了系统的关系模型。经过分析，不难发现产品名称数据在产品表与入库单表中重复出现的现象。由于两者属性的一致性，要求两个表中对应的数据

（产品名称）应该相同，因此在实际针对关系表的维护中，操作一张表的同时就必须同时操作另外一张表，从而给后期数据的处理带来了诸多不必要的负担。为解决如上类似的问题，一般采用Ⅲ范式标准，将前面所得到的关系模型进行适当的规范化转换，从而消除数据存储的异常现象，减少数据的冗余，保证数据的正确性、一致性，提高数据存储的效率。

2.4.1 Ⅰ范式

首先检查所得到的每一关系中的属性是不是原子值，即所划分出的属性为不可再分的基本数据项。如果符合要求，则称该关系是第一范式，又称Ⅰ范式，简称1NF（First Normal Form）。

在2.5节中所得到的9个关系中，每一关系所含的属性均为原子属性，均符合Ⅰ范式要求，所以是Ⅰ范式模式。

Ⅰ范式为关系模型应该达到的最起码要求。满足1NF的关系称为规范化的关系，否则称为非规范化的关系。因此，将非规范化关系转化为规范化关系的主要任务，就是将非原子属性进行细化分解，直至属性不可再分。

然而，满足了1NF要求，并未从根本上解决数据冗余与数据处理的问题，所以在此基础上，仍需要继续进行2NF与3NF的规范化。

2.4.2 Ⅱ范式

在满足1NF的前提下，检查关系中的每一个非主属性是否完全函数依赖于主关键字。如果完全函数依赖，则称该关系是Ⅱ范式，简称2NF，否则不是Ⅱ范式。

在关系用户表中，主关键字为用户编号，通过用户编号能唯一标识表中的每一行，对于任意给定的某一个用户编号，都会有一个用户姓名、密码、员工工号、角色编号与之对应。用户姓名、密码、员工工号、角色编号完全是由用户编号所决定的，或者说用户姓名、密码、员工工号、角色编号完全函数依赖于用户编号，因此，关系用户表符合2NF要求，是2NF模式。用类似的判断方法，可以得出其他各关系同样符合2NF规范。

一般而言，对于以单一属性作为关系的主关键字的情况，该关系均可认为是2NF模式，原因是主关键字本身就起到了唯一决定表中一行数据的作用。但是，对于多个属性组合在一起作为关系的主关键字的情形则需仔细分析，此时必须判断每一非主属性是完全还是部分函数依赖于该组合主关键字。

以关系入库单明细表为例，其主关键字为入库单编号、产品编号的组合，此时关系中非主属性摘要、产品数量是随单一入库动作产生的，因此，完全函数依赖于主关键字。但是，假如该关系做如下更改：

非2NF入库单明细表（入库单编号，产品编号，产品名称，产品数量，摘要）

此时非主属性产品名称仅仅依赖于产品编号，而不依赖于入库单编号，因此，属于局部依赖关系，故更改后的关系为非2NF模式。

对于非2NF模式的关系，需要提取出发生局部依赖双方（产品编号和产品名称）构成一个独立的关系模式，将关系中其他非主属性（组合）与主关键字构成另外一个关系，然后将所有关系进行重新整合即可。例如，对于非2NF入库单明细表，可以分解成两个新的关系：关系1（产品编号，产品名称）；关系2（入库单编号，产品编号，产品名称，产品数量，摘要）。关系1的内容与产品表重合，可以舍弃；关系2则成为修改后符合2NF规范的入库单明细表。

2.4.3　Ⅲ范式

2NF 并不能避免数据的冗余，所以做完 2NF 规范后，必须要做的就是 3NF 规范。也就是说，3NF 范式的前提必须是 2NF 的关系。

判断关系是否为Ⅲ范式的方法为：对任意满足 2NF 的关系，如果其中任何一个非主属性都不传递依赖于任何主关键字，则称该关系为Ⅲ范式，简称 3NF。

在关系入库单表中，属性产品编号完全依赖于入库单编号，而产品名称则是依赖于产品编号。也就是说，产品名称是通过产品编号传递依赖于入库单编号，因此关系入库单表为非 3NF 模式。

将非 3NF 模式转换为Ⅲ范式的方法与 2NF 的转换方式相似：将产生传统依赖的双方属性直接从原关系中分离，并构成一个新的关系，然后进行整个关系的整合。

经过分离转换操作，入库单表分成如下两个关系：

临时表 1（产品编号，产品名称）

临时表 2（入库单编号，产品编号，入库日期，入库单状态，备注，制单员工编号，审核员工编号，审批员工编号，仓库编号）

临时表1与产品表重合，因此舍弃。此时将临时表2作为规范后的新的关系入库单表，则新的入库单表为Ⅲ范式。

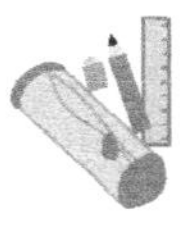

能力（知识）梳理

系统开发工作一旦确定，则首先进行系统分析，通过对现行系统的调查与分析，掌握系统的基本环境、基础数据、基本需求、基本任务，并提出新的模型。

系统分析从现状调查开始，目的是收集一切有关的事实、资料和数据，以期彻底掌握现系统的工作状况。

现状调查主要解决原系统如何工作的问题，而需求分析则是在此基础之上对功能与信息作进一步的分析与抽象，从而确定新系统的要求。这一过程主要通过 3 个阶段来实现：数据流程图的绘制、数据分析、功能分析。

1. 数据流程图

数据流程图主要用于分析系统中的数据流向，采用自上而下逐步求精的方法，即先把整个系统当做一个处理功能来看待，而后逐一将处理功能进行分解、细化，从而得到下级流程图。其基本图形符号如表 2.4 所示。

表 2.4　数据流程图符号表

符　号	说　明
（外部实体符号）	外部实体，即系统的数据来源和经过加工处理后信息的去向。外部实体是系统之外的、与系统有数据联系的实体。在符号框内，填写外部实体的名称
（处理功能符号）	处理功能。框内填入处理功能的名称
（数据存储符号）	数据存储。框内填入数据存储的名称
→	数据流向。箭头方向表示数据的走向

在进行系统处理功能分解过程中，具体一个系统要分成多少层级，在每一层级分解中，高级别应分解成多少低层次的功能，应依据系统环境的具体情况分析确定。系统范围越大，划分层次就越多，一般一个系统功能至多分解为 10 个下层功能（多于 10 的情况下，应该增加分解层次）。这是一个经验性数字，没有标准的规定。

2. 数据字典

数据流程图着重于系统的全貌，对新系统提出了综合的逻辑描述，而诸多细节还需经过数据分析与功能分析来得到。

数据分析的任务是将数据流程图中出现的各组成部分的内容、特征用数据字典的形式做出明确的定义和说明，而功能分析则是对数据流程图中的处理过程的功能做详细的说明。

数据字典是给数据流程图中每个成分以定义和说明的工具，包括数据项、数据结构、数据流、数据存储、功能处理、外部项等。

数据字典编写的基本要求如下。

① 对数据流程图中的各种成分的定义必须明确、易理解、唯一。

② 命名、编号与数据流程图一致。

③ 符合一致性与完整性要求。

④ 格式规范、文字精练、符号正确。

通过对系统的深入分析，可以得到系统中所涉及的实体，并通过实体间的联系，将系统中的数据、信息等进行串联，使得信息在系统中能得以顺畅地流转。

实体及其属性是构成数据库的基础，实体及其属性的确定是个渐进的过程，可以通过数据流程图及数据字典来分析，同时，也要根据系统实际环境进行完善与修正。

实体间的联系有 3 种—— 一对一、一对多和多对多，主要针对的是彼此间的可能关联，因此，联系是双向的、可逆的过程。

理顺实体及联系，是建立概念模型的核心，而逻辑模型又是通过概念模型直接转换而来的，因此，实体及其联系的确定也就成了数据库设计的关键。

概念模型向逻辑模型的转换过程中可以任意采用两种技术中的一种，但是，并非由此转换得到的就是最终的、不需修改的关系模型。关系模型必须符合一定的规范与约束，因此，模型仍需要进行合并、分解、优化等不同的处理。

能力训练

“在线书店系统”中，用户登录到系统后，首先进行身份确认，属于普通客户，则允许进行图书浏览、图书下订单购买、客户的自己订单的修改、客户个人信息修改等；如果登录用户属于系统管理员，则允许进行系统的管理与设置。请针对普通客户功能的情况，设计相关数据库，给出相关 E-R 图，并进行适当的逻辑模型转换。

模块 3 创建数据库和数据表

专业岗位工作过程分析

任务背景

数据库的逻辑设计从根本上保障了数据存储的效率，消除数据冗余，因此，一个有效设计的数据库逻辑结构是进行数据库应用的重要前提。

在数据库逻辑设计完成后，就可以利用数据库软件进行建库和建表的操作了，即实现数据库的物理结构。

工作过程

王明依据前面分析完成的数据库逻辑结构开始进行数据库及多个数据表的建、增、删、改操作。

1. 可以利用两种不同的方法创建数据库：一种方法是利用 Management Studio 中可视化的窗口创建，通过不同的系统对话框进行数据库各个参数的设置，完成数据库创建；另一种方法是利用 Transact-SQL 语句完成数据库创建。

2. 数据库的两种创建方式最终结果是一样的，可视化创建比较适合对数据库要求不高的人员，对数据库要求高的人员应使用用语句创建。

3. 如果在数据库创建完成后，需要对诸如文件大小、路径等参数进行修改，也可以采用可视化方式或 Transact-SQL 语句方式来对数据库进行修改。

数据库创建完成后，相当于存放数据库的容器已经搭建完毕，这时还需要为这个容器搭建一个个的数据表空间，即对数据表进行增、删、改操作。依据数据库逻辑结构的分析，一个数据库中可以包括若干数据表，表跟表之间通过关系进行关联。

4. 数据表的增、删、改也可以如数据库增、删、改操作一样，使用两类方式实现。

5. 数据表类似于 Excel 表，也分为行和列。在创建数据表时，要明确定义每列的列名、数据类型和允许空 3 个属性。

6. 数据表创建完成后，普通用户就可以将各类业务数据依据定义好的数据表结构进行输入、查询和修改等操作了。

在数据库和数据表创建完成后，王明请李新协助确认工作顺利完成。

然后，王明请与本次数据库系统相关的业务部门各派出一个工作人员，依据设计好的数据表列字段进行原始数据整理，整理完成后，由王明统一将这些已产生的数据输入到数据库中。

工作目标

终极目标

实现对“长江家具”及“在线书店”系统的数据库创建工作。通过数据库的创建，为系统

的安全运行做好准备工作。

促成目标

1. 创建数据库。
2. 修改数据库。
3. 删除数据库。
4. 创建数据表。
5. 修改数据表。
6. 删除数据表。

工作任务

1. 工作任务3.1 创建数据库。
2. 工作任务3.2 修改数据库。
3. 工作任务3.3 删除数据库。
4. 工作任务3.4 创建数据表。
5. 工作任务3.5 修改数据表。
6. 工作任务3.6 删除数据表。

工作任务3.1 创建长江家具信息管理系统数据库

在系统分析师完成系统分析后，就可以根据系统分析的结果进行长江家具信息管理系统数据库的创建工作了。创建数据库的方式有两种：一种是通过Microsoft SQL Server Management Studio，还有一种是使用CREATE DATABASE语句来创建。

3.1.1 使用Microsoft SQL Server Management Studio创建数据库

操作步骤：

1）选择“开始”｜“所有程序”｜Microsoft SQL Server 2014｜Microsoft SQL Server 2014 Management Studio命令，启动Microsoft SQL Server 2014 Management Studio。在“对象资源管理器”中，连接到SQL Server 2014数据库引擎实例，右击“数据库”，出现如图3.1所示的“数据库”快捷菜单。

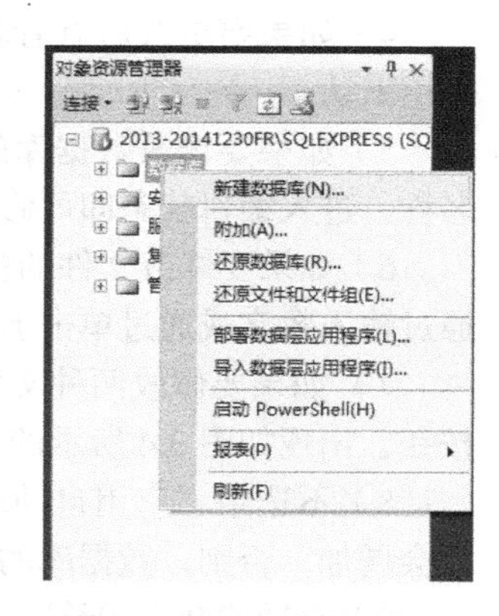

图3.1 “数据库”快捷菜单

2）选择“新建数据库”命令，出现如图3.2所示的“新建数据库”窗口。

3）在左边“选择页”列表框中选择“常规”，在右边“数据库名称”文本框中输入数据库名称DODB，出现如图3.3所示的窗口。在窗口右边“数据库文件”列表框中列出了数据库的文件信息。

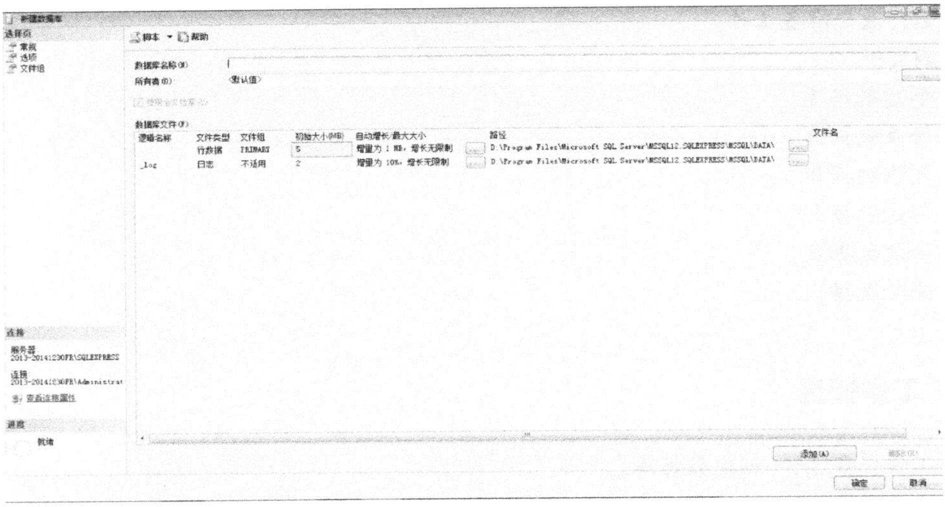

图 3.2　新建数据库

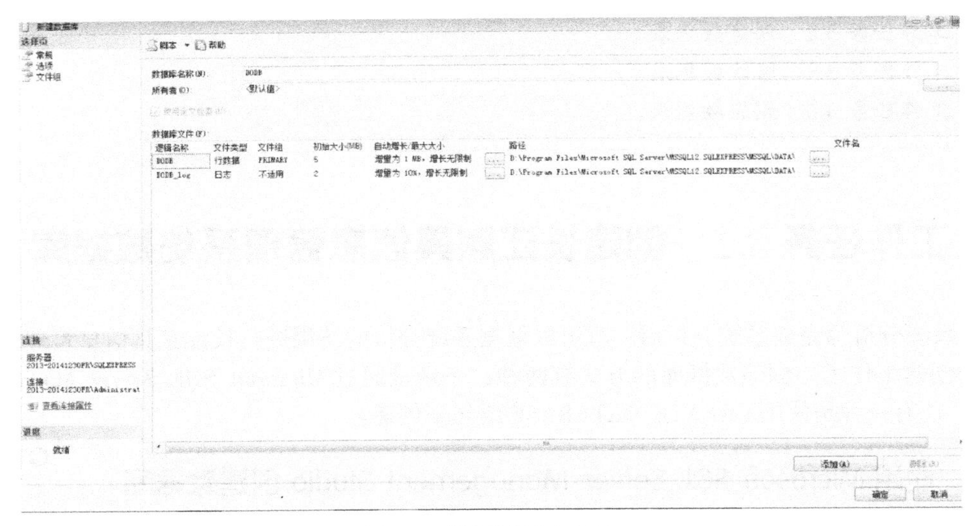

图 3.3　创建数据库 DODB

4）如果要更改所有者名称，可以单击其文本框右边的“…”按钮选择其他所有者。此处采用默认。

5）如果要修改数据库的数据文件或日志文件的逻辑名，可单击“逻辑名称”栏下的默认名称，进入编辑状态即可修改。此处不改。

6）如果要修改文件的初始大小，可单击“初始大小”栏下面的默认大小，进入编辑状态，通过输入数字或通过单击上下箭头进行修改。此处不改。

7）如果要修改两种文件的自动增长情况，可单击“自动增长 / 最大大小”栏下面的“…”按钮，出现如图 3.4 所示的“更改 DODB 的自动增长设置”对话框。

8）不选中“启用自动增长”复选框，这样当数据库中数据逐渐增加时，数据库文件大小不会增加，否则，数据库的两种文件会随着数据库中数据量的增大而自动递增。

9）选择“文件增长”选项组两个单选按钮之一，设置文件增长量。一个是按百分比增长，一个是按 MB（兆字节）增长。

10）选择“最大文件大小”选项组的单选按钮之一，设置文件的最大值。一个是限制最大值的量，一个是不限制，即只要磁盘有空间就多大都可以。

11）设置完成后，单击“确定”按钮，返回图 3.3 所示窗口，显示所设置的值。

12）如果要修改保存数据库两类文件的路径，可单击“路径”栏下面的“…”按钮，出现如图 3.5 所示的“定位文件夹”对话框。

13）选择保存文件的文件夹，然后单击“确定”按钮，返回图 3.3 所示的窗口，显示刚才所选路径。

14）单击图 3.3 所示窗口下面的“添加”按钮，出现如图 3.6 所示的窗口。在原来的两个文件下方添加数据文件，文件名需要输入，其他修改如前所述。通过“删除”按钮可以删除文件。

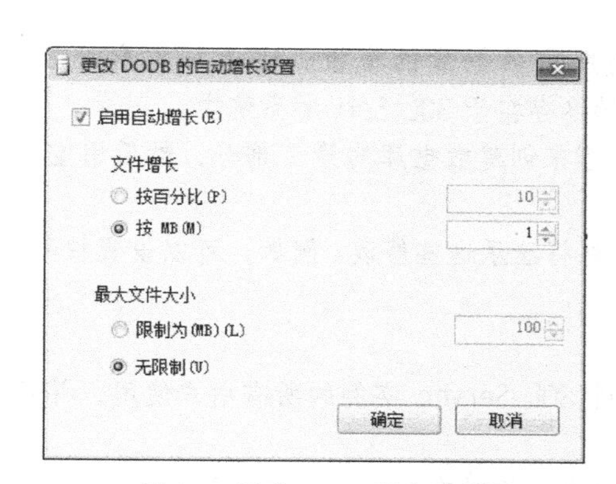

图 3.4　更改 DODB 的自动增长设置

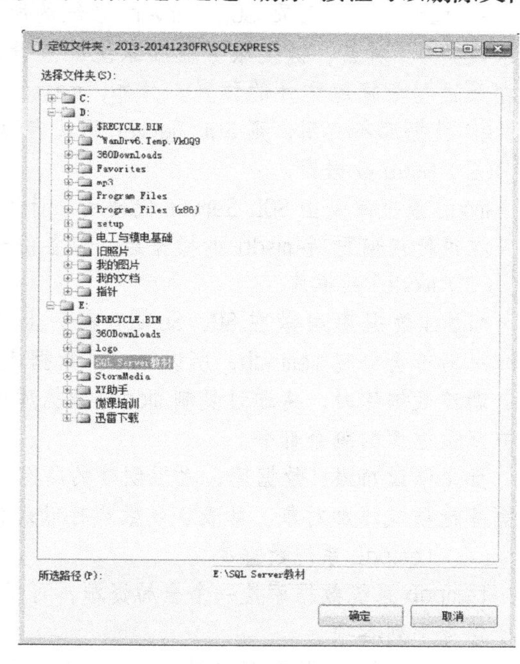

图 3.5　定位文件夹

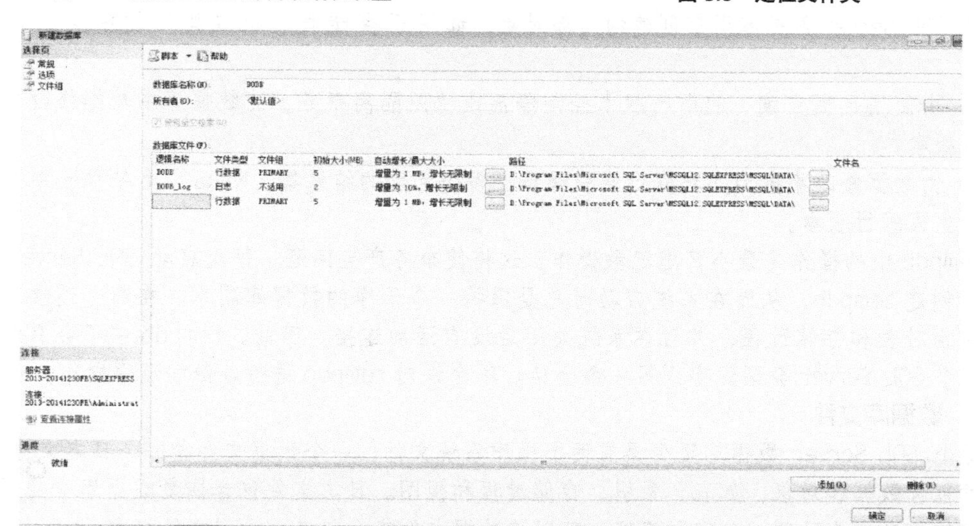

图 3.6　添加文件的“新建数据库”窗口

15）单击“确定”按钮，完成数据库 DODB 的创建。

知识点

SQL Server 2014 数据库

1. 系统数据库

在 SQL Server 2014 数据库管理系统中，提供了以下几个系统数据库。

（1）master 数据库记录

master 数据库记录 SQL Server 系统的所有系统级信息。这包括实例范围的元数据（如登录账户）、端点、链接服务器和系统配置设置。master 数据库还记录所有其他数据库是否存在及这些数据库文件的位置。另外，master 还记录 SQL Server 的初始化信息。因此，如果 master 数据库不可用，则 SQL Server 无法启动。

（2）msdb 数据库

msdb 数据库是由 SQL Server 代理用来计划警报和作业，以及记录操作员信息的数据库。

在进行任何更新 msdb 的操作后，如备份或还原任何数据库后，建议备份 msdb。

（3）model 数据库

model 数据库用做在 SQL Server 实例上创建的所有数据库的模板。因为每次启动 SQL Server 时都会创建 tempdb，所以 model 数据库必须始终存在于 SQL Server 系统中。

新建数据库时，将通过复制 model 数据库中的内容来创建数据库的第 1 部分，然后用空页填充新数据库的剩余部分。

如果修改 model 数据库，之后创建的所有数据库都将继承这些修改。例如，可以设置权限、数据库选项或添加对象，如表、函数或存储过程。

（4）tempdb 系统数据库

tempdb 系统数据库是一个全局资源，可供连接到 SQL Server 实例的所有用户使用，并可用于保存下列各项。

① 显式创建的临时用户对象，如全局或局部临时表、临时存储过程、表变量或游标。

② SQL Server 数据库引擎创建的内部对象，如用于存储假脱机或排序的中间结果的工作表。

③ 由使用已提交读（使用行版本控制隔离或快照隔离事务）的数据库中数据修改事务生成的行版本。

④ 由数据修改事务为实现联机索引操作、多个活动的结果集（MARS）及 AFTER 触发器等功能而生成的行版本。

tempdb 中的操作是最小日志记录操作。这将使事务产生回滚。每次启动 SQL Server 时都会重新创建 tempdb，从而在系统启动时总是保持一个干净的数据库副本。在断开连接时会自动删除临时表和存储过程，并且在系统关闭后没有活动连接。因此，tempdb 中不会有什么内容从一个 SQL Server 会话保存到另一个会话。不允许对 tempdb 进行备份和还原操作。

2. 数据库文件

每个 SQL Server 数据库至少具有两个操作系统文件：一个数据文件和一个日志文件。 数据文件包含数据和对象，如表、索引、存储过程和视图。日志文件包含恢复数据库中的所有事务所需的信息。为了便于分配和管理，可以将数据文件集合起来，放到文件组中。

SQL Server 2014 数据库具有 3 种类型的文件。

（1）主数据文件

主数据文件是数据库的起点，指向数据库中的其他文件。每个数据库都有一个主数据文件，也只有一个主数据文件。主数据文件的推荐文件扩展名是 .mdf。

（2）次要数据文件

除主数据文件以外的所有其他数据文件都是次要数据文件。某些数据库可能不含有任何次要数据文件，而有些数据库则含有多个次要数据文件。次要数据文件的推荐文件扩展名是 .ndf。

（3）日志文件

日志文件包含着用于恢复数据库的所有日志信息。每个数据库必须至少有一个日志文件，当然也可以有多个。日志文件的推荐文件扩展名是 .ldf。

SQL Server 2014 文件有两个名称：logical_file_name（逻辑文件名）和 os_file_name（物理文件名）。其中：

logical_file_name 是在所有 Transact-SQL 语句中引用物理文件时所使用的名称。逻辑文件名必须符合 SQL Server 标识符规则，而且在数据库中的逻辑文件名中必须是唯一的。

os_file_name 是包括目录路径的物理文件名。它必须符合操作系统文件的命名规则。

3. 数据库文件组

为了便于分配和管理，可以将数据库对象和文件一起分成文件组。

文件组有两种类型。

（1）主文件组

主文件组包含主数据文件和任何没有明确分配给其他文件组的其他文件。系统表的所有页均分配在主文件组中。

（2）用户定义文件组

用户定义文件组是通过在 CREATE DATABASE 或 ALTER DATABASE 语句中使用 FILEGROUP 关键字指定的任何文件组。

日志文件不包括在文件组内。日志空间与数据空间分开管理。

3.1.2　使用 Transact-SQL 语句创建数据库（CREATE DATABASE）

可以在查询文件中使用 CREATE DATABASE 语句进行数据库创建工作。例如，使用 CREATE 语句创建了名为 DODB1 的数据库，并给出了数据文件及日志文件的存储地址及大小等相关信息。

具体步骤如下。

1）连接到数据库引擎。

2）在标准菜单栏上，单击“新建查询”。

3）将以下示例复制并粘贴到查询窗口中，然后单击“执行”。

```
CREATE DATABASE DODB1
ON PRIMARY
  (
      name='DODB1_data',                        -- 主数据文件的逻辑名
      fileName='D: \data\DODB1_data.mdf',        -- 主数据文件的物理名
      size=10MB,                          -- 初始值
      filegrowth=10%                      -- 增长率
  )
LOG ON
  (
      name='DODB1_log',                         -- 日志文件的逻辑名
      fileName='D: \data\DODB1_data.ldf',        -- 日志文件的物理名
      size=1MB,
      maxsize=20MB,                             -- 最大值
      filegrowth=10%
  )
```

执行上面的语句，在 SQL Server 2014 中就创建了 DODB1 数据库。

知识点

用 CREATE 语句创建数据库的语法

```
CREATE DATABASE database_name
      [ON
         [PRIMARY][<filespec>[, ...n]
         [, <filegroup>[, ...n]]
      [LOG ON {<filespec>[, ...n]}]
       ]

     ]
[ ; ]
```

参数说明

（1）database_name

新数据库的名称。数据库名称在 SQL Server 的实例中必须唯一，并且必须符合标识符规则。

（2）PRIMARY

指定关联的 <filespec> 列表定义主文件。一个数据库只能有一个主文件。

（3）<filespec>

控制文件属性。

```
<filespec> : : =
{
(
    NAME=logical_file_name ,                                    --逻辑文件名
    FILENAME ='os_file_name'                                    --物理文件名
        [ , SIZE=size [ KB|MB|GB|TB ]]      --文件的大小
        [ , MAXSIZE= { max_size [ KB|MB|GB|TB ] |UNLIMITED }]   --文件的最大值
        [ , FILEGROWTH=growth_increment [ KB|MB|GB|TB|% ]]      --文件增长量
)[ , ...n ]
}
```

（4）<filegroup>

控制文件组属性。

（5）LOG ON

指定显式定义用来存储数据库日志的磁盘文件（日志文件）。

工作任务 3.2 修改数据库

数据库创建完成之后不可能一成不变，随着数据库设计的变化，已经创建好的数据库也必须随之改变。修改数据库同样有两种方式，一种是通过 Microsoft SQL Server Management Studio，还有一种是使用 ALTER DATABASE 语句来修改。

3.2.1 使用 Microsoft SQL Server Management Studio 修改数据库

1. 修改数据库

操作步骤：

1）在“对象资源管理器”中，连接到 SQL Server 2014 数据库引擎实例，再展开该实例。然后，展开“数据库”，右击要扩展的数据库，出现如图 3.7 所示的数据库快捷菜单。

2）选择“属性”命令，出现如图 3.8 所示的“数据库属性”窗口。选择“文件”页，右边显示数据库信息。所有信息的修改如前面创建数据库所述，在此不再赘述。

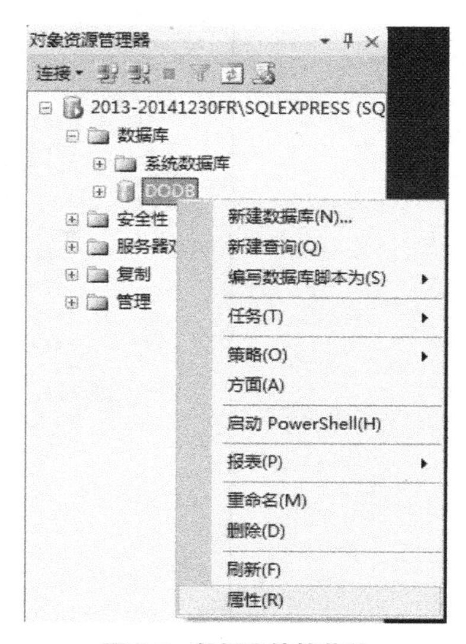

图 3.7 数据库快捷菜单

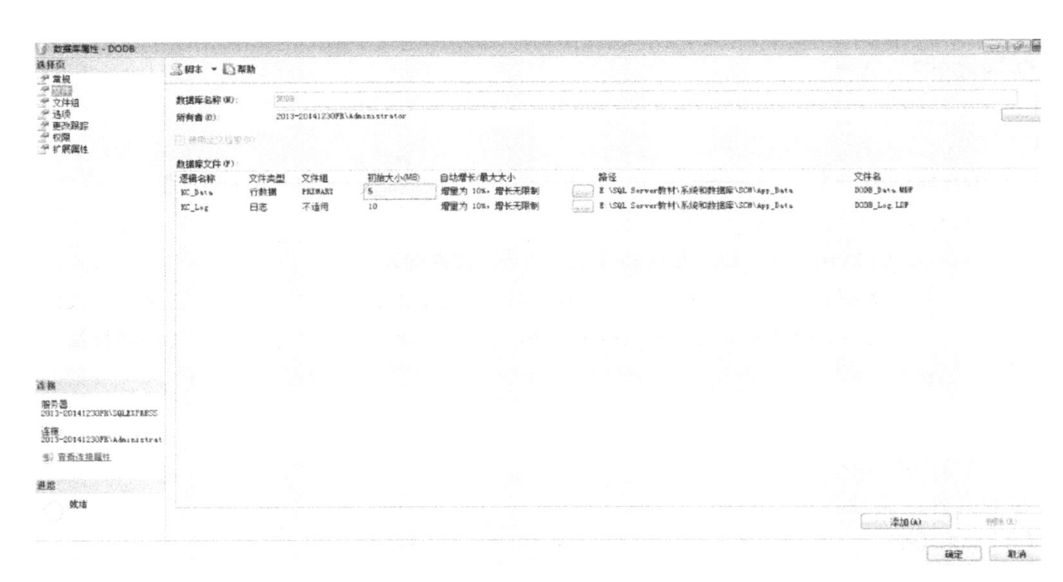

图 3.8　数据库属性

2. 收缩数据库或文件

操作步骤：

1）在“对象资源管理器”中，连接到 SQL Server 2014 数据库引擎实例，再展开该实例。然后，展开“数据库”，再右击要收缩的数据库，出现数据库快捷菜单，鼠标指针指向“任务”|“收缩”，如图 3.9 所示。

2）选择“数据库”命令，出现如图 3.10 所示的“收缩数据库”对话框。根据需要，可以选中“在释放未使用的空间前重新组织文件。选中此选项可能会影响性能。”复选框。如果选中该复选框，则必须为“收缩后文件中的最大可用空间”指定值。然后，单击“确定”按钮，收缩数据库成功。

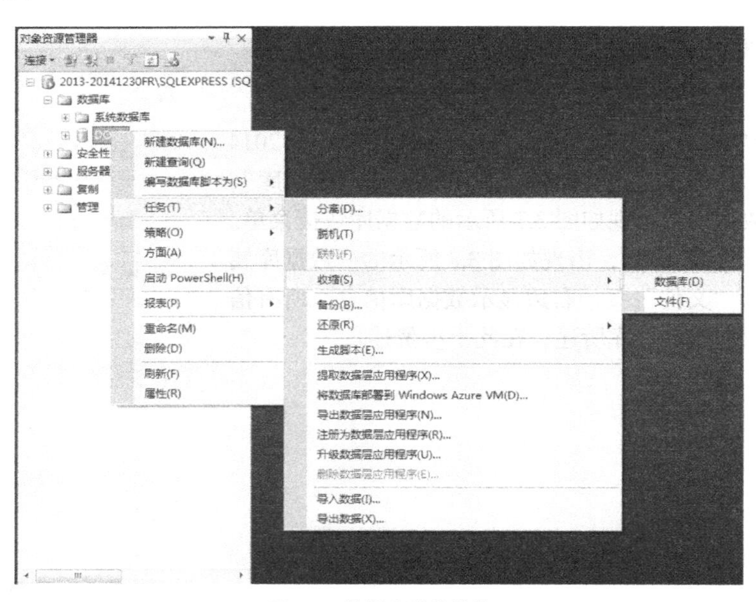

图 3.9　数据库快捷菜单

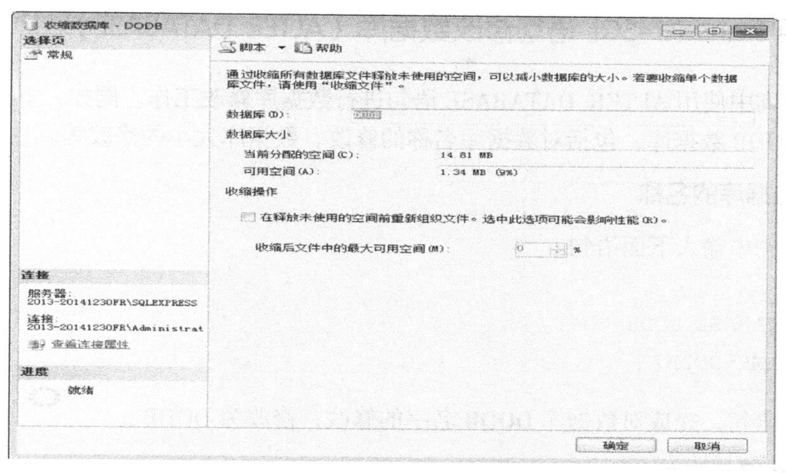

图 3.10　收缩数据库

3）也可以在第 1）步后选择"文件"命令，出现如图 3.11 所示的"收缩文件"对话框。在该对话框中，通过填写相关信息，可以实现收缩数据或日志文件的功能。

3. 删除数据库中的数据或日志文件

操作步骤：

1）在"对象资源管理器"中，连接到 SQL Server 2014 数据库引擎实例，再展开该实例。然后，展开"数据库"，选择要从其中删除文件的数据库右击，再在弹出的快捷菜单中选择"属性"命令。最后，在显示的对话框中选择"文件"页。

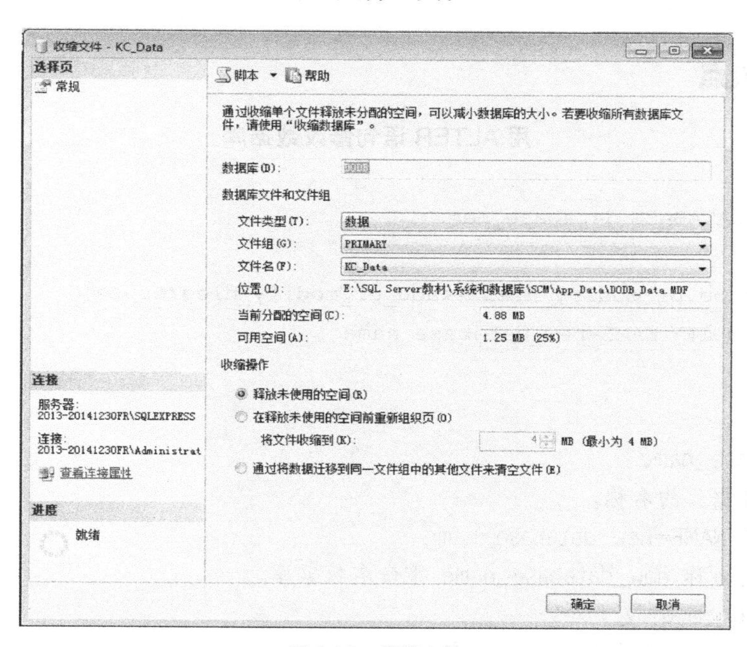

图 3.11　收缩文件

2）在"数据库文件"列表框中，选择要删除的文件，再单击"删除"按钮。然后单击"确定"按钮，则删除数据库中的数据或日志文件成功。

3.2.2　使用 Transact-SQL 语句修改数据库（ALTER DATABASE）

可以在查询中使用 ALTER DATABASE 语句进行数据库修改工作。例如，下例使用 ALTER 语句修改了 DODB 数据库，包括对数据库名称的修改、数据库大小的修改等。

1. 更改数据库的名称

在查询文件中输入下面语句。

```
ALTER DATABASE DODB
MODIFY NAME=DODB2 ;
```

执行上面语句，完成对数据库 DODB 名字的修改，修改为 DODB2。

2. 更改数据库的大小

在查询文件中输入下列语句。

```
ALTER DATABASE DODB
MODIFY FILE
( NAME='DODB', SIZE=20MB);
```

执行上面语句，修改数据库 DODB 文件的大小。

知识点

用 ALTER 语句修改数据库

```
ALTER DATABASE database_name
    {
    <add_or_modify_files>|<add_or_modify_filegroups>|
    MODIFY NAME=new_database_name
    }
```

参数说明

（1）database_name

要修改的数据库的名称。

（2）MODIFY NAME=new_database_name

使用指定的名称 new_database_name 重命名数据库。

（3）<add_or_modify_files>

指定要添加、删除或修改的文件。

（4）<add_or_modify_filegroups>

在数据库中添加、修改或删除文件组。

工作任务 3.3　删除数据库

当不再需要用户定义的数据库，或者已将其移到其他数据库或服务器上时，即可删除该数据库。删除数据库有两种方式，一种是通过 Microsoft SQL Server Management Studio，还有一种是使用 DROP DATABASE 语句来删除。

3.3.1　使用 Microsoft SQL Server Management Studio 删除数据库

操作步骤：

1）在“对象资源管理器”中，连接到 SQL Server 2014 数据库引擎实例，再展开该实例。然后，展开“数据库”，右击要删除的数据库，出现数据库快捷菜单，选择“删除”命令，出现如图 3.12 所示的“删除对象”对话框。

2）确认选择了正确的数据库，再单击“确定”按钮。删除数据库成功。

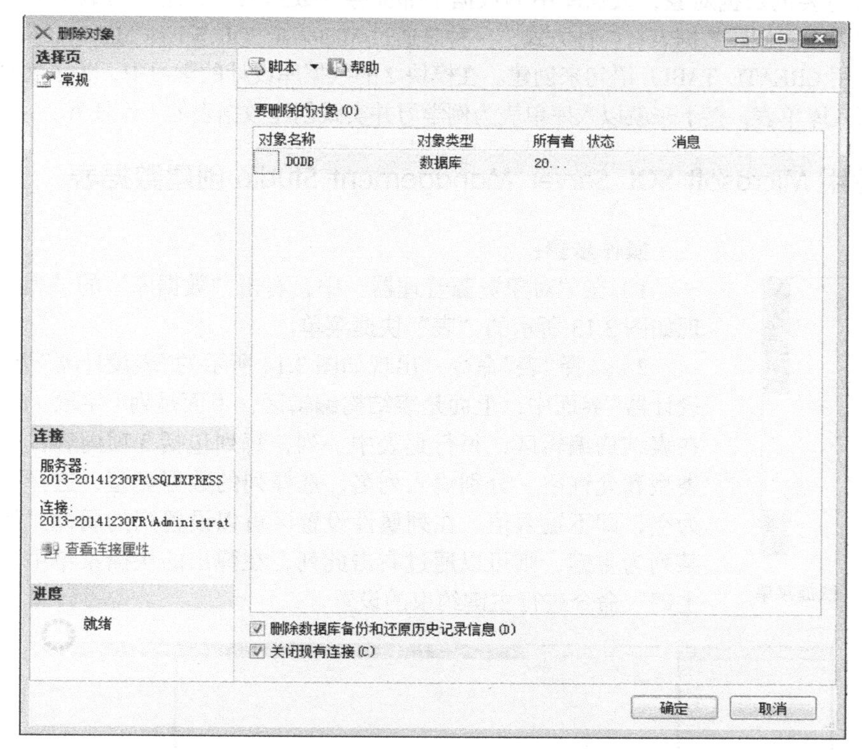

图 3.12　删除对象

3.3.2　使用 Transact-SQL 语句删除数据库（DROP DATABASE）

可以在查询中使用 DROP DATABASE 语句进行数据库删除工作。例如，下例使用 DROP 语句删除了 DODB 数据库。

```
DROP DATABASE DODB
```

知识点

用 DROP 语句删除数据库的语法

```
DROP DATABASE {database_name}
```

参数说明

database_name：指定要删除的数据库的名称。

工作任务 3.4　创建数据表

数据库创建完成之后，就需要根据模块 2 设计的结果进行数据表的创建工作了。数据表是数据库中最重要的数据对象，数据库中的数据全部保存在数据表中，用户对数据的操作也主要集中在数据表上。创建数据表有两种方式，一种是通过 Microsoft SQL Server Management Studio，还有一种是使用 CREATE TABLE 语句来创建。在模块 2 的数据库设计的学习中，为了实现库存业务设计了一张入库单表，接下来就以入库单表为例学习并实践创建数据表的工作任务。

3.4.1　使用 Microsoft SQL Server Management Studio 创建数据表

操作步骤：

1）在“对象资源管理器”中，右击“数据库”的“表”节点，出现如图 3.13 所示的“表”快捷菜单。

图 3.13　“表”快捷菜单

2）选择“表”命令，出现如图 3.14 所示的“表设计器”界面。在“表设计器”界面中，上面是表结构编辑区，下面是列（字段）属性设置区。在表结构编辑区，每行是表中一列，每列包括 3 项内容：列名、数据类型和允许空。分别输入列名，选择列的数据类型，选择列是否可以为空，即不输入值。在列属性设置区可以设置列的属性。如果要设置某列为主键，则可以通过右击此列，在弹出的快捷菜单中选择“设置主键”命令进行主键约束的设置。

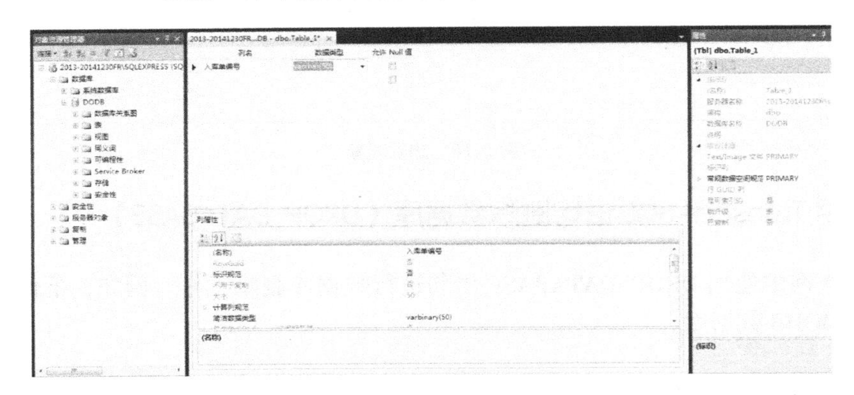

图 3.14　表结构编辑

3）设置数据列信息的时候，需要根据数据内容选择具体的数据格式，并考虑是否允许设置它们为空值。入库单表数据内容如图 3.15 所示。

2013-20141230...DB - dbo.入库单表1

入库单编号	入库日期	入库单状态	审批人工号	仓库编号	单价	总额	供应商名称	仓库管理员	备注
rkd20140001	2014-01-01 0...	已入库	admin	1	19.8	200000.0000	常州市百药网络科技有限公司	王朋	NULL
rkd20140002	2014-01-01 0...	已入库	admin	2	28.3	320100.1500	常州市百药网络科技有限公司	王朋	NULL
NULL	NULL	NULL	NULL	NULL	NULL	NULL	NULL	NULL	NULL

图 3.15　入库单表数据内容

① 由于“入库单编号”的内容为字符与数字混合，所以可以设置“入库单编号”的数据类型为 varchar（50），表示可变长度为 50 的字符串。如果“入库单编号”必须填写并且不能出现重复，需要将“入库单编号”设置为主键，如图 3.16 所示。

选择“设置主键”命令，在“入库单编号”旁会出现钥匙符号，表明主键设置成功，如图 3.17 所示。

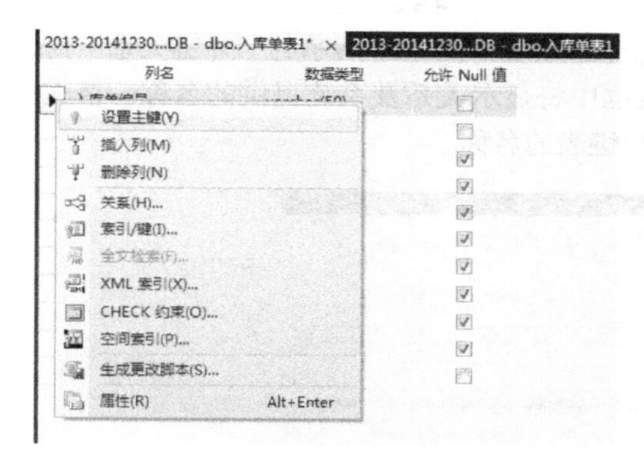

图 3.16　设置入库单编号为主键

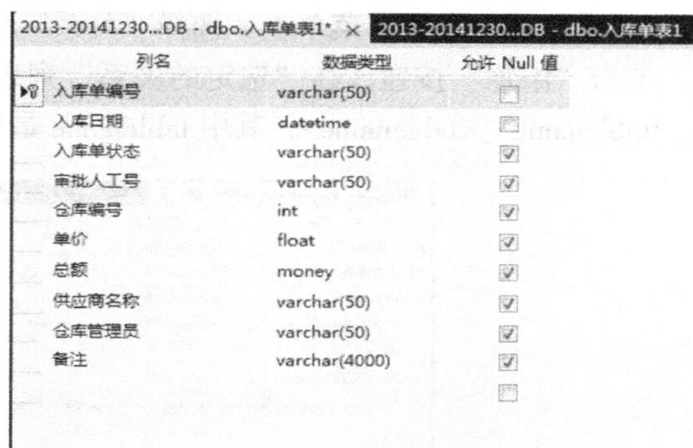

图 3.17　主键设置成功

② “入库日期”的内容为日期数据，所以可以设置“入库日期”的数据类型为 datetime，表示采用 24 小时制并带有秒小数部分的一日内时间相组合的日期。如果“入库日期”必须填写，需要将“允许 Null 值”的复选框取消选中，如图 3.18 所示。

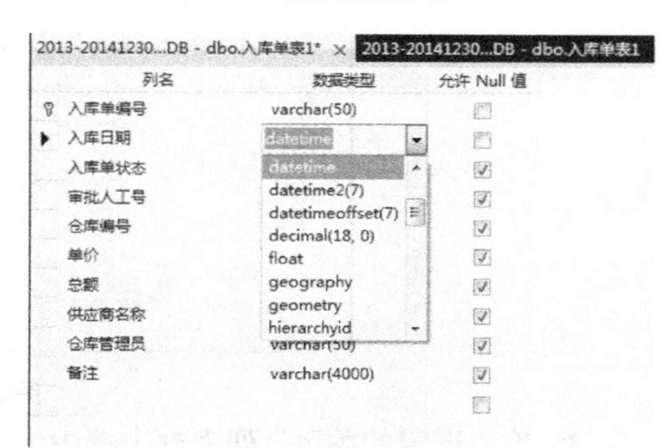

图 3.18　设置“入库日期”

③ “入库单状态”、“审批人工号”、“供应商名称”及“仓库管理员”同“入库单编号”数据类型相同，均设置为 varchar（50），“备注”的数据内容可能比较多，所以设置为 varchar（4000）。由于上述字段填写内容时可以为空，所以将“允许 Null 值”复选框选中。

④ “仓库编号”为整数数据，所以设置为 int 类型。

⑤ “单价”为浮点数值数据，所以设置为 float 类型。

⑥ “总额”为货币数据类型，所以设置为 money 类型。

有关数据类型的知识会在本模块后续部分详细介绍。

4）所有的字段设置完后，在“文件”菜单中选择“保存 Table_1”命令，出现如图 3.19 所示的“选择名称”对话框。在“输入表名称”文本框中，为表输入一个名称，再单击“确定”按钮，创建数据表成功。

5）在模块 2 的数据库设计中，我们知道在入库单表和入库单明细表之间是一种主从表的关系。也就是说，需要在入库单明细表中设置 FOREIGN KEY 约束。设置 FOREIGN KEY 约束的步骤如下。

1> 在“对象资源管理器”中，右击将位于关系的外键一侧的表，再在弹出的快捷菜单中选择“设计”命令，将在表设计器中打开该表，如图 3.20 所示。

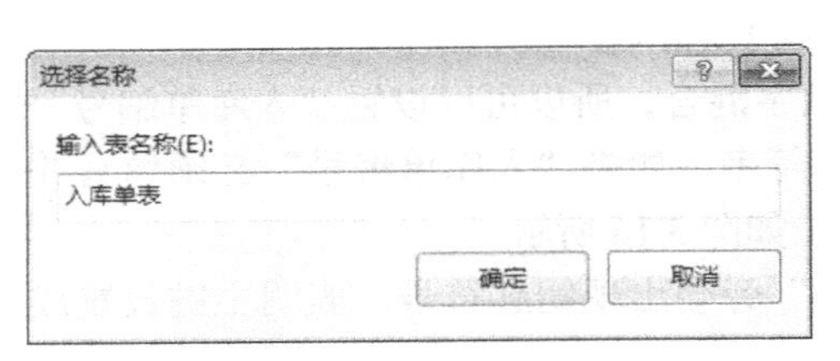

图 3.19　选择名称

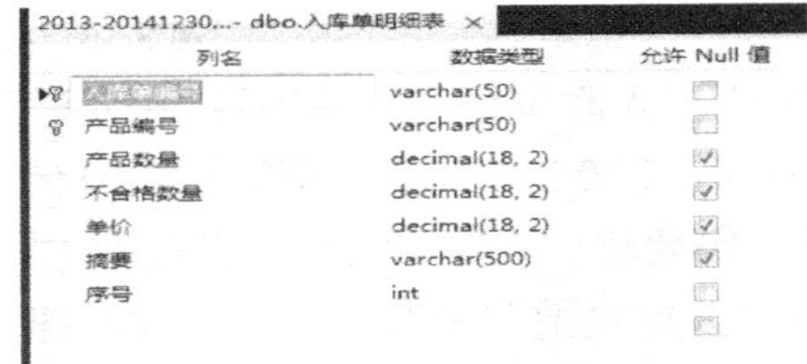

图 3.20　选择关系

2> 在“表设计器”菜单上，选择“关系”命令，出现如图 3.21 所示的“外键关系”对话框。单击“添加”按钮，在“选定的关系”列表框中将显示关系及系统提供的名称，格式为 FK_<tablename>_<tablename>，其中 tablename 是外键表的名称。

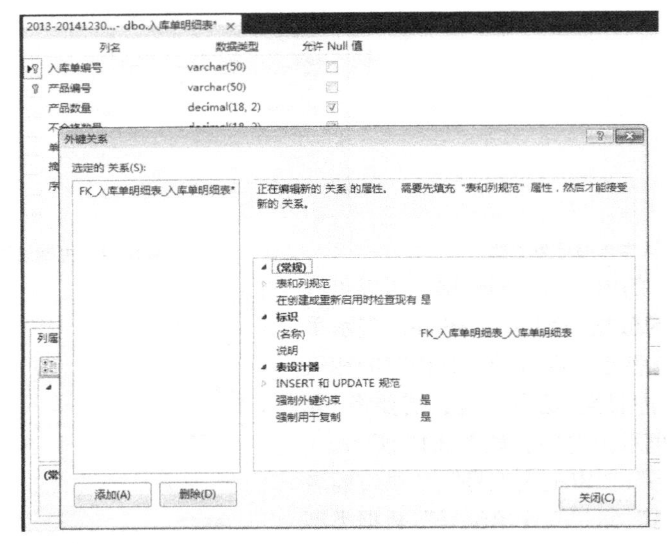

图 3.21　外键关系

3> 在“选定的关系”列表框中选中该关系，单击右侧区域中的“表和列规范”右侧的“…”按钮，出现如图 3.22 所示的“表和列”对话框。在“表和列”对话框中，从“主键表”下拉列表框中选择要位于关系主键方的表。在下方的列表框中，选择要分配给表的主键的列。在外键表中，选择外键表的相应外键列。表设计器将为关系建议一个名称。如果要更改此名称，可以修改“关系名”文本框的内容。最后，单击“确定”按钮返回到如图 3.21 所示的“外键关系”对话框，再单击“关闭”按钮返回。

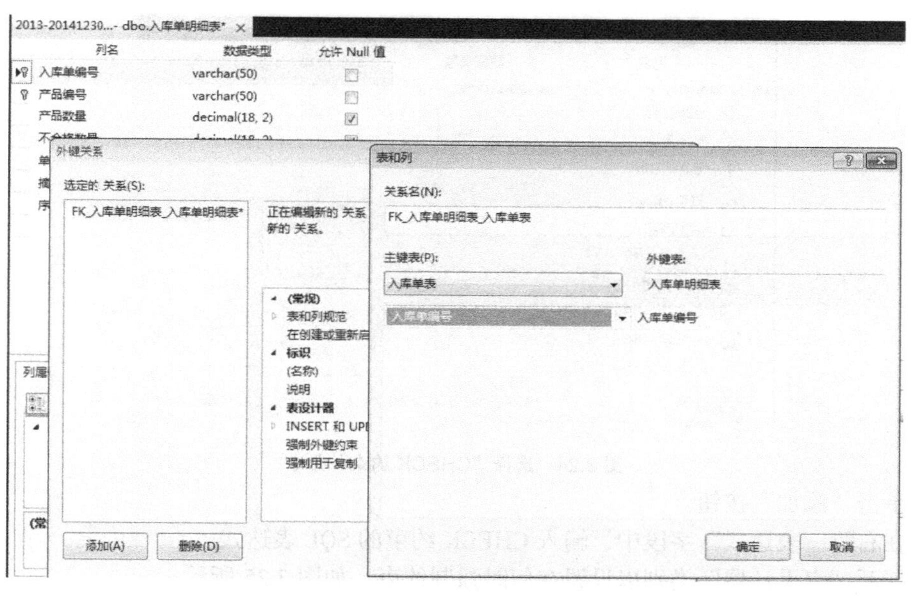

图 3.22　表和列

4> 关闭图 3.20 所示的“表设计器”，出现如图 3.23 所示的“保存”对话框。单击“是”按钮，保存数据表，建立关系才能完成，否则创建关系没有保存。

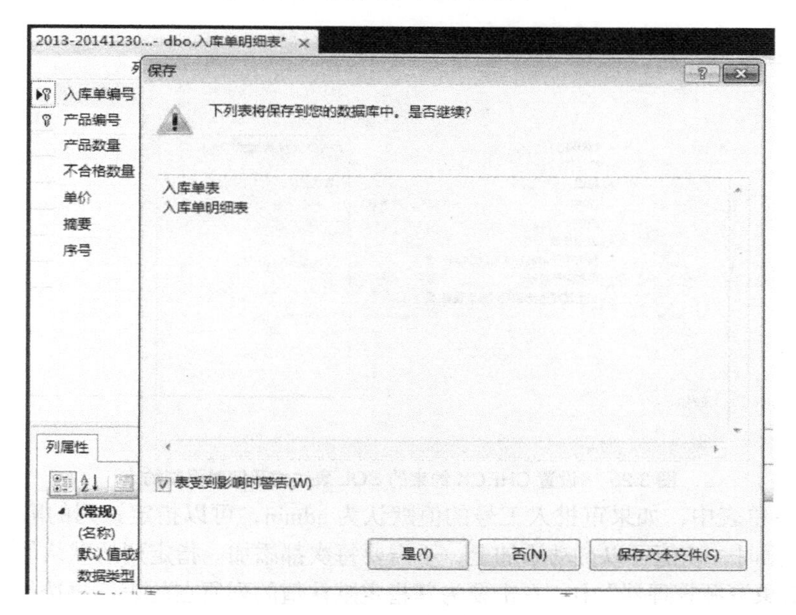

图 3.23　保存表

6）向表或列附加新的检查约束的步骤如下。

1> 在“表设计器”上右击，再从快捷菜单中选择“CHECK 约束”命令，如图 3.24 所示。

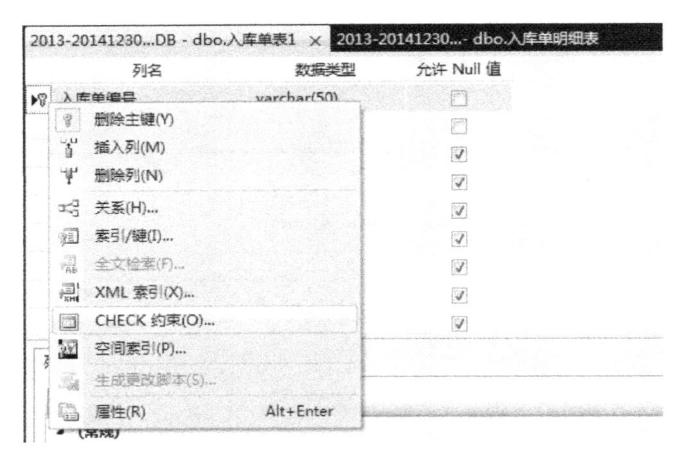

图 3.24　选择“CHECK 约束”命令

2> 单击“添加”按钮。

3> 在右侧“表达式”字段中，输入 CHECK 约束的 SQL 表达式。

4> 展开“表设计器”类别以设置在何时强制约束，如图 3.25 所示。

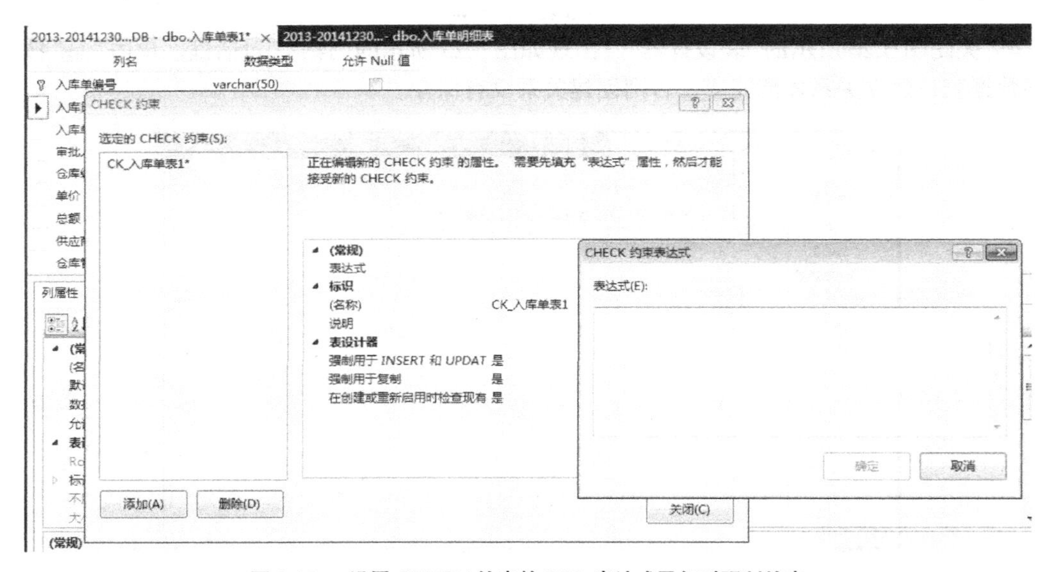

图 3.25　设置 CHECK 约束的 SQL 表达式及何时强制约束

7）在入库单表中，如果审批人工号的值默认为 admin，可以指定该列的默认值为 admin。这样在添加数据时，该值可以自动添加上，不需要每次都添加。指定列的默认值的步骤如下。

1> 在“对象资源管理器”中，右击要为其指定默认值的列所在的表，再选择“设计”命令。

2> 选择要为其指定默认值的列。

3> 在“列属性”选项卡中，在“默认值或绑定”属性中输入新的默认值，或者从下拉列表框中选择默认绑定，如图 3.26 所示。

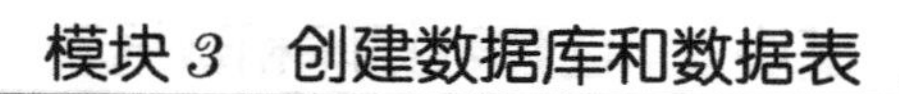

2013-20141230...DB - dbo.入库单表1*　×　2013-20141230...- dbo.入库单明细表

列名	数据类型	允许 Null 值
入库单编号	varchar(50)	☐
入库日期	datetime	☐
入库单状态	varchar(50)	☑
审批人工号	varchar(50)	☑
仓库编号	int	☑
单价	float	☑
总额	money	☑
供应商名称	varchar(50)	☑
仓库管理员	varchar(50)	☑

列属性

(常规)	
(名称)	审批人工号
默认值或绑定	'admin'
数据类型	varchar
允许 Null 值	是
长度	50
表设计器	
RowGuid	否
标识规范	否
不用于复制	否

图 3.26　设置默认值

3.4.2　使用 Transact-SQL 语句创建数据表（CREATE TABLE）

可以在查询中使用 CREATE TABLE 语句进行数据表的创建工作。例如，下例使用 CREATE 语句创建了名为“入库单表”的数据表。在创建数据表的过程中，需要给出主键、每一列的数据类型等信息。

```
CREATE TABLE [dbo].[入库单表](
[入库单编号][varchar](50)COLLATE Chinese_PRC_CI_AS NOT NULL PRIMARY KEY,
[入库日期][datetime]NOT NULL,
[入库单状态][varchar](50)COLLATE Chinese_PRC_CI_AS NULL,
[经手人工号][varchar](50)COLLATE Chinese_PRC_CI_AS NULL,
[审核人工号][varchar](50)COLLATE Chinese_PRC_CI_AS NULL,
[备注][varchar](4000)COLLATE Chinese_PRC_CI_AS NULL,
[仓库编号][int] NULL,
[单价][float] NULL,
[总额][money] NULL,
[供应商名称][varchar](50)COLLATE Chinese_PRC_CI_AS NULL,
[仓库管理员][varchar](50)COLLATE Chinese_PRC_CI_AS NULL,
[生产批号][varchar](50)COLLATE Chinese_PRC_CI_AS NULL)
```

执行上面语句，在数据库 DODB 中创建数据表“入库单表”，它包括“入库单编号”等 12 个字段，其中字段“入库单编号”为主键。

知识点

用 CREATE 语句创建数据表的语法

```
CREATE TABLE table_name
(
    column_name  data_type [NULL|NOT NULL][PRIMARY KEY|UNIQUE]
                          [FOREIGN KEY [(column_name)]]
                          REFERENCES ref_table [(ref_column)]
)
```

参数说明

（1）table_name

要创建的表的名字。

（2）column_name

字段名字。

（3）data_type

指定字段的数据类型。

在 SQL Server 2014 中，每个列、局部变量、表达式和参数都具有一个相关的数据类型。数据类型是一种属性，用于指定对象可保存的数据的类型，如整数数据、字符数据、货币数据、日期和时间数据、二进制字符串等。

① 精确数字

bigint　decimal　int　numeric

smallint　money　tinyint　smallmoney

bit

② 近似数字

float　real

③ 日期和时间

datetime　smalldatetime

④ 字符串

char　text　varchar

⑤ Unicode 字符串

nchar　ntext　nvarchar

⑥ 二进制字符串

binary　image　varbinary

⑦ 其他数据类型

cursor　timestamp　sql_variant　uniqueidentifier

table　xml

（4）NULL 和 NOT NULL

限制字段可以为 NULL，或者不能为 NULL。

（5）PRIMARY KEY

设置字段为主键。

（6）UNIQUE

指定字段具有唯一性。

（7）FOREIGN KEY … REFERENCES ref_table（ref_column）

表的字段可能参考到其他表的字段，这就需要将两个表建立关联。其中，ref_table 指出要关联的表，ref_column 指出要关联的字段名称。

工作任务 3.5 修改数据表

在建立一个数据库表后，在使用过程中经常会发现原来创建的表可能存在结构等方面的问题。在这种情况下，如果用一个新表替换原来的表，将造成表中数据的丢失。通过修改表的操作可以在保留表中原有数据的基础上修改表结构，打开、关闭或删除已有约束，或者增加新的约束等。修改数据表有两种方式，一种是通过 Microsoft SQL Server Management Studio，还有一种是使用 ALTER TABLE 语句。

3.5.1 使用 Microsoft SQL Server Management Studio 修改数据表

1. 修改列的数据类型

操作步骤：

1）在“对象资源管理器”中，右击要修改其数据类型的列所在的表，出现如图 3.27 所示的表快捷菜单。

2）选择“设计”命令，出现如图 3.28 所示的“入库单表 1”设计器。选择要修改其数据类型的列，然后在“列属性”选项卡中，从“数据类型”下拉列表框中选择新的数据类型。修改完后保存“入库单表”即可完成修改。

2. 修改列数据类型的长度

操作步骤：

在“列属性”选项卡的“长度”字段中，输入该列的数据类型的长度，如图 3.29 所示。

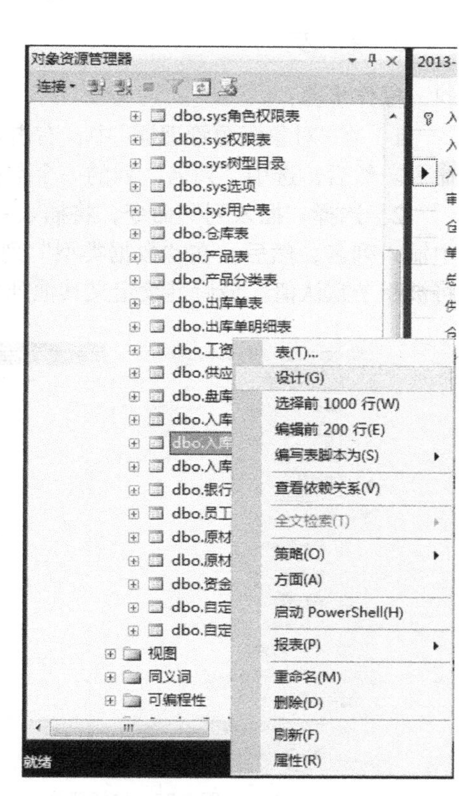

图 3.27 表快捷菜单

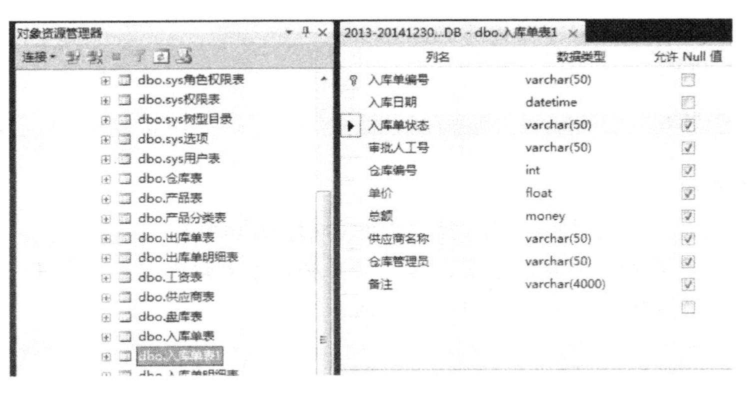

图 3.28 “入库单表”设计器

图 3–29 修改列数据类型的长度

3. 插入列

操作步骤：

1）在“对象资源管理器”中，右击要插入列所在的表，再在弹出的快捷菜单中选择“设计”命令。然后，选中“列名”列的一个空白单元右击，出现快捷菜单，如图 3.30 所示。

2）选择“插入列”命令，将插入一个空白列行，如图 3.31 所示。在“列名”列的单元格中输入列名，然后，在“数据类型”列中选择数据类型。这是必须设置的值，如果没有选择，将被赋予默认值。最后继续定义其他列属性。

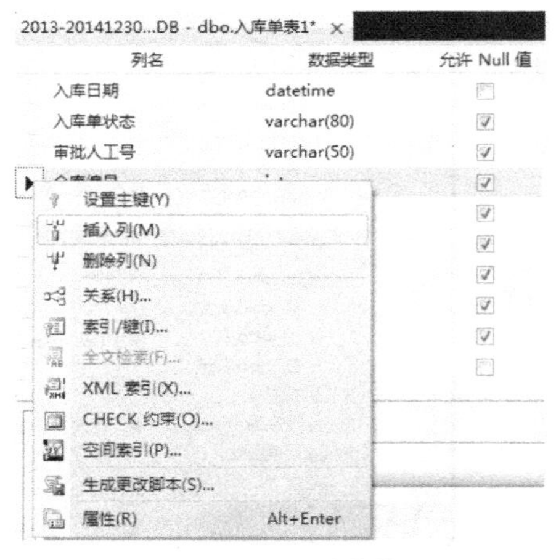

图 3.30 快捷菜单

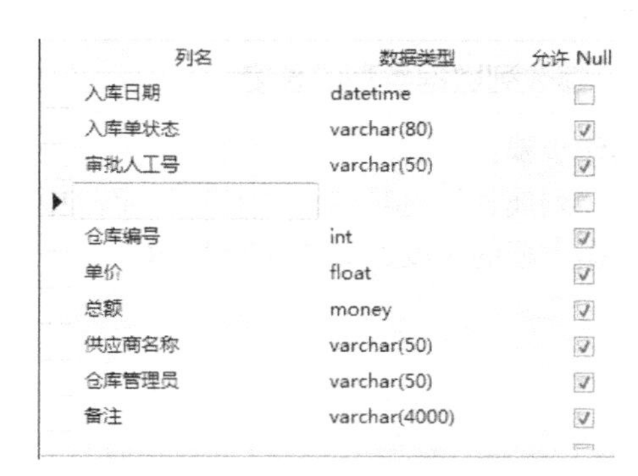

图 3.31 插入列

4. 删除列

操作步骤：

在“对象资源管理器”中，右击删除列所在的表，再在弹出的快捷菜单中选择“设计”命令。然后选中要删除的列，右击该列，出现如图 3.32 所示的快捷菜单。最后，从快捷菜单上选择“删除列”命令。

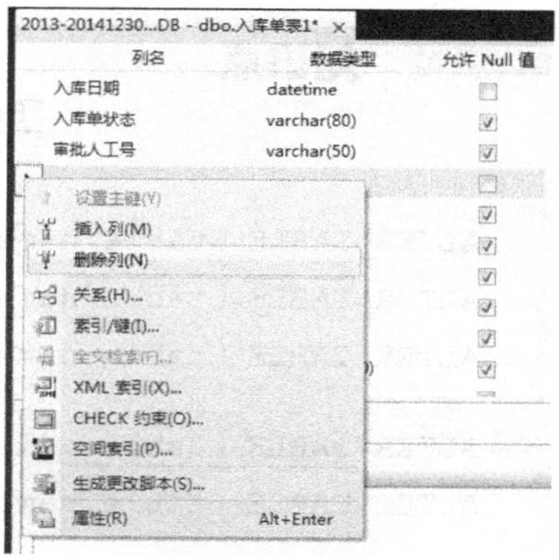

图 3.32　删除列

5. 删除 PRIMARY KEY 约束

操作步骤：

在表网格中右击包含主键的行，再选择“移除主键”命令。

6. 删除 FOREIGN KEY 约束

操作步骤：

在“对象资源管理器”中选择需要删除的 FOREIGN KEY 约束，再选择“删除”命令。

3.5.2　使用 Transact-SQL 语句修改数据表（ALTER TABLE）

可以在查询中使用 ALTER TABLE 语句进行数据表的修改工作。例如，下例使用 ALTER 语句修改了入库单表的一些相关信息，包括入库单表列的增加和删除等。

1. 增加一个列

```
ALTER TABLE 入库单表 ADD 入库原因 varchar(50)
```

2. 修改一个列的数据类型

```
ALTER TABLE 入库单表 MODIFY 入库原因 char(10) NOT NULL
```

3. 删除一个列

```
ALTER TABLE 入库单表 DROP COLUMN 入库原因
```

4. 将一个表改名

```
ALTER TABLE 入库单表 RENAME TO 入库单表_new
```

知识点

用 ALTER 语句修改数据表的语法

```
ALTER TABLE (table_name) ADD (column_name  type_name);
ALTER TABLE (table_name) MODIFY (column_name  type_name);
ALTER TABLE (table_name) RENAME COLUMN (column_name) TO (column_name);

ALTER TABLE (table_name) DROP COLUMN (column_name);
ALTER TABLE (table_name) RENAME TO (table_name);
```

参数说明

(1) table_name

要更改的表的名称。如果表不在当前数据库中，或者不包含在当前用户所拥有的架构中，则必须显式指定数据库和架构。

(2) column_name

要更改、添加或删除的列的名称。

(3) type_name

更改后的列的新数据类型或添加的列的数据类型。

工作任务 3.6　删除数据表

删除数据表有两种方式，一种是通过 Microsoft SQL Server Management Studio，还有一种是使用 DROP TABLE 语句来删除。

3.6.1　使用 Microsoft SQL Server Management Studio 删除数据表

操作步骤：

1）在“对象资源管理器”中，右击数据库的“表”节点，再右击需要删除的表。然后，在弹出的快捷菜单中选择“删除”命令，出现如图 3.33 所示的对话框。

2）选中要删除的表，单击“确定”按钮，删除表成功。需要注意的是，如果删除的表被 FOREIGN KEY 约束引用，则必须先删除引用的 FOREIGN KEY 约束。

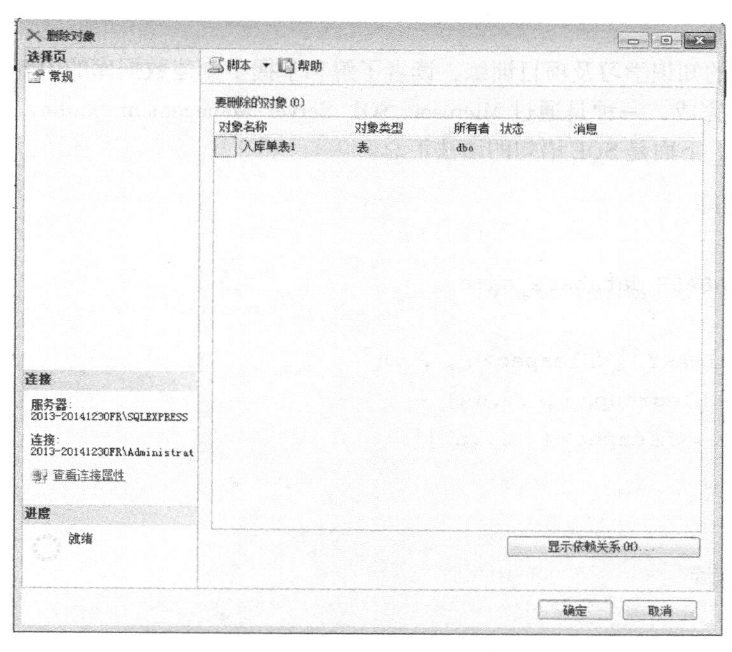

图 3.33　删除表

3.6.2　使用 Transact-SQL 语句删除数据表（DROP TABLE）

可以在查询中使用 DROP TABLE 语句进行数据表删除工作。例如，下例使用 DROP 语句删除了入库单表。

```
DROP TABLE  入库单表
```

知识点

用 DROP 语句删除数据表的语法

```
DROP TABLE  table_name
```

参数说明

table_name：要删除的表的名称。

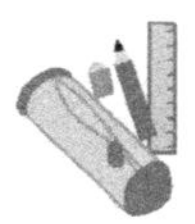

能力（知识）梳理

SQL Server 2014 中的数据库由表的集合组成，这些表用于存储一组特定的结构化数据。表中包含行（也称为记录或元组）和列（也称为属性）的集合。表中的每一列都用于存储某种类型的信息。

表是包含数据库中所有数据的数据库对象。表定义是一个列集合。数据在表中的组织方式与在电子表格中相似，都是按行和列的格式组织的，每一行代表一条唯一的记录，每一列代表

记录中的一个字段。

通过本模块的知识学习及项目训练，读者了解和掌握了创建数据库的内容。每一部分内容都能用两种方法完成，一种是通过 Microsoft SQL Server Management Studio，还有一种是使用 SQL 语句来完成。下面是 SQL 语句的语法汇总。

1. 创建数据库

```
CREATE DATABASE database_name
    [ON
        [PRIMARY][<filespec>[, ...n]
        [, <filegroup>[, ...n]]
    [LOG ON {<filespec>[, ...n]}]
        ]
    ][;]
```

2. 修改数据库

```
ALTER DATABASE database_name
    {
    <add_or_modify_files>|<add_or_modify_filegroups>|
    MODIFY NAME=new_database_name
    }
```

3. 删除数据库

```
DROP DATABASE {database_name}
```

4. 创建数据表

```
CREATE TABLE table_name
    (
        column_name  data_type[NULL|NOT NULL][PRIMARY|UNIQUE]
                        [FOREIGN KEY[(column_name)]]
                        REFERENCES ref_table[(ref_column)]
    )
```

5. 修改数据表

```
ALTER TABLE (table_name) ADD (column_name  type_name);
ALTER TABLE (table_name) MODIFY (column_name  type_name);
ALTER TABLE (table_name) RENAME COLUMN (column_name) TO (column_name);
```

```
ALTER TABLE (table_name) DROP COLUMN (column_name);
ALTER TABLE (table_name) RENAME TO (table_name);
```

6. 删除数据表

```
DROP TABLE  table_name
```

读者在学习本模块的过程中，应重点对创建数据表和修改数据表技术的应用加以练习。

能力训练

1. 创建图书馆管理系统数据库（LibraryManage）。
2. 对图书馆管理系统数据库进行管理维护工作（修改数据库、删除数据库）。
3. 创建数据表。

（1）读者信息表

字段名称	数据类型	长　度	说　明
读者编号	可变字符型	15	主键
姓名	可变字符型	50	
性别	字符型	2	
住址	可变字符型	50	
读者类型	可变字符型	50	
可借册书	整形	4	

（2）借阅信息表

字段名称	数据类型	长　度	说　明
读者编号	可变字符型	15	外键
书名	可变字符型	50	外键
借阅日期	日期型	8	
还书日期	日期型	8	

4. 对数据表进行管理维护工作（修改数据表、删除数据表）。

模块 4

查询信息

专业岗位工作过程分析

任务背景

数据库与数据表创建完成后，依据列字段定义规则进行原始数据的加工，然后统一导入到数据库的各数据表中，从而实现企业对各类经营、生产、营销数据的统一存储。

要让数据库真正发挥作用，就是对存储数据进行实时查询，得到指导企业生产、科研、决策等的有效信息。数据库不仅能够让用户从单表或多表查询出基本信息，还能够根据不同的查询条件对数据进行分组查询、子查询、排序与统计等。

例如，在“长江家具”系统中，查询出库单、查询入库单、库存查询和工资查询等都是从数据库中查询信息。这是数据库的主要操作，如查询入库单的结果如图 4.1 所示。

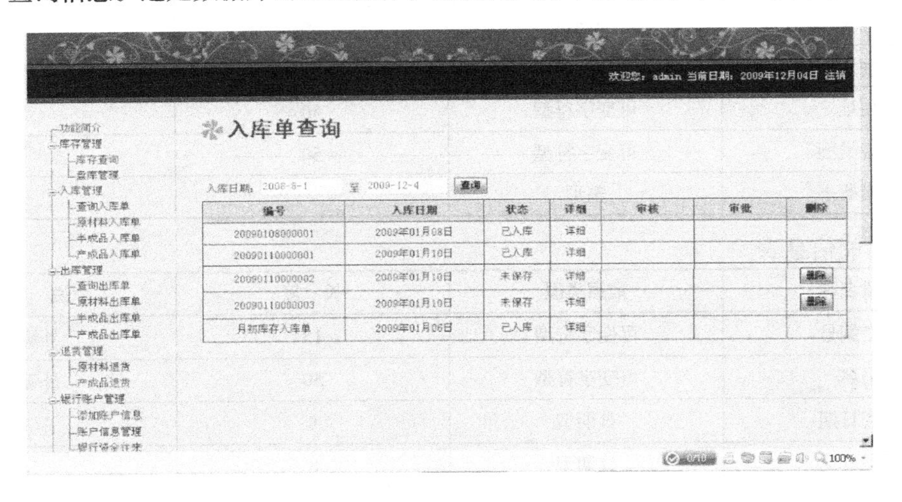

图 4.1 系统中查询入库单

工作过程

自从数据库创建好后，每天上班，王明都会不断接到各个业务部门经理的电话，需要他帮他们查询各种不同的业务数据。

1. 王明根据各部门经理的要求，为他们提供各种数据。
2. 王明根据各部门的需要，过段时间为各部门提供所需汇总数据。
3. 每月、每季度、半年、一年为各级领导提供供销存数据。

工作目标

终极目标

从数据库中查询到各种各样的信息，包括基本信息、排序信息、特定信息、汇总信息和混合信息。

促成目标

1. 查询基本信息。
2. 选择查询信息。
3. 根据条件查询信息。
4. 查询并排序信息。
5. 分组查询信息。
6. 用子查询查询信息。
7. 多表查询信息。

工作任务

1. 工作任务 4.1　查询基本信息。
2. 工作任务 4.2　选择查询信息。
3. 工作任务 4.3　根据条件查询信息。
4. 工作任务 4.4　查询并排序信息。
5. 工作任务 4.5　分组查询信息。
6. 工作任务 4.6　用子查询查询信息。
7. 工作任务 4.7　多表查询信息。

工作任务 4.1　查询基本信息

在使用数据库管理数据时，经常要从数据库的数据表中查询一些基本数据信息（原始数据）。例如，在“长江家具”和“在线书店”系统中，经常要查询原材料、半成品、产成品情况，以及所有职工基本情况和当前书店中的所有书籍等。在“长江家具”系统中选择导航下面“库存管理”|“库存查询”选项，查询原材料结果如图 4.2 所示。

4.1.1　查询所有产品情况

操作步骤：

1）在 Microsoft SQL Server Management Studio 中，单击工具栏上的“新建查询”按钮或选择“文件”|“新建”|“使用当前连接的查询”命令，新建一个查询文件，如图 4.3 所示。

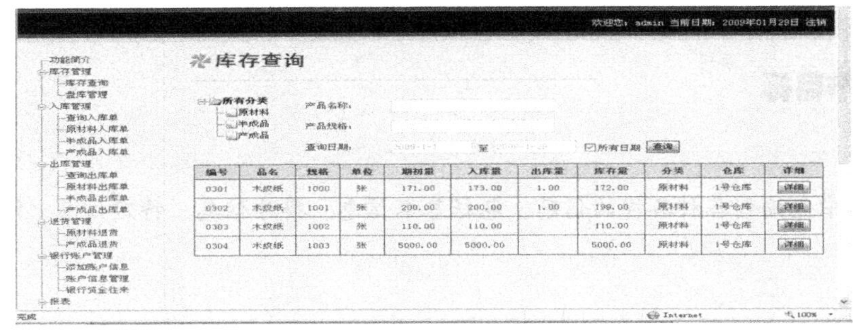

图 4.2 查询原材料结果

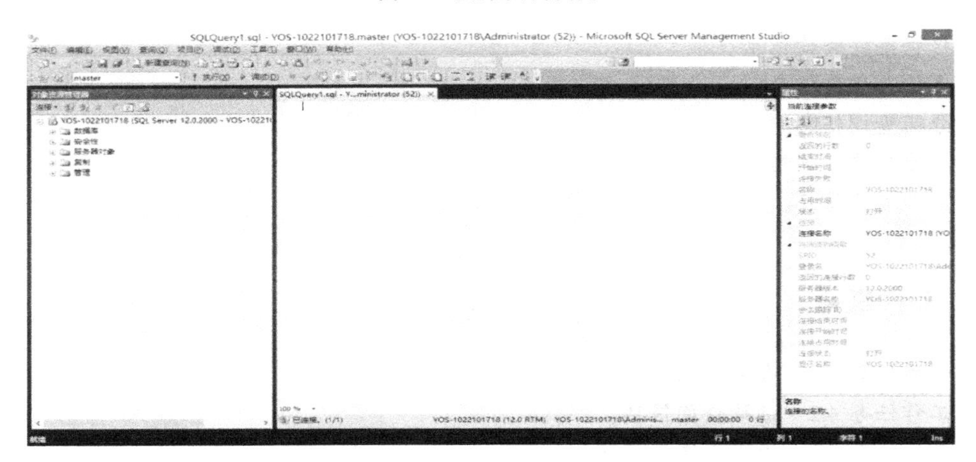

图 4.3 新建查询文件

2）选择“窗口”菜单下的“自动全部隐藏”命令，系统把“对象资源管理器”窗格和“属性”窗格隐藏了起来，查询文件窗格被放大，如图 4.4 所示。如果需要显示“对象资源管理器”窗格或“属性”窗格，把鼠标指针移到查询文件窗口左边的“对象资源管理器”标题栏或右边的“属性”标题栏上，它们会自动显示出来。如图 4.5 所示是把鼠标指针移到查询文件窗格左边的“对象资源管理器”标题栏上的结果，当鼠标指针移离“对象资源管理器”窗格，它会自动隐藏。

图 4.4 放大查询文件窗格

3）要想全屏显示查询文件窗格，可以使用组合键 Shift+Alt+ 回车。全屏的结果如图 4.6 所示。

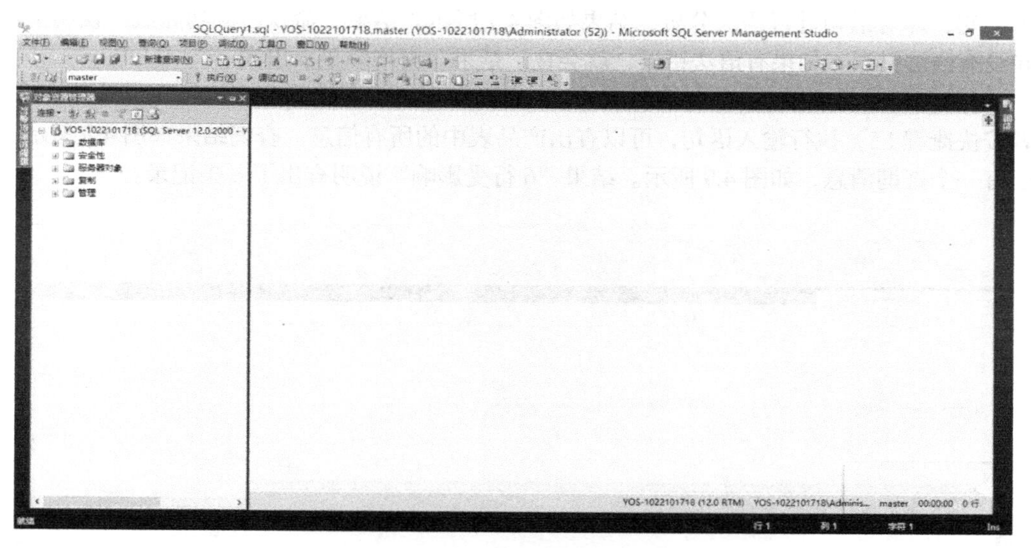

图 4.5　显示“对象资源管理器”窗格

图 4.6　全屏显示查询文件窗格

4）在查询文件中输入以下语句。

```
use dodb                              -- 打开数据库
go

select *
from 产品表          -- 查询″产品表″中所有信息
go
```

5）单击工具栏上的✓按钮或选择“查询” | “分析”命令，或者按组合键 Ctrl+F5，分析输入语句，即对语句进行语法分析，结果如图 4.7 所示。结果“命令已成功完成”说明上面的语句没有语法错误，如果有语法错误，就会在“结果”窗格中显示出来。

6）单击工具栏上的 ! 执行(X) 按钮或按组合键 Alt+X，或者选择“查询” | “执行”命令，或者按快捷键 F5，执行输入语句，可以查出产品表中的所有信息。查询结果如图 4.8 所示，同时还有一个查询消息，如图 4.9 所示。结果“6 行受影响”说明查出了 6 条记录。

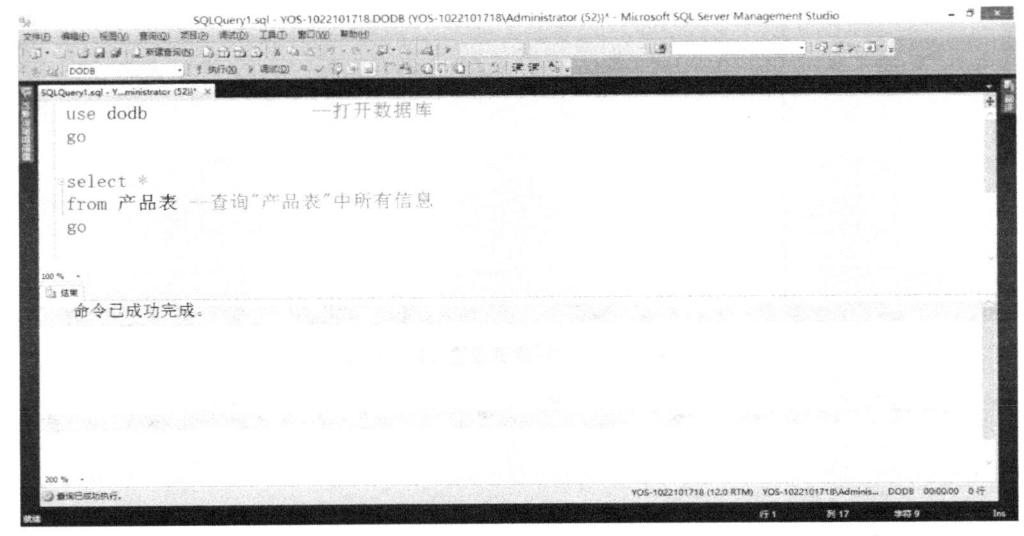

图 4.7　语句分析结果

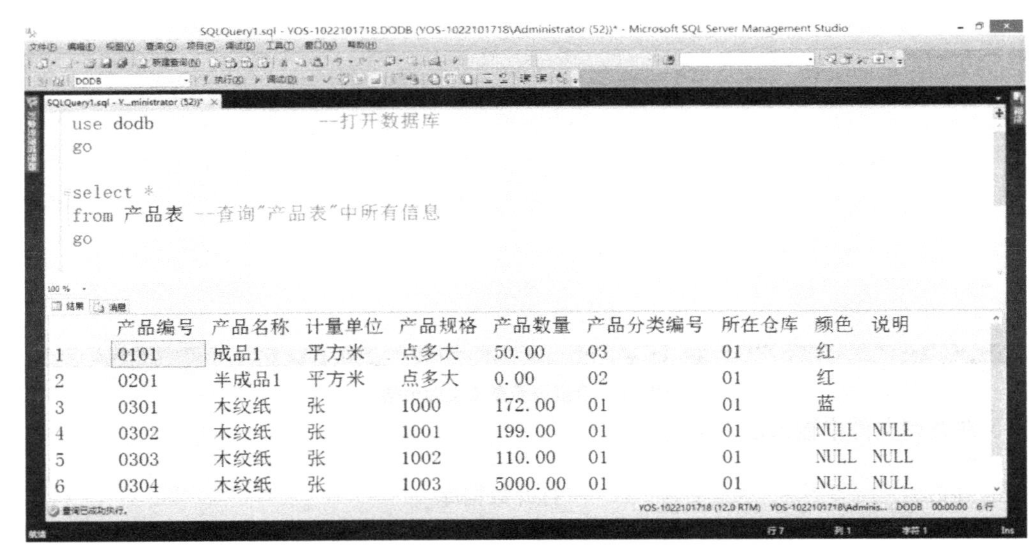

	产品编号	产品名称	计量单位	产品规格	产品数量	产品分类编号	所在仓库	颜色	说明
1	0101	成品1	平方米	点多大	50.00	03	01	红	
2	0201	半成品1	平方米	点多大	0.00	02	01	红	
3	0301	木纹纸	张	1000	172.00	01	01	蓝	
4	0302	木纹纸	张	1001	199.00	01	01	NULL	NULL
5	0303	木纹纸	张	1002	110.00	01	01	NULL	NULL
6	0304	木纹纸	张	1003	5000.00	01	01	NULL	NULL

图 4.8　查询“所有产品”结果

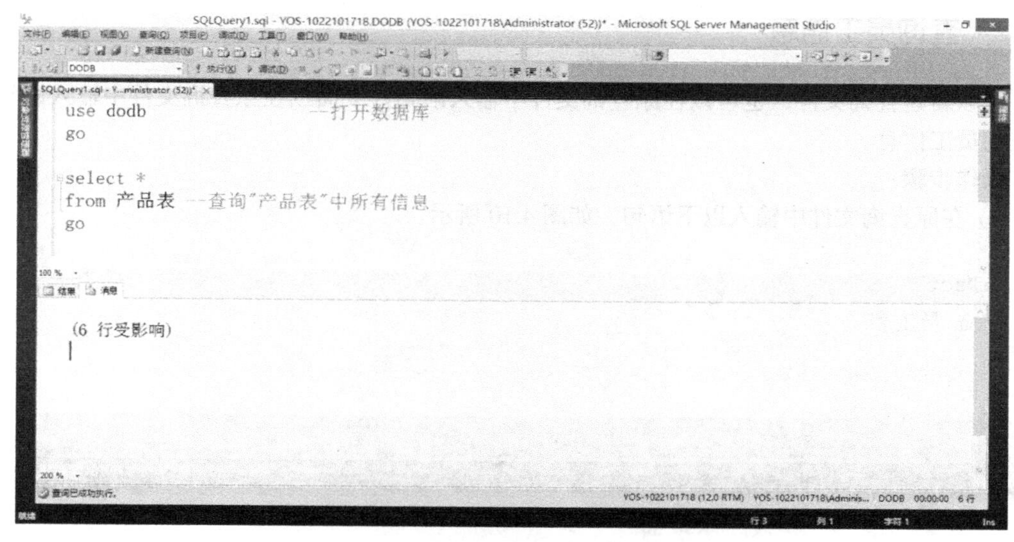

图 4.9 “消息”窗格

知识点

Transact–SQL 语句

1. 打开数据库语句

格式： use 数据库名

功能： 切换“数据库名”所指的数据库为当前数据库。

说明： SQL Server 2014 中的 Transact–SQL 语句操作的当前数据库。

2. 基本查询语句

格式：
```
select *
from 数据表名
```

功能： 从指定的数据表中查询出所有的数据。

其中：

（1）“*”表示要查询表中的所有字段。

（2）“数据表名”指定要查询的数据表。

3. --（注释）

格式： -- 注释文本

说明： 可以将注释插入单独行中、嵌套在 Transact–SQL 命令行的结尾或嵌套在 Transact–SQL 语句中。服务器不对注释进行处理。

4. go

格式： go

功能： 向 SQL Server 实用工具发出一批 Transact–SQL 语句结束的信号。

4.1.2　查询员工信息

可以新建查询文件，也可以在原查询文件中输入语句。下面以在原查询文件中输入语句为例查询员工信息。

操作步骤：

1）在原查询文件中输入以下语句，如图 4.10 所示。

```
select *
from 员工表
go
```

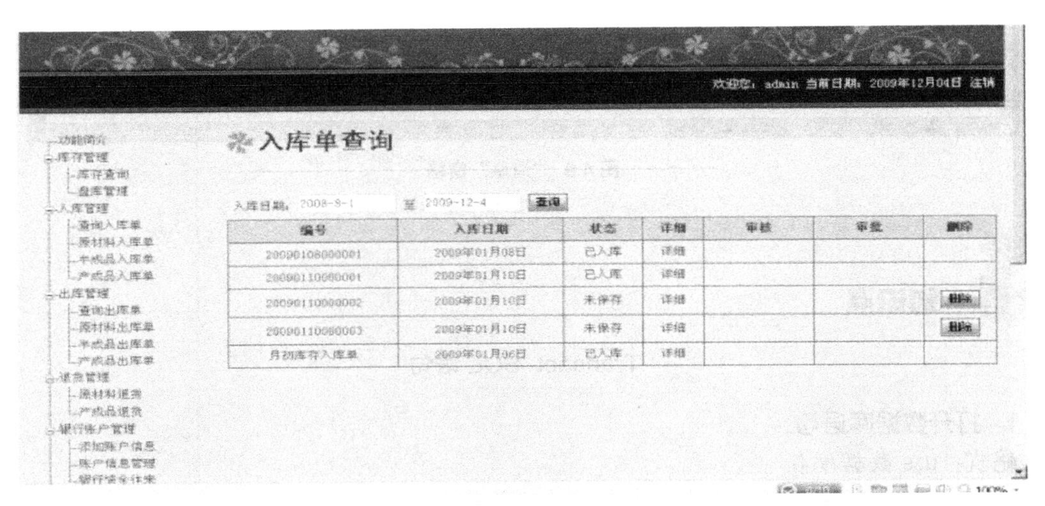

图 4.10　输入语句

2）选择新输入的语句，如图 4.11 所示。

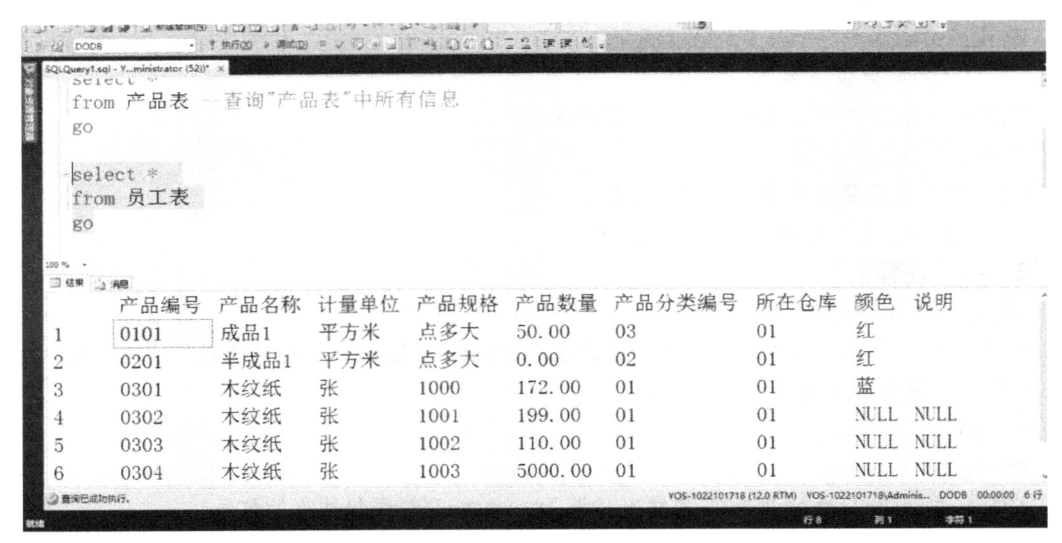

	产品编号	产品名称	计量单位	产品规格	产品数量	产品分类编号	所在仓库	颜色	说明
1	0101	成品1	平方米	点多大	50.00	03	01	红	
2	0201	半成品1	平方米	点多大	0.00	02	01	红	
3	0301	木纹纸	张	1000	172.00	01	01	蓝	
4	0302	木纹纸	张	1001	199.00	01	01	NULL	NULL
5	0303	木纹纸	张	1002	110.00	01	01	NULL	NULL
6	0304	木纹纸	张	1003	5000.00	01	01	NULL	NULL

图 4.11　选定语句

说明：在查询文件中有多个语句时，直接分析和执行，系统会分析和执行所有的语句。可以选择任意位置的部分语句，后面操作只针对所选内容进行。

3）单击工具栏上的✓按钮或选择“查询”｜“分析”命令，或者按组合键 Ctrl+F5，分析输入语句，结果如图 4.12 所示。

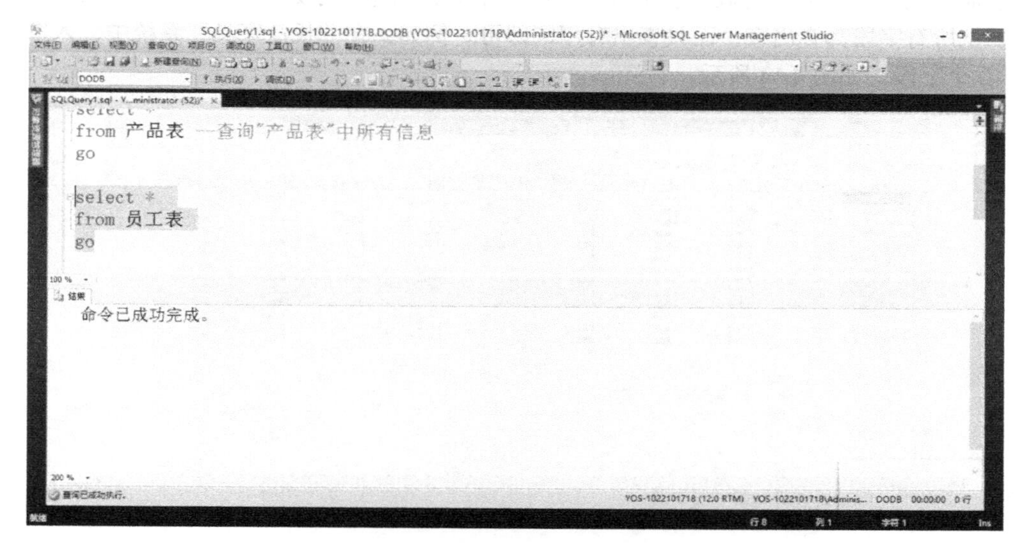

图 4.12　分析语句

4）单击工具栏上的 ! 执行(X) 按钮或按组合键 Alt+X，或者选择“查询”｜“执行”命令，或者按快捷键 F5，执行输入语句，查出员工表中的所有信息。查询结果如图 4.13 所示。

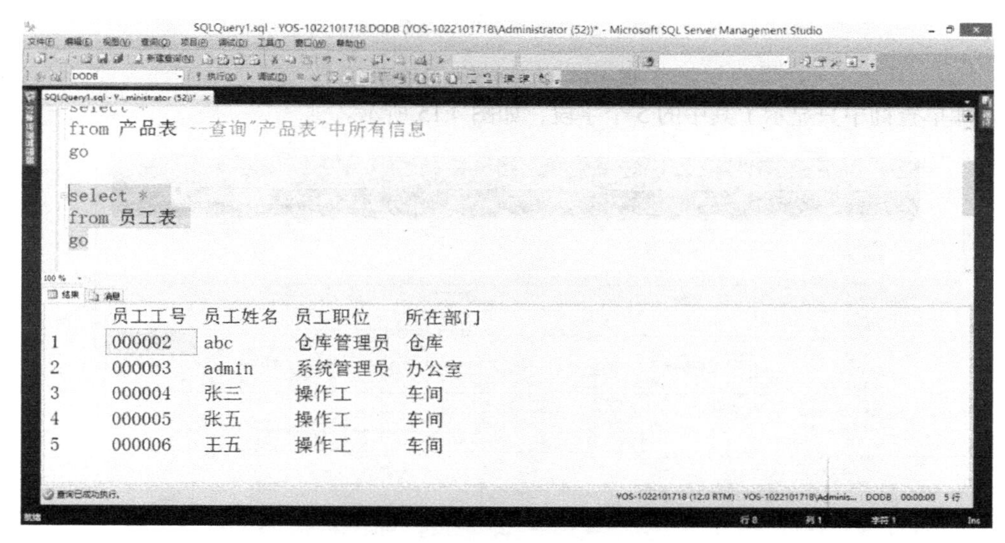

图 4.13　查询员工表的结果

工作任务 4.2　选择查询信息

前面完成了从数据库的数据表中查询一些基本数据信息（原始数据），在实际工作中有时不需要把所有字段都查出来，而只查出有用的即可。例如，在“长江家具”系统中，入库单表中有 10 个字段，如图 4.14 所示。

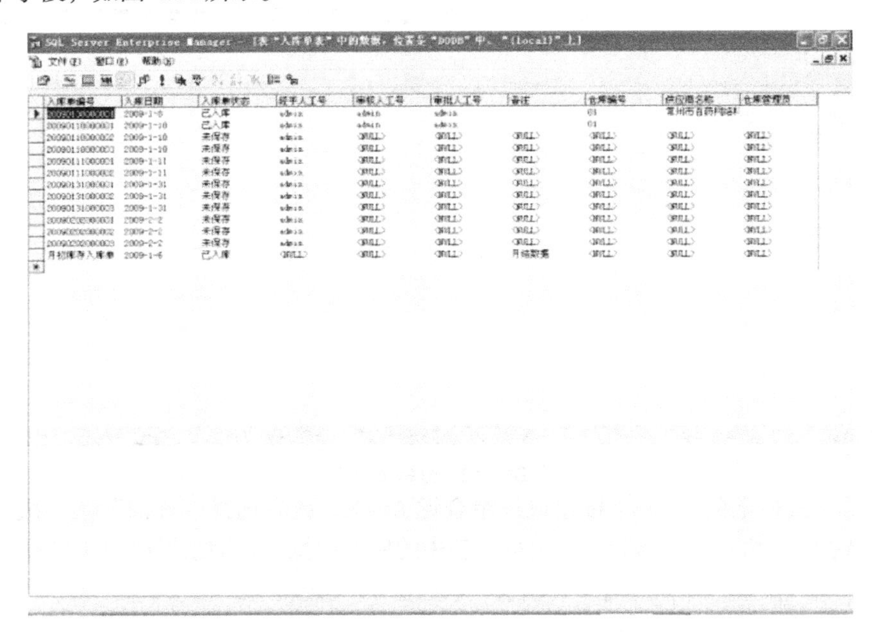

图 4.14　入库单表中的数据

入库单查询中只显示了其中的 5 个字段，如图 4.15 所示。

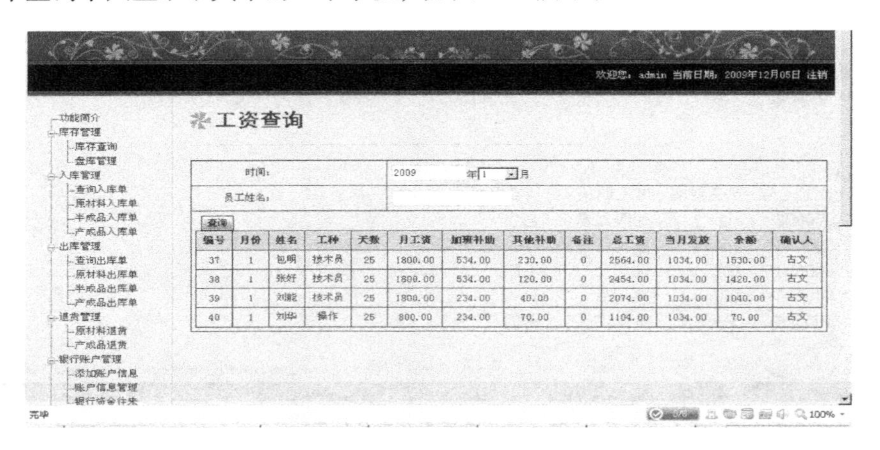

图 4.15　系统中查出入库单数据

4.2.1　查询入库单信息

在查询文件中输入下面语句。

```
select 入库单编号，入库日期，入库单状态，审核人工号，审批人工号
from 入库单表
go
```

执行上面的 SQL 语句，可以查出入库单表中的“入库单编号”“入库时间”“入库单状态”“审核人工号”和“审批人工号”等字段信息。运行结果如图 4.16 所示。

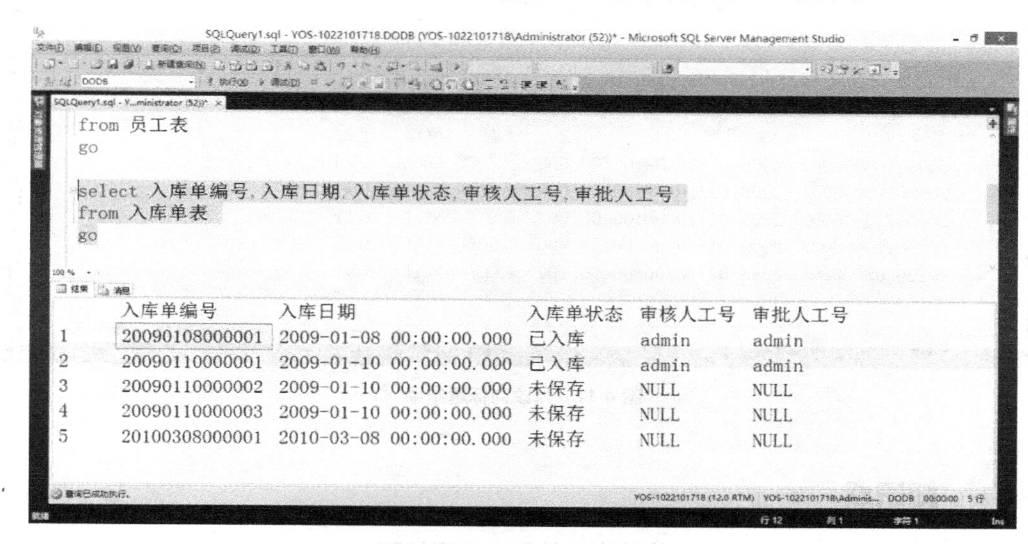

图 4.16　查询入库单的结果

知识点

选择查询 select 语句

格式： select 查询字段列表
　　　from 数据表名

功能： 从“数据表名”所指数据表中查出“查询字段列表”中所列的字段值。

其中，“查询字段列表”中将需要查出的字段依次排列，字段间用英文半角逗号隔开。

从图 4.15 和图 4.16 可知，同样的查询，查询结果相同，表头不同：图 4.16 中的表头是源数据表中的字段名，而图 4.15 却有了改变。那么，如何改变成图 4.15 一样的显示呢？

4.2.2　修改查询结果中的列标题

在信息查询文件中输入下面的语句。

```
select 入库单编号 编号，入库日期，入库单状态 状态，审核人工号 审核，审批人工号
     审批
from 入库单表
go
```

执行上面的 SQL 语句，就改变了运行结果的列标题。运行结果如图 4.17 所示。

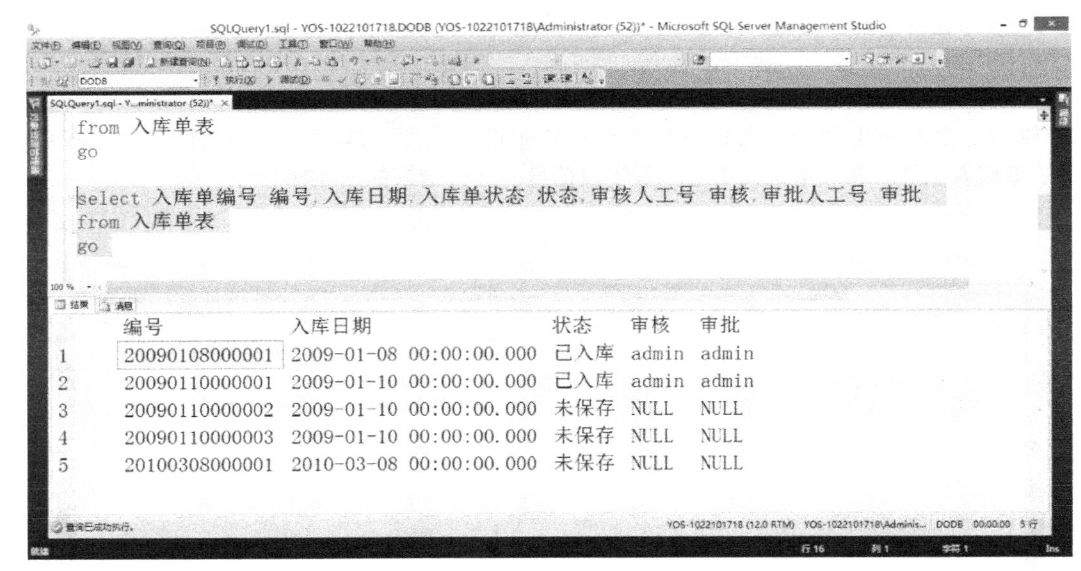

图 4.17　修改列标题结果

知识点

修改查询结果中的列标题

格式 1：select 字段 1 列标题 1，字段 2 列标题 2，……
　　　　from 数据表名

格式 2：select 字段 1 as 列标题 1，字段 2 as 列标题 2，……
　　　　from 数据表名

格式 3：select 列标题 1= 字段 1，列标题 2= 字段 2，……
　　　　from 数据表名

功能：从“数据表名”所指数据表中查出所列字段的值，并改变列标题为相应的标题。

说明：（1）上面 3 种格式中的任何一种都可以。

（2）上面格式中的列标题字符串可以用单引号或方括号括起来，也可以不括，但如果列标题字符串中包括空格，则一定要括起来。

比较图 4.15 和图 4.17，基本上相同了，但还有一点不同，即图 4.15 里有一个“详细”列，而在数据表中和图 4.17 中都没有。那么如何实现?

4.2.3　查询结果中增加字符串列

在查询文件中输入如下语句。

```
select 入库单编号 编号，入库日期，入库单状态 状态，'详细'详细，审核人工号 审核，审
      批人
工号 审批
from 入库单表
go
```

运行上面的 SQL 语句，可以给结果添上“详细”列。运行结果如图 4.18 所示。

```
go

select 入库单编号 编号,入库日期,入库单状态 状态,'详细' 详细,审核人工号 审核,
      审批人工号 审批
from 入库单表
go
```

	编号	入库日期	状态	详细	审核	审批
1	20090108000001	2009-01-08 00:00:00.000	已入库	详细	admin	admin
2	20090110000001	2009-01-10 00:00:00.000	已入库	详细	admin	admin
3	20090110000002	2009-01-10 00:00:00.000	未保存	详细	NULL	NULL
4	20090110000003	2009-01-10 00:00:00.000	未保存	详细	NULL	NULL
5	20100308000001	2010-03-08 00:00:00.000	未保存	详细	NULL	NULL

图 4.18　增加列结果

知识点

查询结果中增加字符串列

格式： select 字段列表，字符串，字段列表
　　　from 数据表名

功能： 在查询结果中增加“字符串”常量列。

注意： 作为常量列的字符串一定要用单引号括起来，因为系统默认此位置是字段名，运行时系统若找不到此字段，就会报错。

select 后不仅可以包括字符串常量，也可以包括表达式，这样可以查出表中数据通过计算以后的结果。

4.2.4　查询结果中增加表达式列

在查询文件中输入如下语句。

```
select 年份，月份，姓名，总工资 - 月工资 其它工资
from 工资表
go
```

运行上面的 SQL 语句，可以查出每个员工除月基本工资以外的所有其他工资之和。运行结果如图 4.19 所示。

```
go

select 年份,月份,姓名,总工资 月工资 其它工资
from 工资表
```

	年份	月份	姓名	其它工资
1	2009	1	包明	764.00
2	2009	1	张好	654.00
3	2009	1	刘能	274.00
4	2009	1	刘华	304.00
5	2009	2	刘华	584.00
6	2009	2	刘能	257.00
7	2009	2	张好	1414.00
8	2009	2	包明	534.00

图 4.19 增加表达式列的结果

知识点

查询结果中增加表达式列

格式： select 字段列表，表达式，字段列表
from 数据表名

功能： 在查询结果中增加表达式列，用于查出记录中数据通过计算处理后的结果。

工作任务 4.3 根据条件查询信息

前面完成了从数据库的数据表中查询一些基本数据信息（原始数据）和选择查询关心的信息，在实际工作中还经常需要查出满足一定条件的信息。例如，在“长江家具”系统中，工资表中有 8 条记录，如图 4.20 所示。

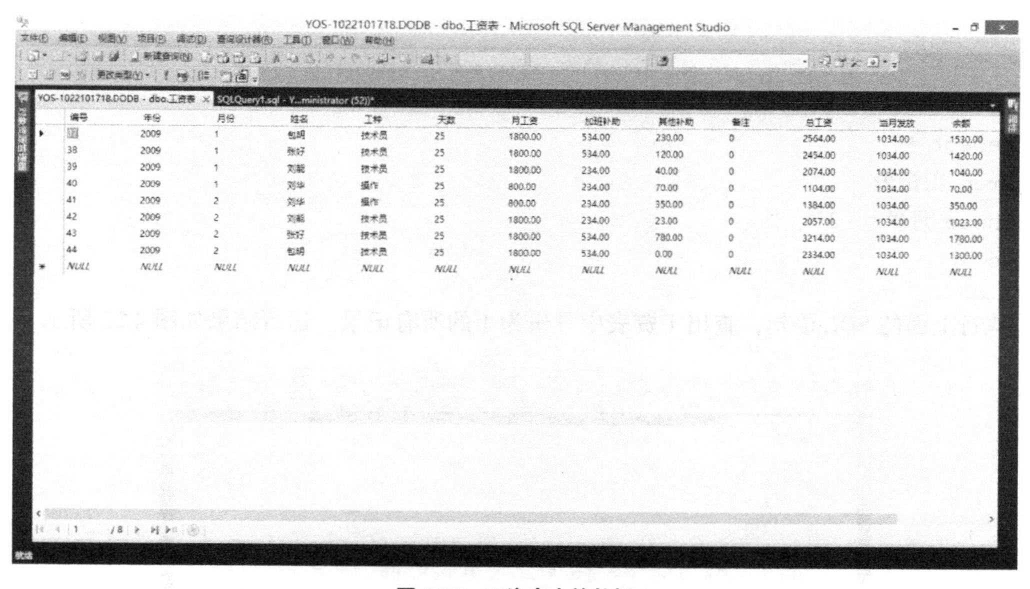

编号	年份	月份	姓名	工种	天数	月工资	加班补助	其他补助	备注	总工资	当月发放	余额
37	2009	1	包明	技术员	25	1800.00	534.00	230.00	0	2564.00	1034.00	1530.00
38	2009	1	张好	技术员	25	1800.00	534.00	120.00	0	2454.00	1034.00	1420.00
39	2009	1	刘能	技术员	25	1800.00	234.00	40.00	0	2074.00	1034.00	1040.00
40	2009	1	刘华	操作	25	800.00	234.00	70.00	0	1104.00	1034.00	70.00
41	2009	2	刘华	操作	25	800.00	234.00	350.00	0	1384.00	1034.00	350.00
42	2009	2	刘能	技术员	25	1800.00	234.00	23.00	0	2057.00	1034.00	1023.00
43	2009	2	张好	技术员	25	1800.00	534.00	780.00	0	3214.00	1034.00	1780.00
44	2009	2	包明	技术员	25	1800.00	534.00	0.00	0	2334.00	1034.00	1300.00
NULL	NULL	NULL	NULL	NULL	NULL	NULL	NULL	NULL	NULL	NULL	NULL	NULL

图 4.20　工资表中的数据

可以查找 1 月份的工资表，如图 4.21 所示。

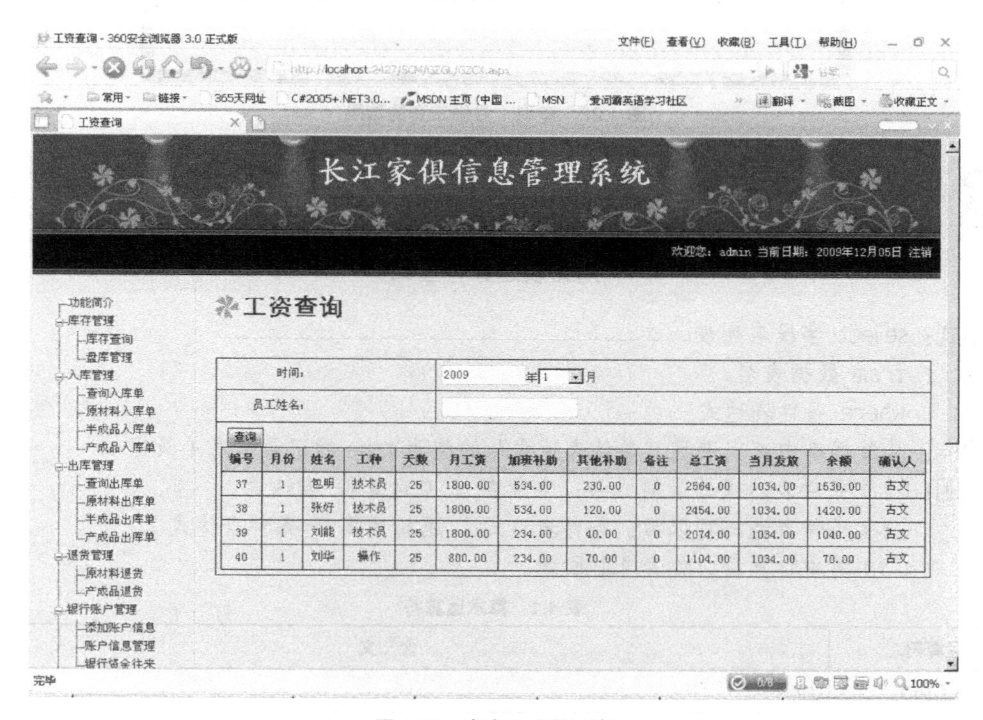

编号	月份	姓名	工种	天数	月工资	加班补助	其他补助	备注	总工资	当月发放	余额	确认人
37	1	包明	技术员	25	1800.00	534.00	230.00	0	2564.00	1034.00	1530.00	古文
38	1	张好	技术员	25	1800.00	534.00	120.00	0	2454.00	1034.00	1420.00	古文
39	1	刘能	技术员	25	1800.00	234.00	40.00	0	2074.00	1034.00	1040.00	古文
40	1	刘华	操作	25	800.00	234.00	70.00	0	1104.00	1034.00	70.00	古文

图 4.21　查出 1 月份工资

4.3.1　用比较运算符查询工资信息

在查询文件中输入下面的语句。

```
use dodb
go

select *
from 工资表
where 月份 =' 1'
go
```

执行上面的 SQL 语句，查出工资表中月份为 1 的所有记录。运行结果如图 4.22 所示。

图 4.22　查询 1 月份工资的结果

知识点

用比较运算符查询

格式： select 字段名列表
　　from 数据表名
　　where 条件表达式

功能： 从数据表中查出满足“条件表达式”的值为 true 的记录信息（数据）。

说明：（1）条件表达式的最简式为：字段名 关系运算符 表达式。
（2）条件表达式可以为：条件表达式 1 逻辑运算符 条件表达式 2。
（3）算术运算符，如表 4.1 所示。

表 4.1　算术运算符

运算符	含　义
+（加）	加
-（减）	减
*（乘）	乘
/（除）	除
%（取模）	返回一个除法运算的整数余数。例如，12 % 5 = 2，这是因为 12 除以 5，余数为 2

（4）关系运算符，如表 4.2 所示。

表 4.2 关系运算符

运算符	含 义
=（等于）	等于
>（大于）	大于
<（小于）	小于
>=（大于等于）	大于或等于
<=（小于等于）	小于或等于
<>（不等于）	不等于
!=（不等于）	不等于（非 SQL-92 标准）
!<（不小于）	不小于（非 SQL-92 标准）
!>（不大于）	不大于（非 SQL-92 标准）

（5）逻辑运算符，如表 4.3 所示。

表 4.3 逻辑运算符

运算符	含 义
ALL	如果一组的比较都为 TRUE，那么就为 TRUE
AND	如果两个布尔表达式都为 TRUE，那么就为 TRUE
ANY	如果一组的比较中任何一个为 TRUE，那么就为 TRUE
BETWEEN	如果操作数在某个范围之内，那么就为 TRUE
EXISTS	如果子查询包含一些行，那么就为 TRUE
IN	如果操作数等于表达式列表中的一个，那么就为 TRUE
LIKE	如果操作数与一种模式相匹配，那么就为 TRUE
NOT	对任何其他布尔运算符的值取反
OR	如果两个布尔表达式中的一个为 TRUE，那么就为 TRUE
SOME	如果在一组比较中，有些为 TRUE，那么就为 TRUE

同样，在查询文件中输入下面的语句。

```
select *
from 工资表
where 月份 <>’ 1’
go
```

执行上面语句，查出工资表中“月份”字段有值不是 1 的所有记录。运行结果如图 4.23 所示。

```
select *
from 工资表
where 月份<>'1'
go
```

	编号	年份	月份	姓名	工种	天数	月工资	加班补助	其他补助	备注	总工资	当月发放	余额
1	41	2009	2	刘华	操作	25	800.00	234.00	350.00	0	1384.00	1034.00	350.00
2	42	2009	2	刘能	技术员	25	1800.00	234.00	23.00	0	2057.00	1034.00	1023.00
3	43	2009	2	张好	技术员	25	1800.00	534.00	780.00	0	3214.00	1034.00	1780.00
4	44	2009	2	包明	技术员	25	1800.00	534.00	0.00	0	2334.00	1034.00	1300.00

图 4.23　查询不是 1 月份工资的结果

上面是根据月份进行查询的，那么能否查找既满足月份条件，又满足年份条件或其他条件的信息呢？当然可以，那就是多条件查询。

在查询文件中输入下面的语句。

```
select *
from 工资表
where 月份 ='1' and 姓名 =' 刘能'
go
```

执行上面的语句，查出刘能 1 月份的工资（满足两个条件，多个条件方法一样）。运行结果如图 4.24 所示。

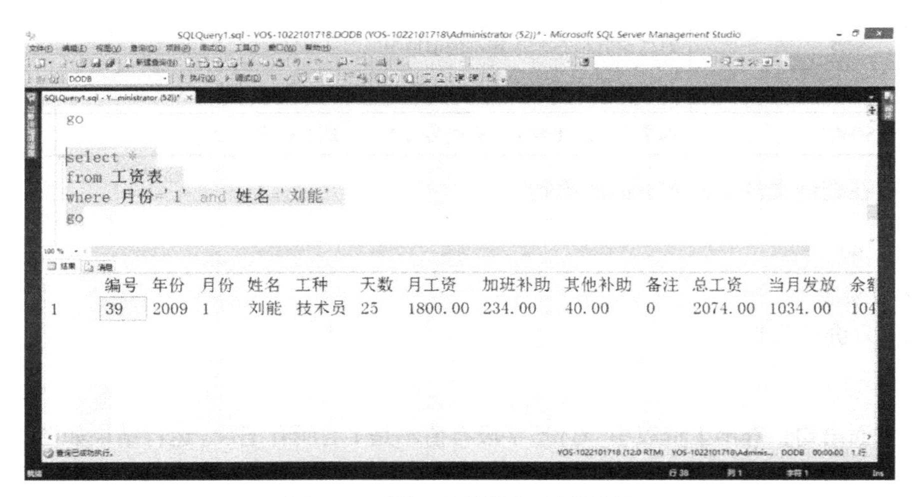

图 4.24　查询 1 月份刘能工资的结果

同理，在查询文件中输入下面的语句。

```
select *
from 工资表
where 姓名 =' 刘能 ' or 姓名 =' 张好 '
go
```

执行后查出“姓名”字段的值为“刘能”或为“张好”的工资记录。运行结果如图 4.25 所示。

```
go

select *
from 工资表
where 姓名='刘能' or 姓名='张好'
go
```

	编号	年份	月份	姓名	工种	天数	月工资	加班补助	其他补助	备注	总工资
1	38	2009	1	张好	技术员	25	1800.00	534.00	120.00	0	2454.00
2	39	2009	1	刘能	技术员	25	1800.00	234.00	40.00	0	2074.00
3	42	2009	2	刘能	技术员	25	1800.00	234.00	23.00	0	2057.00
4	43	2009	2	张好	技术员	25	1800.00	534.00	780.00	0	3214.00

图 4.25 查询刘能或张好工资的结果

上面讨论的是精确查询，SQL 语句能否进行模糊查询呢？回答是肯定的，下面讨论模糊查询的方法。

4.3.2 用 like 运算符查询信息

在查询文件中输入下列语句。

```
select *
from 工资表
where 姓名 like ' 刘 %'
go
```

执行上面的语句，可以查出工作表中所有姓“刘”的员工的工资。运行结果如图 4.26 所示。

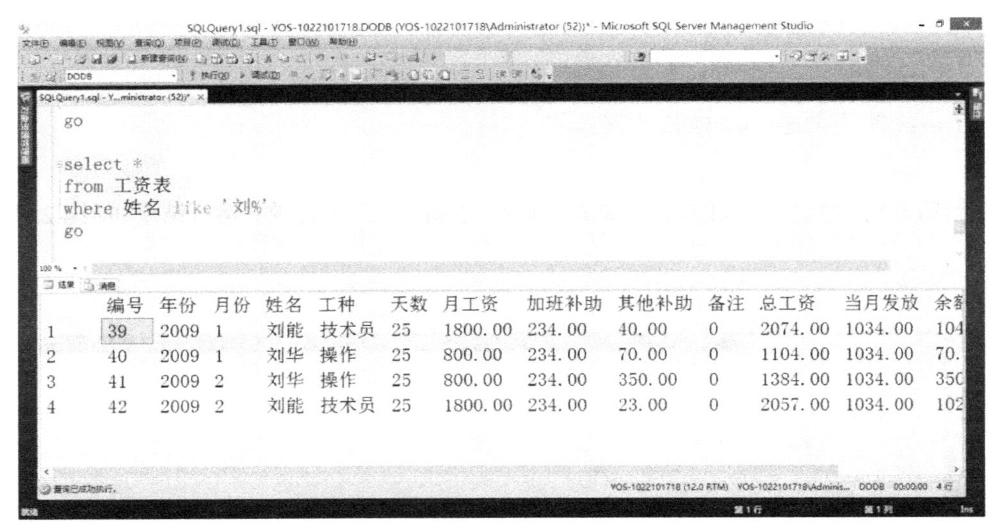

	编号	年份	月份	姓名	工种	天数	月工资	加班补助	其他补助	备注	总工资	当月发放	余额
1	39	2009	1	刘能	技术员	25	1800.00	234.00	40.00	0	2074.00	1034.00	104
2	40	2009	1	刘华	操作	25	800.00	234.00	70.00	0	1104.00	1034.00	70.
3	41	2009	2	刘华	操作	25	800.00	234.00	350.00	0	1384.00	1034.00	350
4	42	2009	2	刘能	技术员	25	1800.00	234.00	23.00	0	2057.00	1034.00	102

图 4.26　查询“刘”姓工资的结果

知识点

使用 like 查询

格式： select 字段名列表
from 数据表名
where 条件表达式

功能： 从数据表中查出满足“条件表达式”，即“条件表达式”的值为 true 的记录信息（数据）。

说明：

（1）条件表达式最简式为：字段名 like（not like）字符串表达式。

（2）条件表达式可以为：条件表达式 1 逻辑运算符 条件表达式 2。

（3）一般为模糊查询，在字符串表达式中可以使用通配符。通配符如下。

① % 匹配包括 0 个或多个字符的字符串。

② _ 匹配任何一个字符。

③ [ ] 匹配任何在范围内的单个字符，如 [m-p]。

④ [^] 匹配任何不在范围内的单个字符，如 [^m-p]、[^mnop]。

⑤ 通配符和字符串要括在单引号中。

同理，在查询文件中输入下列语句。

```
select 供应商名称
from 供应商表
where 供应商名称 like '_ _市%'
go
```

执行上面的语句，可以查出供应商表中“供应商名称”中第 3 个字符为“市”的所有供应

商记录。结果如图 4.27 所示。

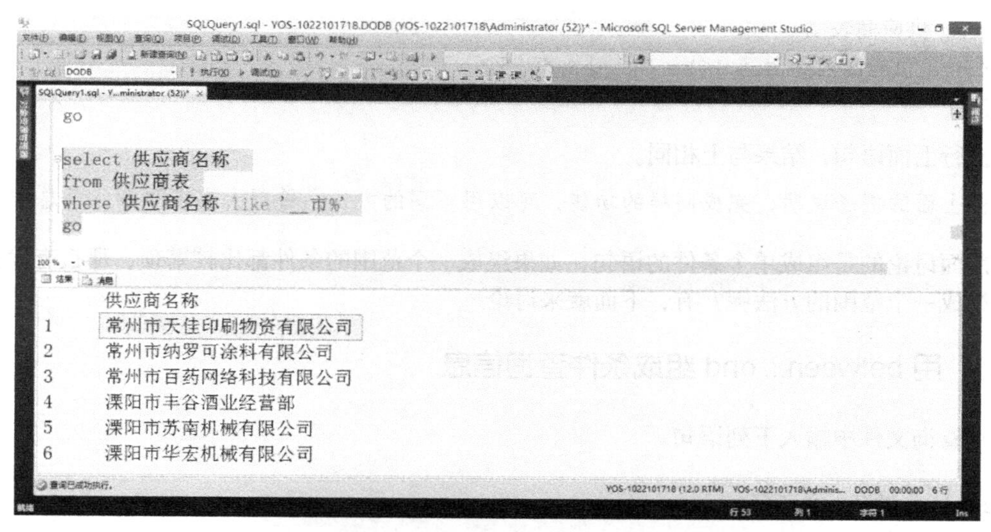

图 4.27　查询供应商名称第 3 个字为“市”的结果

再如，在查询文件中输入下列语句。

```
select 供应商名称
from 供应商表
where 供应商名称 like '__[^市]%'
go
```

执行上面的语句，可以查出供应商表中“供应商名称”中第 3 个字符不为“市”的所有供应商记录。结果如图 4.28 所示。

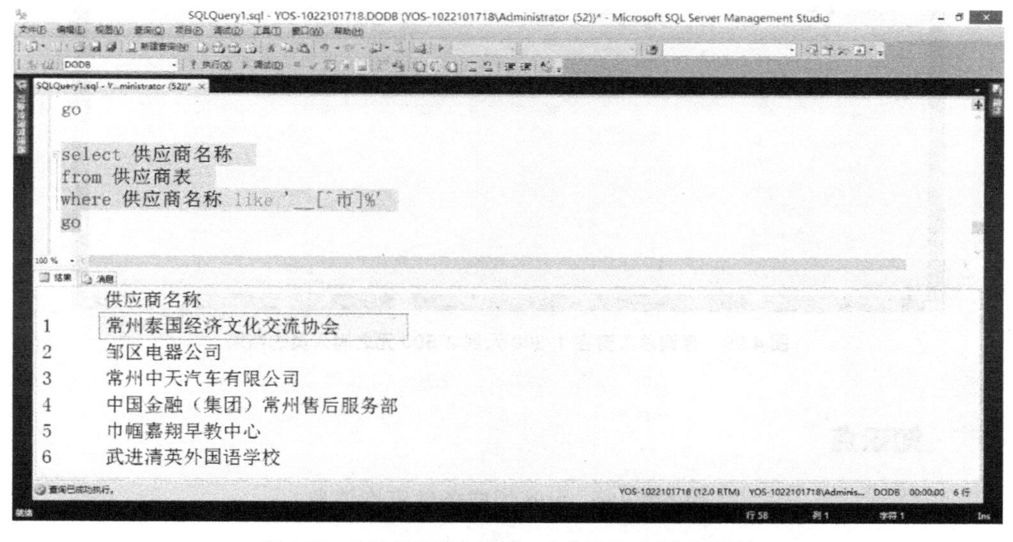

图 4.28　查询供应商名称第 3 个字不为“市”的结果

在查询文件中输入下列语句。

```
select 供应商名称
from 供应商表
where 供应商名称 not like '__[^市]%'
go
```

执行上面语句，结果与上相同。

提示：上面的例子说明，完成同样的功能，可以用不同的方法，希望大家多思考，多总结。

前面讨论的是组成单个条件的语句，如果组成一个范围的条件都比较繁琐，那么有没有简单地组成一个范围的方法呢？有，下面就来讨论。

4.3.3　用 between... and 组成条件查询信息

在查询文件中输入下列语句。

```
select 姓名，总工资
from 工资表
where 总工资 between 1300 and 2500
go
```

执行上面的语句，可以从工资表中查出“总工资”在 1 300 元到 2 500 元之间的员工的姓名和总工资。运行结果如图 4.29 所示。

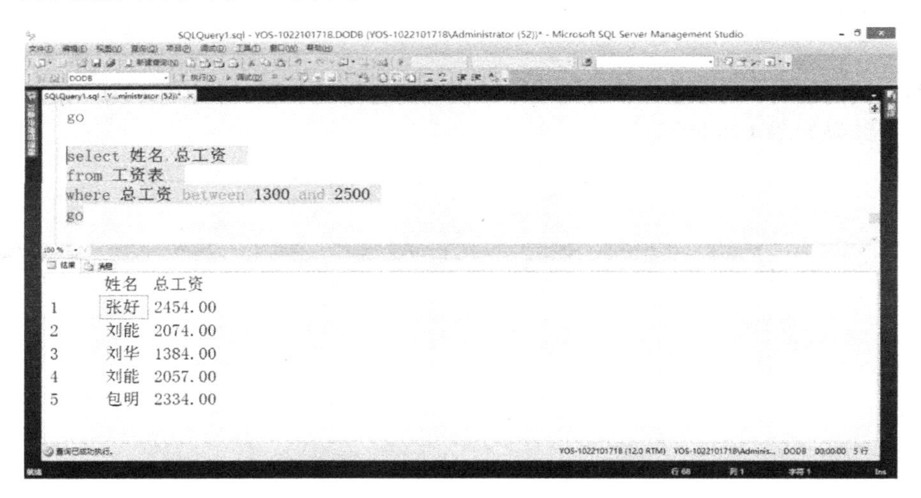

图 4.29　查询总工资在 1 300 元到 2 500 元之间人员的结果

知识点

用 betwee...and 组成条件查询信息

格式：select 字段名列表
　　　from 数据表名

where 字段名 [not] between 数据 1 and 数据 2

功能：从数据表中查出字段值在（或不在）数据 1 和数据 2 之间的记录信息（数据）。

说明：（1）此条件包括两个边界，即数据 1<= 字段 <= 数据 2。

（2）数据的数据类型可以是数字、文字或日期。

（3）此条件与条件“数据 1<= 字段 and 字段 <= 数据 2”功能相同。

上面的语句同样可以用关系运算符和逻辑运算符完成，语句如下。

```
select 姓名，总工资
from 工资表
where 总工资 >=1300 and 总工资 <=2500
go
```

再向查询文件中输入下列语句。

```
select 入库单编号，入库日期，入库单状态，经手人工号
from 入库单表
where 入库日期 not between '2009-1-8' and '2009-1-10'
go
```

执行上面的语句，可以从入库单表中查出“入库日期”在 2009-1-8 至 2009-1-10（包括边界）以外的所有入库单的入库单编号、入库日期、入库单状态和经手人工号信息。运行结果如图 4.30 所示。

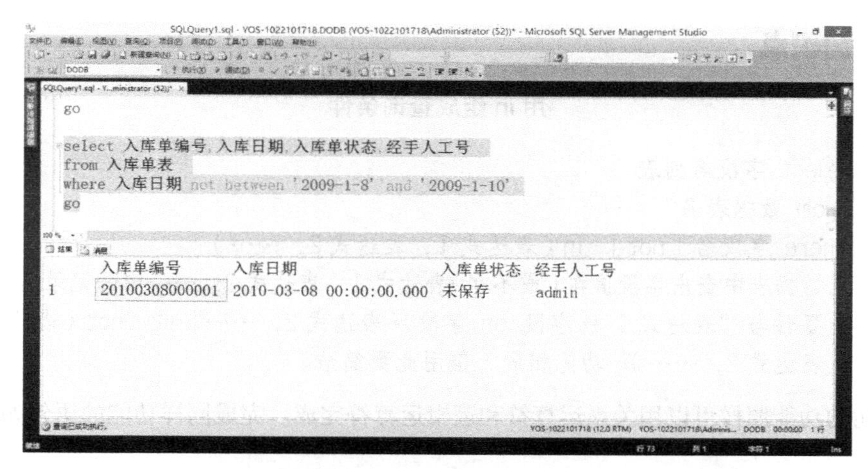

图 4.30　查询入库日期不在 2009-1-8 到 2009-1-10 之间的入库单的结果

此语句的功能照样可以用关系运算符和逻辑运算符完成，可自己练习一下。

用 between... and 组成了一个区间条件，那么有没有办法方便地组成散点条件呢？下面进行讨论。

4.3.4　用 in 组成条件查询

在查询文件中输入下列语句。

```
select *
from 仓库表
where 仓库编号 in ('01', '03')
go
```

执行上面的语句，可以从仓库表中查出“仓库编号”为 01 和 03 的仓库信息。运行结果如图 4.31 所示。

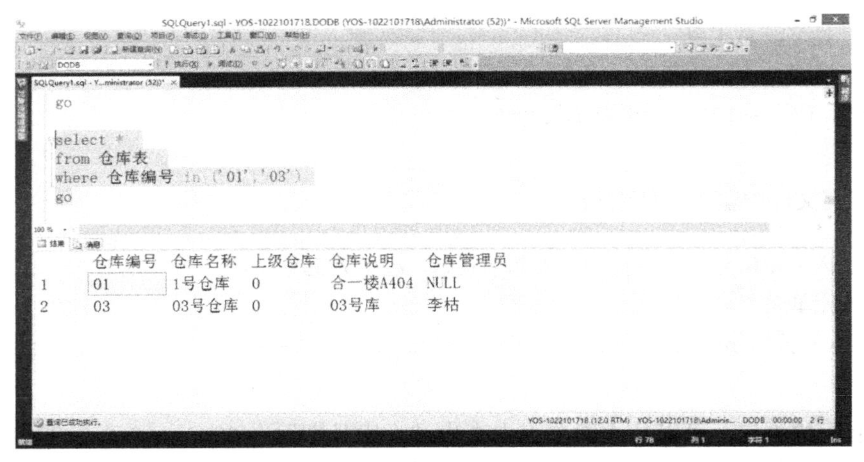

图 4.31　查询仓库号为 01 和 03 的仓库的结果

知识点

用 in 组成查询条件

格式： select 字段名列表
　　　from 数据表名
　　　where 字段名 [not] in (表达式 1，表达式 2，……)

功能： 从数据表中查出字段值在(或不在)表达式 1，表达式 2，……中的记录信息(数据)。

说明： 此条件与“表达式 1 = 字段 or 字段 = 表达式 2，……”或“not (表达式 1 = 字段 or 字段 = 表达式 2，……)”功能相同，但用此更简洁。

此语句的功能照样可以用关系运算符和逻辑运算符完成。完成同样功能的语句如下。

```
select *
from 仓库表
where 仓库编号 ='01' or 仓库编号 ='03'
go
```

前面查找的都是已赋值的字段，根据某字段具体的值，查出满足条件的记录。有时需要查找没有赋值的记录，可用下面的方法查找。

4.3.5　查询某字段没有赋值的记录

在查询文件中输入下面的语句。

```
select 供应商编号，供应商名称，供应商电话
from 供应商表
where 供应商电话 is null
go
```

执行上面的语句，可以从供应商表中查找出所有“供应商电话”没有被赋值的供应商。结果如图 4.32 所示。

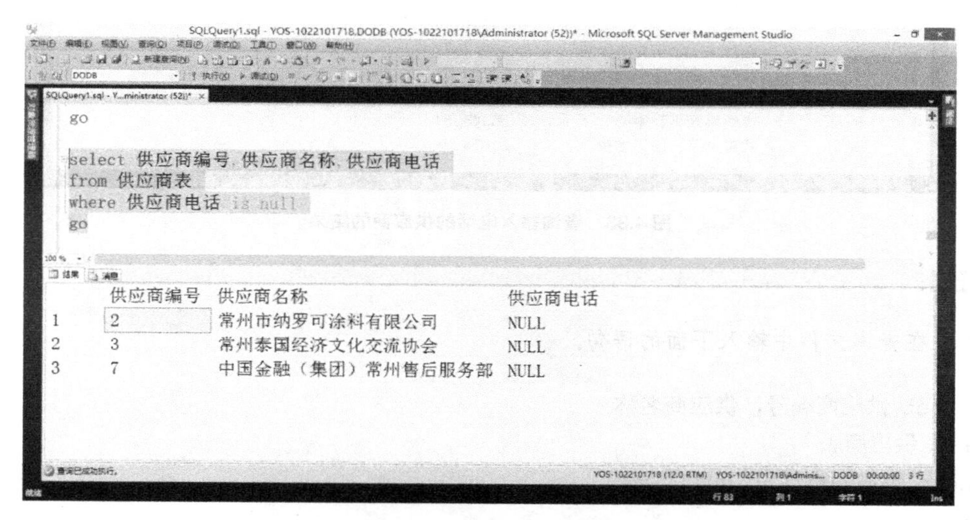

图 4.32　查询没有输入电话的供应商的结果

知识点

查询没有赋值的记录

格式： select 字段名列表
　　　from 数据表名
　　　where 字段名 is [not] null

功能： 从数据表中查出字段中没有（或已）赋值的记录信息（数据）。

说明： null 是指未赋值，与 0 和空字符串不同。

在查询文件中输入下面的语句。

```
select 供应商编号，供应商名称，供应商电话
from 供应商表
where 供应商电话 is not null
go
```

执行上面的语句，可以从供应商表中查找出所有“供应商电话”已赋值的供应商。结果如图 4.33 所示。

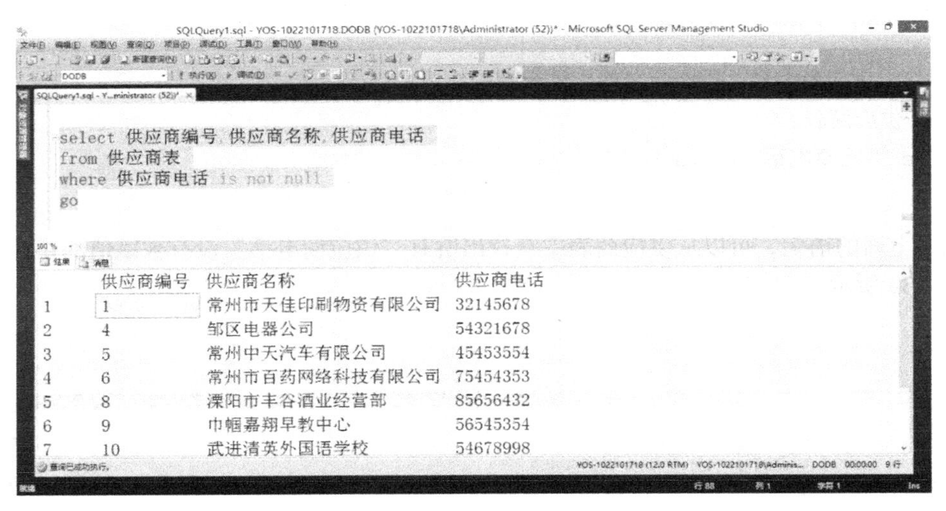

图 4.33 查询输入电话的供应商的结果

注意：

如果在查询文件中输入下面的语句。

```
select 供应商编号，供应商名称
from 供应商表
where 供应商电话 =' null'
go
```

执行上面的语句，从供应商表中没有查找出任何供应商信息。结果如图 4.34 所示。

从运行结果可以看出，条件“字段 is null”和“字段 ='null'”的功能完全不一样，前者是指字段没有赋值，后者是指字段的值被赋为 null。

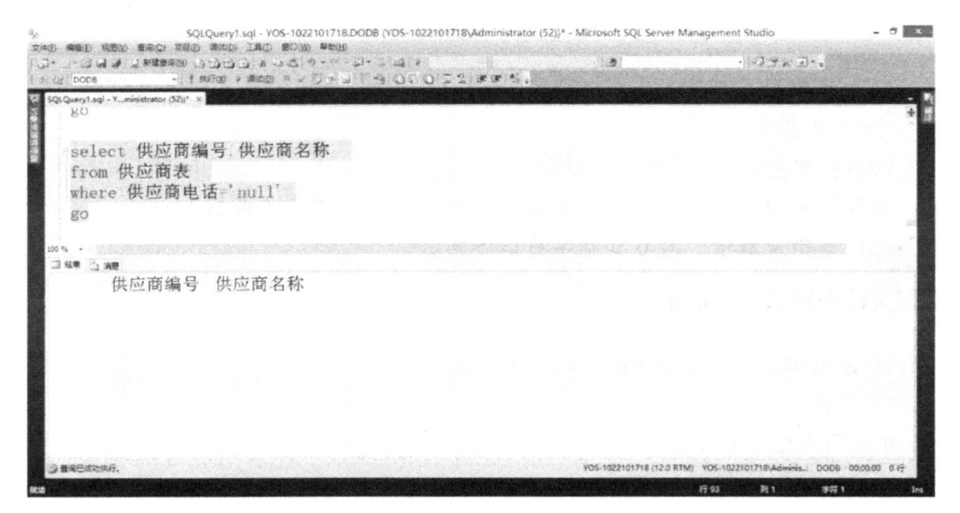

图 4.34 查询供应商电话为 null 的结果

工作任务 4.4　查询并排序信息

前面完成了从数据库的数据表中查询一些基本数据信息（原始数据）、选择查询和根据条件查询，在实际工作中还经常需要查出按一定的规律排序的信息。例如，在“长江家具”系统中数据库的产品表中的记录，如图 4.35 所示。

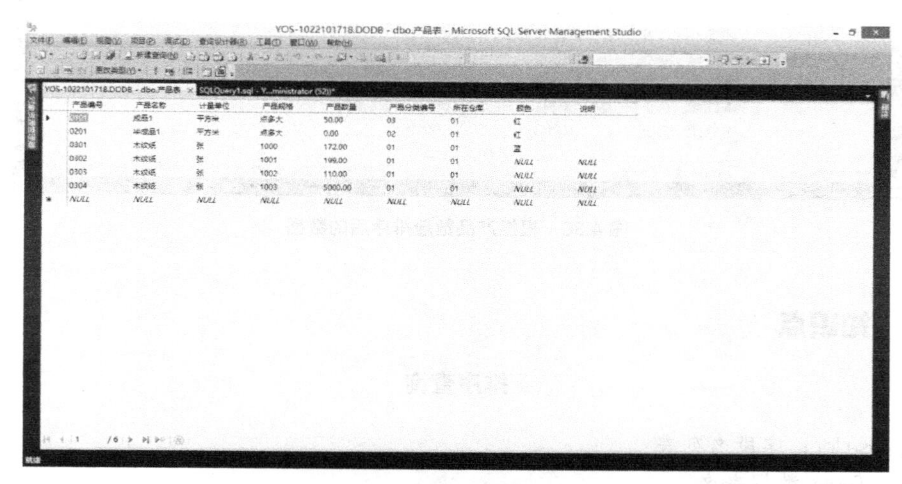

图 4.35　产品表中的数据

在实际工作中，常常需要查出库存情况，并且按库存数量的多少进行排序。本节介绍实现这些查询的方法。

4.4.1　查询并排序产品

在查询文件中输入下面的语句。

```
select 产品编号，产品名称，计量单位，产品规格，产品数量
from 产品表
order by 产品数量
go
```

执行上面的语句，可以从产品表中查找出按产品数量的由少到多顺序排列的所有产品信息。结果如图 4.36 所示。

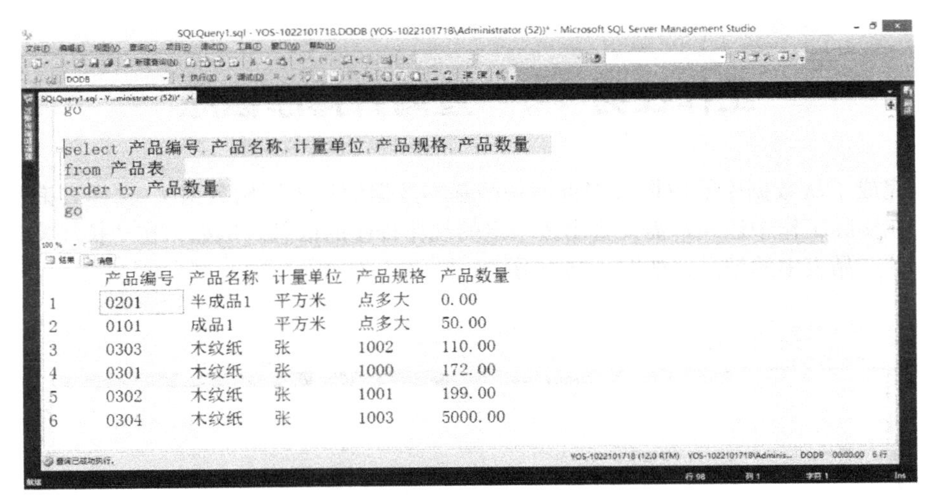

图 4.36　根据产品数量排序后的数据

知识点

排序查询

格式：select 字段名列表
　　　from 数据表名
　　　order by 字段 1 [asc|desc] [，字段 2 [asc|desc]]

功能：从数据表中查出字段 1、字段 2 按递增或递减值排序后的记录信息（数据）。

说明：（1）asc（默认）为递增，desc 为递减。
　　　（2）如果按多个字段排序，则第 1 个是主字段，当第 1 个字段的值相等时，按第 2 个字段进行排序，以此类推。
　　　（3）空值被视为最低的可能值。

上面的语句是根据一个字段进行的排序，在实际工作中经常需要根据多个字段进行排序。

4.4.2　多字段排序查工资

在查询文件中输入下面的语句。

```
select 年份，月份，姓名，工种，总工资
from 工资表
order by 月份 asc，总工资 desc
go
```

执行上面的语句，可以从工资表中查找出先按“月份”升序排序，“月份”相同的再按“总工资”降序排序的所有职工工资信息。结果如图 4.37 所示。

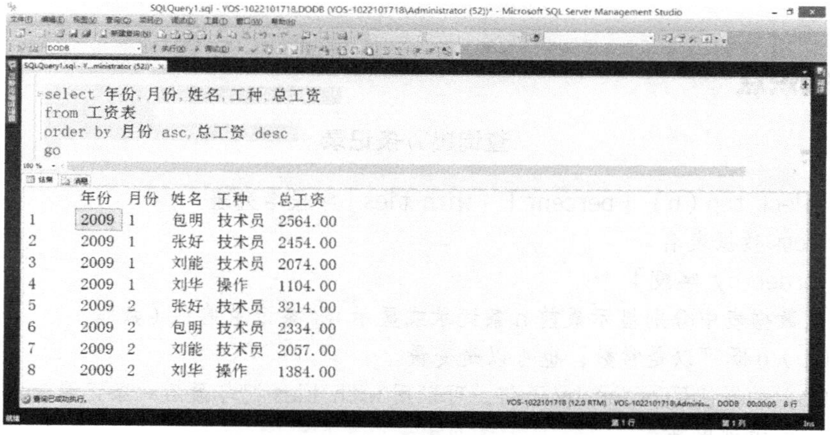

```
select 年份,月份,姓名,工种,总工资
from 工资表
order by 月份 asc,总工资 desc
go
```

	年份	月份	姓名	工种	总工资
1	2009	1	包明	技术员	2564.00
2	2009	1	张好	技术员	2454.00
3	2009	1	刘能	技术员	2074.00
4	2009	1	刘华	操作	1104.00
5	2009	2	张好	技术员	3214.00
6	2009	2	包明	技术员	2334.00
7	2009	2	刘能	技术员	2057.00
8	2009	2	刘华	操作	1384.00

图 4.37　查询工资表排序的结果

上面查找出了对所有满足条件的记录的结果，下面介绍查找出指定的几条记录或总记录数及一定比例的记录的方法。

4.4.3　查询有限条记录信息

在查询文件中输入下面的语句。

```
select top (3) 年份，月份，姓名，工种，总工资
from 工资表
order by 总工资 desc
go
```

执行上面的语句，可以从工资表中查找出所有职工中总工资前 3 名的职工工资信息。结果如图 4.38 所示。

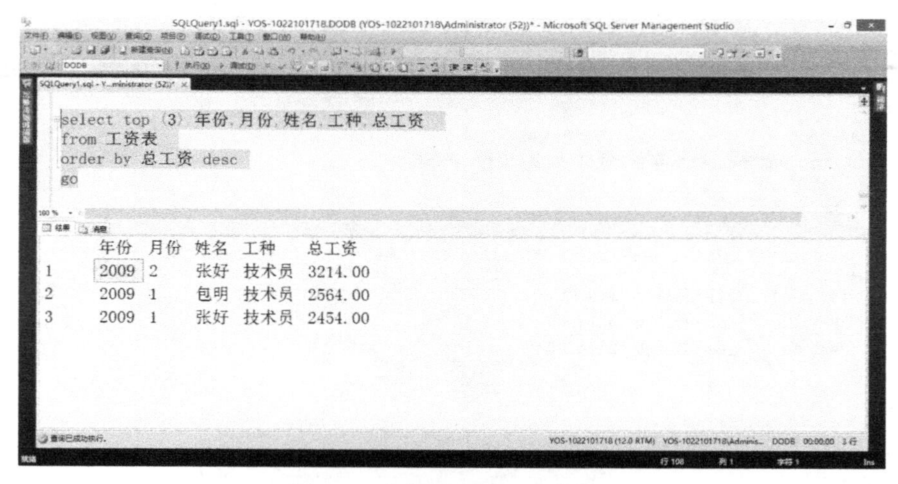

图 4.38　查询总工资前 3 名的结果

知识点

查询出 *n* 条记录

格式：select top（n）［percent］［with ties］字段名列表
　　　from 数据表名
　　　［order by 字段］

功能：从数据表中分别显示最前 n 条记录或显示 n% 条记录信息（数据）。

说明：（1）n 既可以是常数，也可以是变量。
　　　（2）如果使用 order by 子句，可以用 with ties 把与最后一条记录值相同的其他记录列出来。

4.4.4 查询一定比例记录信息

在查询文件中输入下面的语句。

```
declare @n int                                --定义变量@n
set @n=20                                     --给变量赋值
select top（@n）percent 年份，月份，姓名，工种，总工资
from 工资表
order by 总工资 desc
go
```

执行上面的语句，可以从工资表中查找出所有职工按“总工资”排序后前 20% 的职工工资信息。结果如图 4.39 所示。

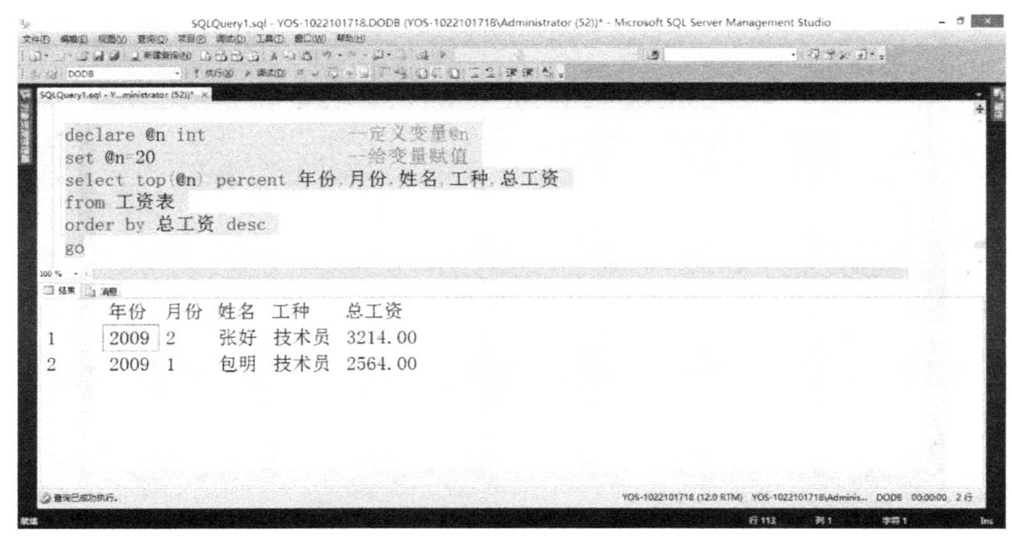

图 4.39 查询总工资排序后前 20% 的结果

工作任务 4.5　分组查询信息

前面完成了从数据库的数据表中查询一些基本数据信息（原始数据）、选择查询和根据条件查询及查询出排序后的信息。在实际工作中，还经常需要查出某些分组后的汇总信息信息，即对某些字段进行统计。例如，在“长江家具”系统中数据库的工资表中的记录，如图 4.40 所示。

YOS-1022101718.DODB - dbo.工资表 - Microsoft SQL Server Management Studio

编号	年份	月份	姓名	工种	天数	月工资	加班补助	其他补助	备注	总工资	当月发放	余额	确认人
[illegible]	2009	1	包明	技术员	25	1800.00	534.00	230.00	0	2564.00	1034.00	1530.00	古文
38	2009	1	张好	技术员	25	1800.00	534.00	120.00	0	2454.00	1034.00	1420.00	古文
39	2009	1	刘能	技术员	25	1800.00	234.00	40.00	0	2074.00	1034.00	1040.00	古文
40	2009	1	刘华	操作	25	800.00	234.00	70.00	0	1104.00	1034.00	70.00	古文
41	2009	2	刘华	操作	25	800.00	234.00	350.00	0	1384.00	1034.00	350.00	古文
42	2009	2	刘能	技术员	25	1800.00	234.00	23.00	0	2057.00	1034.00	1023.00	古文
43	2009	2	张好	技术员	25	1800.00	534.00	780.00	0	3214.00	1034.00	1780.00	古文
44	2009	2	包明	技术员	25	1800.00	534.00	0.00	0	2334.00	1034.00	1300.00	古文
NULL	NULL	NULL	NULL	NULL	NULL	NULL	NULL	NULL	NULL	NULL	NULL	NULL	NULL

图 4.40　工资表中的所有记录

本节介绍查出所有职工每“工种”“总工资”的合计的方法。

4.5.1　分组查询汇总工资

在查询文件中输入下面的语句。

```
select 工种，sum（总工资），sum（月工资）
from 工资表
group by  工种
go
```

执行上面的语句，可以从工资表中查找出按“工种”分组后，每组所有职工总工资和月工资的合计信息。结果如图 4.41 所示。

从图 4.41 可以看到，两个合计列的列名很不明确，只是用“无列名”代替，实际上应在 select 语句中给它们加上别名，指出每列的具体数据名，语句如下。

```
select 工种，sum（总工资）总工资合计，sum（月工资）月工资合计
from 工资表
group by  工种
go
```

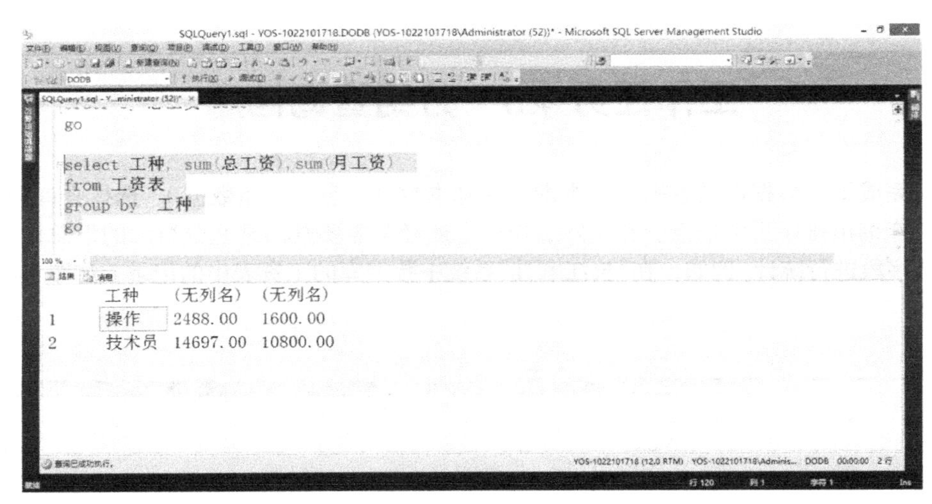

图 4.41 查询每工种的总工资和月工资合计的结果

语句的执行结果如图 4.42 所示。

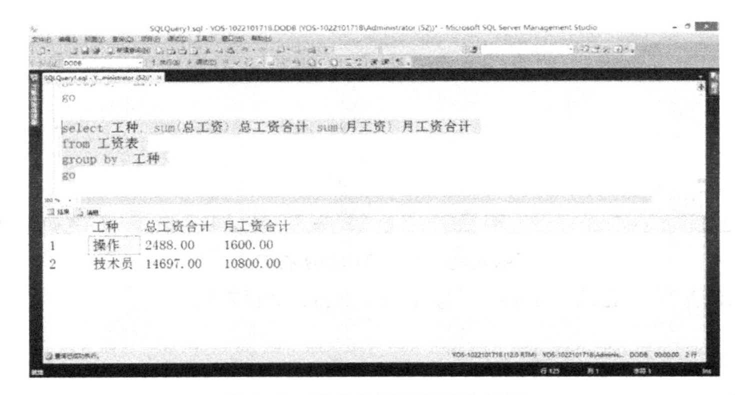

图 4.42 重命名列名的查询结果

知识点

分组查询

格式： select 分组字段名，聚合函数（字段名）[as 别名]
from 数据表名
group by 分组字段名

功能： 从数据表中查出根据分组字段分组后，每组由聚合函数统计的结果。

说明：（1）需要分类或分组查询，必须包括 group by 子句。

（2）如果出现 where 子句，group by 子句用在 where 子句之后。

（3）与工作任务 5 不同之处是只出现一个结果。

（4）group by 子句经常用于 select 子句中包含聚合函数的情况。

（5）select 子句中出现的列，只能是 group by 子句中的列或包含在聚合函数中。

（6）聚合函数忽略空值。

（7）聚合函数如表 4.4 所示。

表 4.4 聚合函数

聚合函数	结 果
AVG	数值表达式中所有值的平均值
COUNT	选定的行数
MAX	表达式中的最高值
MIN	表达式中的最低值
STDEV	表达式中所有值的标准偏差
STDEVP	表达式中所有值的总体标准偏差
SUM	数值表达式中所有值的和
VAR	表达式中所有值的方差
VARP	表达式中所有值的总体方差

4.5.2 对分组后结果查询

在工作任务 3 中，进行的查询都是由原始数据组合成条件进行查询的。例如，在查询文件中输入下面的语句。

```
select 姓名，总工资，月工资
from 工资表
go
```

执行上面的语句，可以从工资表中查找出每人每月总工资和月工资的信息。结果如图 4.43 所示。

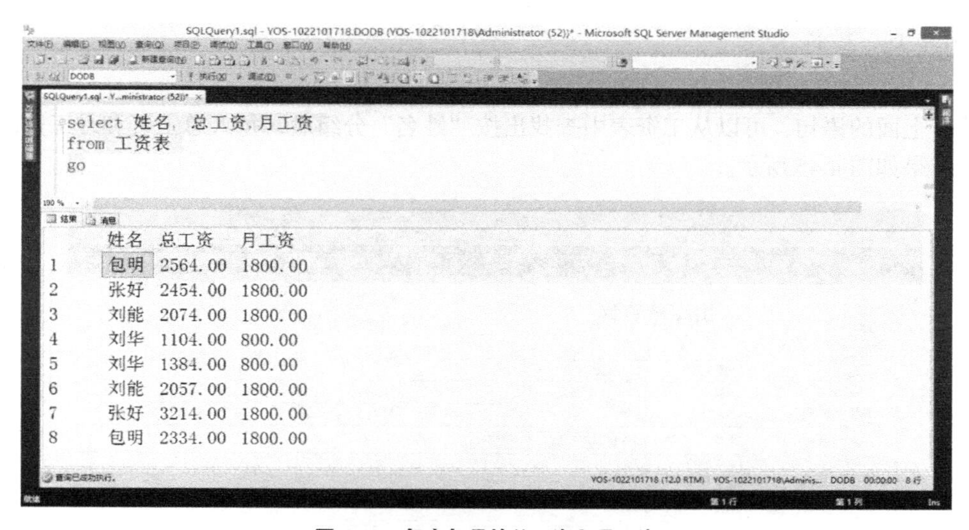

图 4.43 每人每月的总工资和月工资

要想从工资表中查找出总工资高于 2 000 元的总工资和月工资信息，可在查询文件中输入下面的语句。

```
select 姓名，总工资，月工资
from 工资表
where 总工资 >2000
go
```

上面语句的执行结果如图 4.44 所示。

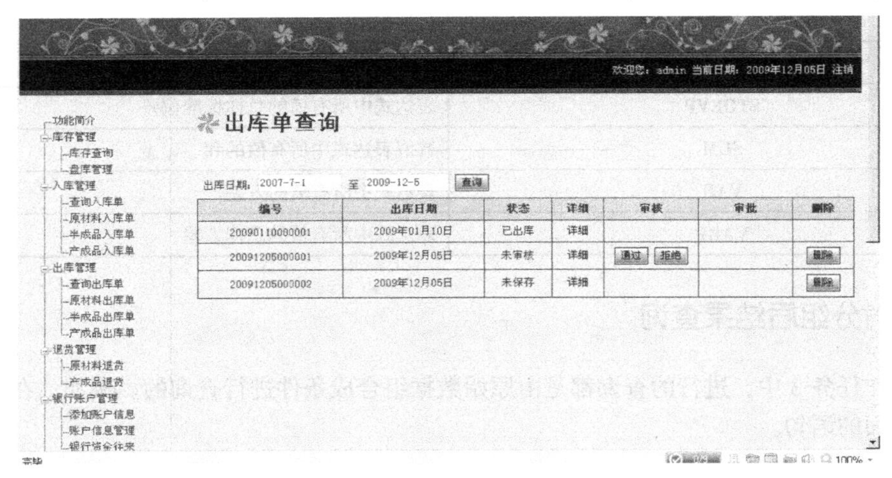

图 4.44　总工资高于 2 000 元的信息

有时候需要在按一定的条件分组后，再根据分组的结果再进行查询。

在查询文件中输入下面的语句。

```
select 姓名，sum（总工资）总工资合计，sum（月工资）月工资合计
from 工资表
group by  姓名
go
```

执行上面的语句，可以从工资表中查找出按“姓名”分组后，每人总工资和月工资的合计信息。结果如图 4.45 所示。

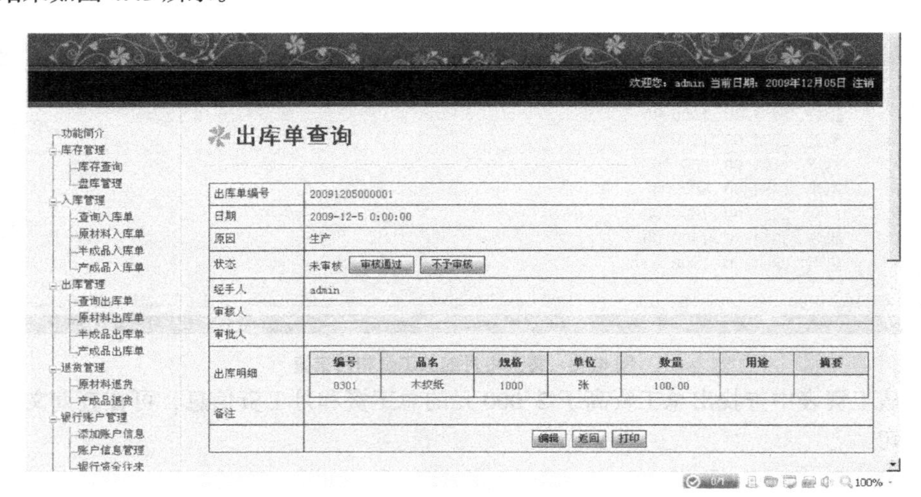

图 4.45　按“姓名”分组后每人总工资和月工资的合计信息

要想从上面结果中查找出月工资合计超过 2 000 元的职工及他们的总工资合计和月工资合计，可使用下面的方法。

在查询文件中输入下面的语句。

```
select 姓名，sum（总工资）总工资合计，sum（月工资）月工资合计
from 工资表
where sum（月工资）>2000
group by  姓名
go
```

执行上面的语句，结果如图 4.46 所示。

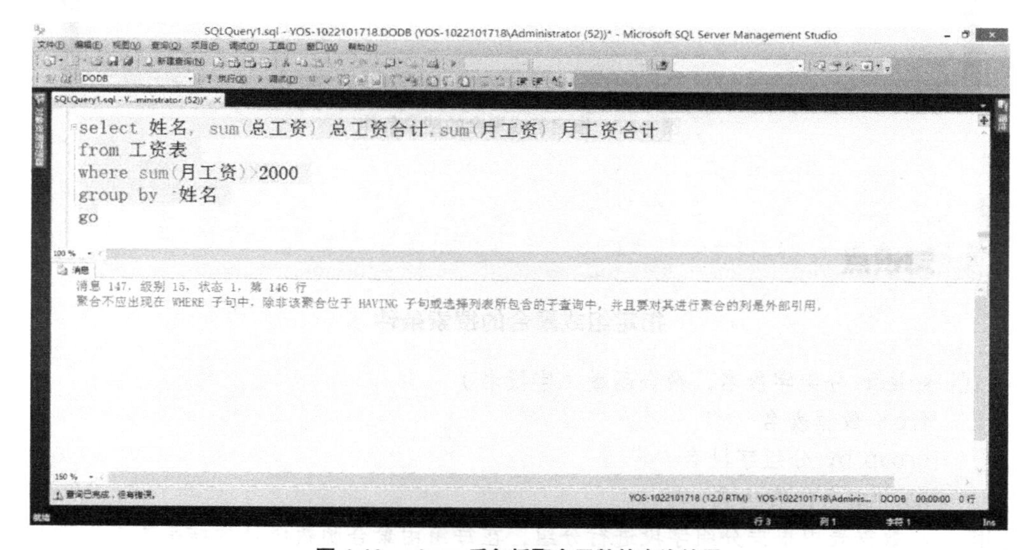

图 4.46　where 后包括聚合函数的查询结果

从图 4.46 可知，where 子句中不能包括聚合函数，要想在分组汇总后的结果中进行查找，必须要用 having 子句。

在查询文件中输入下面的语句。

```
select 姓名，sum（总工资）总工资合计，sum（月工资）月工资合计
from 工资表
group by  姓名
having sum（月工资）>2000
go
```

执行上面的语句，可以从工资表中查找出按“姓名”分组后，月工资合计超过 2 000 元的职工总工资和月工资的合计信息。结果如图 4.47 所示。

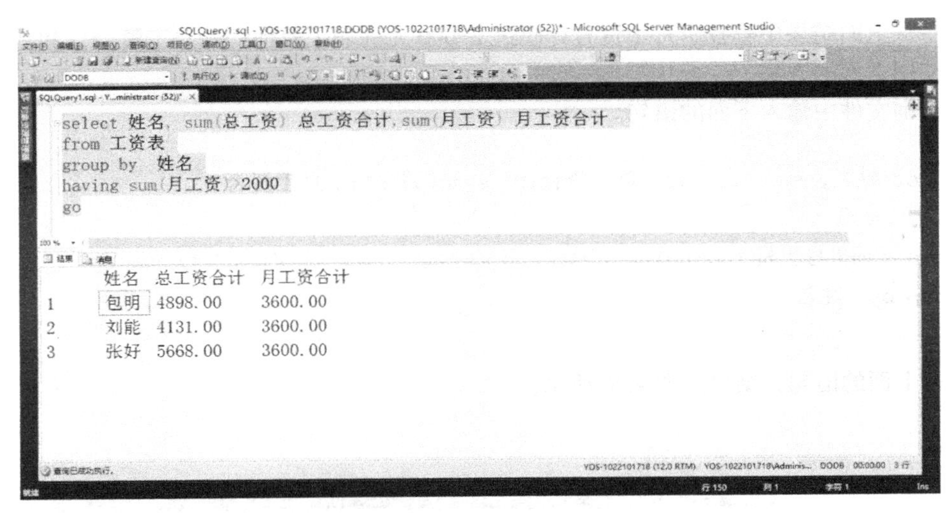

图 4.47 指定组或聚合的搜索条件

知识点

指定组或聚合的搜索条件

格式：select 分组字段名，聚合函数（字段名）
from 数据表名
group by 分组字段名
having 条件表达式

功能：从数据表中根据分组字段进行分组，在每组由聚合函数统计的结果中查出满足条件表达式的结果。

说明：（1）having 通常在 group by 子句中使用。
（2）having 子句是对结果进行过滤，可以用聚合函数，而 where 是对原始记录进行过滤。
（3）having 子句中的列只能是 group by 子句中或聚合函数中的列。
（4）having 子句中可以包括聚合函数。

工作任务 4.6 用子查询查询信息

前面 5 个工作任务都是从单个数据表中查询信息的，由于数据是分散存放的，所以要查找综合信息，经常要从两个甚至多个表中查询。例如，在“长江家具”系统中，当在“出库单查询”界面（见图 4.48）某出库单的“状态”为“不予审核”或“不予审批”时，单击“详细”超链接，即可进入此出库单的详细信息界面，如图 4.49 所示。单击“编辑”按钮，进入出库单的编辑状态。原材料、半成品和产品出库单的编辑界面不同，要进入哪个页面，首先要判断当前出库单是哪种。如果要判断，要把产品表、出库单明细表和产品分类表 3 个表联合起来，再根据出库单明细表中的出库单编号查出当前出库单是哪种出库单，然后调用相应的出库单界面进行编辑。进行多表查询的方法本任务和工作任务 7 进行介绍。

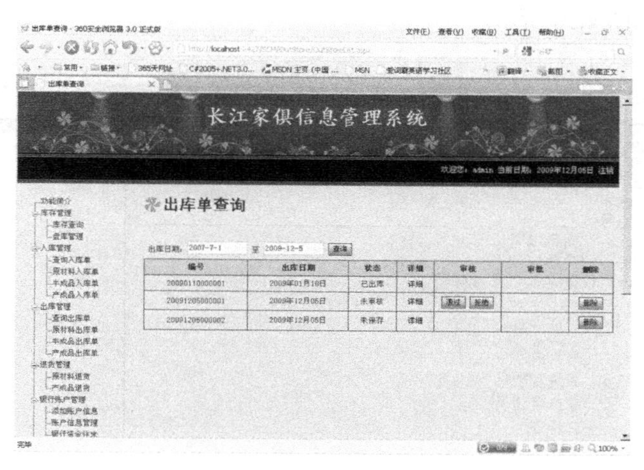

图 4.48　查出出库单

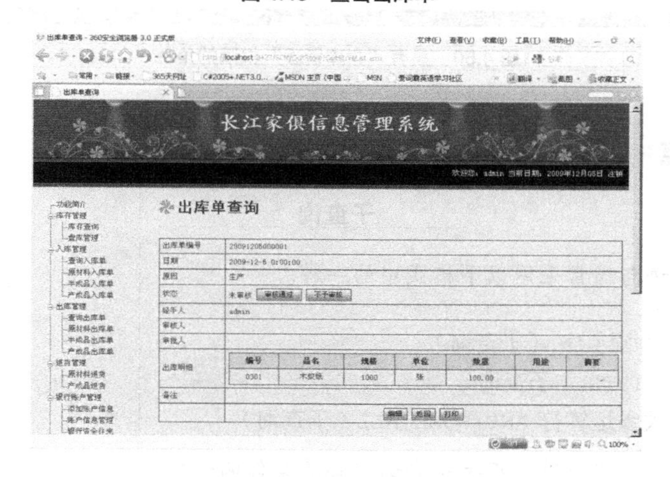

图 4.49　出库单详细信息

4.6.1　查询具有某权限的角色

在查询文件中输入下面的语句。

```
select 角色名称，角色描述
from sys 角色表
where 角色编号 in
        (select 角色编号
        from sys 角色权限表
        where 权限名称 =' 仓库管理 ')
go
```

执行上述语句，先从 sys 角色权限表中查出“权限名称”为“仓库管理”的“角色编号”，然后再以“角色编号”包含在刚才查到的“角色编号”范畴内为条件，从 sys 角色表中查出满足条件记录的“角色名称”和“角色描述”字段，即查出了“权限名称”为“仓库管理”的所有角色记录。结果如图 4.50 所示。

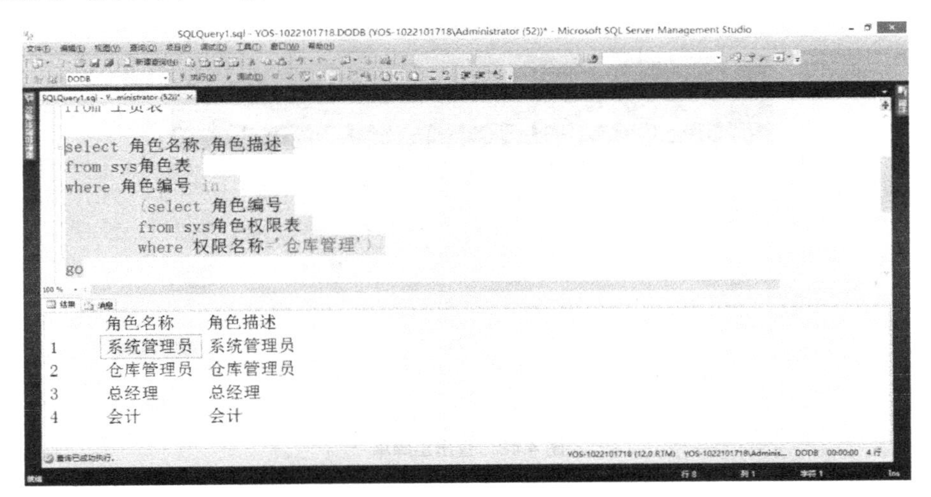

图 4.50　具有“仓库管理”权限的角色

知识点

子查询

包含子查询的语句通常采用以下格式中的一种。

```
WHERE 表达式 [NOT] IN （子查询）
WHERE [NOT] EXISTS （子查询）
WHERE 表达式 关系运算符 ANY|SOME|ALL（子查询）
```

功能：从数据表中查出满足根据子查询组合的条件的结果。

说明：（1）EXISTS 关键字引入一个子查询时，就相当于进行一次存在测试。

（2）许多包含子查询的 Transact-SQL 语句都可以改用多表查询。

（3）ALL 与比较运算符和子查询一起使用。如果子查询检索的所有值都满足比较运算，则条件返回 true；如果并非所有值都满足比较运算或子查询未向外部语句返回行，则返回 Ffalse。

（4）ANY | SOME 与比较运算符和子查询一起使用。如果子查询检索的任何值满足比较运算，则条件为 true；如果子查询内没有值满足比较运算或子查询未向外部语句返回行，则返回 false。

（5）子查询可以用在 select、update、insert 和 delete 中。

4.6.2　查找不是系统管理员的用户

在查询文件中输入下面的语句。

```
select 用户名，角色
from sys 用户表
where not exists
(select * from sys 角色表
where 角色名称 = sys 用户表 . 角色 and
角色名称 =' 系统管理员 ')
go
```

执行上述语句，当子查询不存在时，查询出结果，即查出了 sys 用户表中角色不为“系统管理员”的所有用户记录。结果如图 4.51 所示。

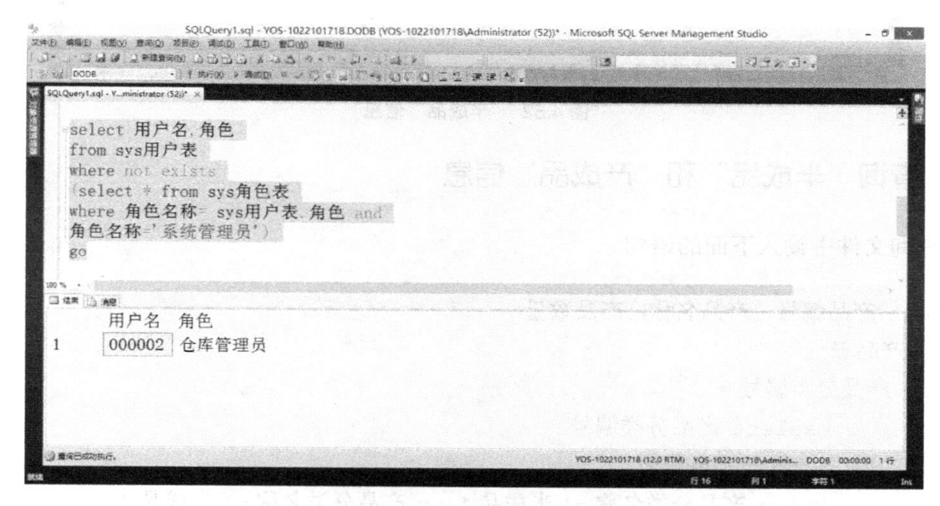

图 4.51　角色不为“系统管理员”的所有用户

4.6.3　查询“半成品”信息

在查询文件中输入下面的语句。

```
select 产品编号，产品名称，产品数量
from 产品表
where 产品分类编号 =
      (select 产品分类编号
      from 产品分类表
      where 产品分类名称 =' 半成品 ')
go
```

执行上述语句，先从产品分类表中查出“半成品”的产品分类编号，然后以产品表中产品分类编号等于刚才查出的结果为条件，查询出产品表中满足条件的结果，即查出产品表中产品分类名称为“半成品”的所有用户记录。结果如图 4.52 所示。

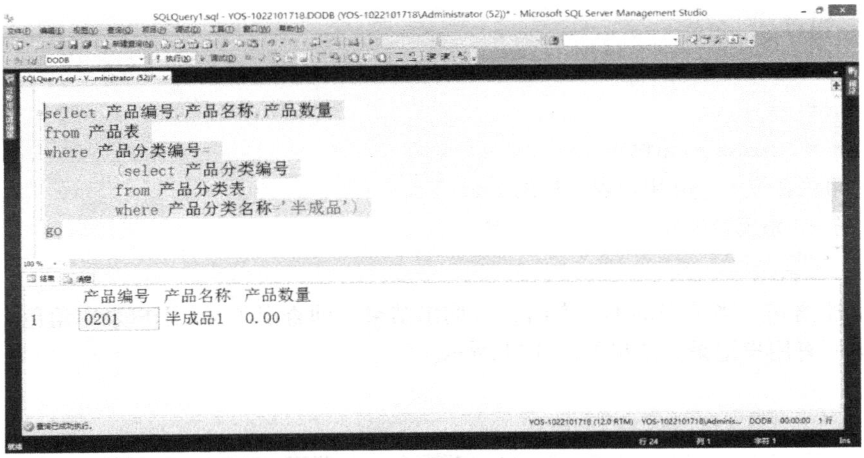

SQLQuery1.sql - YOS-1022101718.DODB (YOS-1022101718\Administrator (52))* - Microsoft SQL Server Management Studio

```
select 产品编号,产品名称,产品数量
from 产品表
where 产品分类编号=
        (select 产品分类编号
        from 产品分类表
        where 产品分类名称='半成品')
go
```

	产品编号	产品名称	产品数量
1	0201	半成品1	0.00

查询已成功执行。 YOS-1022101718 (12.0 RTM) YOS-1022101718\Adminis... DODB 00:00:00 1 行

图 4.52 “半成品”信息

4.6.4 查询“半成品”和“产成品”信息

在查询文件中输入下面的语句。

```
select 产品编号，产品名称，产品数量
from 产品表
where 产品分类编号 =
        (select 产品分类编号
        from 产品分类表
        where 产品分类名称 =' 半成品 ' or 产品分类名称 =' 产成品 ')
go
```

执行上述语句，由于从产品分类表中查出了“半成品”和“产成品”的两个产品分类编号，系统不能判断“产品表”中的产品分类编号应等于刚才查出结果的哪一个，所以出现了错误。结果如图 4.53 所示。

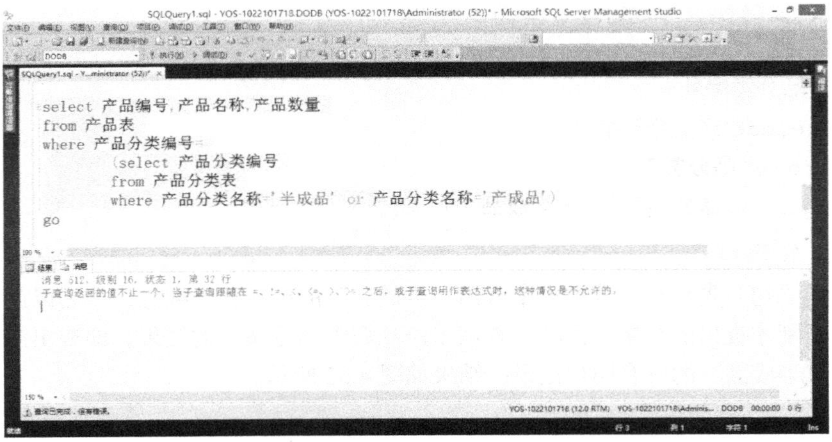

SQLQuery1.sql - YOS-1022101718.DODB (YOS-1022101718\Administrator (52))* - Microsoft SQL Server Management Studio

```
select 产品编号,产品名称,产品数量
from 产品表
where 产品分类编号=
        (select 产品分类编号
        from 产品分类表
        where 产品分类名称='半成品' or 产品分类名称='产成品')
go
```

消息 512，级别 16，状态 1，第 32 行
子查询返回的值不止一个。当子查询跟随在 =、!=、<、<=、>、>= 之后，或子查询用作表达式时，这种情况是不允许的。

查询已完成，但有错误。 YOS-1022101718 (12.0 RTM) YOS-1022101718\Adminis... DODB 00:00:00 0 行

图 4.53 出错信息

在查询文件中输入语句如下。

```
select 产品编号，产品名称，产品数量
from 产品表
where 产品分类编号 =any
        (select 产品分类编号
        from 产品分类表
        where 产品分类名称 =' 半成品 ' or 产品分类名称 =' 产成品 ')
go
```

执行上述语句，先从产品分类表中查出“半成品”和“产成品”的产品分类编号，然后以产品表中产品分类编号任等于刚才查出结果中的一个为条件，查询出产品表中满足条件的结果，即查出产品表中产品分类名称为“半成品”和“产成品”的所有记录。结果如图 4.54 所示。

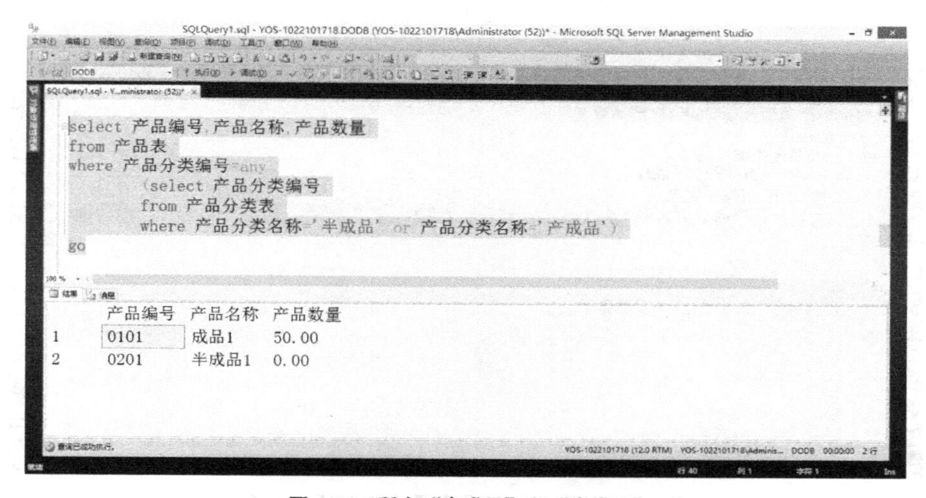

图 4.54　所有“半成品”和“产成品”

在查询文件中输入语句如下。

```
select 产品编号，产品名称，产品数量
from 产品表
where 产品分类编号 =some
     (select 产品分类编号
     from 产品分类表
     where 产品分类名称 =' 半成品 ' or 产品分类名称 =' 产成品 ')
go
```

执行上述语句，运行结果相同。结果如图 4.54 所示。

在查询文件中输入语句如下。

```
select 产品编号, 产品名称, 产品数量
from 产品表
where 产品分类编号 =all
        (select 产品分类编号
        from 产品分类表
        where 产品分类名称 =' 半成品 ' or 产品分类名称 =' 产成品 ')
go
```

执行上述语句，先从产品分类表中查出“半成品”和“产成品”的产品分类编号，然后以产品表中产品分类编号等于刚才查出结果中的所有项为条件，查询出产品表中满足条件的结果。由于产品表中产品分类名称不可能同时为“半成品”和“产成品”的分类编号，所以没有一条满足条件的记录。结果如图 4.55 所示。

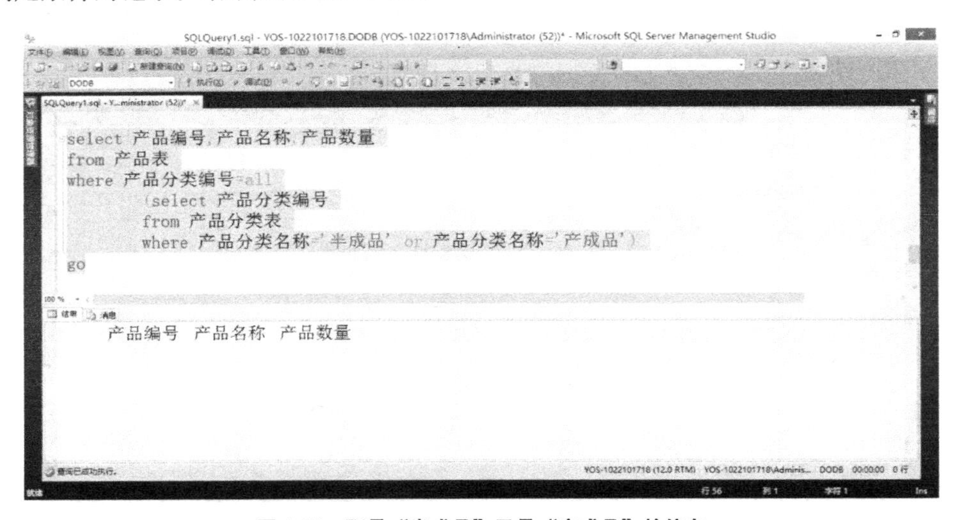

图 4.55 既是“半成品”又是“产成品”的信息

4.6.5 查询总工资小于平均总工资的职工

在查询文件中输入语句如下。

```
select 姓名, 总工资, 月工资
from 工资表
where 总工资 <
        (select avg (总工资)
        from 工资表)
go
```

执行上述语句，先从工资表中查出总工资的平均值，然后以总工资小于计算的平均总工资为条件，查询出工资表中满足条件的结果，如图 4.56 所示。

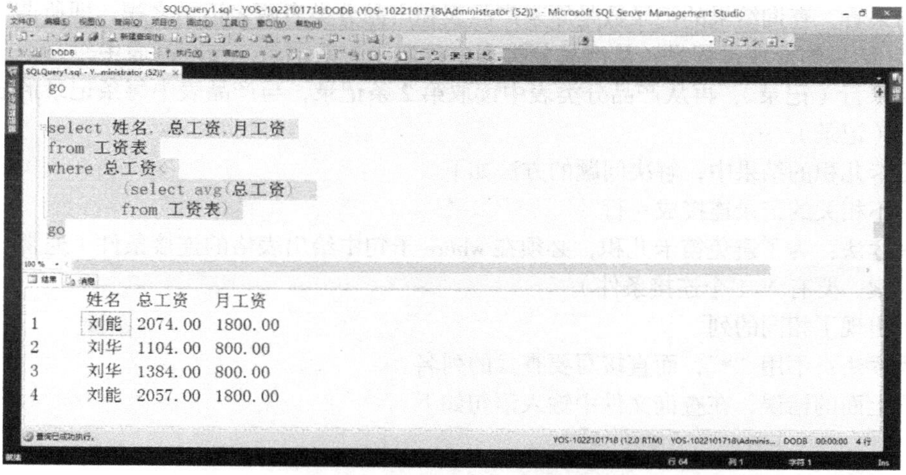

```
go

select 姓名, 总工资, 月工资
from 工资表
where 总工资<
        (select avg(总工资)
        from 工资表)
go
```

	姓名	总工资	月工资
1	刘能	2074.00	1800.00
2	刘华	1104.00	800.00
3	刘华	1384.00	800.00
4	刘能	2057.00	1800.00

图 4.56　总工资小于平均总工资职工

工作任务 4.7　多表查询信息

工作任务 6 用子查询完成了通过多表查询信息，另外一种更直接的方法是采用本任务的联合查询。

4.7.1　查询各产品及分类信息

在查询文件中输入语句如下。

```
select *
from 产品表，产品分类表
go
```

运行上面的语句，通过产品表和产品分类表查询各产品及其产品分类信息。运行结果如图 4.57 所示（出现了笛卡儿积现象）。

知识点

多表查询

格式：select * from 数据表 1，数据表 2［，……］where 表间字段相等条件 1［and 表间字段相等条件 2……］［and 其他条件］

功能：从数据表 1、数据表 2……多个表中查询出各表间相关的信息。

说明：（1）表间字段相等条件的形式为：表名 1.字段名 = 表名 2.字段名。

（2）通常对于 N 个表格的检索，要有 N-1 个连接条件。

（3）表间字段相等条件一般是两表建立关系的主键和外键。

从结果看，查询结果的记录数是原来产品表和产品分类表两表记录之积，即所谓“笛卡儿积现象”。结果的形成过程是：从产品分类表中读取第 1 条记录，与产品表中每条记录形成一个查询结果行（记录），再从产品分类表中读取第 2 条记录，与产品表中每条记录形成一个查询结果行（记录），……

在笛卡儿积的结果中，解决问题的方法如下。

（1）不相关的记录连接成一行

解决方法：为了避免笛卡儿积，必须在 where 子句中给出表格的连接条件（通常对于 N 个表格的检索，要有 N–1 个连接条件）。

（2）出现了相同的列

解决方法：不用“*”，而直接写要查找的列名。

修改上面的错误，在查询文件中输入语句如下。

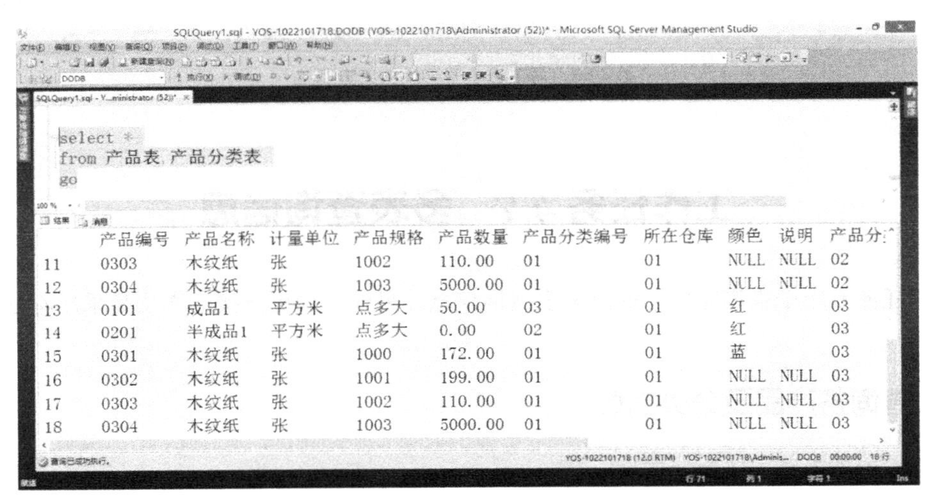

	产品编号	产品名称	计量单位	产品规格	产品数量	产品分类编号	所在仓库	颜色	说明	产品分
11	0303	木纹纸	张	1002	110.00	01	01	NULL	NULL	02
12	0304	木纹纸	张	1003	5000.00	01	01	NULL	NULL	02
13	0101	成品1	平方米	点多大	50.00	03	01	红		03
14	0201	半成品1	平方米	点多大	0.00	02	01	红		03
15	0301	木纹纸	张	1000	172.00	01	01	蓝		03
16	0302	木纹纸	张	1001	199.00	01	01	NULL	NULL	03
17	0303	木纹纸	张	1002	110.00	01	01	NULL	NULL	03
18	0304	木纹纸	张	1003	5000.00	01	01	NULL	NULL	03

图 4.57 笛卡儿积现象

```
select 产品编号，产品名称，产品分类编号，产品分类名称
from 产品表，产品分类表
where 产品表 . 产品分类编号 = 产品分类表 . 产品分类编号
go
```

运行上面的语句，由于两表中都包括产品分类编号，而在此处没有指明要查出哪个表中的产品分类编号，所以出现了“列名‘产品分类编号’不明确”的错误信息。运行结果如图 4.58 所示。

修改上面的错误，在每个字段加上数据表名前缀。在查询文件中输入语句如下。

```
select 产品表 . 产品编号，产品表 . 产品名称，产品表 . 产品分类编号，产品分类表 . 产品分类
       名称
from 产品表，产品分类表
where 产品表 . 产品分类编号 = 产品分类表 . 产品分类编号
go
```

执行上述语句，从产品分类表中读取第 1 条记录，在产品表中查找产品分类编号值与之相同的记录形成一个查询结果行（记录），直到把产品表中的记录查完。再从产品分类表中读取

第 2 条记录，在产品表中查找产品分类编号值与之相同的记录形成一个查询结果行（记录），直到把产品表中的记录查完。以此类推，直到把产品分类表中的记录查完。结果如图 4.59 所示。

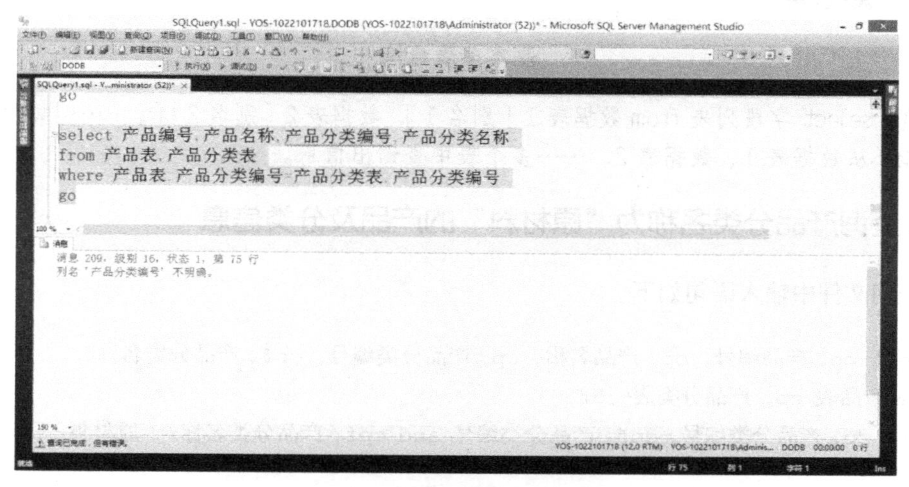

图 4.58　产品分类编号不明确

```
select 产品表.产品编号,产品表.产品名称,产品表.产品分类编号,产品分类表.产品分类名称
from 产品表,产品分类表
where 产品表.产品分类编号=产品分类表.产品分类编号
go
```

	产品编号	产品名称	产品分类编号	产品分类名称
1	0101	成品1	03	产成品
2	0201	半成品1	02	半成品
3	0301	木纹纸	01	原材料
4	0302	木纹纸	01	原材料
5	0303	木纹纸	01	原材料
6	0304	木纹纸	01	原材料

图 4.59　产品及分类信息

给下面的语句中添加表的别名，在查询文件中输入语句如下。

```
select cp.产品编号，cp.产品名称，cp.产品分类编号，cpf.产品分类名称
from 产品表 cp，产品分类表 cpf
where cp.产品分类编号 =cpf.产品分类编号
go
```

执行上述语句，结果与上例相同。

知识点

基本多表查询

格式： select 字段列表 from 数据表 1 [别名 1]，数据表 2 [别名 2] [，……] where 条件

功能： 从数据表 1、数据表 2、……多个表中查询出信息。

4.7.2　查询产品分类名称为“原材料”的产品及分类信息

在查询文件中输入语句如下。

```
select cp. 产品编号, cp. 产品名称, cp. 产品分类编号, cpf. 产品分类名称
from 产品表 cp, 产品分类表 cpf
where cp. 产品分类编号 =cpf. 产品分类编号 and cpf. 产品分类名称 =' 原材料 '
go
```

执行上述语句，从原来的结果中，把产品分类名称为“原材料”的记录查出。结果如图 4.60 所示。

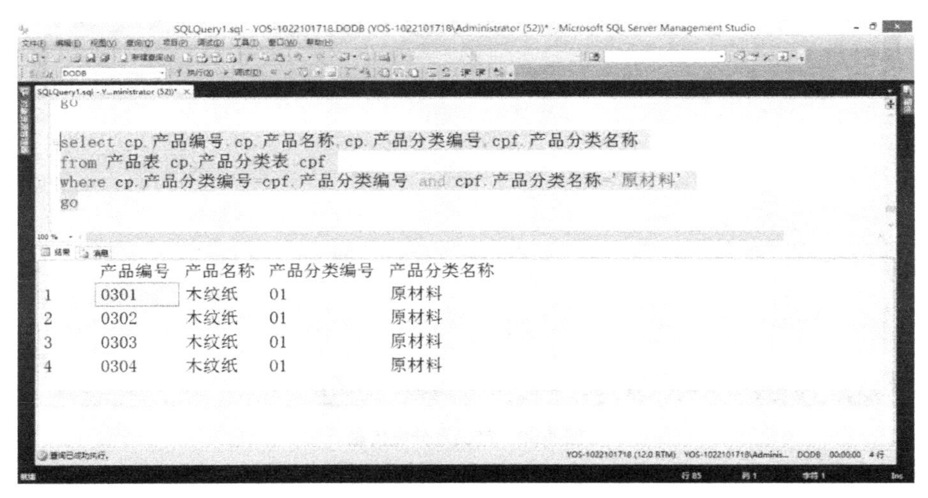

图 4.60　“原材料”的产品及分类信息

4.7.3　用 Join 实现查询各产品及分类信息

在查询文件中输入语句如下。

```
select cp. 产品编号, cp. 产品名称, cp. 产品分类编号, cpf. 产品分类名称
from 产品表 cp
join 产品分类表 cpf
on cp. 产品分类编号 =cpf. 产品分类编号
go
```

执行上述语句，根据两表中产品分类编号相等，把两表中的记录连接成一条结果。结果如图 4.61 所示。

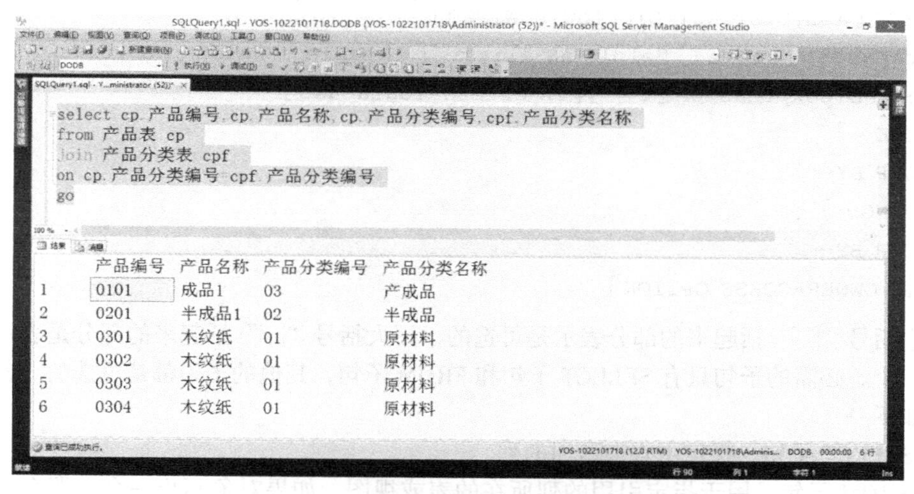

图 4.61　用 join 实现查询各产品及分类信息

知识点

用 join 实现多表查询

格式：select 字段列表
　　from 数据表 1 [别名 1]
　　join 数据表 2 [别名 2]
　　on 表名 1. 字段名 = 表名 2. 字段名
　　[where 条件]

功能：从数据表 1、数据表 2、……多个表中查询出各表间相关的信息。

说明：（1）表间字段相等条件一般是两表建立关系的主键和外键。
　　（2）需要其他条件放在 where 后。

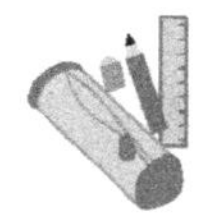

能力（知识）梳理

所谓查询就是让数据库服务器根据客户端的要求搜寻出用户所需要的信息资料，并按用户规定的格式进行整理后返回给客户端。查询语句 SELECT 在任何一种 SQL 语言中，都是使用频率最高的语句，可以说 SELECT 语句是 SQL 语言的灵魂。SELECT 语句具有强大的查询功能，有的用户甚至只需要熟练掌握 SELECT 语句的一部分，就可以轻松地利用数据库来完成自己的工作。

1. SELECT 语句的完整语法

```
SELECT [ALL|DISTINCT|DISTINCTROW|TOP]
{*|talbe.*|[table.]field1[AS alias1][,[table.]field2[AS alias2][,…]]}
FROM tableexpression[,…][IN externaldatabase]
[WHERE…]
[GROUP BY…]
[HAVING…]
[ORDER BY…]
[WITH OWNERACCESS OPTION]
```

用中括号“[ ]”括起来的部分表示是可选的，用大括号“{ }”括起来的部分是表示必须从中选择一个。必需的子句只有 SELECT 子句和 FROM 子句，其他的子句都是可选的。各子句具体含义如下。

① SELECT 子句。指定由查询返回的列。

② FROM 子句。用于指定引用的列所在的表或视图。如果对象不止一个，那么它们之间必须用逗号分开。

③ WHERE 子句。指定用于限制返回的行的搜索条件。如果 SELECT 语句没有 WHERE 子句，则 DBMS 假设目标表中的所有行都满足搜索条件。

④ GROUP BY 子句。指定用来放置输出行的组，并且如果 SELECT 子句中包含聚合函数，则计算每组的汇总值。

⑤ HAVING 子句。指定组或聚合的搜索条件。HAVING 子句通常与 GROUP BY 子句一起使用。如果不使用 GROUP BY 子句，那么 HAVING 子句的行为与 WHERE 子句一样。

⑥ ORDER BY 子句。指定结果集的排序。ASC 关键字表示升序排列结果，DESC 关键字表示降序排列结果。如果没有指定任何一个关键字，那么 ASC 就是默认的关键字。如果没有 ORDER BY 子句，则 DBMS 将根据输入表中的数据的存放位置来显示数据。

2. SELECT 查询语句各子句的顺序及作用

SELECT 查询语句包括多个子句，它们可以被省略，如果出现，它们应该按下面的顺序出现在语句中。

① SELECT（从指定表中取出指定列的数据）。

② FROM（指定要查询操作的表）。

③ WHERE（用来规定一种选择查询的标准）。

④ GROUP BY（对结果集进行分组，常与聚合函数一起使用）。

⑤ HAVING（返回选取的结果集中行的数目）。

⑥ ORDER BY（指定分组的搜寻条件）。

3. SELECT 语句各子句的执行顺序

SELECT 语句各子句出现时有一定的执行顺序，在运行 SELECT 语句时，系统会严格按照一定的顺序执行。执行顺序如下。

① FROM 子句。

② WHERE 子句。

③ GROUP BY 子句。
④ HAVING 子句。
⑤ SELECT 子句。
⑥ ORDER BY 子句。

能力训练

1. 查询基本信息

（1）在“长江家具”系统使用数据库DODB查询以下信息。
① 仓库信息。
② 员工工资信息。
③ 用户信息。
④ 入库单信息。

（2）在“在线图书”系统使用数据库BookOnline查询以下信息。
① 图书信息。
② 图书分类信息。
③ 角色信息。

2. 选择查询信息

（1）在“长江家具”系统使用数据库DODB查询以下信息。

① 查询出库单的出库单编号、出库日期、出库单状态、审核人工号和审批人工号。

② 用3种方法查询出库单编号、出库日期和出库单状态，并修改查询结果中的列标题分别为编号、出库日期和状态。

③ 查询出库单编号、出库日期和出库单状态，并修改、添加查询结果中的列标题为编号、出库日期、详细信息和状态。

④ 查询产品的产品编号、产品名称、计量单位、产品规格、产品分类和所在仓库。

⑤ 查询供应商信息中的供应商编号、供应商名称和供应商说明。

⑥ 查询供应商信息中的供应商编号、供应商名称和供应商说明，并修改查询结果中的列标题为编号、名称和说明。

⑦ 查询供应商信息中的供应商编号、供应商名称和供应商说明，并修改、添加查询结果中的列标题为编号、名称、说明和详细信息。

（2）在“在线图书”系统使用数据库BookOnline查询以下信息。

① 查询图书信息中的图书编号、书名、出版社、单价、ISBN和作者。

② 查询图书信息中的图书编号、书名、出版社、单价、ISBN和作者，并修改查询结果中的列标题为编号、图书名、出版社、价格、ISBN和主编。

3. 根据条件查询信息

（1）在“长江家具”系统使用数据库DODB查询以下信息。

① 查询角色编号为1的用户信息。

② 用两种方法查询“出库日期”在2009-1-1到2009-7-30所有出库单的出库单编号、出库日期和出库单状态。

③ 用两种方法查询产品价格小于500元或大于1 500元的所有产品的产品编号和产品名称。

④ 查询在仓库编号为1和2的仓库中存放产品的产品编号、产品名称、计量单位、产品规格、产品分类和所在仓库。

⑤ 查询供应商信息中供应商名称中包括“常州”两个字的供应商编号、供应商名称和供应商说明。

⑥ 查询供应商信息中供应商名称中不包括“常州”两个字的供应商编号、供应商名称和供应商说明。

⑦ 查询供应商信息中供应商电话没有输入数据的供应商编号、供应商名称和供应商说明，并修改、添加查询结果中的列标题为编号、名称、说明和详细信息。

（2）在“在线图书”系统使用数据库 BookOnline 查询以下信息。

① 查询图书信息中“电子工业出版社”出版的，定价不超过 30 元的图书的图书编号、书名、出版社、单价、ISBN 和作者。

② 查询图书信息中非“电子工业出版社”出版的，定价小于 30 元的图书的图书编号、书名、出版社、单价、ISBN 和作者，并修改查询结果中的列标题为编号、图书名、出版社、价格、ISBN 和主编。

4. 查询并排序信息

（1）在“长江家具”系统使用数据库 DODB 查询以下信息。

① 查询角色编号为 3 的用户信息，并按用户姓名排序。

② 查询按“产品单价”递减排序的产品信息。

③ 查询按“产品数量”递增排序的产品信息。

④ 查询按“产品单价”和“产品数量”递增排序的产品信息。

⑤ 查询“产品单价”按递减排序、“产品数量”按递增排序的产品信息。

⑥ 查询“产品单价”排前 3 名产品的产品编号、产品名称、计量单位、产品价格、产品数量、产品颜色、产品分类编号。

⑦ 查询“产品单价”排后 30% 产品的产品编号、产品名称、计量单位、产品价格、产品数量、产品颜色、产品分类编号。

5. 分组查询信息

（1）在“长江家具”系统使用数据库 DODB 查询以下信息。

① 统计用户的人数。

② 按产品分类号分组统计每组产品的总数量和平均价格。

③ 统计每人的平均月工资和总工资。

④ 查询每类产品的平均数量大于 3 000 的产品分类编号和产品的平均数量。

（2）在“在线图书”系统使用数据库 BookOnline 查询图书平均价格小于 23 元的出版社和平均价格。

6. 用子查询查询信息

（1）在“长江家具”系统使用数据库 DODB 查询以下信息。

① 查询具有“管理员”角色的用户信息。

② 查询原料的产品名称、计量单位、产品价格、产品数量、产品颜色、说明、产品分类编号。

③ 查询月工资小于平均月工资的职工。

（2）在“在线图书”系统使用数据库 BookOnline 查询以下信息。

① 查询图书定价不高于平均单价的图书的图书编号、书名、出版社、单价、ISBN 和作者。

② 用两种方法查询图书信息中单价高于“电子工业出版社”出版的（所有）图书价格的图书编号、书名、出版社、单价、ISBN 和作者，并修改查询结果中的列标题为编号、图书名、

出版社、价格、ISBN 和主编。

7. 多表查询信息

（1）在“长江家具”系统使用数据库 DODB 查询以下信息。

① 查询各用户及承担的角色信息。

② 查询各用户及具有的角色和权限信息，即查询出用户编号、用户名称、角色名称和权限名称。

③ 查询具有“仓库管理”的各用户及具有的角色和权限信息，即查询出用户编号、用户名称、角色名称和权限名称。

（2）在“在线图书”系统使用数据库 BookOnline 查询以下信息。

① 查询图书信息中“电子工业出版社”出版的，已被订的图书的数量和价值。

② 查询图书信息中非“电子工业出版社”出版的经济管理类图书的种数。

模块 5 添加、修改和删除记录

专业岗位工作过程分析

任务背景

在模块 3 创建数据库和数据表时，在数据表中添加、修改和删除了数据，但对一般数据库来说，特别是在信息管理系统中，没有办法直接在 SQL Server 的 Microsoft SQL Server Management Studio 中进行处理，而要通过 SQL 语句进行处理。例如，在长江家具信息管理系统中向仓库表中添加仓库，先选择“基础数据”下的“仓库管理”，出现如图 5.1 所示的界面。

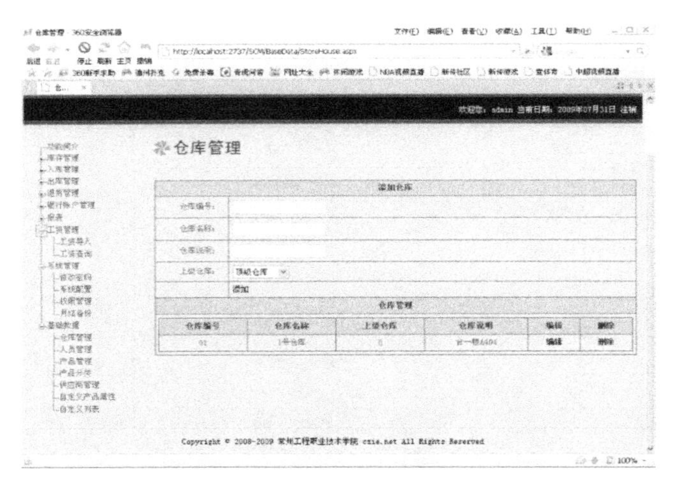

图 5.1　仓库管理

输入“仓库编号”等，选择“上级仓库”，然后单击“添加”按钮，给仓库表添加一条记录，并显示在下方列表中，如图 5.2 所示。单击列表中 2 号仓库的“编辑”链接，出现如图 5.3 所示的界面。现在“仓库名称”“仓库说明”等都可以编辑修改。单击列表中的“删除”链接，可以删除一条记录。

工作过程

每天每个部门都会产生新的数据，或者对原有数据进行修改及删除操作，这些工作现在都落在了王明身上。

王明目前已经承担公司数据库管理员的工作，所以他需要每天处理对数据库中数据的增、删、改工作。

1. 数据增加工作。这部分工作是每天工作量最大的部分，因为企业每时每刻都有新的业务数据产生。

2. 数据修改工作。这包括对已有数据的更新、对出错数据的更正等操作。

3. 数据删除工作。对过期数据或失效数据进行删除。

王明在进行数据的修改和删除操作时十分仔细，因为这部分的操作是不可逆的。

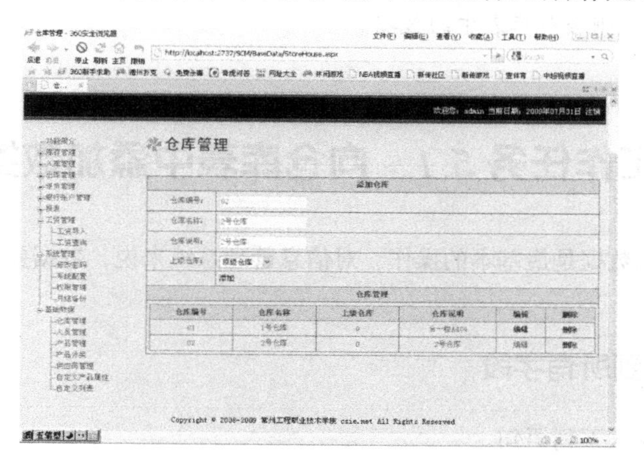

图 5.2　添加仓库

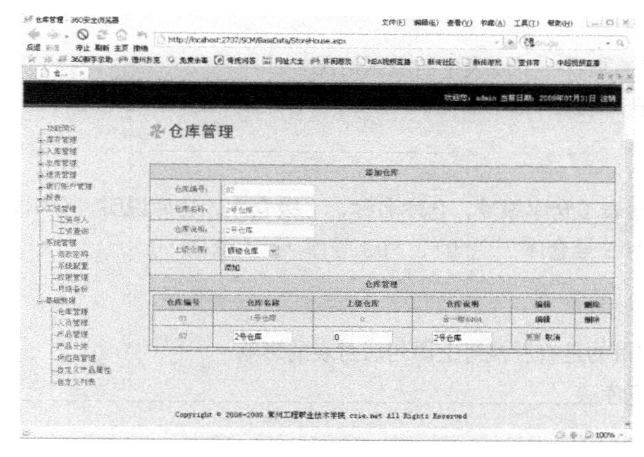

图 5.3　编辑仓库

工作目标

终极目标

用 SQL 语句操作数据库中的数据，包括向数据库的数据表中添加记录、修改数据表中的数据和从数据库中删除记录。

促成目标

1. 向数据表添加数据。
2. 修改数据表中的数据。
3. 删除数据表中的数据。

工作任务

1. 工作任务 5.1　向仓库表中添加数据。

2. 工作任务 5.2　修改仓库表中的数据。
3. 工作任务 5.3　删除仓库表中的数据。

工作任务 5.1　向仓库表中添加数据

向数据表中添加数据是最基本的操作。对信息管理系统来说，数据要不断更新，数据更新离不开添加数据。

5.1.1　添加数据到所有字段

在查询文件中输入下列语句。

```
use dodb

-- 添加此语句的目的是看一下原表中的数据情况
select * from 仓库表
go

insert into 仓库表（仓库编号，仓库名称，上级仓库，仓库说明，仓库管理员）
values（'03'，'03 号仓库 '，'0'，'03 号库 '，' 李枯 '）
go

-- 添加下面语句的目的是查看执行上语句后对表的影响
select * from 仓库表
go
```

从结果来看，执行 insert 语句向仓库表中的所有字段都插入了一条记录。运行结果如图 5.4 所示。

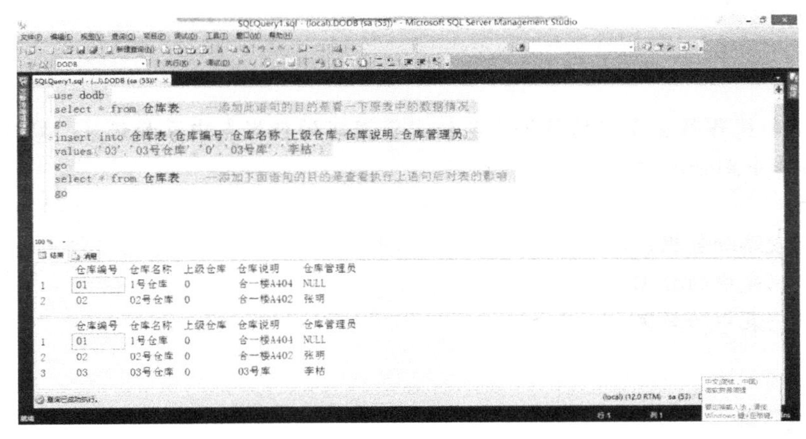

图 5.4　带所有字段插入数据

知识点

基本插入语句

格式：insert [into] 数据表名或视图名 [(字段名列表)]
　　　values ({ default|NULL| 表达式 }, [……n])

功能：向“数据表名”标识的数据表中添加记录。

说明：（1）“字段名列表”如果按表中字段顺序书写且包括所有字段，可省略此部分。
　　（2）如果某字段的值允许空，则“字段名列表”中可以不列出，即不给其赋值。
　　（3）如果某字段的值有默认值，则“字段名列表”中可以不列出，系统自动给其赋默认值。
　　（4）values 后是赋给字段的值，顺序必须与“字段名列表”顺序相同。
　　（5）default 表示默认值，NULL 表示空（未赋值）。

在查询文件中输入下列语句。

```
select * from 仓库表          -- 添加此语句的目的是看一下原表中的数据情况
go
insert into 仓库表
values ('04', '04 号仓库 ', '0', '04 号库 ', ' 李枯 ')
go
select * from 仓库表          -- 添加下面语句的目的是查看执行上语句后对表的影响
go
```

执行上面的语句，向仓库表中所有字段都插入了值，运行结果如图 5.5 所示。由于对所有字段赋值，所以省略了“字段名列表”。

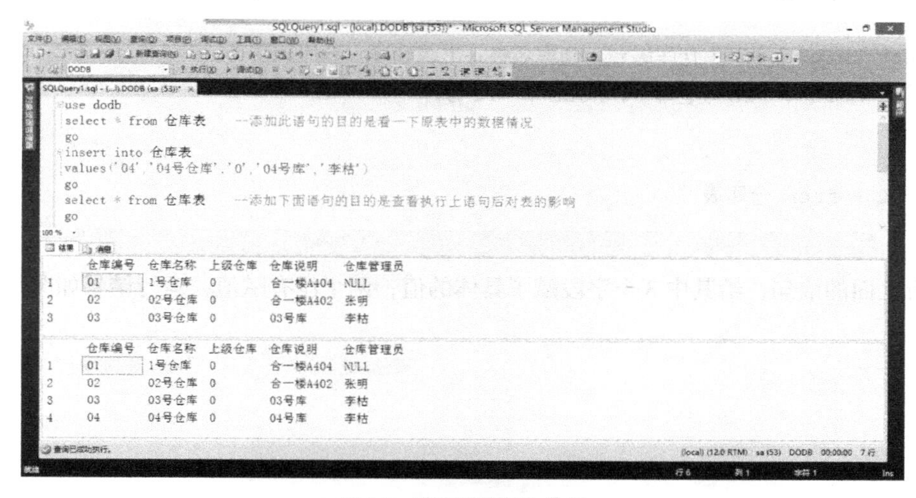

图 5.5　不带字段插入数据

5.1.2　添加数据到部分字段

在查询文件中输入下列语句。

```
insert into 仓库表（仓库编号，仓库名称，上级仓库，仓库说明）
values（'11'，'11 号仓库'，'1'，'11 号库'）
go
select * from 仓库表
go
```

执行上面的语句，向仓库表中的前 4 个字段插入了值，最后一个字段由于允许空，故没有插入值，运行结果如图 5.6 所示。

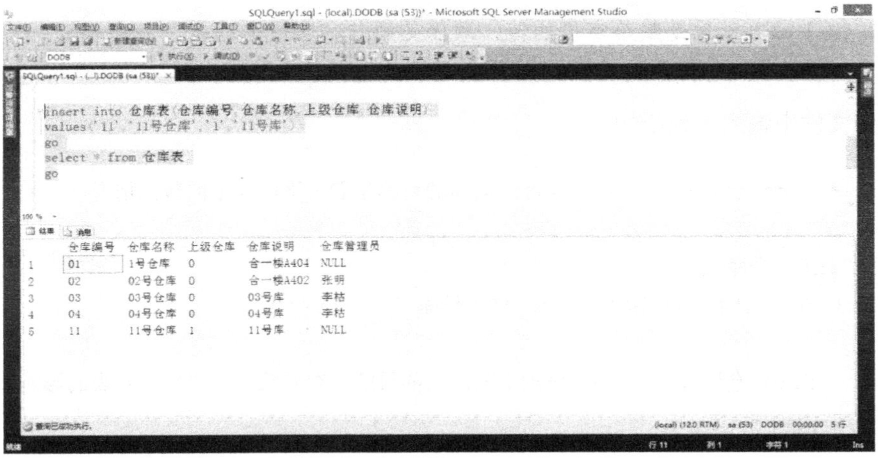

```
insert into 仓库表(仓库编号,仓库名称,上级仓库,仓库说明)
values('11','11号仓库','1','11号库')
go
select * from 仓库表
go
```

	仓库编号	仓库名称	上级仓库	仓库说明	仓库管理员
1	01	1号仓库	0	合一楼A404	NULL
2	02	02号仓库	0	合一楼A402	张明
3	03	03号仓库	0	03号库	李枯
4	04	04号仓库	0	04号库	李枯
5	11	11号仓库	1	11号库	NULL

图 5.6　带部分字段插入数据——4 个字段赋值

在查询文件中输入下列语句。

```
insert into 仓库表（仓库编号，仓库名称，上级仓库，仓库说明）
values（'12'，'12 号仓库'，NULL ，'12 号库'）
go

select * from 仓库表
go
```

执行上面的语句，给其中 3 个字段赋了具体的值，两个没有赋值，运行结果如图 5.7 所示。

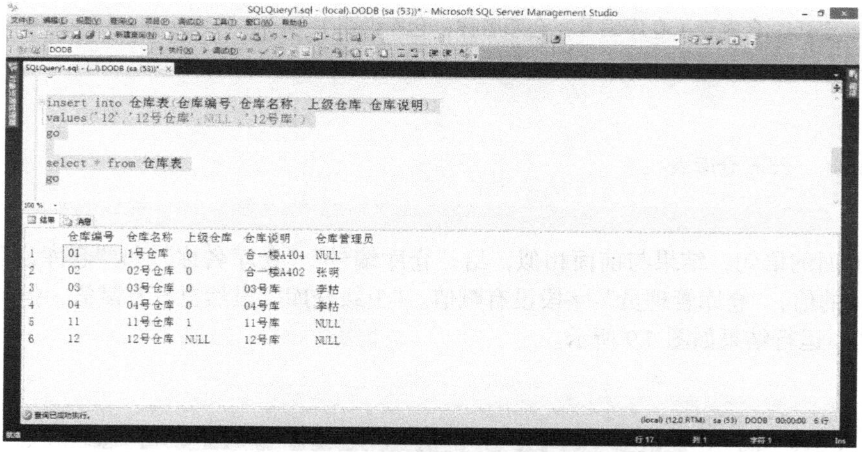

图 5.7 带部分字段插入数据——3 个字符赋值

5.1.3 添加默认值给字段

在查询文件中输入下列语句。

```
insert into 仓库表(仓库编号,仓库名称,上级仓库,仓库说明)
values('05','05 号仓库',default ,'05 号库')
go

select * from 仓库表
go
```

执行上面的语句，给“仓库编号”“仓库名称”和“仓库说明”3 个字段赋了具体的值，“仓库管理员”字段没有赋值，“上级仓库”赋了默认值 0。运行结果如图 5.8 所示。

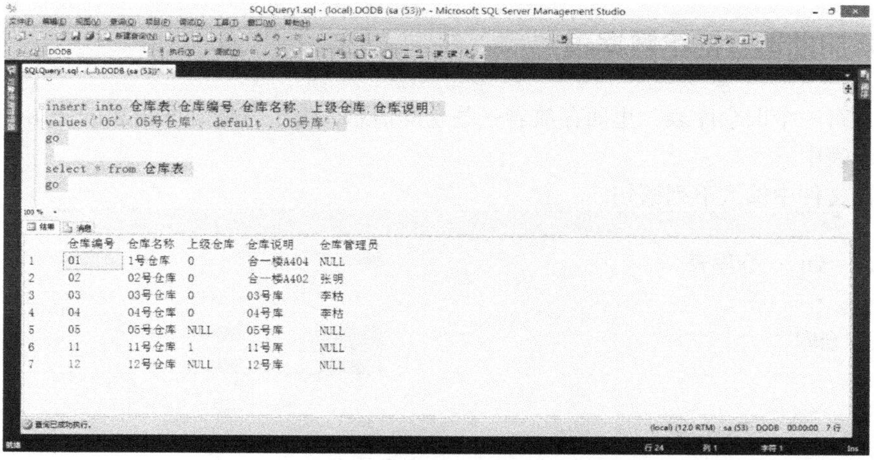

图 5.8 带默认值插入数据

在查询文件中输入下列语句。

```
insert into 仓库表（仓库编号，仓库名称，仓库说明）
values（'06'，'06 号仓库 '，'06 号库 '）
go

select * from 仓库表
go
```

执行上面的语句，结果与前面相似，给“仓库编号”“仓库名称”和“仓库说明”3 个字段赋了具体的值，“仓库管理员”字段没有赋值。“上级仓库”虽然也没有赋值，但系统给它赋了默认值 0。运行结果如图 5.9 所示。

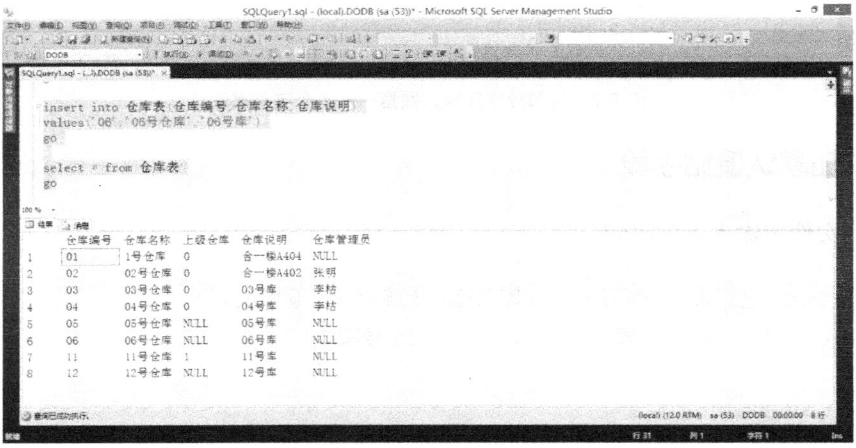

	仓库编号	仓库名称	上级仓库	仓库说明	仓库管理员
1	01	1号仓库	0	合一楼A404	NULL
2	02	02号仓库	0	合一楼A402	张明
3	03	03号仓库	0	03号库	李枯
4	04	04号仓库	0	04号库	李枯
5	05	05号仓库	NULL	05号库	NULL
6	06	06号仓库	NULL	06号库	NULL
7	11	11号仓库	1	11号库	NULL
8	12	12号仓库	NULL	12号库	NULL

图 5.9　由系统赋默认值插入数据

上面完成的是每次向表中添加一条记录，并且所有数据都是手工输入的，也可以一次从其他地方得到多条记录插入到表中，见 5.1.4 节的介绍。

5.1.4　添加批量数据给数据表

系统中有一个旧仓库表，里面存放着一些仓库信息，为了方便仓库信息的使用，需要把它添加到仓库表中。

在查询文件中输入下列语句。

```
insert  into 仓库表
select  *
from 旧仓库
go

select * from 仓库表
go
```

执行上面的语句，把旧仓库表中的所有记录（5 条）全部添加到仓库表中。运行结果如图 5.10 所示。

```
insert into 仓库表
select *
from 旧仓库
go
select * from 仓库表
go
```

	仓库编号	仓库名称	上级仓库	仓库说明	仓库管理员
1	01	1号仓库	0	合一楼A404	NULL
2	02	02号仓库	0	合一楼A402	张明
3	03	03号仓库	0	03号库	李枯
4	04	04号仓库	0	04号库	李枯
5	05	05号仓库	NULL	05号库	NULL
6	06	06号仓库	NULL	06号库	NULL
7	11	11号仓库	1	11号库	NULL
8	12	12号仓库	NULL	12号库	NULL
9	21	21仓库	02	21仓库	NULL
10	22	22仓库	02	22仓库	NULL

图 5.10 添加批量数据

知识点

批量添加数据

格式：insert [into] [top (n) [percent]] 数据表名 [(字段名列表)]
　　select 字段列表
　　from 表名
　　[where 条件]

功能：向“数据表名”标识的数据表中添加由 select 子句返回的多条记录。

说明：(1) select 子句与查询信息相同。
　　(2)“数据表名”标识的数据表一定存在。
　　(3) top (n) 的功能与 select 中的相同。

此方法把批量数据添加到已存在的表中。下面创建一个新表，并把批量数据添加到新表中。

5.1.5 添加批量数据给新建数据表

在查询文件中输入下列语句。

```
select *
into table1
from 仓库表
go

select * from table1
go
```

执行上面的语句，新建一个 table1 表，然后把仓库表中的所有记录（8 条）全部添加到 table1 表中。运行结果如图 5.11 所示。

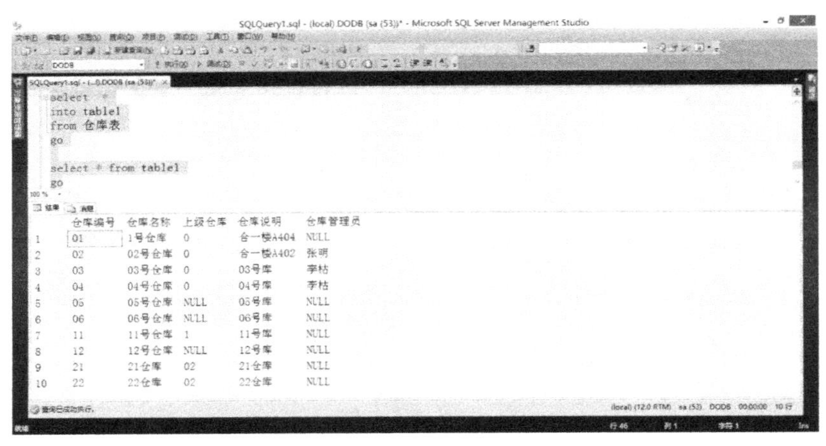

图 5.11　添加批量数据给新表

知识点

批量添加数据到新表

格式：select 字段列表
　　into 新数据表名
　　from 表名
　　[where 条件]

功能：首先创建一个新表，然后向新数据表中添加由 select 子句返回的多条记录。

说明：（1）select 子句与查询信息中的语法相同。
　　（2）"新数据表名" 标识的数据表一定不能存在。

再执行一次上面的语句，结果如图 5.12 所示。由于 table1 表已经存在，所以出现错误，即不能用此法把数据添加到已存在的数据表中。

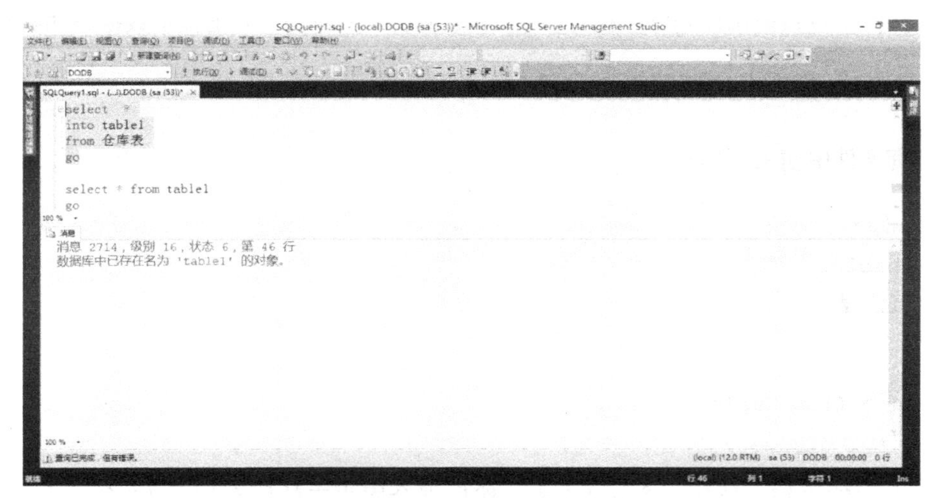

图 5.12　数据添加到已存在的数据表会出错

工作任务 5.2　修改产品表中数据

在使用数据库的过程中，不仅需要添加新的数据，随着数据的使用，还要不断地修改数据。例如，在“长江家具”系统中，随着生产的进行，生产出来的产品要不断地入库，卖出的产品要不断地出库，因此，产品库中的产品数量在不断地被修改。

5.2.1　直接修改产品表中数据

在数据添加（输入）的过程中，不可避免地会出现错误，如果出现错误就要用此方法进行修改。

在查询文件中输入下列语句。

```
select * from 产品表                          -- 显示 update 前信息
go

update 产品表
set 产品数量 = 产品数量 +35
where 产品编号 ='0301'
go

select * from 产品表                          -- 显示 update 后信息
go
```

执行上面的语句，先显示没有修改前的信息，然后把产品表中产品编号为 0301 产品的产品数量增加 35，最后显示修改后的信息。运行结果如图 5.13 所示。

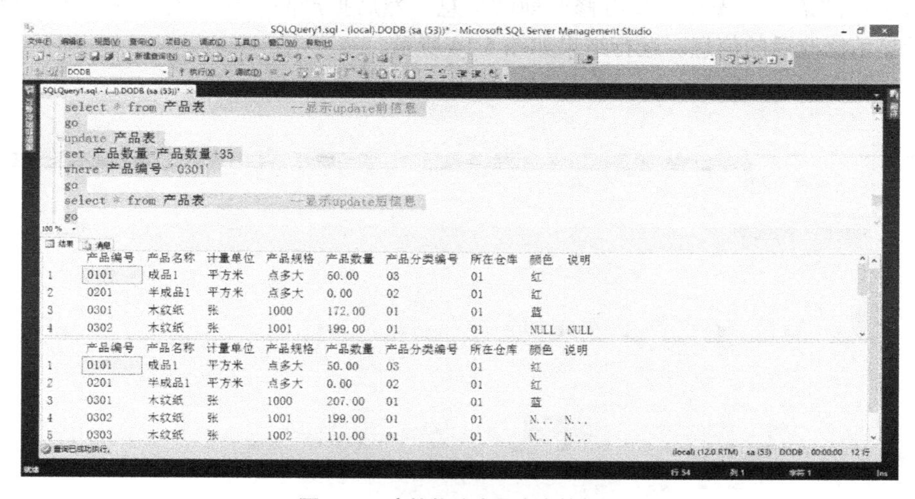

图 5.13　直接修改产品表中的数据

知识点

基本数据修改

格式：update [top (表达式 1) [percent]] 数据表名
　　set 字段名 = 表达式 2|DEFAULT|NULL [, ……]
　　[where 条件]

功能：把表中满足条件记录的"字段名"标识的字段值修改为"表达式 2"的值或默认值，或者 NULL。

说明：(1) top 指出替换满足条件的前"表达式 1"条记录或前百分之"表达式 1"条记录。
　　(2)"条件"是必需的，否则会把表中所有的记录都进行修改。

注意：切记，修改操作的破坏性很大，修改后不能恢复，所以要慎重。

在查询文件中输入下列语句。

```
select * from 产品表                          -- 显示 update 前信息
go

update 产品表
set 产品数量 = 产品数量 +35
go

select * from 产品表                          -- 显示 update 后信息
go
```

执行上面的语句，先显示没有修改前的信息，然后把产品表中所有产品的产品数量增加 35，最后显示修改后的信息。运行结果如图 5.14 所示。

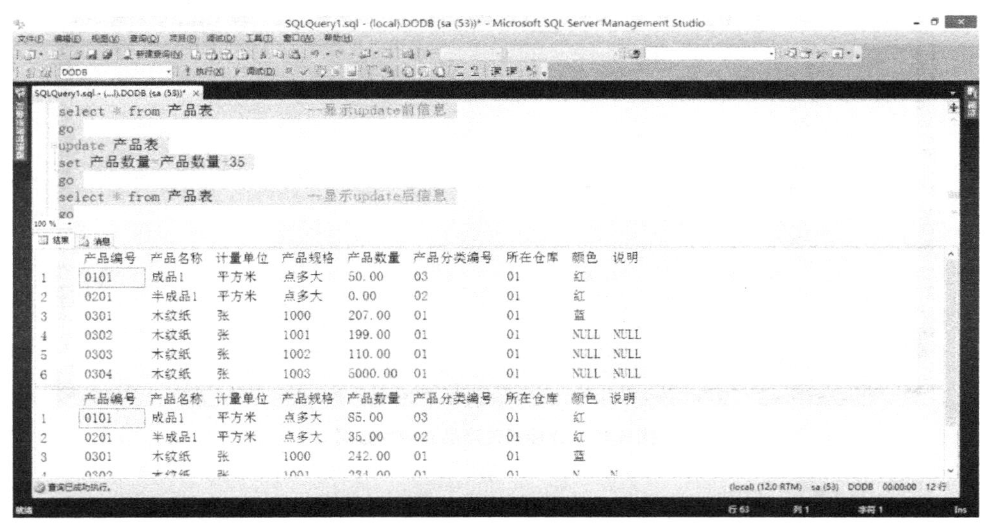

图 5.14　直接修改产品表中所有记录的数据

5.2.2 根据入库单明细修改产品表中数据

在企业生产过程中，产品在不断地生产和卖出，也就不断产生产品入库单和产品出库单，产品表中的产品数量也会不断地发生变化。

在查询文件中输入下列语句。

```
select * from 入库单明细表
where 产品编号 ='0301' and 入库单编号 =' 月初库存入库单 '
select * from 产品表 where 产品编号 ='0301'        -- 显示 update 前信息
go
update 产品表
set 产品表 . 产品数量 = 产品表 . 产品数量 + 入库单明细表 . 产品数量
from 入库单明细表
where 入库单明细表 . 产品编号 = 产品表 . 产品编号 and 入库单编号 =' 月初库存入库单 '
and 产品表 . 产品编号 ='0301'
go
select * from 产品表 where 产品编号 ='0301'                -- 显示 update 后信息
go
```

执行上面的语句，先显示没有修改前的两表信息。然后把“入库单明细表”中刚入库的“入库单编号”为“月初库存入库单”“产品编号”为 0301 的“入库单”中的“产品数量”读出，与“产品表”中“产品编号”为 0301 产品的产品数量相加，赋给“产品表”中“产品编号”为 0301 产品的产品数量。最后再显示修改后的信息。运行结果如图 5.15 所示。

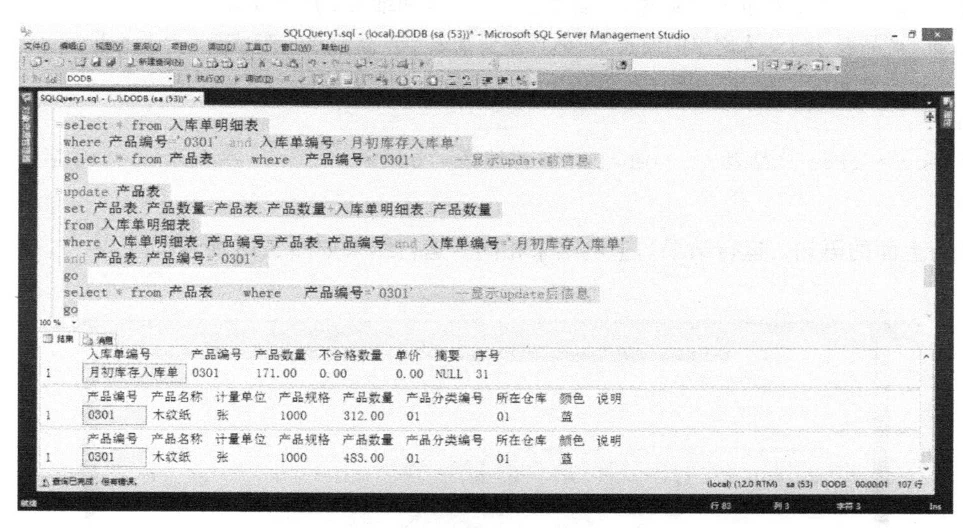

图 5.15 根据入库单明细修改产品表中的数据之一

知识点

根据其他数据修改

格式 1：update [top (表达式 1) [percent]] 数据表名 1
　　set 字段名 = 表达式 2|DEFAULT|NULL
　　from 数据表名 2 [, ……]
　　where 条件

功能：把"数据表名 1"标识的表中满足条件记录的"字段名"标识的字段值修改为"表达式 2"的值或默认值，或者 NULL。

说明：(1)"数据表名 1"标识的是被修改的表。
　　(2) 如果包括可选项 from，"表达式 2"中的数据可来自其他表。
　　(3) top 指出替换满足条件的前"表达式 1"条记录或前百分之"表达式 1"条记录。
　　(4)"条件"是必需的，特别是表间联系条件。

同样，在查询文件中输入下列语句。

```
select * from 入库单明细表
where 产品编号 ='0301' and 入库单编号 =' 月初库存入库单 '
select * from 产品表        where 产品编号 ='0301'    -- 显示 update 前信息
go
update 产品表
set 产品表 . 产品数量 = 产品表 . 产品数量 + 入库单明细表 . 产品数量
from  产品表 join 入库单明细表 on 入库单明细表 . 产品编号 = 产品表 . 产品编号
where 入库单编号 =' 月初库存入库单 ' and 产品表 . 产品编号 ='0301'
go
select * from 产品表       where  产品编号 ='0301'             -- 显示 update 后信息
go
```

执行上面的语句，运行结果与上例结果相同。运行结果如图 5.16 所示。

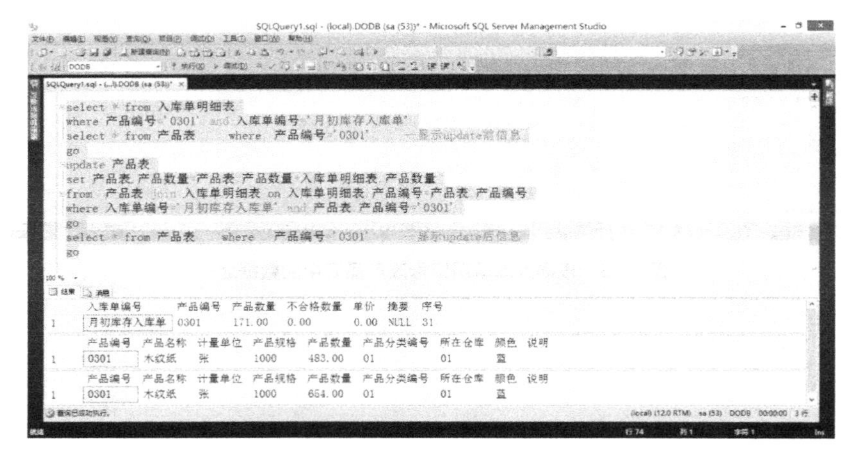

图 5.16　根据入库单明细修改产品表中的数据之二

知识点

根据其他数据修改

格式2： update [top（表达式 1）[percent]] 数据表名 1
set 字段名 = 表达式 2|DEFAULT|NULL
from 数据表名 1 join 数据表名 2
on 数据表名 1 .字段 = 数据表名 2.字段
[where 条件]

功能： 把“数据表名 1”标识的表中满足条件记录的“字段名”标识的字段值修改为“表达式 2”的值或默认值，或者 NULL。

说明：（1）“数据表名 1”标识的是被修改的表。
（2）如果包括可选项 from，“表达式 2”中数据可来自其他表。
（3）top 指出替换满足条件的前“表达式 1”条记录或前百分之“表达式 1”条记录。
（4）“条件”是必需的，特别是表间联系条件。

工作任务 5.3　删除员工表中数据

在使用数据库的过程中，不仅需要添加新的数据和更改数据，随着数据的使用，还要不断地删除过期的数据。例如，在“长江家具”系统中，随着时间的推进，企业的人员会不断地变化，如果有员工离开了企业，就需要从员工表中把员工信息删除。

在查询文件中输入下列语句。

```
select * from 员工表
where 员工工号 ='000007'
go

delete from 员工表
where 员工工号 ='000007'
go

select * from 员工表
where 员工工号 ='000007'
go
```

执行上面的语句，首先显示员工表中员工工号为 000007 的员工信息，然后把此条信息从员工表中删除，最后可看到员工表中再没有此记录。运行结果如图 5.17 所示。

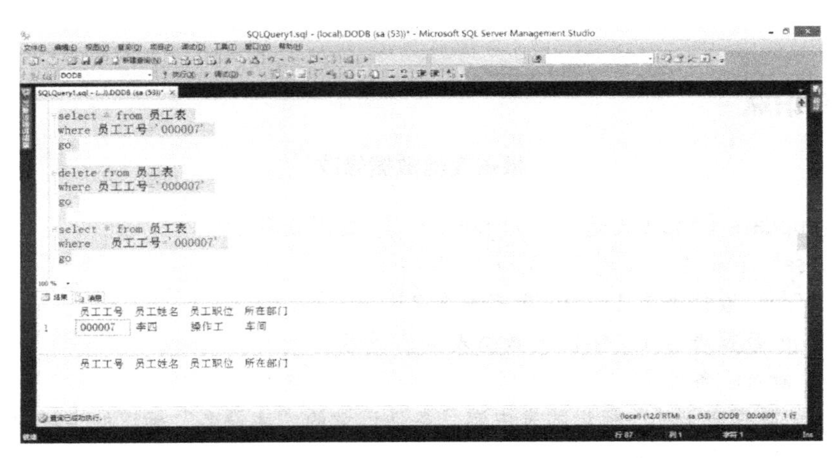

图 5.17　删除员工表中的数据

知识点

删除数据（记录）

格式：delete [top (表达式 1) [percent]] [from] 数据表名

[where 条件]

功能：删除"数据表名"标识的表中满足条件的记录。

说明：（1）"条件"是必需的，否则会删除表中所有的记录。

（2）top 指出替换满足条件的前"表达式 1"条记录或前百分之"表达式 1"条记录

注意：切记，删除操作的破坏性很大，删除后不能恢复，所以要慎重。

在查询文件中输入下列语句。

```
select * into 老员工 from 员工表          -- 数据不可以随便删除，
go                                        — 为了演示此功能，先生成一个新表
select * from 老员工
go
delete from 老员工
go
select * from 老员工
go
```

执行上面的语句，首先根据员工表生成一个老员工表，然后显示老员工表中的信息，再把老员工表中的信息全部删除（保留表结构，只是删除数据记录），最后显示老员工表中的信息（没有任何记录）。运行结果如图 5.18 所示。

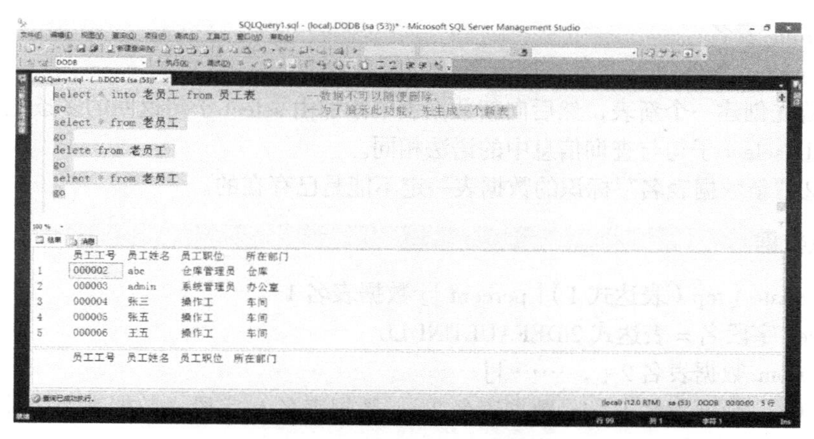

图 5.18　删除老员工表中的所有数据

能力（知识）梳理

数据库数据的添加、修改和删除也是数据库的基本操作，是最重要、最常用的操作之一。

1. 添加数据

（1）基本添加语句

格式：insert [into] 数据表名或视图名 [（字段名列表）]

values（{ default|NULL| 表达式 }，[……n]）

功能：向“数据表名”标识的数据表中添加一条记录。

说明：① “字段名列表”如果按表中字段顺序书写且包括所有字段，可省略此部分。

② 如果某字段的值允许空，则“字段名列表”中可以不列出，即不给其赋值。

③ 如果某字段的值有默认值，则“字段名列表”中可以不列出，系统自动给其赋默认值。

④ values 后是赋给字段的值，顺序必须与“字段名列表”的顺序相同。

⑤ default 表示默认值，NULL 表示空（未赋值）。

（2）添加批量数据给数据表

格式：insert [into] [top（n）[percent]] 数据表名 [（字段名列表）]

select 字段列表

from 表名

[where 条件]

功能：向“数据表名”标识的数据表中添加由 select 子句返回的多条记录。

说明：① select 子句与查询信息中的语法相同。

② “数据表名”标识的数据表必须存在。

③ top（n）的功能与 select 中的相同。

（3）添加批量数据给新表

格式：select 字段列表

into 新数据表名

from 表名
[where 条件]

功能：首先创建一个新表，然后向新数据表中添加由 select 子句返回的多条记录。

说明：① select 子句与查询信息中的语法相同。
② “新数据表名”标识的数据表一定不能是已存在的。

2. 修改数据

格式：update [top (表达式 1) [percent]] 数据表名 1
set 字段名 = 表达式 2|DEFAULT|NULL
[from 数据表名 2 [, ……]]
[from 数据表名 1 join 数据表名 2 on 数据表名 1. 字段 = 数据表名 2. 字段]
[where 条件]

功能：把“数据表名 1”标识的表中满足条件记录的“字段名”标识的字段值修改为“表达式 2”的值或默认值，或者 NULL。

说明：① “数据表名 1”标识的是被修改的表。
② 如果包括可选项 from，则“表达式 2”中的数据可来自其他表。
③ top 指出替换满足条件的前“表达式 1”条记录或前百分之“表达式 1”条记录。
④ “条件”是必需的，特别是表间联系条件。

3. 删除数据（记录）

格式：delete [top (表达式 1) [percent]] [from] 数据表名
[where 条件]

功能：删除“数据表名”标识的表中满足条件的记录。

说明：① “条件”是必需的，否则会删除表中所有的记录。
② top 指出替换满足条件的前“表达式 1”条记录或前百分之“表达式 1”条记录。

能力训练

1. 由于引进新职工，故向员工表中添加一条记录。字段的值如下：

员工工号	员工姓名	员工职位	所在部门
000007	刘好	操作工	车间

2. 由于引进新职工，故向员工表中添加一条记录。字段的值如下：

员工工号	员工姓名	所在部门
000008	刘红	办公室

3. 由于引进新职工，故向员工表中添加一条记录。字段的值如下：

员工工号	员工姓名	所在部门
000009	张同	（默认值）

4. 引入新职工后，不仅要把信息添加到员工表中，还要把信息添加到工资表中。把上面向员工表中添加的记录批量添加到工资表中。

5. 把上面向员工表中添加的记录批量添加到新员工表中。

6. 给所有员工的月工资增加 50 元。
7. 给所有操作工的月工资再增加 50 元。
8. 给出库单明细添加一条记录。字段值如下表：

出库单编号	产品编号	产品数量	序号	单价
20090830000001	0101	100	26	3.00

根据出库单明细添加的记录，修改产品表数量。

9. 删除新员工表中的所有记录。
10. 删除员工表中职工工号为 000008 的职工信息，同时删除工资表中的对应信息。

模块 6 创建视图与索引

专业岗位工作过程分析

任务背景

在实际项目中，经常会用到一些固定的查询。例如，需要查询一个产品的名称、规格、所属分类名称、所在仓库名称等。对于这些固定的查询，每次都写一次 SELECT 语句非常麻烦。在 SQL Server 中，可以通过“视图”把这些查询操作固定下来，保存到系统中，需要时直接使用视图。这样可以大大简化查询，并且可以极大提高访问效率和数据安全性。

创建索引可以大大提高系统的性能。通过创建唯一性索引，可以保证数据库表中每一行数据的唯一性；可以大大加快数据的检索速度，这也是创建索引的最主要的原因；可以加速表和表之间的连接，特别是在实现数据的参考完整性方面特别有意义。

工作过程

在使用数据库一段时间后，王明对以前的工作进行了总结，发现很多部门对数据的查询需求有些固定，而且操作的数据对象也是特定的。为了提高工作效率，王明想设计一些视图来解决这些问题。

随着数据库使用时间的增长，数据库中的数据量越来越大，速度越来越慢，数据库需要优化，以便提高查询等的速度。王明决定使用索引来实现。

工作目标

终极目标

设计两个视图——产品信息、产品入库明细视图；一个索引——IX_ 产品数量。通过本模块的学习，读者将掌握视图的设计方法和函数的使用方法。

促成目标

1. 设计产品信息视图。
2. 设计产品入库明细视图。
3. 设计 IX_ 产品数量索引。

工作任务

1. 工作任务 6.1　设计产品信息视图。
2. 工作任务 6.2　设计产品入库明细视图。
3. 工作任务 6.3　设计 IX_ 产品数量索引。

工作任务 6.1 设计产品信息视图

6.1.1 功能要求

本任务中，要创建一个名为“产品信息”的视图。它完成从产品表、产品分类表、仓库表这 3 张表中查询所有产品的信息。运行结果如图 6.1 所示。

视图 - dbo.产品信息视图 | 摘要

产品编号	产品名称	计量单位	产品规格	产品数量	产品分类编号	产品分类名称	仓库编号	仓库名称
01.000001	平衡纸	张	90g米白混胶	3753.00	01	原材料	01	1车间
01.000002	平衡纸	张	90g棕平混胶	25734.00	01	原材料	01	1车间
01.000003	平衡纸	张	90g米白纯三胺	0.00	01	原材料	01	1车间
01.000004	平衡纸	张	90g棕平纯三胺	14214.00	01	原材料	01	1车间
01.000005	平衡纸	张	90g灰平纯三胺	12013.00	01	原材料	01	1车间
01.000006	平衡纸	张	85g棕平混胶	0.00	01	原材料	01	1车间
01.000007	平衡纸	张	110g米白纯三胺	2133.00	01	原材料	01	1车间
01.000008	平衡纸	张	110g棕平纯三胺	-978.00	01	原材料	01	1车间
01.000009	平衡纸	张	110g灰平纯三胺	0.00	01	原材料	01	1车间
01.000010	平衡纸	张	110g绿平纯三胺	0.00	01	原材料	01	1车间
01.000011	耐磨纸	张	40g	30058.00	01	原材料	01	1车间
01.000012	耐磨纸	张	25g	30812.00	01	原材料	01	1车间
01.000013	耐磨纸	张	33g	6881.00	01	原材料	01	1车间
01.000014	耐磨纸	张	38g	7500.00	01	原材料	01	1车间
01.000015	耐磨纸	张	45g	0.00	01	原材料	01	1车间

产品表　产品分类表　仓库表

图 6.1 产品信息视图的运行结果

6.1.2 设计步骤

操作步骤：

1）打开 Microsoft SQL Server Management Studio。在“对象资源管理器”中，展开“数据库”中的 DODB 数据库，右击“视图”，弹出如图 6.2 所示的快捷菜单。

2）选择“新建视图”命令，出现“添加表”对话框。在弹出的“添加表”对话框中，选择在这个查询中需要使用的表。本任务中，需要“产品表”“产品分类表”“仓库表”3 张表，所以分别将这 3 张表添加到视图中，如图 6.3 所示。

3）如果关闭了“添加表”对话框之后还需要再添加新表到视图中，可以在右边的主操作区右击任意位置，在弹出的快捷菜单中选择“添加表”命令，如图 6.4 所示。

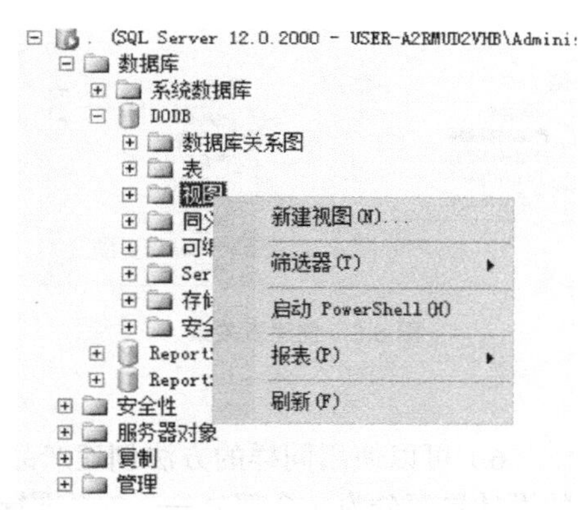

图 6.2 使用 Microsoft SQL Server Management Studio 新建视图

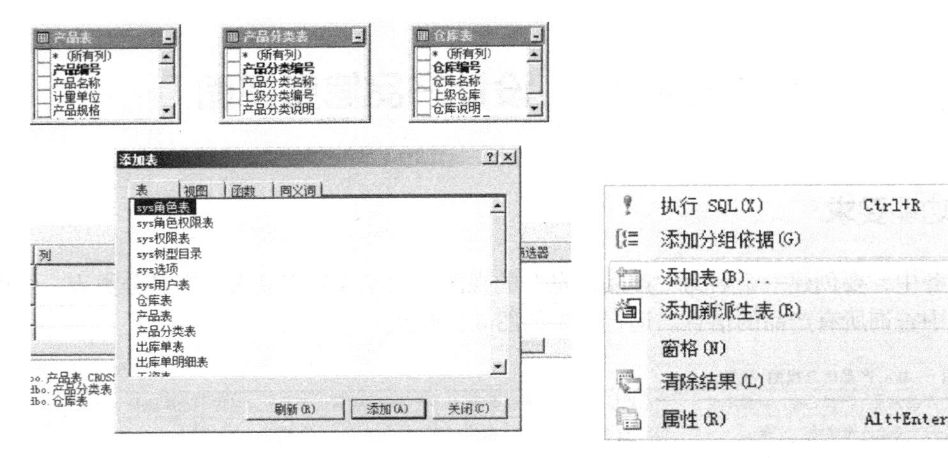

图 6.3　添加表　　　　图 6.4 “添加表”的快捷菜单

4）产品表、产品分类表、仓库表这 3 张表是有关系的，它们的关系如图 6.5 所示。

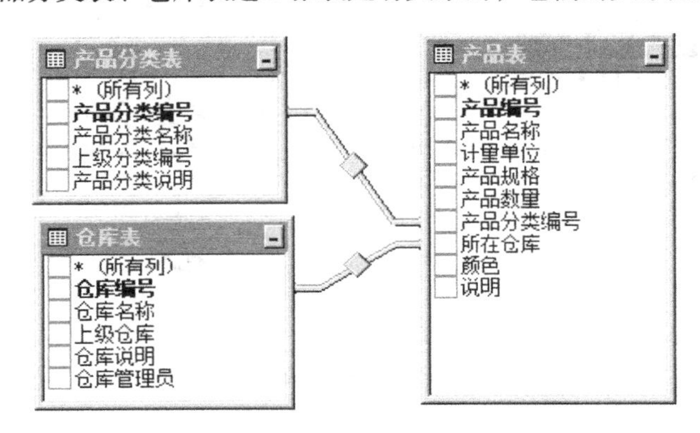

图 6.5　表之间的关系

5）3 张表的关系在 SELECT 语句中可以使用内连接的方法将数据联系起来，在视图设计器中，提供了可视化的操作方式。假设现在要将产品表和产品分类表连接起来，这里的连接字段是“产品表 . 产品分类 = 产品分类表 . 产品分类编号”。具体操作是：选中“产品表 . 产品分类”这个字段并按住鼠标左键不放，移动鼠标指针到“产品分类表 . 产品分类编号”，释放鼠标左键（相当于将“产品表 . 产品分类”这个字段拖动到“产品分类表 . 产品分类编号”），设计器将自动在这两个表之间建立一个关系，如图 6.6 所示。

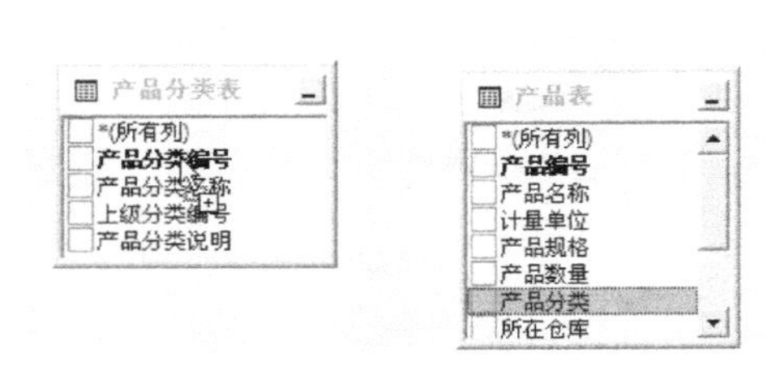

图 6.6　创建表关系

6）可以使用同样的方法创建产品表和仓库表的关系。所有关系创建好后，可以看到视图的设计界面分为 4 个部分——关系图窗格、条件窗格、SQL 窗格、结果窗格，如图 6.7 所示。

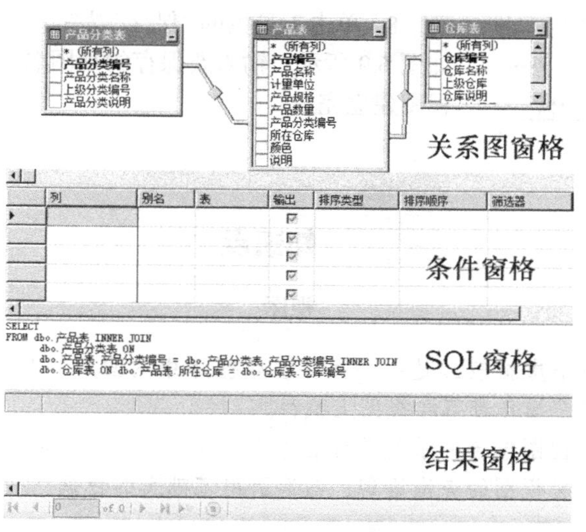

图 6.7　视图设计器界面

7）在 SQL 窗格中可以看到，设计器已经自动生成了这 3 张表的连接语句。

```
SELECT
FROM      dbo. 产品表 INNER JOIN
            dbo. 产品分类表 ON dbo. 产品表 . 产品分类 = dbo. 产品分类表 . 产品分类编
              号 INNER JOIN
            dbo. 仓库表 ON dbo. 产品表 . 所在仓库 = dbo. 仓库表 . 仓库编号
```

这里缺少了 SELECT 关键字后的选择列，要设置显示的内容，可以借助关系图窗格中每张表的字段前面的复选框来设置。选中需要查询的字段，这样，这些字段的名称就会自动添加到 SELECT 关键字的后面，如图 6.8 所示。

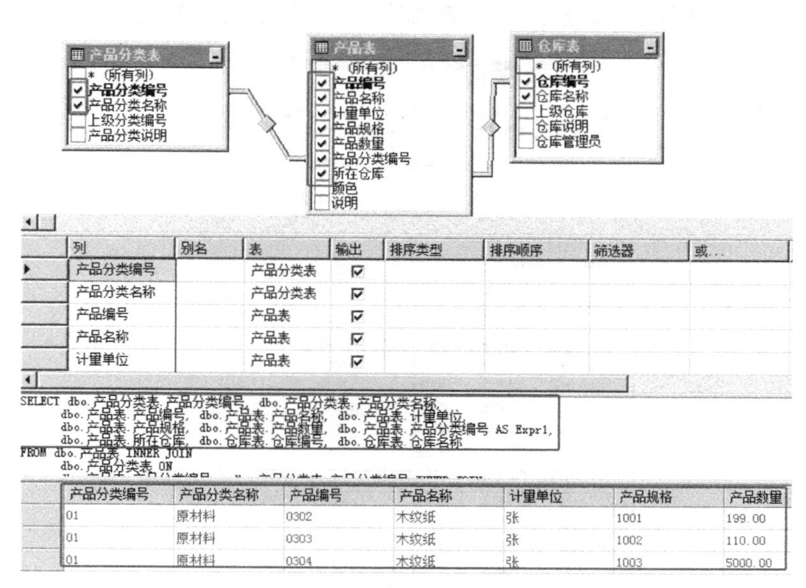

图 6.8　视图设计器运行后的界面

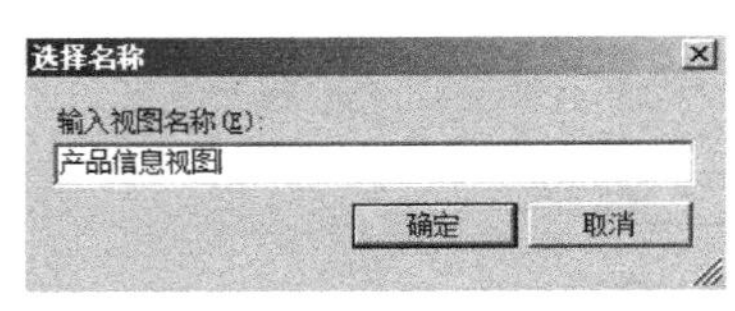

图 6.9　保存视图

8）单击工具栏的“保存”按钮，弹出“选择名称”对话框，如图 6.9 所示。输入要保存的视图名称，单击“确定”按钮，视图建立完成。

知识点

视图

视图（view）是一个虚拟表，是一个保存在数据库中的固定的 SELECT 查询语句。因此，可在查询上执行的大部分操作都可在视图上执行。

同真实的表一样，视图包含一系列带有名称的列和行数据。但是，视图并不像表一样具有真实数据，而是通过定义视图的查询语句，筛选引用基础表的数据，并且在引用视图的过程中根据当前表动态生成。

通过视图进行查询没有任何限制，通过它们进行数据修改时的限制也很少。

视图的作用如下。

① 方便查询只关注的数据。不同的用户所需要的数据不同，通过给不同的用户建立视图，以后每次查找数据，就可以只查找出关注的数据。

② 提高了数据的安全性。建立视图以后，不同的用户只能看到和处理它关注并有权处理的数据，对其他的数据不能操作，从而保证了数据的安全性。

③ 提高客户端的查询效率。特别是从多个表中查询数据，可以简化操作，减少对网络资源的占用，从而提高查询效率。

6.1.3　运行结果

可以使用 SELECT 语句对视图进行查询，查询时，可以像使用表一样使用视图，如图 6.10 所示。

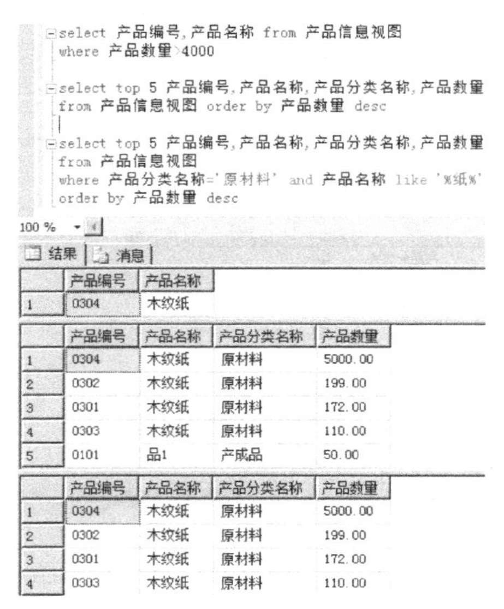

图 6.10　使用 SELECT 语句查询视图

工作任务 6.2　设计产品入库明细视图

6.2.1　功能要求

本任务要求创建名为“产品入库明细视图”的视图。它完成的功能是：从产品信息视图、入库单表、入库单明细表 3 张表中查询所有产品入库的明细信息。运行结果如图 6.11 所示。

USER-A2RMUD2VHB.DODB - dbo.产品入库明细视图

入库单编号	入库日期	入库单状态	产品编号	产品名称	产品数量	计量单位	产品规格	产品分类名称	仓库名称
20090108000001	2009-01-08 ...	已入库	0301	木纹纸	1.00	张	1000	原材料	1号仓库
20090110000001	2009-01-10 ...	已入库	0301	木纹纸	1.00	张	1000	原材料	1号仓库
月初库存入库单	2009-01-06 ...	已入库	0101	品1	50.00	平方米	点多大	产成品	1号仓库
月初库存入库单	2009-01-06 ...	已入库	0301	木纹纸	171.00	张	1000	原材料	1号仓库
月初库存入库单	2009-01-06 ...	已入库	0302	木纹纸	200.00	张	1001	原材料	1号仓库
月初库存入库单	2009-01-06 ...	已入库	0303	木纹纸	110.00	张	1002	原材料	1号仓库
月初库存入库单	2009-01-06 ...	已入库	0304	木纹纸	5000.00	张	1003	原材料	1号仓库

图 6.11　产品入库库明细视图运行结果

6.2.2　设计步骤

在工作任务 1 中，我们使用 Microsoft SQL Server Management Studio 提供的视图设计器设计了视图，在本任务中，将使用 CREATE VIEW 语句创建视图。

操作步骤：

1）打开 Microsoft SQL Server Management Studio，在“对象资源管理器”中，展开“数据库”中的 DODB 数据库。单击工具栏上的“新建查询”按钮，创建查询文件。

2）在查询文件中输入如下代码。

```
CREATE VIEW     [dbo].[产品入库明细视图]
AS
SELECT          dbo.入库单明细表.入库单编号,
                dbo.入库单表.入库日期,
                dbo.入库单表.入库单状态,
                dbo.产品信息视图.产品编号,
                dbo.产品信息视图.产品名称,
                dbo.入库单明细表.产品数量,
                dbo.产品信息视图.计量单位,
                dbo.产品信息视图.产品规格,
                dbo.产品信息视图.产品分类名称,
                dbo.产品信息视图.仓库名称
FROM            dbo.入库单明细表
INNER JOIN dbo.入库单表
ON             dbo.入库单明细表.入库单编号 = dbo.入库单表.入库单编号
```

```
INNER JOIN dbo.产品信息视图
ON dbo.入库单明细表 .产品编号 = dbo.产品信息视图 .产品编号
WHERE            dbo.入库单表 .入库单状态 = '已入库'

GO
```

单击工具栏上的“执行”按钮，完成该视图的创建。

知识点

CREATE VIEW 语句的简单语法

```
CREATE VIEW [ schema_name . ] view_name [(column [ , ...n ])]
[ WITH<view_attribute> [ , ...n ]]
AS select_statement [ ; ]
```

参数说明

（1）schema_name

视图所属架构的名称。

（2）view_name

视图的名称。视图名称必须符合有关标识符的规则。WITH 用以选择是否指定视图所有者的名称。

（3）column

视图中的列使用的名称。仅在下列情况下需要列名：列是从算术表达式、函数或常量派生的；两个或更多的列可能会具有相同的名称（通常是由于连接的原因）；视图中的某个列的指定名称不同于其派生来源列的名称。还可以在 SELECT 语句中分配列名。

如果未指定 column，则视图列将获得与 SELECT 语句中的列相同的名称。

（4）AS

指定视图要执行的操作。

（5）select_statement

定义视图的 SELECT 语句。该语句可以使用多个表和其他视图。需要相应的权限才能在已创建视图的 SELECT 子句引用的对象中选择。

视图不必是具体某个表的行和列的简单子集，可以使用多个表或带任意复杂性的 SELECT 子句的其他视图创建视图。

在索引视图定义中，SELECT 语句必须是单个表的语句或带有可选聚合的多表 JOIN。

视图定义中的 SELECT 子句不能包括下列内容。

① COMPUTE 或 COMPUTE BY 子句。

② ORDER BY 子句，除非在 SELECT 语句的选择列表中也有一个 TOP 子句。

③ INTO 关键字。

④ OPTION 子句。

⑤ 引用临时表或表变量。

因为 select_statement 使用 SELECT 语句，所以按照 FROM 子句的指定，使用 <join_hint> 和 <table_hint> 提示是有效的。有关详细信息，可参阅 FROM（Transact-SQL）和 SELECT（Transact-SQL）。

UNION 或 UNION ALL 分隔的函数和多个 SELECT 语句可在 select_statement 中使用。

如果希望修改该视图或删除该视图，可以使用 ALTER VIEW 和 DROP VIEW 这两个语句。ALTER VIEW 的具体的使用方法与 CREATE VIEW 相同，DROP VIEW 的使用方法如下。

```
DROP VIEW [schema_name .] view_name [..., n][ ; ]
```

参数说明

（1）schema_name

该视图所属架构的名称。

（2）view_name

要删除的视图的名称。

6.2.3 运行结果

可以使用 SELECT 语句对视图进行查询，如图 6.12 所示。

```
select top 3 入库单编号,产品编号,产品名称,单价,产品数量,单价*产品数量 as 金额
from 产品入库明细视图
where 产品分类名称 = '原材料'
order by 单价*产品数量 desc

select top 3 入库单编号,sum(单价*产品数量) as 单据总金额
from 产品入库明细视图
where 产品分类名称 = '原材料'
group by 入库单编号
order by sum(单价*产品数量) desc

select top 3 产品编号,产品名称,产品规格,sum(单价*产品数量) as 产品总金额
from 产品入库明细视图
where 产品分类名称 = '原材料'
group by 产品编号,产品名称,产品规格
order by sum(单价*产品数量) desc
```

100 %

结果 | 消息

	入库单编号	产品编号	产品名称	单价	产品数量	金额
1	原材料入库单20120214000008	01.000018	绿基材板	44.000	11700.0000	514800.0000000
2	原材料入库单20120704000018	01.000018	绿基材板	44.000	7800.0000	343200.0000000
3	原材料入库单20120516000042	01.000017	白基材板	59.000	5200.0000	306800.0000000

	入库单编号	单据总金额
1	原材料入库单20120214000008	514800.0000000
2	原材料入库单20120704000018	343200.0000000
3	原材料入库单20120516000042	306800.0000000

	产品编号	产品名称	产品规格	产品总金额
1	01.000017	白基材板	12mm	36450031.0000000
2	01.000016	白基材板	8mm	15122033.7000000
3	01.000012	耐磨纸	25g	2433249.0000000

图 6.12　产品入库明细视图查询结果

工作任务 6.3　设计 IX_ 产品数量索引

6.3.1　功能要求

本任务中，要求在产品表中添加一个非聚集索引“IX_ 产品数量”，用来对“产品数量”这个字段的查询进行索引。

6.3.2　设计步骤

操作步骤：

dbo. 产品表
列
键
约束
触发器
索引
PK_产品表（聚集）
统计信息

图 6.13　自动创建的聚集索引

1）打开 Microsoft SQL Server Management Studio，在“对象资源管理器”中，展开“数据库”下的 DODB 数据库中的“索引”。在这里可以看到，产品表中已经有了一个索引——PK_ 产品表（聚集）。PK（Primary Key 主键），这个索引是聚集索引（也可以叫主键索引），是在设置产品表的主键“产品编号”时系统自动添加的，如图 6.13 所示。

2）右击“索引”文件夹，在弹出的快捷菜单中选择“新建索引”命令，打开“新建索引”对话框，如图 6.14 所示。

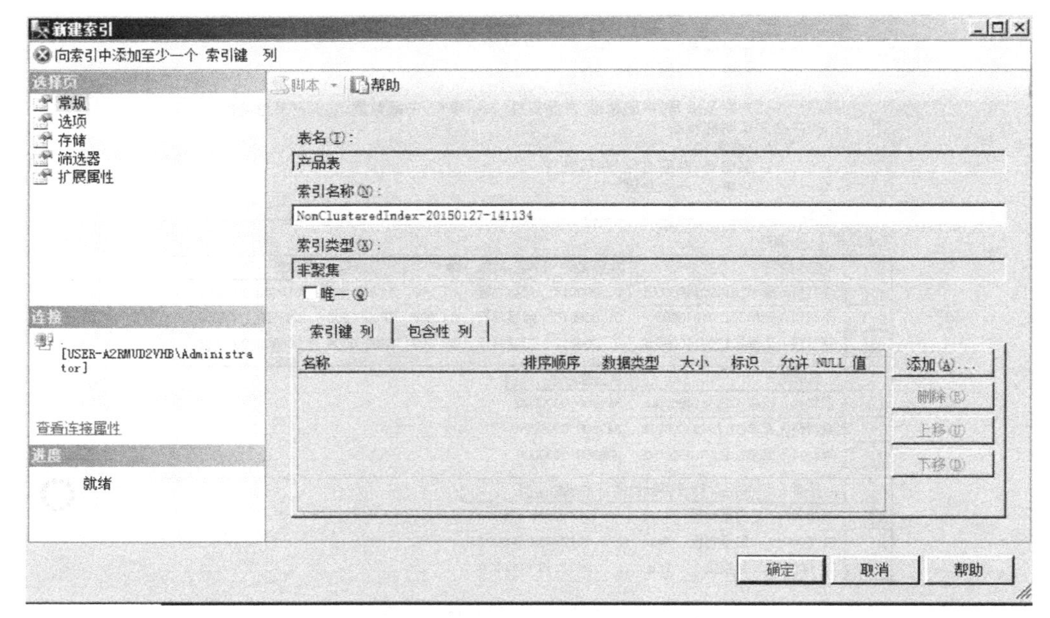

图 6.14　“新建索引”对话框

3）在“新建索引”对话框的“常规”选择页中，需要设置“索引名称”“索引类型”“唯一”和“索引键列”。在“新建索引”对话框的其他选择页中，可以设置一些其他的选项，如图 6.15 所示。

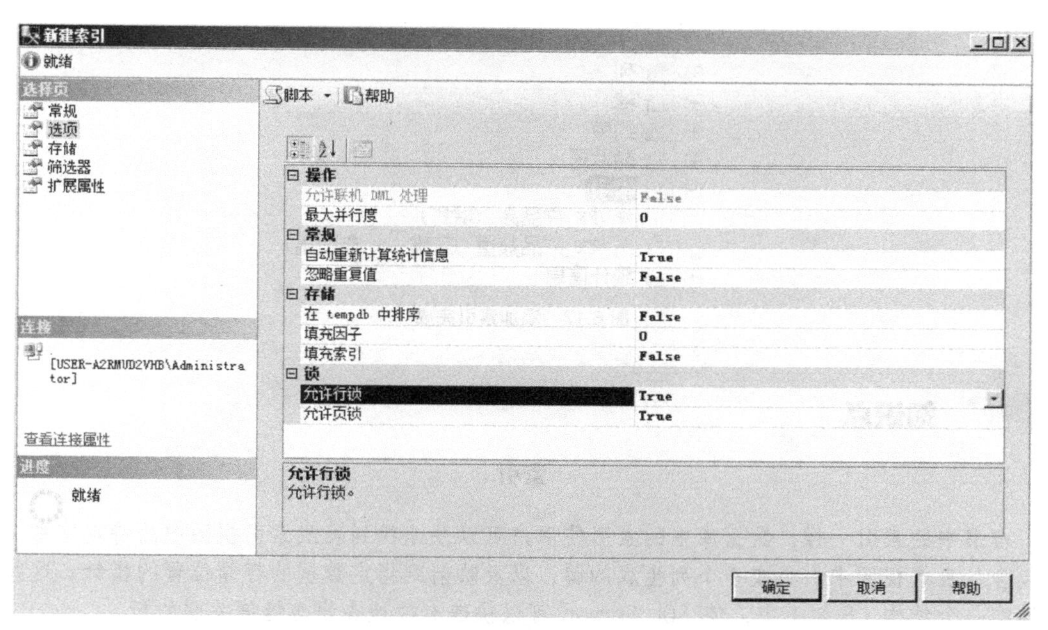

图 6.15 “新建索引”对话框的选项

4）在本任务中，“索引名称”为“IX_产品数量”，“索引类型”为“非聚集”，“索引键列”选项卡中添加“产品数量”字段。其他选项的设置如图 6.16 所示。

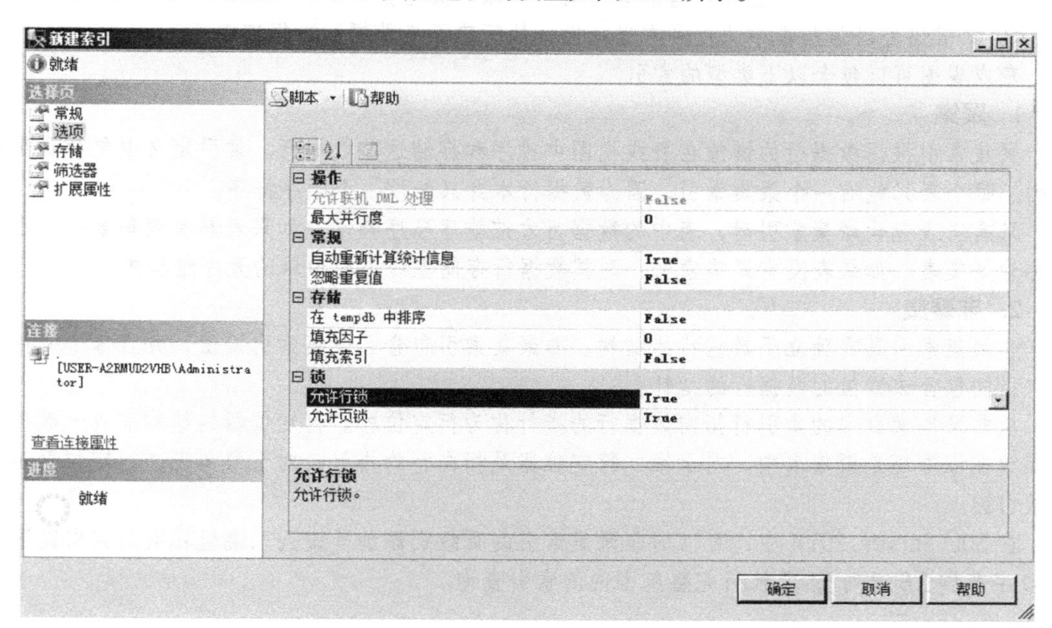

图 6.16 “新建索引”对话框的选项设置

5）单击“确定”按钮，完成添加工作，结果如图 6.17 所示。

dbo.产品表
列
键
约束
触发器
索引
PK_产品表（聚集）
IX_产品数量（不唯一，非聚集）
统计信息

图 6.17 添加索引完成

知识点

索引

与书中的索引一样，数据库中的索引使用户可以快速找到表或索引视图中的特定信息。索引包含从表或视图中一个或多个列生成的键，以及映射到指定数据的存储位置的指针。这些键存储在一个结构（B 树）中，使 SQL Server 可以快速有效地查找与键值关联的行。

索引的作用如下。

① 通过创建设计良好的索引以支持查询，可以显著提高数据库查询和应用程序的性能。

② 索引可以减少为返回查询结果集而必须读取的数据量。

③ 索引还可以强制表中的行具有唯一性，从而确保表数据的数据完整性。

表或视图可以包含以下类型的索引。

1. 聚集

聚集索引根据数据行的键值在表或视图中排序和存储这些数据行。索引定义中包含聚集索引列。每个表只能有一个聚集索引，因为数据行本身只能按一个顺序排序。

只有当表包含聚集索引时，表中的数据行才按排序顺序存储。如果表具有聚集索引，则该表称为聚集表。如果表没有聚集索引，则其数据行存储在一个称为堆的无序结构中。

2. 非聚集

非聚集索引具有独立于数据行的结构。非聚集索引包含非聚集索引键值，并且每个键值项都有指向包含该键值的数据行的指针。

从非聚集索引中的索引行指向数据行的指针称为行定位器。行定位器的结构取决于数据页是存储在堆中还是聚集表中。对于堆，行定位器是指向行的指针；对于聚集表，行定位器是聚集索引键。

在 SQL Server 2014 中，可以向非聚集索引的页级别添加非键列以跳过现有的索引键限制（900 字节和 16 键列），并执行完整范围内的索引查询。

6.3.3 运行结果

为了测试使用了索引前后的查询速度，需要向产品表中临时添加一些测试数据。在下面的例子中，添加了 8 万条随机值，读者可以根据自己机器的性能酌情调整测试数据量。测试代码如下。

```
-- 添加测试数据
declare @id int
declare @str varchar (20)
set @id=10000
while @id<90000                                          -- 请在这里调整测试数据量
begin
    set @str=Cast (@id as varchar (20))
    insert into 产品表 (产品编号, 产品名称, 产品数量)
    values  (
                'Temp'+@str,
                '测试产品名称'+@str,
                cast (rand () *1000 as int)  -- 产品数量为 0 至 1000 的随机整数
          )
    set @id=@id+1
end

-- 禁用 IX_产品数量索引
ALTER INDEX IX_产品数量 ON 产品表
DISABLE ;
GO
-- 在禁用的情况下测试
-- 声名变量
declare @i int                                           -- 计数器
declare @sum int                                         -- 用时时间总和
declare @count int                                       -- 查询结果
set @i=0
set @sum=0

-- 重复查询 100 次
while @i<100
begin
   -- 每次查询前，使用以下语句清除 SQL Server 2014 的缓存
   CHECKPOINT                                    -- 将当前数据库的全部脏页写入磁盘
   DBCC   DROPCLEANBUFFERS                       -- 从缓冲池中删除所有清除缓冲区
   DBCC   FREEPROCCACHE                          -- 从过程缓存中删除所有元素

   -- 声名时间变量
   declare @start datetime
   declare @end datetime

  -- 记录开始时间
   set @start=getdate ()
```

```
    -- 执行查询，获取产品数量 >500 的产品个数
    select @count=count (*)
    from 产品表
    where 产品数量 > 500
    -- 记录结束时间
    set @end=getdate ()
    -- 获取开始时间到结束时间之间的毫秒数为本次查询时间（毫秒）
    set @sum=@sum+datediff (ms, @start, @end)
    -- 计数器加 1
    set @i=@i+1
end
select '总共用时：'+Cast (@sum as varchar (10)) +'毫秒'as 无索引
------------------------------------------------------------------
启用 IX_产品数量索引
ALTER INDEX IX_产品数量 ON 产品表
REBUILD;
GO
-- 声名变量
declare @i int                                  -- 计数器
declare @sum int                                -- 所用时间总和
declare @count int                              -- 查询结果
set @i=0
set @sum=0
-- 重复查询 100 次
while @i<100
begin
    -- 每次查询前，使用以下语句清除 SQL Server 2014 的缓存
    CHECKPOINT     -- 将当前数据库的全部脏页写入磁盘
    DBCC   DROPCLEANBUFFERS                     -- 从缓冲池中删除所有清除缓冲区
    DBCC   FREEPROCCACHE                        -- 从过程缓存中删除所有元素
  -- 声名时间变量
    declare @start datetime
    declare @end datetime
  -- 记录开始时间
    set @start=getdate ()
-- 执行查询，获取产品数量 >500 的产品个数
```

```
    select @count=count(*)
    from 产品表
    where 产品数量 > 500

    -- 记录结束时间
    set @end=getdate()
    -- 获取开始时间到结束时间之间的毫秒数为本次查询时间（毫秒）
    set @sum=@sum+datediff(ms, @start, @end)

    -- 计数器加 1
    set @i=@i+1
end
select '总共用时：'+Cast(@sum as varchar(10))+'毫秒' as 有索引
-- 删除临时数据
delete from 产品表 where 产品编号 like 'Temp%'
```

测试结果如图 6.18 所示。

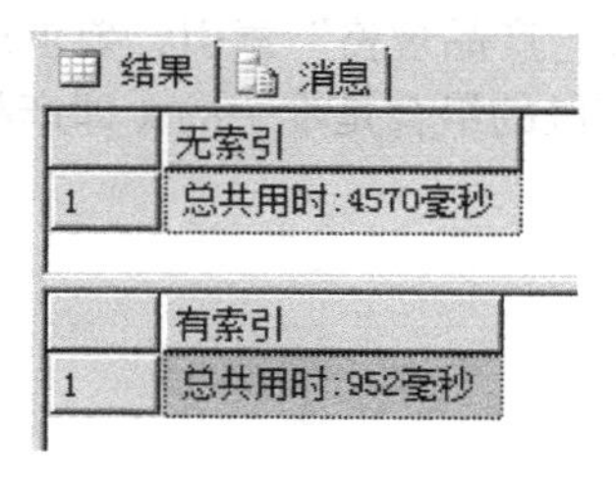

图 6.18　索引测试结果

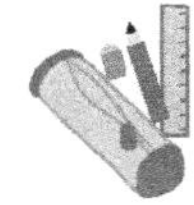

能力（知识）梳理

视图是保存在数据库中的固定的 SELECT 查询语句。视图是由 SELECT 语句生成的，也可以在 SELECT 语句中被使用。视图是一个虚拟表，其内容由查询来定义。同真实的表一样，视图包含一系列带有名称的列和行数据。视图在数据库中并不以数据值存储集形式存在，行和列数据来自于由定义视图的查询所引用的表，并且在引用视图时动态生成。

对其中所引用的基础表来说，视图的作用类似于筛选。定义视图的筛选可以来自于当前或其他数据库的一个或多个表，或者其他视图。分布式查询也可用于定义使用多个异类源数据的视图。例如，如果有多台不同的服务器分别存储有单位在不同地区的数据，而需要将这些服务器上结构相似的数据组合起来，这种方式就很有用。

索引的作用就是加快查询速度，设计良好的索引可以减少磁盘 I/O 操作，并且消耗的系统资源也较少，从而可以提高查询性能。对于包含 SELECT、UPDATE 或 DELETE 语句的各种查询，索引会很有用。

索引需要占用磁盘空间，从某种意义上来说，索引是一种“以空间换时间”的机制，通过把经过排序后的结果记录在固定的地方，从而达到加快查询速度的目的。要查看索引使用的空间，可以查看该数据表的“属性”对话框，在“常规”中的“索引空间”部分可以看到，如图 6.19 所示。

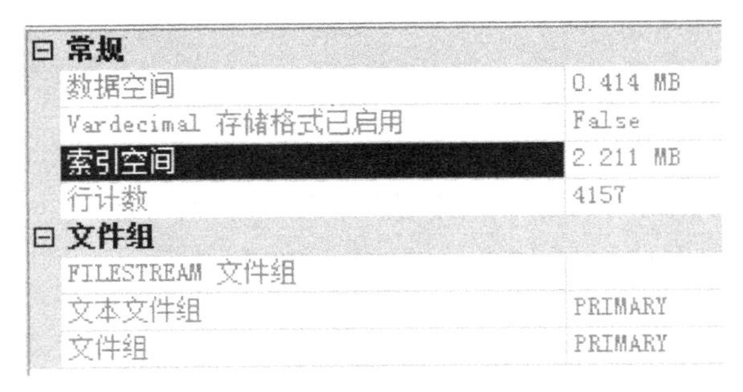

图 6.19　索引使用的空间

能力训练

1. 设计并实现“出库明细表视图”，要求查询出库单编号、出库单状态、产品编号、产品名称、产品规格、产品种类名称、仓库名称。

2. 设计并实现“IX_产品名称_产品规格”索引，要求通过该索引，能使产品表中的“产品名称”和“产品规格”这两个字段的组合是唯一的（即产品表中没有“产品名称”和“产品规格”都相同的记录）。

模块 7 保证数据完整性

专业岗位工作过程分析

任务背景

在数据库使用过程中，企业会对不同的数据类型进行约束限制或规则制定，以提高数据质量，避免“脏数据”的产生。这些要求随着用户对数据库使用的深入而不断涌现，因此，有必要对数据库的完整性进行统一设计或调整，以保障企业整体的数据安全和数据质量。

在使用数据库的时候，往往需要添加一些新的数据。例如在往“长江家具”数据库中添加产品数据的时候，如果不输入产品编号，就会出现如图 7.1 所示的情况。

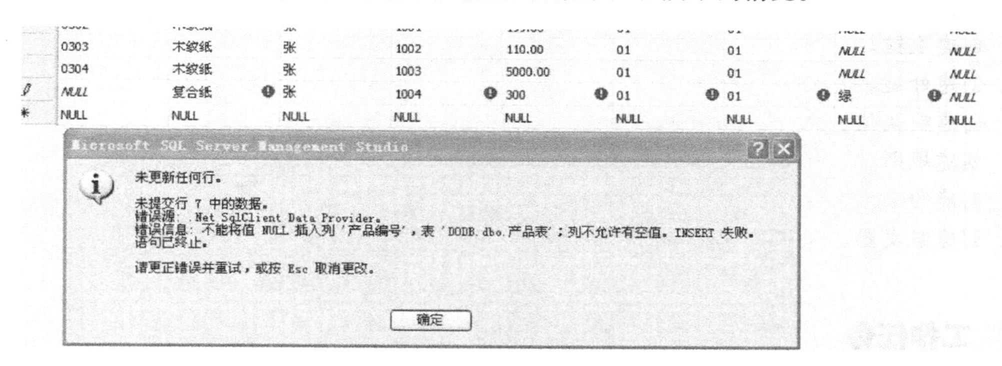

图 7.1　软件运行更新出错

提示中说明不能将空值 NULL 插入到列“产品编号”中，因为每个产品必须有一个唯一的识别标志，就像每个人的身份证一样。因此，没有产品编号的产品信息是不能够添加到数据库中的，因为它不符合数据完整性的要求。

现在，为新增加的产品“复合纸”添加产品编号后进行保存，发现能够添加进数据表中了。结果如图 7.2 所示。

	0301	木纹纸	张	1000	172.00	01	01	鉴	<p>adfadf</p>...
	0302	木纹纸	张	1001	199.00	01	01	NULL	NULL
	0303	木纹纸	张	1002	110.00	01	01	NULL	NULL
	0304	木纹纸	张	1003	5000.00	01	01	NULL	NULL
▶	0305	复合纸	张	1004	300.00	01	01	绿	NULL
*	NULL	NULL	NULL	NULL	NULL	NULL	NULL	NULL	NULL

图 7.2　成功保存数据

由此可见，向该数据表中添加列“产品编号”取值为空的数据失败的原因是该行数据不符合数据库完整性原则。

工作过程

王明在对数据库管理的过程中，梳理出他经常碰到的需要关注数据库完整性的几个典型问题。

1. 数据字段的值会不会重复？能不能重复？可以为空么？

2. 一个数据表中的某些字段值改变后，其他数据表中与该字段关联的值能不能自动更新？如果不能自动更新，怎么修改才能让关联数据字段自动更新？

3. 有些数据字段的值是固定相同的，能否设置一个默认值从而降低工作量？

4. 有些数据字段在输入时必须进行控制，在出错或不符合规则时，系统要进行提示，这个需求能否实现？

5. 有些字段的值是由其他多个字段的值计算而得出的，系统能否自动实现类似需求？

所有这些问题看起来都不起眼，但是在用户眼中都是很重要的，而且在数据库中都可以通过一定的技术手段实现。于是，王明开始逐个解决这些问题。

工作目标

终极目标

根据数据库所涉及的真实业务需求，利用多种方法实现数据完整性。

促成目标

1. 创建主键。
2. 创建外键。
3. 创建默认值。
4. 创建规则。
5. 创建约束。
6. 创建触发器。

工作任务

1. 工作任务 7.1 创建主键。
2. 工作任务 7.2 创建外键。
3. 工作任务 7.3 创建默认值。
4. 工作任务 7.4 创建规则。
5. 工作任务 7.5 创建约束。
6. 工作任务 7.6 创建触发器。

工作任务 7.1 创建主键

在 SQL Server 2014 中，主键的设置很普遍，其设置方法很简单，通常在新建一个数据表时指定某一列或两列为该表的主键。例如，在“长江家具”数据库中新建一张“员工考勤表”，在该表中设置“编号”列为主键。

操作步骤：

1）输入表的结构或通过“修改”打开表设计器，如图 7.3 所示。

2）在“编号”列右击，出现快捷菜单，如图 7.4 所示。

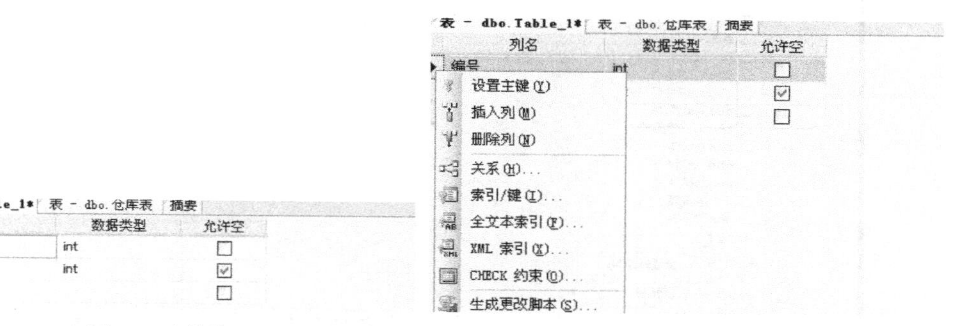

图 7.3　表结构

图 7.4　快捷菜单

3）选择“设置主键”命令，设置该列为主键。保存该表，主键已经设置完毕。

需要注意的是，并不是所有的数据表的主键就是一列，有的数据表中的主键就是多列。例如，出库单明细表中就是将“出库单编号”和“产品编号”两列作为主键，如图 7.5 所示。

因为在该表中，只有将这两列结合起来才能代表唯一的一行数据。其设置方法与单一列作为主键的设置方法一致。

列名	数据类型	允许空
出库单编号	varchar(50)	☐
产品编号	varchar(50)	☐
产品数量	decimal(18, 2)	☑
用途	varchar(500)	☑
摘要	varchar(500)	☑
序号	int	☐
单价	decimal(18, 2)	☑

图 7.5　出库单明细表主键

工作任务 7.2　创建外键

在“长江家具”系统数据库中，产品表中有“产品分类编号”列，它标识了产品是哪种类型的，而“产品分类编号”列的值应该决定来自于产品分类表中“产品分类编号”列的值。如果产品分类表中没有某“产品分类编号”值，产品表中“产品分类编号”列就不应该出现此值，否则没有办法确定此产品的类型。为了防止出现与上面相似的情况，要创建表的外键。

操作步骤：

1）在需要创建外键的表中进入“键”目录下，右击出现快捷菜单，如图 7.6 所示。

2）选择“新建外键”命令，出现“外键关系”对话框，如图 7.7 所示。

3）在弹出的对话框中，单击“表和列规范”后面的“…”按钮，出现“表和列”对话框，如图 7.8 所示。

4）在“表和列”对话框中，选择所要设置参照的主键表和主键表中的参照列。在本示例中，产品表中的“产品分类编号”是参照产品分类表中的“产品分类编号”，选定后确认保存的。

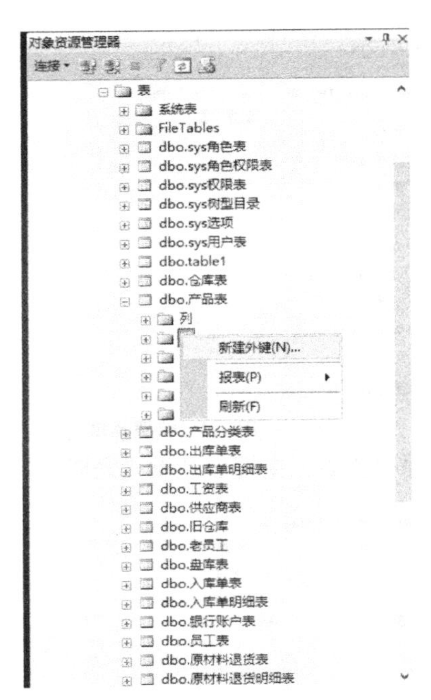

图 7.6 新建外键

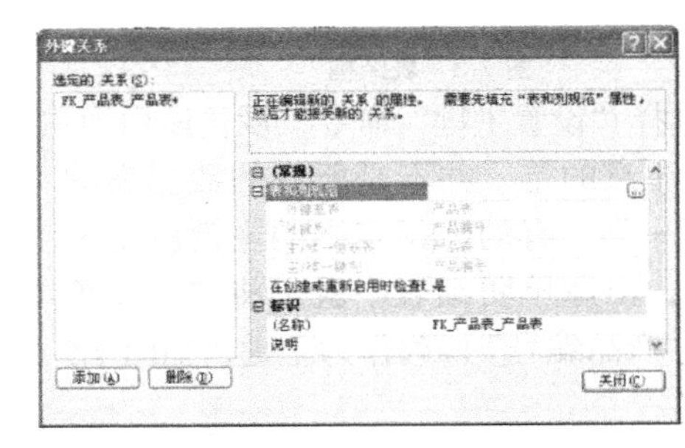

图 7.7 外键关系

在设置完毕后，会发现在产品表中设置了外键“FK_产品表_产品分类表”，如图 7.9 所示。

图 7.8 设置外键参数

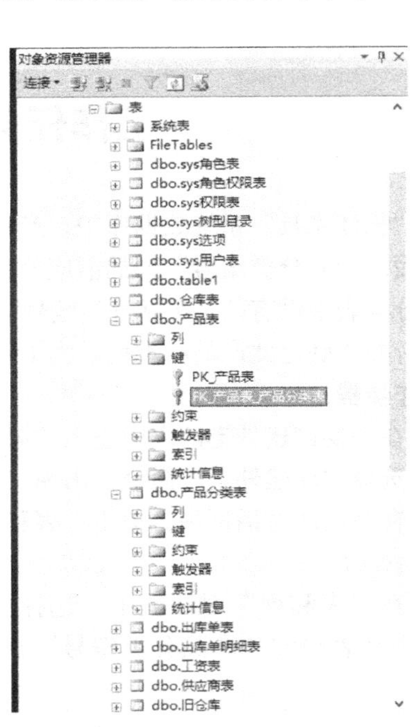

图 7.9 设置完成的外键

知识点

外键

Foreign Key（FK）是用于建立和加强两个表记录之间的连接的一列或多列。当创建或修改表时可通过定义 FOREIGN KEY 约束来创建外键。

在外键引用中，当一个表的列被引用作为另一个表的主键值的列时，就在两表之间创建了连接，这个列就成为第二个表的外键。

注意：外键的值依赖于主键的值，即主键中没有的值，外键中是不可以出现的。

工作任务 7.3　创建默认值

有时候，在往表中输入数据时，某个字段的值通常是某一固定值，这时为了方便，常在设计数据表结构时为此类字段设置默认值。下面将仓库表中“上级仓库”列的默认值设置为“公司总部仓库”。

操作步骤：

1）打开设计表结构界面，选择“上级仓库”列，即光标在“上级仓库”列。

2）在下面的“列属性”选项卡中，光标置于“默认值或绑定”后面，输入要设置的默认值“'公司总部仓库'”，如图 7.10 所示。

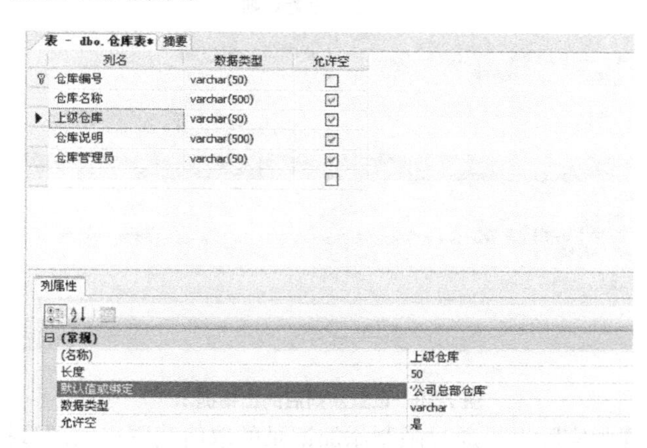

图 7.10　设置默认值

设置完毕后，在仓库表中添加一条新记录（'02'，'2 号仓库 '）。保存后发现，仓库表中的该条记录为（'02'，'2 号仓库 '，' 公司总部仓库 '），如图 7.11 所示。

表 - dbo.仓库表　摘要

	仓库编号	仓库名称	上级仓库	仓库说明	仓库管理员
	01	1号仓库	0	合一楼A404	NULL
	02	2号仓库	NULL	NULL	NULL
*	NULL	NULL	NULL	NULL	NULL

图 7.11　插入数据

工作任务 7.4　创建规则

在员工考勤表中，记录了每位员工的缺勤和全勤天数。一般而言，全勤天数为 30 或 31，因此，给该表设置一个规则，要求在向该表中添加记录时，“全勤天数”列的取值必须小于等于 31。

规则的设置过程如图 7.12 所示。

在设置好规则后，如果向数据表中添加一条不符合该规则的记录，则会出现如图 7.13 所示的情况。

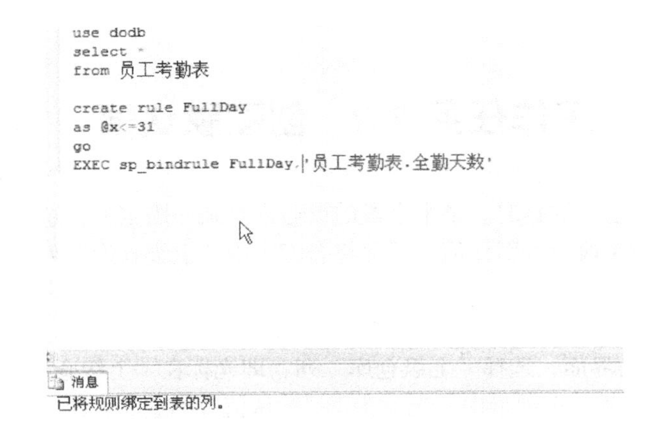

图 7.12　设置规则

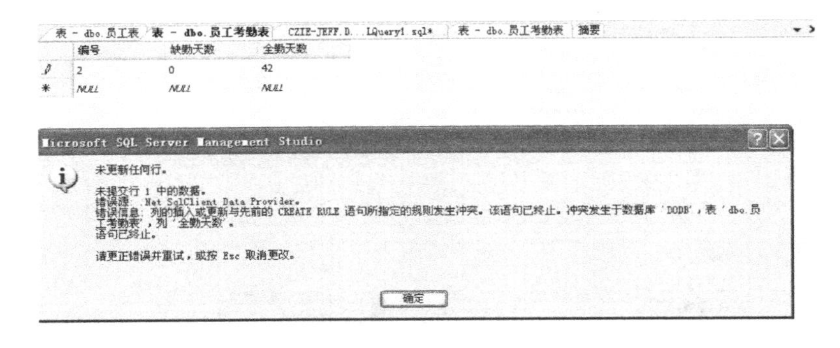

图 7.13　设置规则后的出错提示

由此可以看出，规则实际上是通过限制添加记录的取值范围来实现数据的完整性。

工作任务 7.5　创建约束

在员工考勤表中，限定每位员工的加班天数不得超过 5 天。

设置约束的过程如图 7.14 所示。

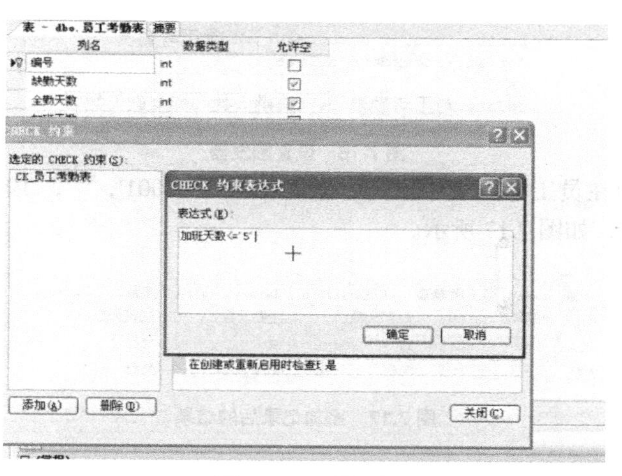

图 7.14　设置约束

设置好检查约束后，如果新添加的记录不符合该约束，则会出现如图 7.15 所示的提示。

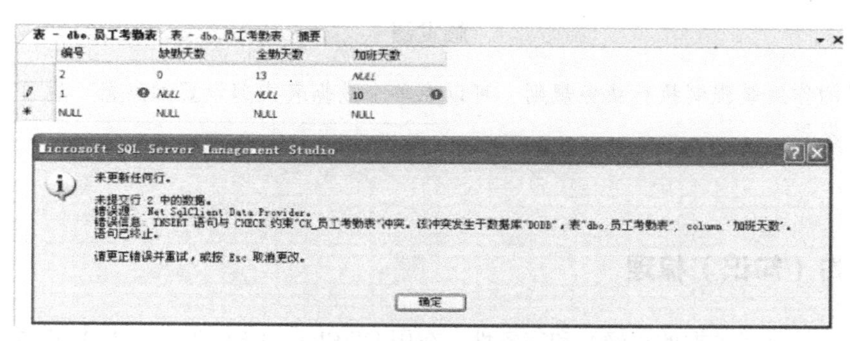

图 7.15　设置约束后的出错提示

知识点

约束与规则的区别

1. 规则是一个向后兼容的功能，用于执行一些与 CHECK 约束相同的功能。

2. CHECK 约束是用来限制列值的首选标准方法。

3. 在一列上只能使用一个规则，但可以使用多个 CHECK 约束。

4. 规则可以用于多个列，还可以用于用户自定义的数据类型，而 CHECK 约束只能应用于它定义的列。

工作任务 7.6　创建触发器

在员工考勤表中设置一个触发器，实现自动计算缺勤天数的功能，即“缺勤天数 =30– 全勤天数”。其设置过程如图 7.16 所示。

```
create trigger setoutdays on 员工考勤表
for insert,update,delete
as
update 员工考勤表 set 缺勤天数=30-全勤天数
```

图 7.16　设置触发器

设置完毕后，向在员工考勤表中添加一条新记录（'00001'，' '，'19'，''），会发现该记录能自动计算缺勤天数，如图 7.17 所示。

表 - dbo.员工考勤表 | CZIE-JEFF.D...LQuery1.sql* | 摘要

	编号	缺勤天数	全勤天数	加班天数
	1	11	19	NULL
▸*	NULL	NULL	NULL	NULL

图 7.17　添加记录后的结果

知识点

触发器

触发器的作用是强制执行业务规则。可以在单个数据表内部设置触发器，也可以在多个表之间设置触发器。

能力（知识）梳理

数据完整性是指数据的正确性和完备性。在用 INSERT、DELETE、UPDATE 语句修改数据库内容时，数据的完整性可能会遭到破坏。

典型的破坏数据完整性的情况有以下几种。

① 无效的数据被添加到数据库中。例如，某订单所指的产品不存在。

② 对数据库的修改不一致。例如，为某产品增加了一份订单，但却没有调整产品的库存信息。

③ 将存在的数据修改为无效的数据。例如，将某学生的班号修改为并不存在的班级。

因此，为了保证存放的数据的一致性和正确性，SQL Server 对数据库施加了一个或多个数据完整性约束。这些约束限制了数据库的数据值，限制了数据库修改所产生的数据值，或者限制了对数据库中某些值的修改。

在关系数据库中，主要有以下 3 类数据完整性。

1. 实体完整性

实体完整性主要指在设计和使用数据库的时候，必须保证表中所有的行唯一。也就是说，表中的主键在所有记录上必须取值唯一，与其他记录上的值不同。

例如，产品表中的产品编号取值唯一，标志了相应记录所代表的产品，重复的值是非法的，因为重复的产品编号将造成产品管理的混乱，不能将不同的产品区别开来。

再如，学生的姓名可能有重名，但是学生的学号必须唯一，否则无法区分姓名有重复的学生信息，导致后续管理的混乱。

2. 参照完整性

参照完整性一般涉及两个或两个以上表的数据的一致性维护。外键值将子表中包含此外键的记录和父表中包含的相匹配主键值的记录关联起来。

例如，在“长江家具”数据库中，有产品表和产品分类表，这两张表中都有一个记录产品分类的列，在产品表中，记录产品分类信息的列名为“产品分类”；在产品分类表中，记录产品分类信息的列名为“产品分类编号”。

3. 域完整性

域完整性即为某列有效值的集合，是对业务管理或是对数据库数据的限制，反映业务的规则。域完整性也叫做商业规则（business rule）。例如，在订单系统中，禁止接受库存中没有足够数量的产品订单。SQL Server 能够检查每个添加到订单表中的新记录，以确信特定列中的值不违反这个商业规则。又如，规定订单的最小金额不低于 200 元。

能力训练

1. 为入库单明细表添加一个约束，要求“产品数量”列的值必须大于 0。
2. 为银行账户表添加一个默认值，将银行名称默认为“工商银行”。

模块 8 编写批处理

专业岗位工作过程分析

任务背景

纯粹的单一 Transact-SQL 语句所起到的作用远小于 Transact-SQL 语句组合，因为实际业务的处理是复杂的、涉及诸多数据的联合动作，远非单个语句能够实现。因此，在数据查询时的多表联合查询非常重要，而针对多表关联的数据修改、更新和删除也非常重要。

到目前为止，已经清楚了 SELECT 语句、CREATE 语句等基本应用，但是在实际环境中的数据处理却远非单一语句能够实现的。在图 8.1 中的用户密码修改界面中，当用户单击“保存”链接后，所输入的用户名称、旧密码、新密码等信息将被传送到数据库服务器，数据库首先查询是否有该用户存在，如果没有则提示用户出错；如果用户存在，则判断所输入的旧密码是否正确，如果正确，则将旧密码修改为新密码，否则给出错误提示。

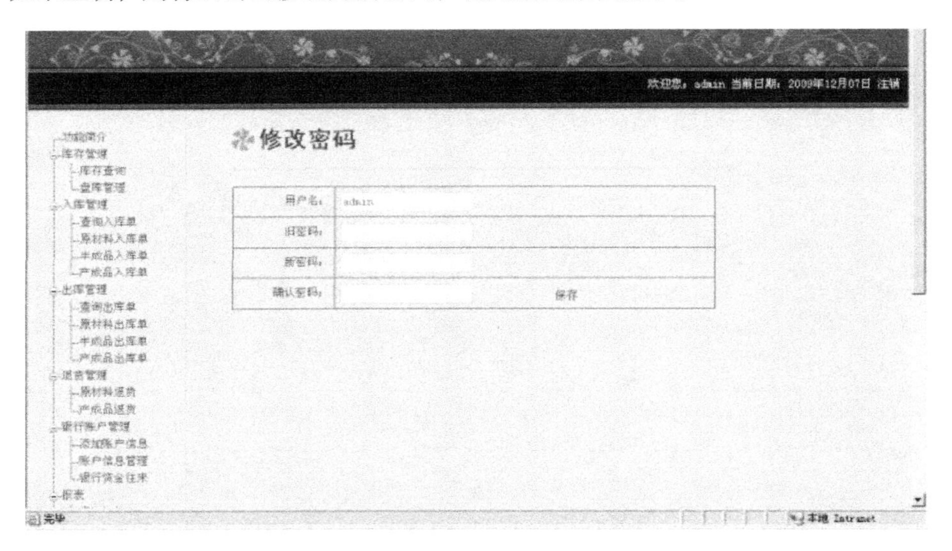

图 8.1　用户密码修改界面

因此，一个简单的用户操作，在数据库内部实际控制运行时是由多个 SQL 语句进行组合，并顺序执行的过程。这种组合方式可以是批处理、脚本、存储过程、触发器等多种不同模式。当然，各种应用模式之间又有些许差异，后续模块将分别讲述。

工作过程

王明需要对一个新的多环节业务需求进行数据库访问实现。通过分析该需求，同时梳理了关联数据表间的逻辑结构关系，他决定使用批处理方式来实现。

工作目标

终极目标

根据数据库所涉及的实际企业业务，设计并实施其批处理。

促成目标

1. 原材料入库批处理。
2. 用户密码修改批处理。

工作任务

1. 工作任务 8.1　原材料入库批处理。
2. 工作任务 8.2　用户密码修改批处理。

工作任务 8.1　原材料入库批处理

如图 8.2 所示，当设置好要入库的信息后，相关信息将首先记录到入库单表中，然后记录到入库明细表。

操作步骤：

1）单击工具栏上的“新建查询”按钮，或者选择“文件”|“新建”|“使用当前连接查询”命令，新建一个查询文件，如图 8.3 所示。

2）在查询文件窗口中输入如下语句。

```
use DODB  -- 选择要操作数据库
go

declare @StoreId char(50)-- 声明变量，存储"仓库编号"用

select @StoreId = 仓库编号 from 仓库表 --获取仓库编号
  where 仓库名称 = '01 仓库'
-- 插入"入库单"
insert into 入库单表(入库单编号，入库日期，入库单状态，经手人工号，审核人工号，备注，
  仓库编号，供应商名称，仓库管理员)
values('20090714000005', '2009-7-14', '入　库', 'admin', null, null, @
  StoreId, '中国金融(集团)常州售后服务部', 'admin')
-- 插入"入库明细"
insert into 入库单明细表(入库单编号，产品编号，产品数量，不合格数量，单价，摘要)
values('20090714000005', '0301', 1, 0, 0, null)

insert into 入库单明细表(入库单编号，产品编号，产品数量，不合格数量，单价，摘要)
```

```
values('20090714000005', '0302', 1, 0, 0, null)
go
```

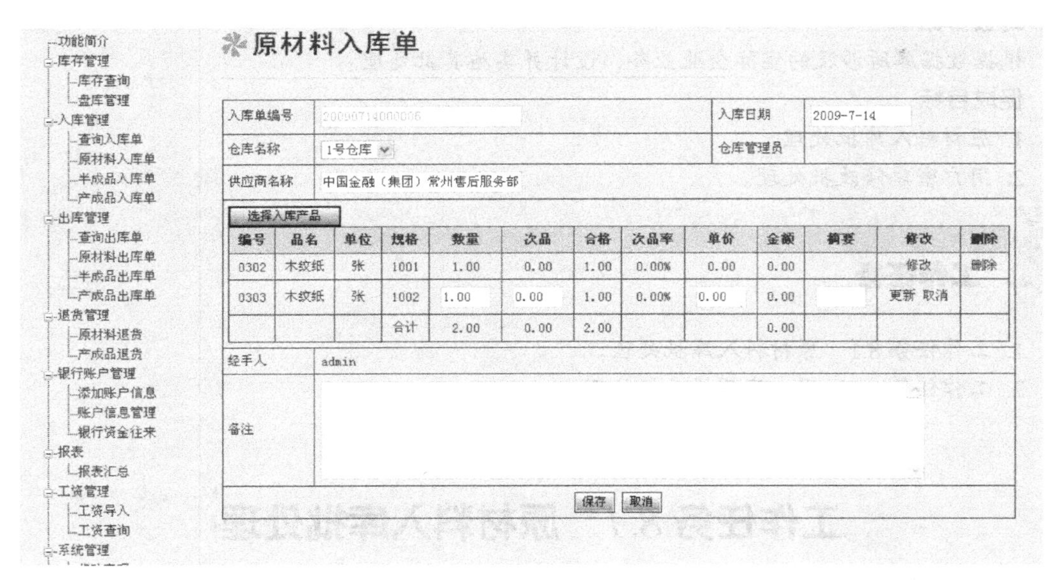

图 8.2 原材料入库

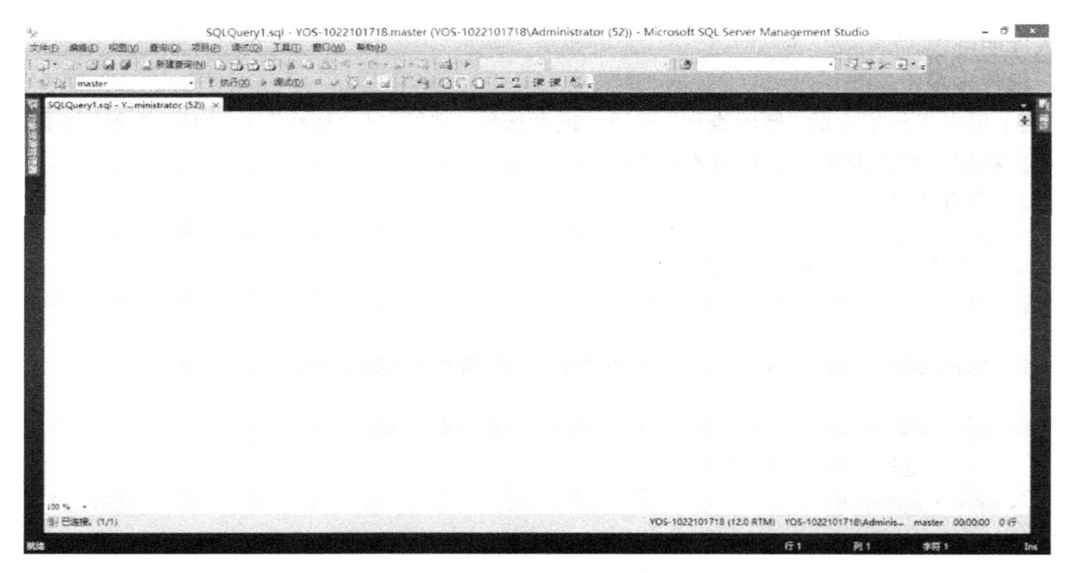

图 8.3 新建查询文件窗口

3）单击工具栏上的“√”按钮或选择“查询” | “分析”命令，或者按组合键 Ctrl+F5，分析输入语句，结果如图 8.4 所示。

4）单击工具栏上的“执行”按钮或选择“查询” | “执行”命令，或者按快捷键 F5，执行所输入的语句，结果如图 8.5 所示。

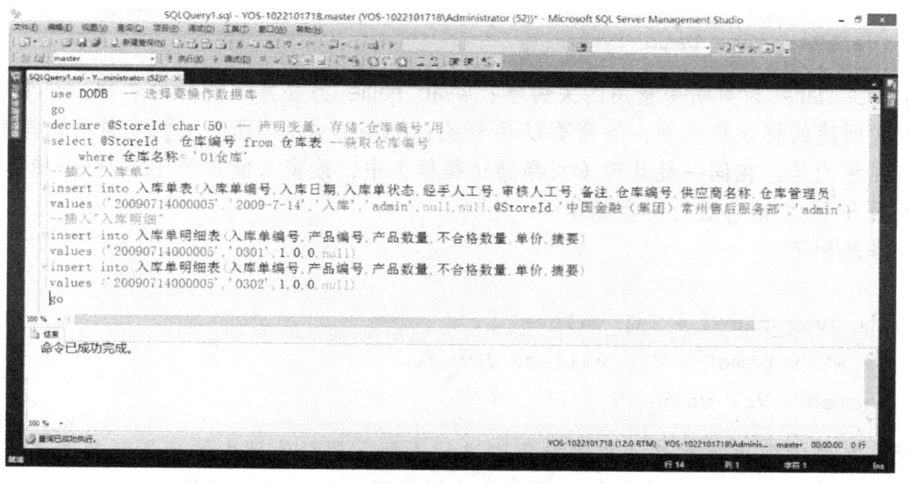

图 8.4　语法检查结果

```
use DODB  -- 选择要操作数据库
go
declare @StoreId char(50) -- 声明变量，存储"仓库编号"用
select @StoreId = 仓库编号 from 仓库表 --获取仓库编号
    where 仓库名称='01仓库'
--插入"入库单"
insert into 入库单表(入库单编号,入库日期,入库单状态,经手人工号,审核人工号,备注,仓库编号,供应商名称,仓库管理员)
values ('20090714000005','2009-7-14','入库','admin',null,null,@StoreId,'中国金融（集团）常州售后服务部','admin')
--插入"入库明细"
insert into 入库单明细表(入库单编号,产品编号,产品数量,不合格数量,单价,摘要)
values ('20090714000005','0301',1,0,0,null)
insert into 入库单明细表(入库单编号,产品编号,产品数量,不合格数量,单价,摘要)
values ('20090714000005','0302',1,0,0,null)
go

(1 行受影响)
(1 行受影响)
(1 行受影响)
```

图 8.5　批处理执行结果

知识点

Transact-SQL 编程基础

1. 批处理

批处理是包含一个或多个 Transact-SQL 语句的组，它将一次性地发送到 SQL Server 中执行。批处理利用 GO 语句通知 SQL Server 一批 Transact-SQL 语句的结束。

2. 局部变量

与其他高级编程语言相似，Transact-SQL 编程语言中的全局与局部变量也有区别。全局变量由服务器统一管理，局部变量可以由用户自由定义；局部变量的作用域是一个独立的批处理（或一个存储过程内部），而全局变量的作用域则可扩展到整个编程环境。

（1）声明变量

在使用局部变量前，必须要事先进行变量的声明。其基本语法如下。

```
Declare @Var_name Data_Type
```

其中，Declare 为声明变量用的关键字；@Var_name 为要声明变量的名称，该名称定义必须符合前文所述的标识符规则，且需要以 @ 开头；Data_Type 为所声明的变量的数据类型。

需要注意的是，在同一批处理（或存储过程等）中，最多只能声明 10 000 个局部变量。

（2）用 Select 语句进行变量赋值

基本语法如下。

```
Select  @Var_name1 = Var_values1 [,
        @Var_name2 = Var_values2 , ……..
@Var_nameN = Var_valuesN ]
```

有时，变量赋值也可在普通查询操作中进行（如上面批处理中的变量赋值情况）。此处需要说明的是，在针对 Select 结果集进行赋值的情况下，如果返回的结果集是多条记录，则实际赋值的仅仅为返回集中的最后一条记录中对应的数据值，而该最后一条记录的定位与 Select 查询所涉及的索引有关。

（3）用 Set 语句进行变量赋值

自 SQL Server 8.0 以来，Set 语句赋值被用在了局部变量上，该语法被认为是变量赋值最好的操作模式。其基本格式如下。

```
Set @Var_name = Var_values
```

与 Select 赋值语句的不同之处在于，Set 语句不支持“一条语句赋多个值”的情况，当需要给多个变量赋值时，就要使用多条 Set 语句。

（4）显示变量的值

变量的值可以通过 Select 语句或 Print 语句显示给用户。其基本格式如下。

```
Select @Var_name
```

或

```
Print  @Var_name
```

另外，变量值也可以直接在 Select 查询结果集合中被显示给用户，如：

```
Declare @StoreId = '01'
Select @StoreId '仓库编号', 入库单编号, 入库单状态 from 入库单表
Where 入库单编号 = '20090714000005'
```

3. 全局变量

全局变量是服务器负责维护、保存并传递服务器或当前用户会话特有的信息，其应用范围可以是任意地方，不受批处理、存储过程等的影响。

全局变量名称前必须使用 @@，变量不需要声明，属于系统自定义。

工作任务 8.2　用户密码修改批处理

现在需对用户 admin 的密码更新，前台客户端提交过来的信息有用户名称、用户旧密码、用户新密码，要求验证提交的信息是否正确，从而判断修改内容的权限是否真实，最后做出修改动作。

操作步骤：

1）单击工具栏上的“新建查询”按钮或选择“文件”｜“新建”｜“使用当前连接查询”命令，新建一个查询文件。在查询文件窗格中输入如下语句。

```
Use DODB
Go

Declare @usr varchar(50),
    @old_pwd varchar(500),
    @new_pwd varchar(500)
Declare @res_string varchar(20)

Select @usr = 'admin',
    @old_pwd = 'admin' ,
    @new_pwd = 'adm'

If Exists(Select * from sys用户表 where 用户名 = @usr)
    If Exists(Select * From sys用户表 where 用户名 = @usr And 密码 = @
      old_pwd)
     Begin
       Update sys用户表 Set 密码 = @new_pwd where 用户名 = @usr
       Set @res_string = '修改成功'
     End
    Else
       Select @res_string = '旧密码错'
Else
  Select @res_string = '无该用户'

Print @res_string

Go
```

2）单击工具栏上的“√”按钮或选择“查询”｜“分析”命令，或者按组合键 Ctrl+F5，分析输入的语句，结果如图 8.6 所示。

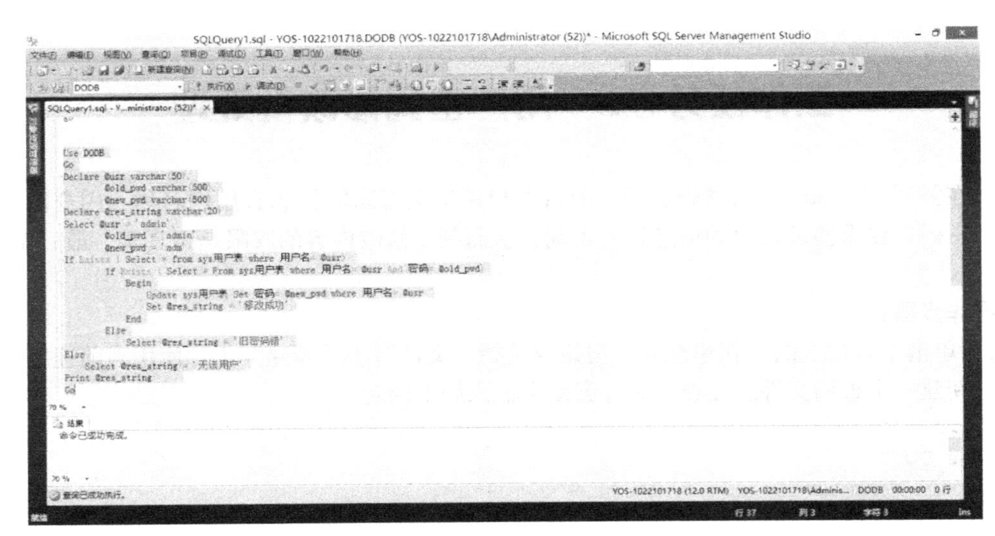

图 8.6　语法检查结果

3）单击工具栏上的“执行”按钮或选择“查询” | “执行”命令，或者按快捷键 F5，执行所输入的语句，其结果如图 8.7 所示。

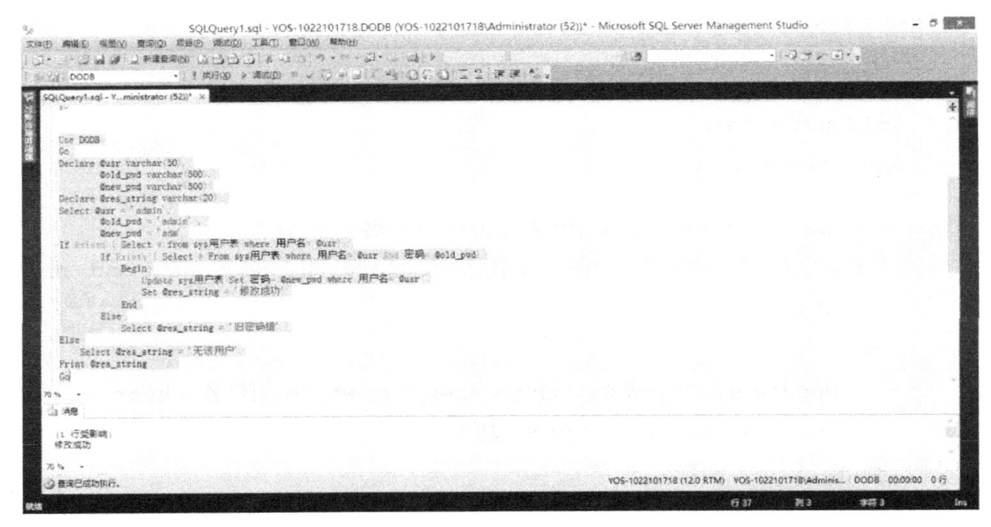

图 8.7　批处理执行结果

知识点

流程控制语句

1. Begin... End 语句块

在程序设计过程中，Begin...End 需要成对出现，包含在其间的多条（或一条）Transact-SQL 语句组合在一起，共同构成一个逻辑单元块，完成多个连续动作的执行。

其基本应用格式如下。

```
Begin
    Transact-SQL statements
End
```

2. If 语句

If 语句主要实现选择结构功能。其基本语法格式如下。

```
If boolean_expression
    { sql_statement|sql_statement_block}
else
    { sql_statement|sql_statement_block}
```

该结构的基本功能是：如果逻辑表达式 boolean_expression 成立，则执行第 1 行（紧跟 If 后面的）sql_statement（或 sql_statement_block）语句；否则，执行后继的第 2 个（紧跟 else 后面的）sql_statement（或 sql_statement_block）语句。

结构中如果用到 sql_statement_block 语句块，则要用上述的 Begin … End 语句块进行定义。

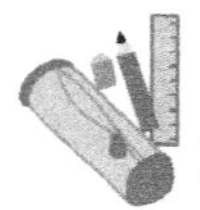

能力（知识）梳理

Transact-SQL 语句中的流程控制除上述各语句外，还涉及其他多种不同的控制方式，现分别介绍如下。

1. While 语句

While 语句用于循环控制功能。其基本语法格式如下。

```
While boolean_expression
    { sql_statement|sql_statement_block}
    [Break]
    { sql_statement|sql_statement_block}
    [Continue]
```

当逻辑表达式 boolean_expression 为真时，服务器会执行一个或多个 Transact-SQL 语句，语句执行过程可以通过 Break 和 Continue 语句来控制。当服务器遇到 Break 语句时，会中断循环，并跳出循环体，执行 While 结构体以后的语句；当服务器遇到 Continue 语句时，会忽略 While 结构体内 Continue 之后的语句，直接返回到结构体中的第 1 条语句执行，并重新开始循环。

2. Goto 语句

Goto 语句主要用于实现无条件转移。其基本语法格式如下。

```
Goto label
```

当服务器遇到 Goto 语句后，立即转向 label 标号所指示的位置。label 必须在同一个存储过

程或批处理中定义。其定义格式如下。

```
label : sql_statement
```

3. Return 语句

该语句实现无条件退出批命令、存储过程或触发器。Return 语句可以返回一个整数给调用它的过程或应用程序，如果未提供用户定义的返回值，则使用 SQL Server 系统的定义值。用户定义的返回状态值不能与 SQL Server 系统的保留值相冲突。其基本语法格式如下。

```
Return [整数表达式]
```

4. WaitFor 语句

该语句允许开发人员指定后继的 Transact-SQL 在何时或多少时间间隔后执行。其基本语法格式如下。

```
WaitFor { Delay ' time '|Time ' time ' }
```

结构中的 Delay 关键字用于指示服务器等待的时间长度，Time 关键字用于告诉服务器具体的时间点。

5. Case 表达式

前面提及的 If 语句主要用于单一表达式判断，当一个表达式有多种不同取值需要判断时，需要用多个 If 语句，从而带来书写上的麻烦，而 Case 语句刚好解决这种问题。其基本语法结构如下。

```
Case expression
    When  when_expression Then result_expression
    […… n]
End
```

服务器首先会将表达式 expression 与 when_expression 比较，如果相同，则整个 Case 结构的结果将取 result_expression。

批处理由多条 Transact-SQL 语句组合而成，由 Go 语句表示进行批处理语句的结束标识。通常情况下，在同一批处理中，语句的执行按顺序自上而下地逐一执行，特殊需求下，可以通过相关流程控制语句进行 Transact-SQL 语句的流转控制。

能力训练

1. “在线书店”管理系统中有如图 8.8 所示的权限管理功能模块。请设计相关批处理，实现对“客户”角色权限的查询与修改。

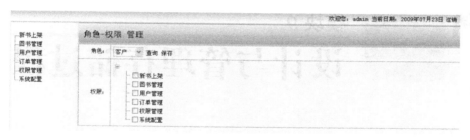

图 8.8 角色权限管理

2. 图 8.9 所示为“在线书店”管理系统中的用户登录界面。请设计相关批处理，实现用户登录判断（已知正确用户名与密码均为 admin），并返回判断结果。

图 8.9 用户登录界面

模块 9

设计与管理存储过程

专业岗位工作过程分析

任务背景

批处理与脚本技术极大增强了数据处理的能力与实用性。但是，该处理手段却给高级语言的程序开发带来了诸多困扰。问题首先体现在批处理不能被其他高级语言来调用，即从外部无法支配相应的数据处理操作；脚本虽然是外部文件，可以被调用，然而脚本内容却是静态的，无法根据外部环境的变化来选择适宜的处理操作，例如，模块 8 中提到的“用户密码修改”功能，传递到数据库服务器来需要修改的用户信息是未知的、动态的，而脚本却没有办法实现这一动态的改变。

当然，高级语言可以直接通过向数据库服务器发送单一的 SQL 语句，来实现自己的操作目标。例如，先发出查询用户是否是正确 SQL 语句，服务器收到查询请求后执行该 SQL 语句，并将查询结果返回给用户，然后用户再发送验证旧密码查询，等服务器返回信息后，用户再发送修改新密码的 SQL 操作。如此在客户端与服务器间来回往返多次，仅仅是实现了一个修改密码操作，占用了大量的网络传输时间与网络带宽，同时，大量的数据库信息直接在用户端出现，也给系统的安全带来诸多不便，因此需要引入存储过程这种技术手段来优化复杂数据操作的处理方式。

工作过程

某天，王明接到主管张林的电话，张林让他编写一个通用的业务查询功能模块，便于另外一个开发团队调用。由于开发团队对王明所负责项目的数据库结构不是特别熟悉，所以需要王明的协助。

王明仔细分析了开发团队的需求，涉及多张数据表的查询和更新，由于原先批处理的实现方式不能够被异构系统调用，因此王明用存储过程来实现该功能的封装。

工作目标

终极目标

图 8.1 所示实现了对用户 admin 的密码进行更新。其中，前台客户端调用数据库服务器的存储过程 sp_update_pwd，同时提交用户动态选择的信息——用户名称、用户旧密码、用户新密码，要求数据库服务器验证提交的信息是否正确，如果正确则执行密码修改操作，否则需要向客户端程序返回错误标识 −1。

促成目标

1. 完成存储过程的创建与执行。
2. 完成存储过程的管理。

工作任务

1. 工作任务 9.1　创建与执行存储过程。
2. 工作任务 9.2　管理存储过程。

工作任务 9.1　创建与执行存储过程

9.1.1　创建密码修改存储过程

操作步骤：

1）单击工具栏上的“新建查询”按钮或选择“文件”｜“新建”｜“使用当前连接查询”命令，新建一个查询文件。在查询文件窗格中输入如下语句。

```
Use DODB
Go

Create Proc sp_update_pwd
   @usr varchar(50),               --输入变量：接收用户名
   @old_pwd varchar(500),          --输入变量：接收用户旧密码
   @new_pwd varchar(500),          --输入变量：接收用户新密码
   @res   int Output
--输出变量：输出处理结果标志；0——成功；-1——用户名错；-2——旧密码错；
As
If Exists(Select * from sys用户表 where 用户名 = @usr)
     If Exists(Select * From sys用户表 where 用户名=@usrAnd密码=@old_pwd)
        Begin
            Update sys用户表 Set 密码 = @new_pwd where 用户名 = @usr
            Set @res = 0
        End
     Else
        Select @res = -2
Else
   Select @res = -1

Return @res

Go
```

2）单击工具栏上的“√”按钮或选择“查询”｜“分析”命令，或者按组合键 Ctrl+F5，分析输入语句，结果如图 9.1 所示。

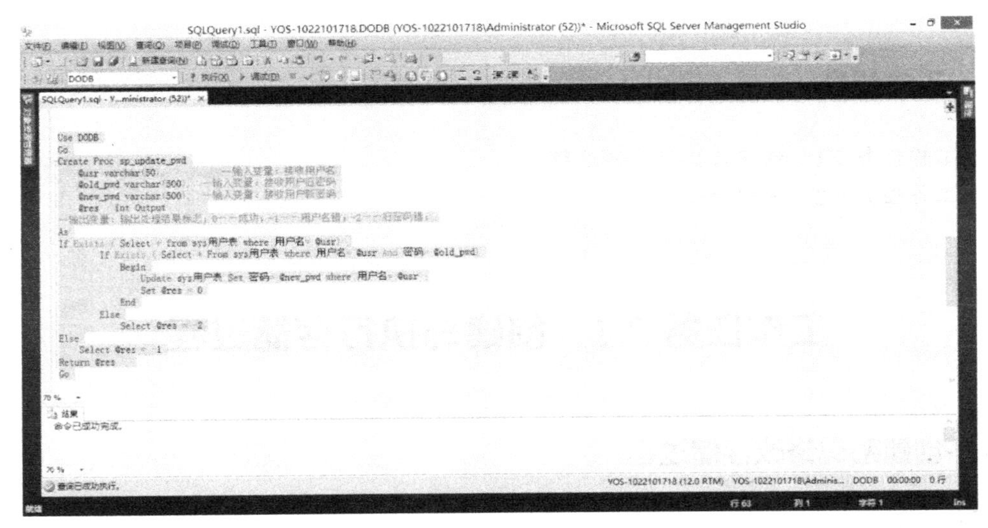

图 9.1　语法检查结果

3）单击工具栏上的“执行”按钮或选择“查询” | “执行”命令，或者按快捷键 F5，执行所输入语句，创建了存储过程 sp_update_pwd，如图 9.2 所示。在“对象资源管理器”中 DODB 数据库的“可编程性”下的“存储过程”列表中可看到，增加了 sp_update_pwd，如图 9.3 所示。

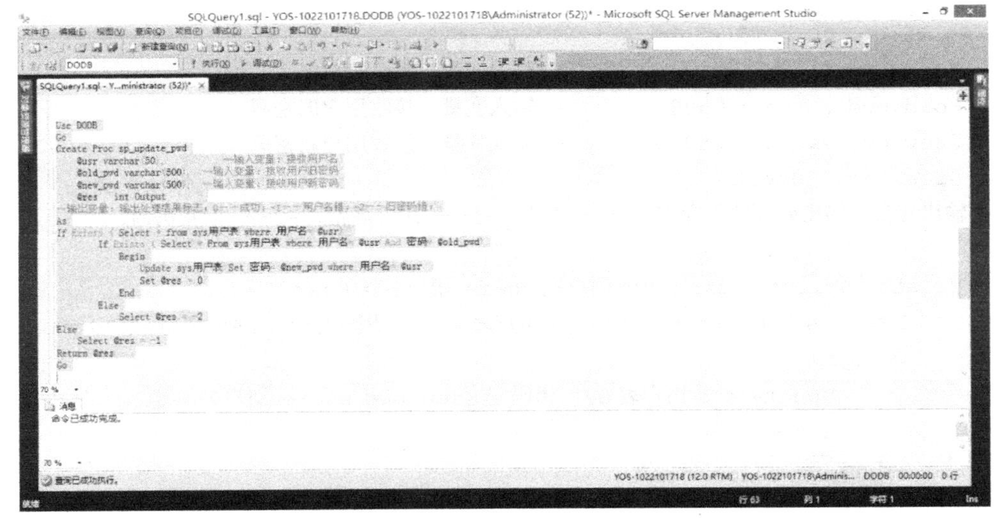

图 9.2　存储过程创建完成

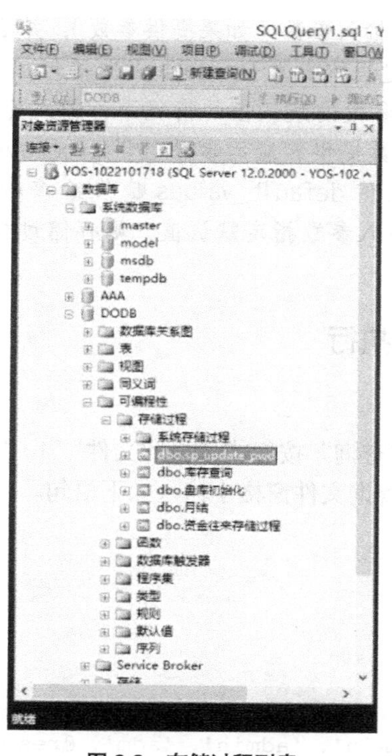

图 9.3 存储过程列表

知识点

创建存储过程

存储过程的基本语法如下。

```
Create {Proc|Procedure} procedure_name
    [{ @parameter_name data_type }[= default_values][Output]][,… n]
    As
    sql_statement
    [… n]
```

存储过程由“头”和“体”两部分构成。

① 头。定义存储过程的名称、输入参数、输出参数、默认值情况等。该部分内容是存储过程与其他调用该存储过程的函数、存储过程等的接口部分。

② 体。包含将在运行时执行的一个或多个 Transact-SQL 语句。

上述结构中，输入/输出参数为可选内容，但如果声明为输出参数，则参数后必须跟有关键字 Output 指明，缺少该关键字的参数，系统将全部作为输入参数处理。

关键字 As 之后紧跟的是 Transact-SQL 语句组合，相关用法与前面所述的批处理或脚本相同。在存储过程体设计中，可以直接应用存储过程头中声明的相关参数，但仅能对输出参数内容进行相关修改。

当其他存储过程或程序函数调用该存储过程 procedure_name 时，该存储过程 procedure_

name 将从调用者处获得相应的输入参数（如果提供参数），并依次赋值给存储过程头中声明的输入变量，然后依次执行存储过程体中的 Transact-SQL 语句。

需要说明的是，在声明了参数的默认值的情况下，输入变量将首先尝试从调用者处获得参数值。如果调用者未对该参数提供相应的参数值供 procedure_name 使用，则 procedure_name 将利用头声明中的默认值 default_values 赋值给该输入参数。这种情况下，如果 procedure_name 中未给某一输入参数指定默认值，则存储过程 procedure_name 在调用过程中会报错。

9.1.2 密码修改存储过程执行

操作步骤：

1）单击工具栏上的“新建查询”按钮或选择“文件”｜“新建”｜“使用当前连接查询”命令，新建一个查询文件。在查询文件窗格中输入如下语句。

```
Use DODB
Go

Declare @res int ,
      @str char(20)
Exec sp_update_pwd 'admin', 'admin', 'adm', @res output

If  @res = 0
    Set @str = '修改成功'
Else
    if @res = -2
      Set @str = '密码错'
    Else
      Set @str = '用户名错'

Select @str

Go
```

2）单击工具栏上的“√”按钮或选择“查询”｜“分析”命令，或者按组合键 Ctrl+F5，分析输入的语句，结果如图 9.4 所示。

3）单击工具栏上的“执行”按钮或选择“查询”｜“执行”命令，或者按快捷键 F5，执行输入的语句，结果如图 9.5 所示。

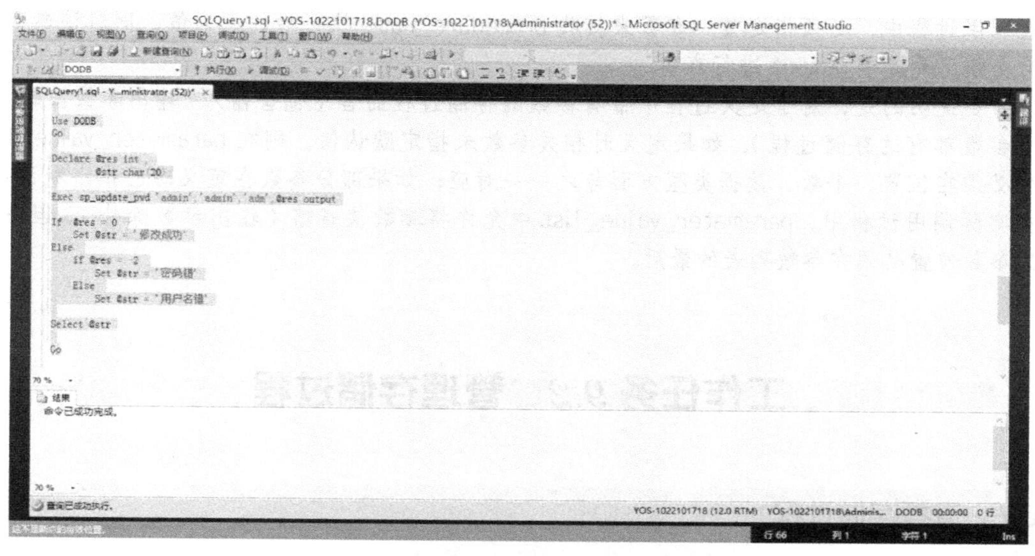

图 9.4　执行密码修改存储过程语法检查结果

SQLQuery1.sql - YOS-1022101718.DODB (YOS-1022101718\Administrator (52))* - Microsoft SQL Server Management Studio

```
Use DODB
Go

Declare @res int ,
        @str char(20)

Exec sp_update_pwd 'admin','admin','adm',@res output

If @res = 0
   Set @str = '修改成功'
Else
   If @res = -2
      Set @str = '密码错'
   Else
      Set @str = '用户名错'

Select @str

Go
```

	(无列名)
1	修改成功

查询已成功执行。

图 9.5　存储过程执行结果

知识点

执行存储过程

执行存储过程的基本语法如下。

```
{ Exec|Execute } procedure_name [parameter_value_list][Output]
```

如果被调用存储过程 procedure_name 在定义时有参数，则调用过程中必须给出相应的输入参数值，该值的后面不能附带 Output 关键字。如果 procedure_name 在定义时有输出参数，则在调用过程中，必须指定某一参数来接收 procedure_name 执行后的返回值，同时该参数名称后必须用关键字 Output 进行声明。

需要说明的是，对于定义过程中带有参数的存储过程而言（包含输入/输出参数或输入/输出参数都有的存储过程），如果定义时相关参数未指定默认值，则在 parameter_value_list 部分必须在位置、个数、数据类型方面与之一一对应；如果部分参数在定义时已指定默认值，则在实际调用过程中，parameter_value_list 中允许将参数值省略（输出参数除外），但被省略的参数位置必须在参数列表的最后。

工作任务 9.2 管理存储过程

9.2.1 查看存储过程

1. 在 Microsoft SQL Server Management Studio 中查看

操作步骤：

1）打开 Microsoft SQL Server Management Studio，在“对象资源管理器”中，展开“数据库”|DODB|“可编程性”|“存储过程”命令，如图 9.6 所示。

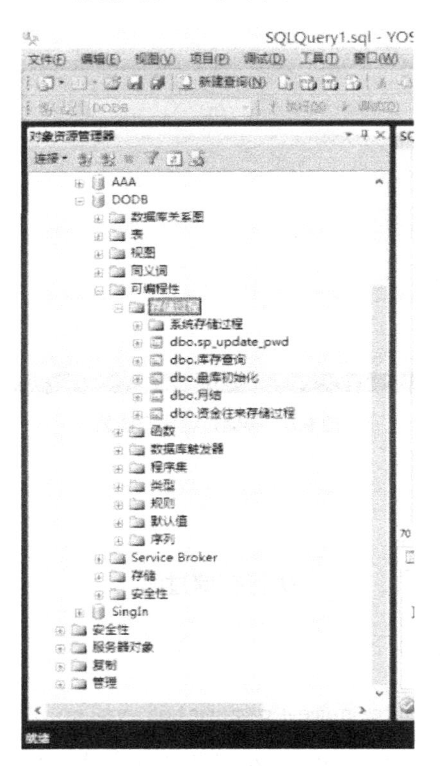

图 9.6 查看存储过程

2）如图 9.7 所示，选中需要查看的存储过程 sp_update_pwd 后右击，在弹出的快捷菜单中

选择“修改”命令，则相应的代码会直接在查询窗格中显示。

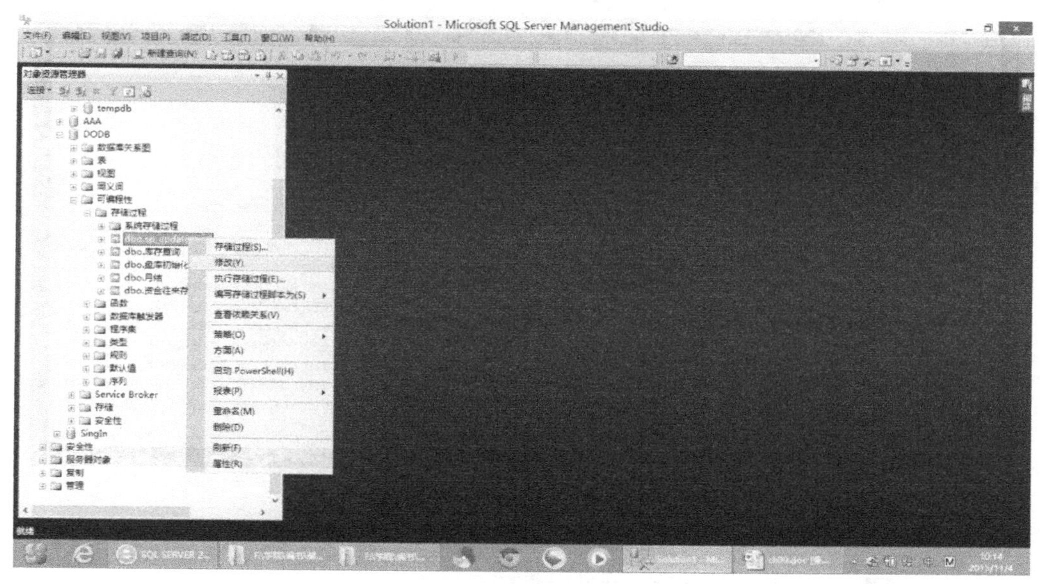

图 9.7　浏览存储过程代码

说明： 如果存储过程在定义时采用加密控制，则无法浏览到具体的代码。

2. 用 Query 查询模式查看

操作步骤：

1）在查询模式下单击“新建查询”按钮，建立一个新的查询窗格。

2）在窗格中输入如下内容。

```
Use DODB
Go

select * from sys.objects
where type = 'p'
Go
```

3）单击工具栏上的“执行”按钮，查看数据库中所有自定义存储过程的名称，其结果如图 9.8 所示。

4）新建一个查询窗格，输入如下语句。

```
Use DODB
Go

exec sp_helptext 'sp_update_pwd'
go
```

5）单击工具栏上的“执行”按钮，查看 sp_update_pwd 存储过程代码。结果如图 9.9 所示。

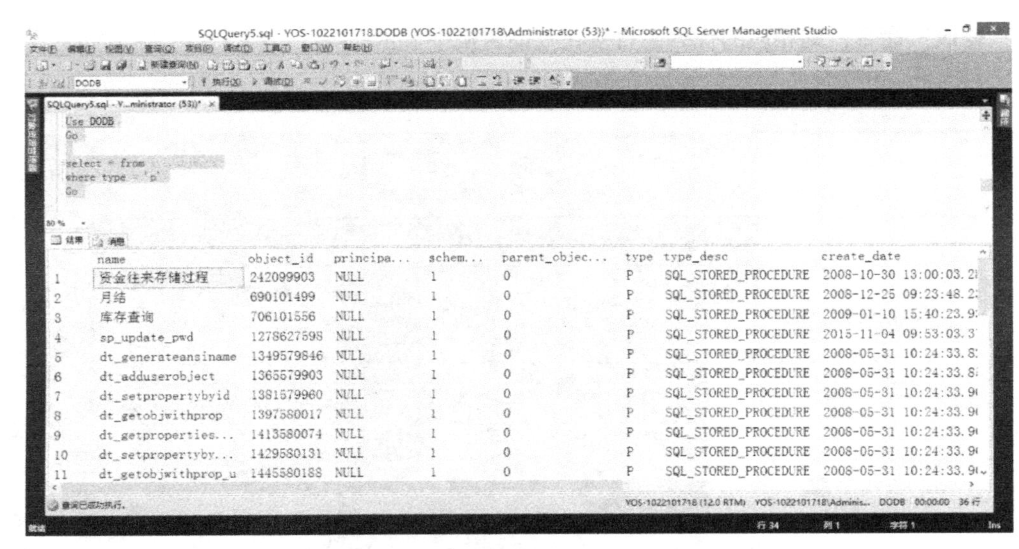

图 9.8 查询用户自定义存储过程

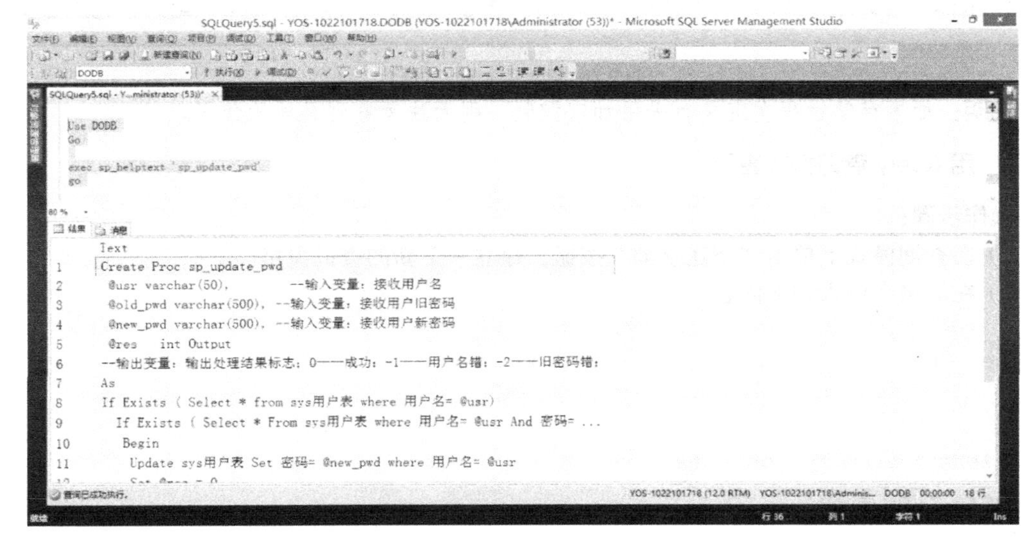

图 9.9 查询模式下浏览存储过程代码

知识点

系统存储过程

1. 在 SQL Server 早期版本中，数据库对象列表存储在 dbo.sysobjects 中。从 SQL Server 2014 开始，该系统表用两个新的系统视图代替——sys.sysobjects 和 sys.objects。不同的对象分别由其中的 Type 字段来彼此区分。

2. sp_helptext 存储过程为系统存储过程，主要实现对存储过程代码的浏览。该存储过程必须提供一个输入参数作为被浏览的对象。

9.2.2 修改存储过程

密码修改功能中有关返回信息很详细，现在客户端只需要返回是否修改成功，如果成功返回 0，否则返回 -1。在这种情况下，要重新修改原建立的存储过程。

操作步骤：

1）在“对象资源管理器”中选中 sp_update_pwd 这个要修改的存储过程，右击并在弹出的快捷菜单中选择“修改”命令，此时修改的代码将显示在右侧的查询窗格中，如图 9.10 所示。

图 9.10 修改 sp_update_pwd 存储过程

2）将存储过程定义体的内容替换为如下代码。

```
If Exists (Select * From sys用户表 where 用户名 = @usr And 密码 = @old_pwd)
    Begin
        Update sys用户表 Set 密码 = @new_pwd where 用户名 = @usr
        Set @res = 0
    End
Else
    Select @res = -1

Return @res
```

3）单击工具栏上的“执行”按钮，结果如图 9.11 所示。

说明： 也可以不从导航中导入代码，但需要新建查询窗口，并手工输入图 9.11 所示的代码，然后执行查询操作，从而完成存储过程的修改。

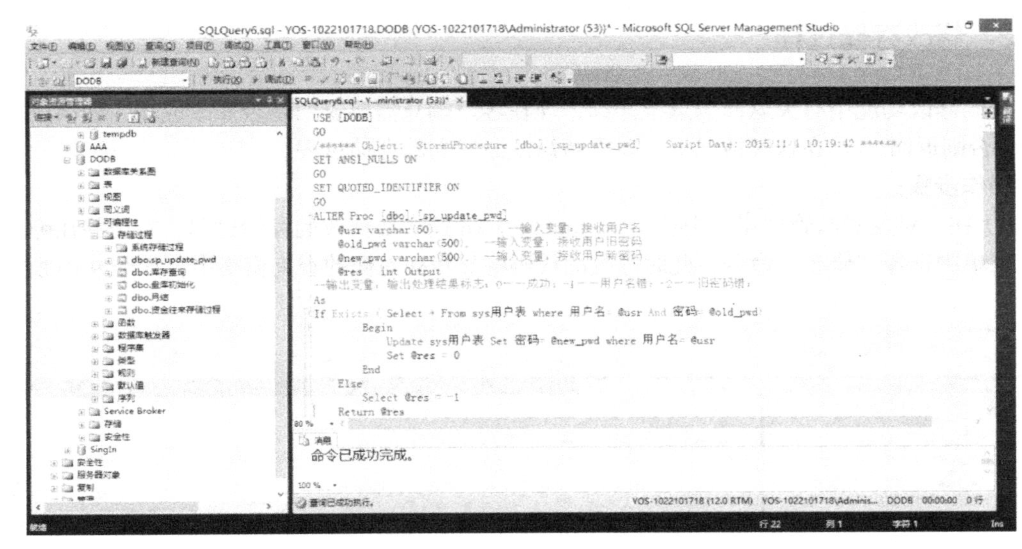

图 9.11 修改存储过程

知识点

修改存储过程

存储过程的修改采用 Alter Proc 语句来实现，其基本语法规则与 Create Proc 语法规则相同。两者之间的区别主要如下。

① Alter Proc 的主要目标是修改现存的存储过程，而 Create Proc 则是建立新的存储过程。

② Alter Proc 保留了已经建立的存储过程的所有权限，并在系统对象中保留了相同的对象 ID 及其各对象之间的依赖关系。

③ Alter Proc 的功能等同于先将存储过程删除掉，然后重新用 Create Proc 建立一个新的存储过程。但是新建立的存储过程中必须建立新的用户权限及其依赖。

9.2.3 删除存储过程

当然，上述修改策略也可以修正为“先删除后创建”的模式来实现。也就是说，首先将原来的存储过程删除掉，然后重新按照前文所述创建一个新的、符合最新需求的存储过程并执行。

具体删除存储过程的方法非常简单，只需在查询窗口中输入以下语句并执行即可。

```
Use DODB
Go
Drop Proc sp_update_pwd
Go
```

知识点

存储过程的删除

删除存储过程的基本语法格式如下。

```
Drop { Proc|Procedure } procedure_name
```

该语句相对简单，删除动作类似于前面介绍的 Drop Table 或 Drop Database 等语句。需要注意的是，当执行 Drop Proc 语句后，存储过程中原来的权限及依赖关系等会全部被删除。

9.2.4　修改存储过程名称

对存储过程名称的修改可以在 Microsoft SQL Server Management Studio 中进行，也可以在查询中进行。

1. 在 Microsoft SQL Server Management Studio 中修改存储过程名称

如图 9.12 所示，选中要修改的对象后右击，在弹出的快捷菜单中选择“重命名”命令，被选中的内容变成如图 9.13 所示的可修改状态。

然后，直接在文本框中输入新的名称 sp_new_update_pwd，再单击其他处或直接按回车键，即实现了对名称的修改。修改后状态如图 9.14 所示。

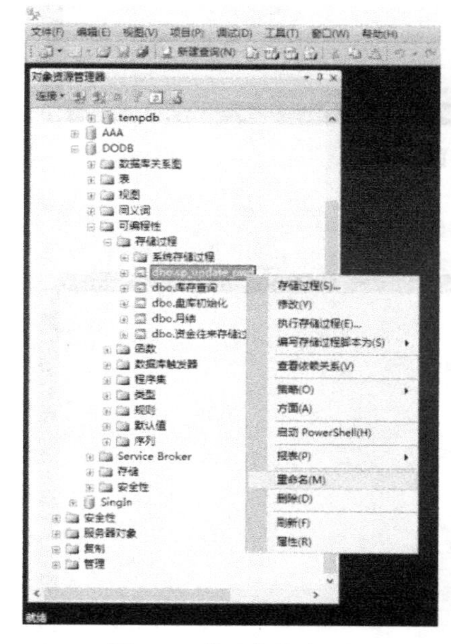

图 9.12　修改存储过程名称

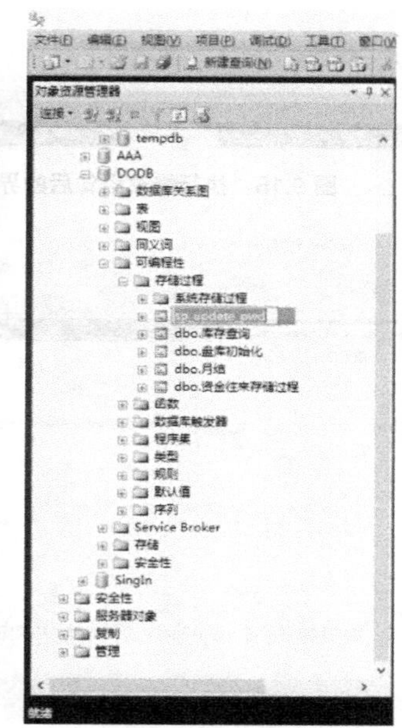

图 9.13　可修改存储过程名状态

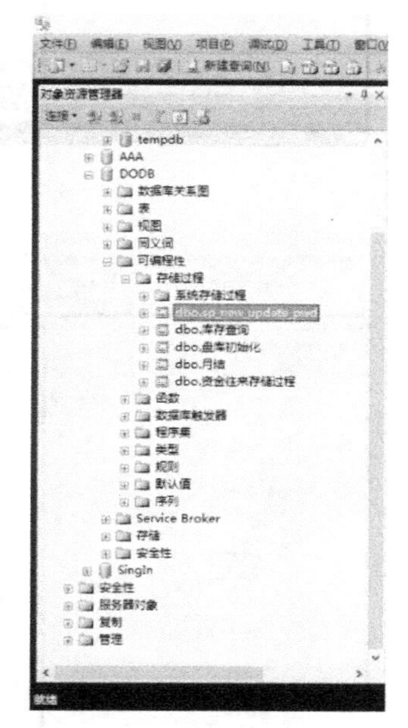

图 9.14　修改存储过程名后

2. 在查询窗口中修改

新建查询窗口后，输入如下语句。

```
Use DODB
Go

Exec sp_rename sp_new_update_pwd , sp_update_pwd
Go
```

执行后的界面如图 9.15 所示。

由图 9.15 可见，执行后，在左侧的“对象资源管理器”窗格中并未正常显示新的修改后的名称。此时，可以右击该存储过程，在弹出的快捷菜单中选择“刷新”命令，结果如图 9.16 所示。

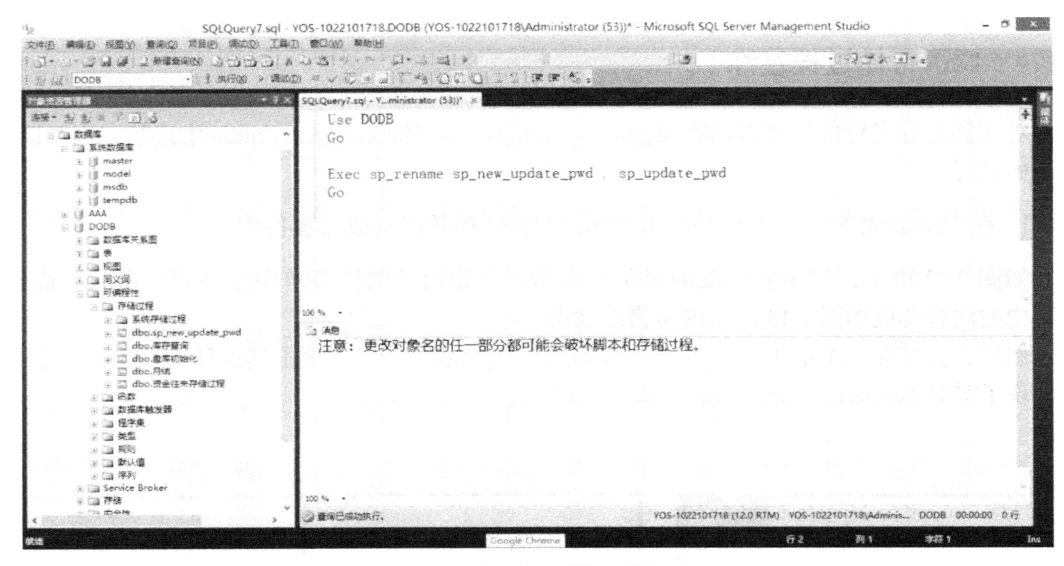

图 9.15 执行修改语句后的界面

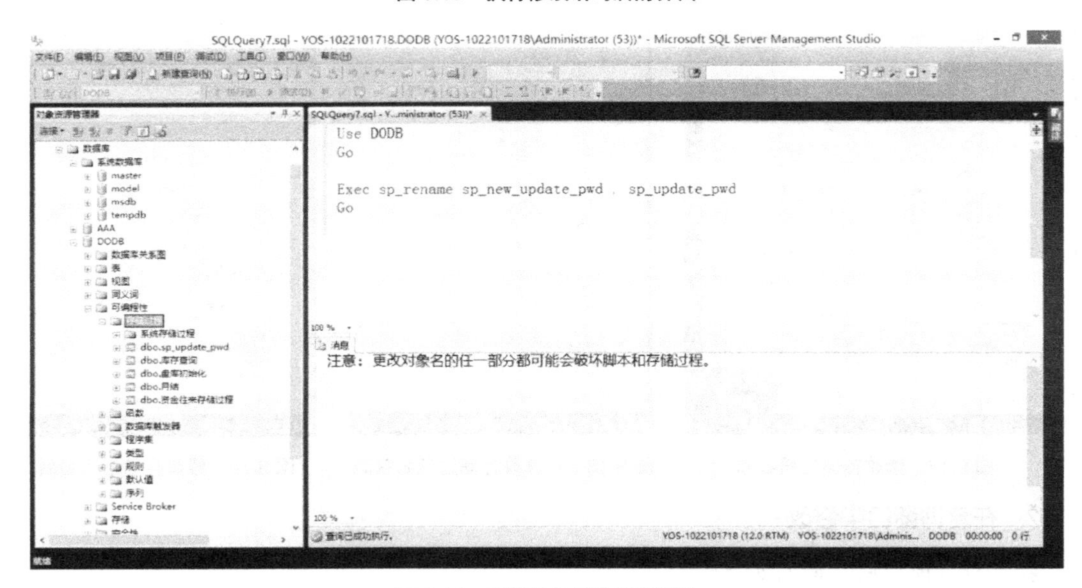

图 9.16 刷新显示修改后的结果

知识点

sp_rename 语句

用 Transact-SQL 语句修改名称时，主要依赖于系统存储过程 sp_rename 进行。其基本语法格式如下。

```
Exec sp_rename 'old_procedure_name' , 'new_procedure_name'
```

该语句附带两个输入参数：前者表示旧名称（要修改的对象），后者表示修改后的名称。

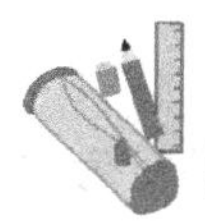

能力（知识）拓展

1. 存储过程分类

存储过程有许多种类型：用户自定义存储过程、系统存储过程、扩展存储过程、临时存储过程、远程存储过程等。

用户自定义存储过程是无格式的，由管理员或开发人员建立，以便后期能使用的存储过程。而系统存储过程与之有明显区别，是由数据库系统本身建立，并存在于系统数据库 master 和 msdb 中，通常以 sp_ 的前缀开头，并可以在任何数据库中应用。例如，前面涉及的 sp_rename 等。

扩展存储过程提供从 SQL Server 到外部程序的接口，以便进行各种维护活动。例如，xp_cmdshell 存储过程可以执行 SQL Server 外部的可执行指令。

```
Exec xp_cmdshell  'dir c：\*.txt'
```

远程存储过程其实是存储在远程服务器上的用户自定义存储过程，其用法与本地存储过程类似。

2. 自定义存储过程的创建和执行

（1）创建

存储过程的基本语法如下。

```
Create { Proc|Procedure } procedure_name
   [{ @parameter_name data_type }[= default_values ][Output]][, … n]
As
    sql_statement
          [… n]
```

（2）执行

执行存储过程的基本语法如下。

```
{ Exec|Execute } procedure_name [parameter_value_list][Output]
```

3. 存储过程在软件开发中的作用

存储过程在数据库应用程序开发中有以下几项优点。

（1）增强数据完整性

每个 DBA 最重要的任务是维护自己所管理的数据库的数据完整性。存储过程是实现数据标准化，实现数据有效性和复杂约束的理想工具。

（2）复杂业务规则和约束的一致实现

Transact-SQL 存储过程足够强大，甚至可以实现最复杂的业务规则，因为它可以将过程化和面向集合的语句结合在一起。太复杂而难以用其他约束实现的一切内容，以及不仅仅是面向集合的而且也是过程化的内容，都可以用存储过程的形式实现。

（3）模块化设计

存储过程允许开发人员封装业务功能，向调用者提供一个简单的接口。存储过程的行为类似于黑盒子，调用者不需要知道其内部结构与实现方法，只要知道它能做什么，需要哪些输入，产生哪些输出就行。从开发的角度而言，这大大减少了设计过程的复杂性。

（4）可维护性

系统设计是一个循环过程。每个系统都需要评审、修改与完善。通过隐藏存储过程背后的数据库结构细节，可以减少甚至有希望消除在修改数据库结构时修改系统其他组件的需要。

另外，存储过程是在服务器端实现的，所以可以集中进行维护。如果在应用程序的客户端实现业务逻辑，则修改起来会增加非常多的麻烦与困扰。

（5）降低网络通信量

文件 – 服务器体系结构的一个主要缺点是网络通信量高，这是因为整个文件都要通过网络来传输。如果客户 / 服务器系统设计良好，客户端就可以仅仅接收它需要的信息，从而极大降低网络通信量。而客户端实现业务逻辑的模式，则会降低业务数据的来回传输量。

（6）较高的执行效率

存储过程在查询方面的性能优点非常明显，它以编译过的形式存储在服务器端，所以当需要使用时，服务器不必每次都去分析和编译。

（7）较强的安全性

存储过程的应用模式，避免了用户直接对数据表的操作，使得他们只能使用存储过程执行特定函数，从而增加了对表信息的保护。

存储过程自身的优点决定了其应用的广泛性。目前，存储过程设计技术已经成为文件 – 服务器体系结构模式下开发的典型技术之一。

存储过程由“头”和“体”两个部分组成，允许与其他存储过程、外部调用主体进行通信，其通信的接口主要是存储过程头中声明的输入、输出参数。在存储过程的调用过程中，需要注意的是参数的匹配性，包含参数的格式、个数、类型、顺序及其标识，以及调用有默认值参数的存储过程时的部分参数省略的情况。

能力训练

1. 图 9.17 为“在线书店”管理系统中的用户登录界面，请设计相关存储过程，实现用户

登录判断（已知正确用户名与密码均为 admin），并返回判断结果。

图 9.17　系统登录客户端界面

2. 实现图 9.18 中的“新书上架”功能的存储过程设计。

欢迎您：admin 当前日期：2009年07月23日 注销

新书上架
图书管理
用户管理
订单管理
权限管理
系统配置

新书上架

书名：
作者：
出版社：
ISBN：
单价：
图片：　浏览...
分类：计算机类
保存

图 9.18　新书上架功能客户端界面

模块 10 设计用户定义数据类型与用户定义函数

专业岗位工作过程分析

任务背景

用户在使用数据库系统管理业务数据的过程中，除了使用系统提供的数据类型外，还经常需要使用一些具备符合特定自定义规则的数据类型和处理过程，从而提高后续使用过程中程序的运行效率和稳定性。

工作过程

某天，王明接到用户在使用系统时的反馈，说他们想在输入框中输入汉语拼音而非汉字，这样便于快速定位到具体信息字段，而目前系统无法支持该功能。

王明联想到他在设计系统单据时，发现不同单据在操作时存在着一致的状态类型，他考虑是否可以通过自定义数据字段的方式来实现对“单据状态”字段取值的规范。

在整理了上述需求后，王明开始着手用户自定义数据类型和自定义函数的开发工作。

工作目标

终极目标

在本模块中，将设计两个用户定义数据类型——产品数量、单据状态；两个用户定义函数——getDateNoTime、getPy。

促成目标

1. 设计“产品数量”用户定义数据类型。
2. 设计“单据状态”用户定义数据类型。
3. 设计 getDateNoTime 用户定义函数。
4. 设计 getPy 用户定义函数。

工作任务

1. 工作任务 10.1　设计“产品数量”用户定义数据类型。
2. 工作任务 10.2　设计“单据状态”用户定义数据类型。
3. 工作任务 10.3　设计 getDateNoTime 用户定义函数。
4. 工作任务 10.4　设计 getPy 用户定义函数。

工作任务 10.1　设计“产品数量”用户定义数据类型

10.1.1　功能要求

在本系统中，需要对库存产品数量进行统计。对于数量的要求是：保留两位小数。这个功能完全可以在设计程序时解决，但是在 SQL Server 2014 中也可以实现这个功能。这样不但可以减少程序的编写工作，也可以提高程序的运行效率和稳定性。产品数量的格式如图 10.1 所示。

编号	品名	规格	单位	数量	次品	合格	次品率	单价	金额	摘要
02.000012	半成品	602	平方米	2180.00	0.00	2180.00	0.00%	0.00	0.00	
02.000216	半成品	168	平方米	827.00	0.00	827.00	0.00%	0.00	0.00	
02.000233	半成品	725	平方米	2684.00	0.00	2684.00	0.00%	0.00	0.00	
02.000243	半成品	338-12	平方米	1331.00	0.00	1331.00	0.00%	0.00	0.00	
02.000244	半成品	726-12	平方米	992.00	0.00	992.00	0.00%	0.00	0.00	
02.000246	半成品	937-12	平方米	1180.00	0.00	1180.00	0.00%	0.00	0.00	
			合计	9,194.00	0.00	9,194.00			0.00	

图 10.1　产品数量的格式

10.1.2　设计步骤

1）打开 Microsoft SQL Server Management Studio，在“对象资源管理器”中，展开“数据库”｜DODB｜“可编程性”｜“类型”，右击“用户定义数据类型”选项，在弹出的快捷菜单中选择“新建用户定义数据类型”命令。

2）在显示的“新建用户定义数据类型”对话框的“架构”文本框中，输入“dbo”。

3）在“名称”文本框中，输入新建数据类型的名称“产品数量”。

4）在“数据类型”下拉列表框中，选择新建数据类型所基于的数据类型。由于需要保留两位小数，所以可以使用 decimal（18，2）类型来控制小数位数。在这里，选择 decimal。

5）选择 decimal 后，“精度”微调框和“小数位数”微调框都变为可编辑状态。在“精度”微调框中输入“18”，在“小数位数”徽调框中输入“2”。

6）产品数量不能为空（0 不是 NULL），所以不能去选中“允许 NULL 值”复选框。

操作界面如图 10.2 所示。

注意：如果希望为新建的数据类型绑定默认值或规则，可以在“绑定”选项组中，设置“默认值”文本框或“规则”文本框。

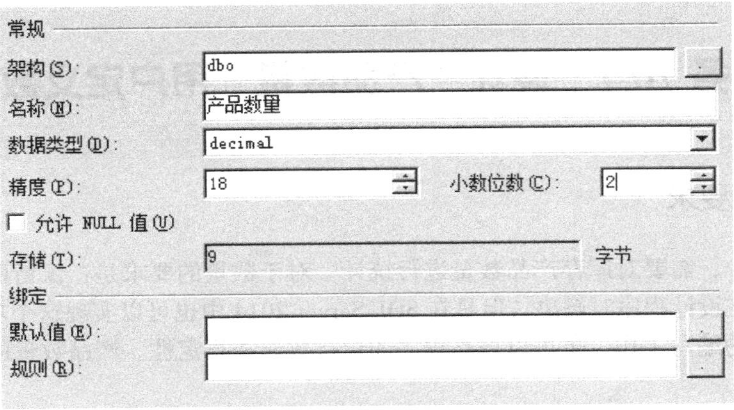

常规

架构(S): dbo

名称(N): 产品数量

数据类型(D): decimal

精度(P): 18　　小数位数(C): 2

□ 允许 NULL 值(U)

存储(T): 9　字节

绑定

默认值(E):

规则(R):

图 10.2　创建"产品数量"用户定义数据类型

10.1.3　运行结果

要使用用户定义数据类型，需要在设计表的界面中，修改字段的数据类型，如图 10.3 所示。

保存表结构后，在左边的"对象资源管理器"中选择产品表后右击，在弹出的快捷菜单中选择"刷新"命令。然后重新展开产品表，可以看到如图 10.4 所示的列信息。

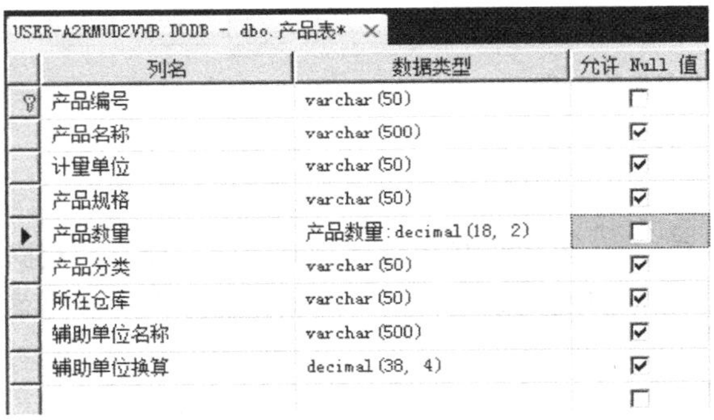

USER-A2RMUD2VHB.DODB - dbo.产品表*

列名	数据类型	允许 Null 值
产品编号	varchar(50)	□
产品名称	varchar(500)	☑
计量单位	varchar(50)	☑
产品规格	varchar(50)	☑
产品数量	产品数量:decimal(18, 2)	□
产品分类	varchar(50)	☑
所在仓库	varchar(50)	☑
辅助单位名称	varchar(500)	☑
辅助单位换算	decimal(38, 4)	☑
		□

图 10.3　修改"产品数量"用户定义数据类型

dbo.产品表
- 列
  - 产品编号 (PK, varchar(50), not null)
  - 产品名称 (varchar(500), null)
  - 计量单位 (varchar(50), null)
  - 产品规格 (varchar(50), null)
  - 产品数量 (产品数量(decimal(18,2)), not null)
  - 产品分类 (varchar(50), null)
  - 所在仓库 (varchar(50), null)
  - 辅助单位名称 (varchar(500), null)
  - 辅助单位换算 (decimal(38,4), null)
- 键
- 约束
- 触发器
- 索引
- 统计信息

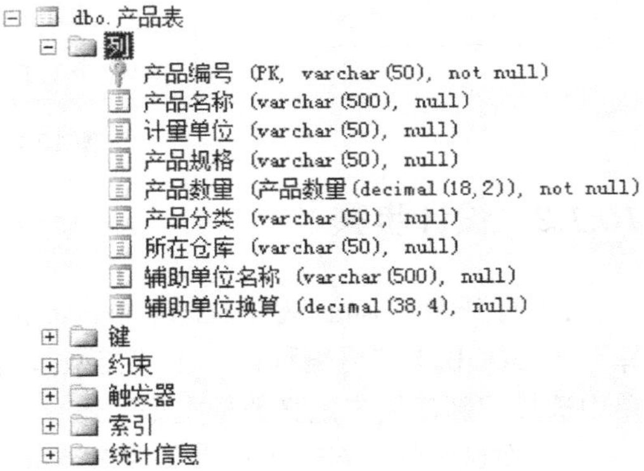

图 10.4　产品表字段信息（应用了"产品数量"用户定义数据类型）

工作任务 *10.2*　设计"单据状态"用户定义数据类型

10.2.1　功能要求

在本系统中，对每张单据（入库单、出库单、实验申请单、退货单）都有一致的操作流程：创建新单据→保存单据→单据审核通过→单据审批通过。把单据作为对象，对其各个状态进行研究，有利于控制系统中数据管理的流程。经分析后，单据的流程图如图 10.5 所示。

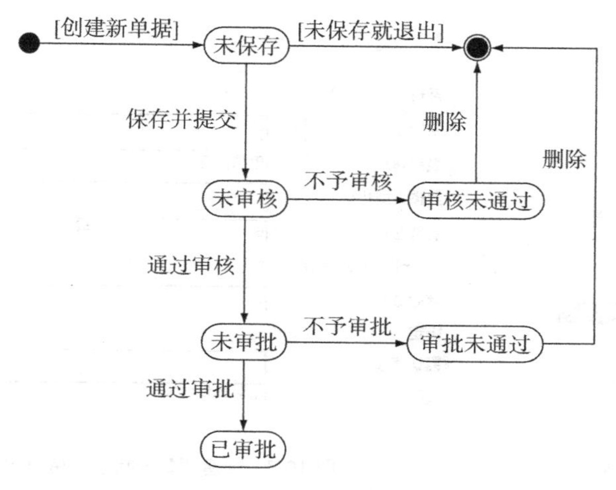

图 10.5　单据状态图

对于数据库中的“单据状态”这个字段，需要运用用户定义数据类型的方式来规范取值的范围。

10.2.2　设计步骤

1）打开 Microsoft SQL Server Management Studio。

2）选择“文件”｜“新建”｜“数据库引擎查询”命令。

3）在右边窗格中，输入如下代码：

```
Use DODB
CREATE RULE 单据规则
AS
@bill in('未保存','未审核','未审批','审核未通过','审批未通过','已审批','
        已删除')
```

4）在“对象资源管理器”中，展开“数据库”｜DODB｜“可编程性”｜“规则”，即可看到刚才创建的规则，如图 10.6 所示。

5）展开“类型”，右击“用户定义数据类型”，在弹出的快捷菜单中选择“新建用户定义数据类型”命令。

6）在“新建用户定义数据类型”对话框的“架构”文本框中，输入“dbo”。

7）在“名称”文本框中，输入新建数据类型的名称“单据状态”。

8）在“数据类型”下拉列表框中，选择新建数据类型所基于的数据类型。由于单据规则都是字符型数据，因此，可以使用 varchar（50）类型来存储数据。在这里，选择 varchar。

9）选择 varchar 后，“长度”微调框变为可编辑状态，在其中输入“50”。

10）“单据状态”不能为空（0 不是 NULL），因此，不能选中“允许空值”复选框。操作界面如图 10.7 所示。

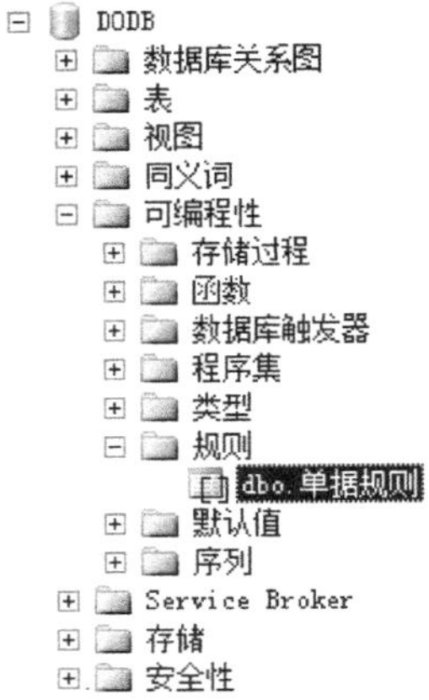

DODB
数据库关系图
表
视图
同义词
可编程性
存储过程
函数
数据库触发器
程序集
类型
规则
dbo.单据规则
默认值
序列
Service Broker
存储
安全性

图 10.6 单据规则

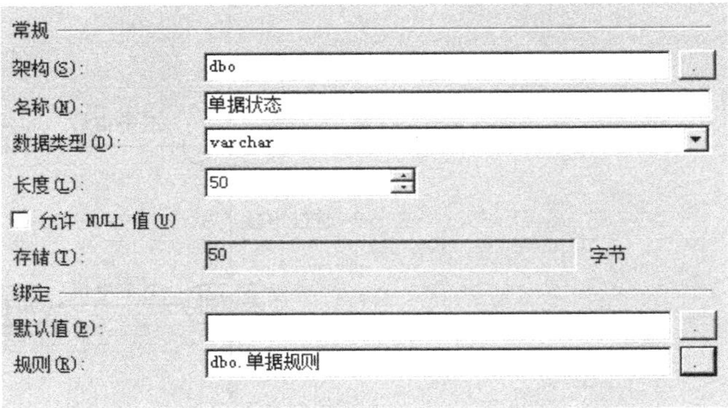

常规
架构(S): dbo
名称(N): 单据状态
数据类型(D): varchar
长度(L): 50
允许 NULL 值(U)
存储(T): 50 字节
绑定
默认值(E):
规则(R): dbo.单据规则

图 10.7 创建“单据状态”用户定义数据类型

11）可以在“绑定”选项卡中，单击“规则”文本框右边的按钮，选择刚才创建的“单据规则”。操作过程如图 10.8、图 10.9、图 10.10 所示。

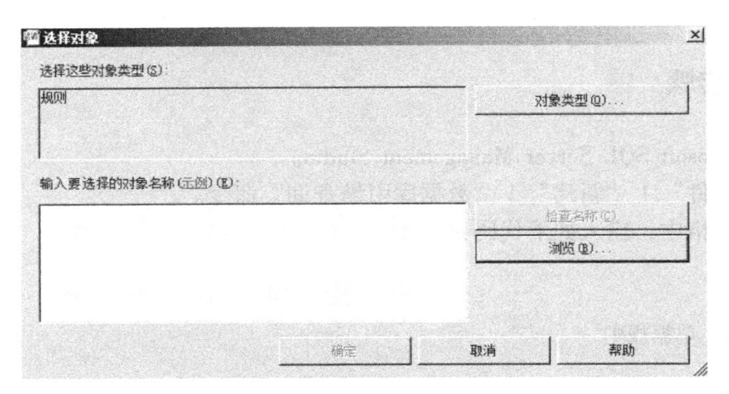

选择对象
选择这些对象类型(S):
规则
对象类型(O)...
输入要选择的对象名称(示例)(E):
检查名称(C)
浏览(B)...
确定
取消
帮助

图 10.8 “选择对象”对话框

查找对象
找到 1 个匹配所选类型的对象。
匹配的对象(M):
名称
类型
[dbo].[单据规则]
规则
确定
取消
帮助

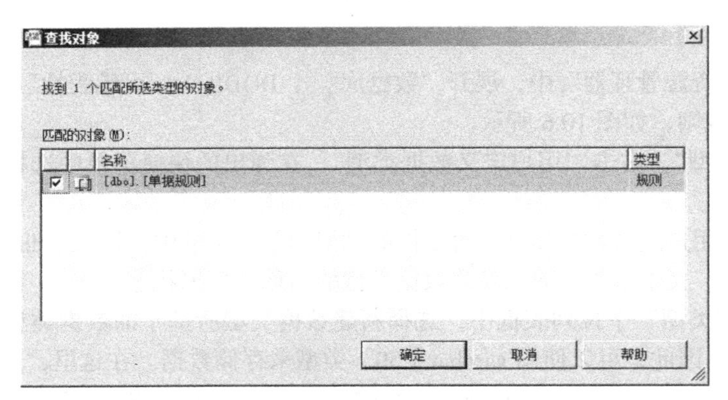

图 10.9 “查找对象”对话框

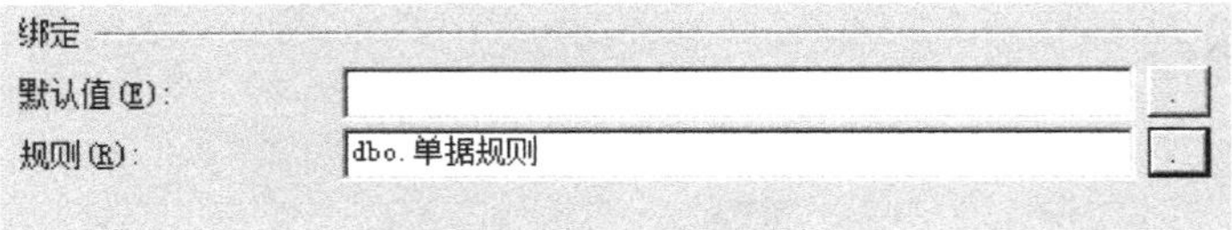

绑定
默认值(E):
规则(R): dbo.单据规则

图 10.10 绑定规则

10.2.3 运行结果

右击“入库单表”，在弹出的快捷菜单中选择“修改”命令。在设计表的界面中，修改单据状态字段的数据类型，如图 10.11 所示。

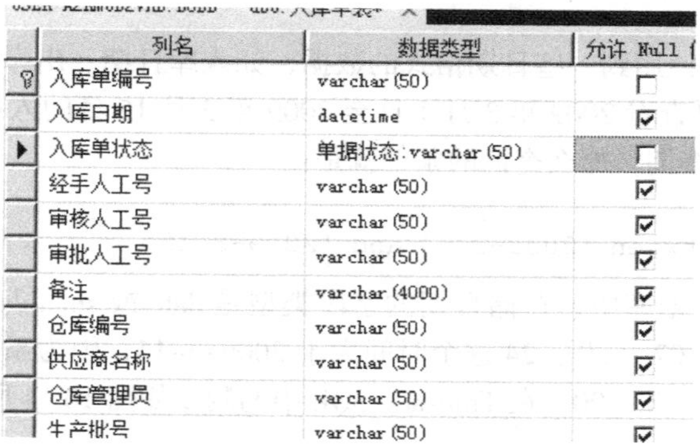

列名	数据类型	允许 Null 值
入库单编号	varchar(50)	☐
入库日期	datetime	☑
入库单状态	单据状态:varchar(50)	☐
经手人工号	varchar(50)	☑
审核人工号	varchar(50)	☑
审批人工号	varchar(50)	☑
备注	varchar(4000)	☑
仓库编号	varchar(50)	☑
供应商名称	varchar(50)	☑
仓库管理员	varchar(50)	☑
生产批号	varchar(50)	☑

图 10.11 应用“单据状态”用户定义数据类型

保存表结构后，在左边的“对象资源管理器”中，选择“入库单表”后右击，在弹出的快捷菜单中选择“刷新”命令，然后重新展开“入库单表”，可以看到如图 10.12 所示的列信息。

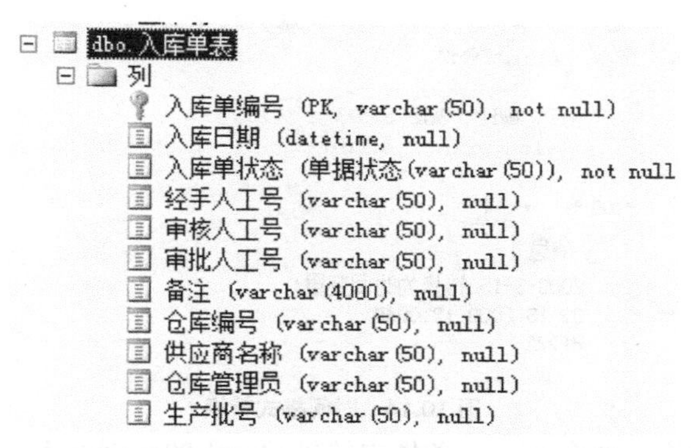

图 10.12 入库单表字段信息（应用了“单据状态”用户定义数据类型）

为了测试该用户定义数据类型是否起作用，可以尝试在入库单表中新增或修改一条记录，如果这条记录的“入库单状态”字段中的值不是规则中规定的那几个，就会有如图 10.13 所示的错误提示。

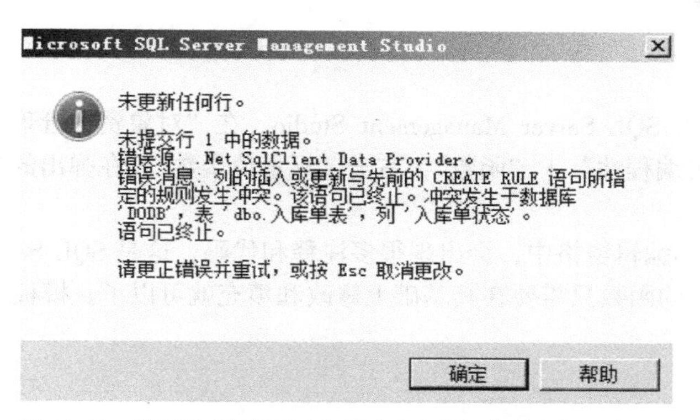

图 10.13 违反了“单据状态”用户定义数据类型中绑定的规则

工作任务 10.3　设计 getDateNoTime 用户定义函数

10.3.1　功能要求

在系统中，经常会使用到一些日期格式的数据，如入库日期、出库日期等。这些数据经常需要进行比较，如需要查看 2009 年 3 月 1 日至 2009 年 3 月 15 日的入库单。这时，如果使用 Select 语句进行数据库查询，那么查询的条件就是：

```
Where 入库日期 between '2009-3-1' and '2009-3-15'
```

要注意的是，在数据库中，存储日期的字段类型是 date 或 smalldate，这样会把时间记录在一起，如 2009-3-15 07：30：24 这个时间大于 2009-3-15，因为系统会将 2009-3-15 自动转换为 2009-3-15 00：00：00。在 Transact-SQL 中的测试如图 10.14 所示。

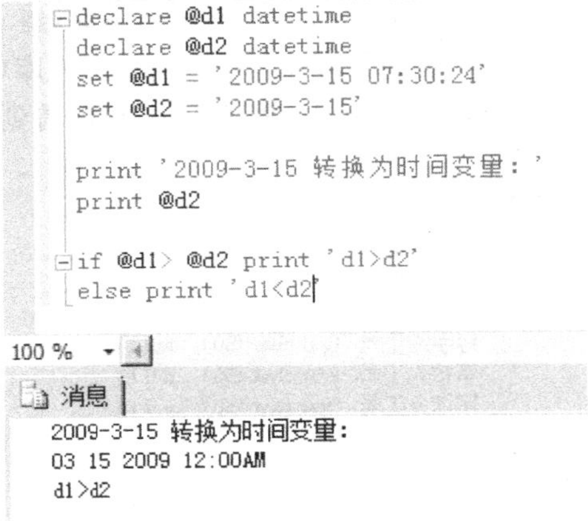

```
declare @d1 datetime
declare @d2 datetime
set @d1 = '2009-3-15 07:30:24'
set @d2 = '2009-3-15'

print '2009-3-15 转换为时间变量：'
print @d2

if @d1> @d2 print 'd1>d2'
else print 'd1<d2'
```

```
100 %
消息
2009-3-15 转换为时间变量：
03 15 2009 12:00AM
d1>d2
```

图 10.14　时间格式转换

但是这样的话，前面的那个 Where 条件中的最后一天的数据就无法显示出来了。为了解决这个问题，可以自己编写一个函数 getDateNoTime，接受一个 datetime 类型的参数，返回不带有时间值（仅包含日期）的变量。

10.3.2　设计步骤

操作步骤：

1）打开 Microsoft SQL Server Management Studio，在“对象资源管理器”中，展开“数据库”｜DODB｜“可编程性”｜“函数”，右击“标量值函数”，在弹出的快捷菜单中选择“新建标量值函数”命令。

2）在右边的代码编辑窗格中，会出现很多注释和代码，这是 SQL Server 2014 默认的标量函数模板，开发自己的函数只需要在其基础上修改和填充就可以了。模板如下。

```
-- ==========================================================
-- Template generated from Template Explorer using:
-- Create Scalar Function(New Menu).SQL
--
-- Use the Specify Values for Template Parameters
-- command(Ctrl-Shift-M)to fill in the parameter
-- values below.
--
-- This block of comments will not be included in
-- the definition of the function.
-- ==========================================================
SET ANSI_NULLS ON
GO
SET QUOTED_IDENTIFIER ON
GO
-- ======================================================
-- Author:                <Author,, Name>
-- Create date: <Create Date,, >
-- Description:  <Description,, >
-- ======================================================
CREATE FUNCTION<Scalar_Function_Name, sysname, FunctionName>
(
    -- Add the parameters for the function here
    <@Param1, sysname, @p1><Data_Type_For_Param1,, int>
)
RETURNS<Function_Data_Type,, int>
AS
BEGIN
    -- Declare the return variable here
    DECLARE<@ResultVar, sysname, @Result><Function_Data_Type,, int>

    -- Add the T-SQL statements to compute the return value here
    SELECT<@ResultVar, sysname, @Result> =<@Param1, sysname, @p1>

    -- Return the result of the function
    RETURN<@ResultVar, sysname, @Result>

END
GO
```

```
END
GO
```

在上面的模板代码中，核心内容是 CREATE FUNCTION 语句，用于创建函数。

3）函数的核心算法是调用 SQL Server 2014 的 Cast 函数。Cast 函数可以显式地将一种数据类型的表达式转换为另一种数据类型的表达式。与 Cast 函数功能相同的还有 Convert 函数，这里只使用 Cast 函数。

4）getDateNoTime 用户定义函数首先获取时间日期参数的年、月、日 3 个整数类型值（如 2009、3、15），然后将这 3 个值通过字符串连接的方式连接成为一个日期字符串（如 2009-3-15），最后把这个日期字符串用 Cast 函数转换为 datetime 类型并返回。具体代码如下。

```
set ANSI_NULLS ON
set QUOTED_IDENTIFIER ON
go

CREATE FUNCTION [dbo].[getDateNoTime](@day datetime)
RETURNS datetime AS
BEGIN
declare @y int
declare @m int
declare @d int
declare @str varchar(50)
declare @return datetime
set @y=year(@day)
set @m=month(@day)
set @d=day(@day)
set @str=Cast(@y as varchar(50))+'-'
set @str=@str+Cast(@m as varchar(50))+'-'
set @str=@str+Cast(@d as varchar(50))
set @return = Cast(@str as datetime)
return(@return)
END
```

10.3.3　运行结果

在 Transact-SQL 代码编辑窗格输入如下测试代码。

```
declare @d1 datetime
set @d1='2009-3-15 07:30:24'
print dbo.getDateNoTime(@d1)
```

返回值如下。

```
03 15 2009 12：00AM
```

工作任务 10.4 设计 getPy 用户定义函数

10.4.1 功能要求

在本系统中，会有这样的功能：在文本框中输入产品名称时，系统会自动提示并完成符合输入字符的信息。例如，想要在文本框中输入“木纹纸”3 个汉字，只需要输入“mwz”（实际情况下，只要输入“m”），即汉语拼音的首字母，就可以查找到“木纹纸”这个产品，如图 10.15 所示。

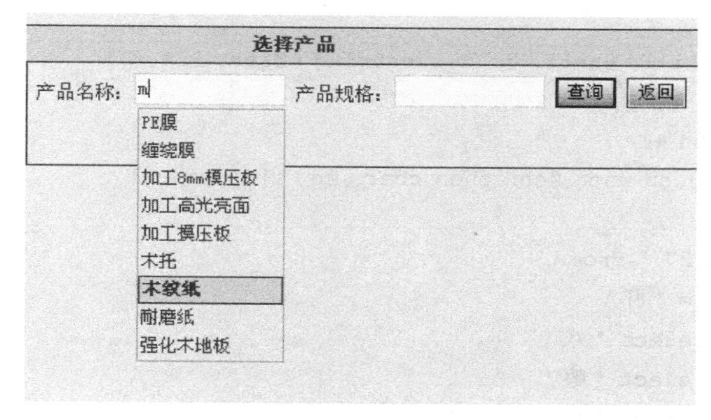

图 10.15 简拼搜索界面

对于这个功能，目前数据库是无法提供的，系统仅能获取产品名称的汉字，无法获取拼音，SQL Server 2014 也没有提供相应的系统函数进行转换。在这种情况下，就需要通过创建用户自定义函数来进行转换了。

10.4.2 设计步骤

操作步骤：

1）打开 Microsoft SQL Server Management Studio，在“对象资源管理器”中，展开“数据库”｜DODB｜“可编程性”｜“函数”，右击“标量值函数”，在弹出的快捷菜单中选择“新建标量值函数”命令。

2）当前需要设计的函数名为 getPy，接受一个参数 @Str varchar（500），默认值为空字符串，返回值是这个字符串的每个汉字首字母。例如，输入“木纹纸”，返回 mwz，假如字符串中有非汉字字符，则返回其本身。因此，getPy 函数的详细代码如下。

```
set ANSI_NULLS ON
set QUOTED_IDENTIFIER ON
go

--创建取拼音函数
create function [dbo].[fGetPy](@Str varchar(500)='')
returns varchar(500)
as
begin
declare @strlen int, @return varchar(500), @ii int
declare @n int, @c char(1), @chn nchar(1)

select @strlen=len(@str), @return='', @ii=0
set @ii=0
while @ii<@strlen
begin
select @ii=@ii+1, @n=63, @chn=substring(@str, @ii, 1)
if @chn>'z'
select @n = @n +1
  , @c = case chn when @chn then char(@n) else @c end
from(
  select top 27 * from(
  select chn = '吖'
  union all select '八'
  union all select '嚓'
  union all select '咑'
  union all select '妸'
  union all select '发'
  union all select '旮'
  union all select '铪'
  union all select '丌'  --because have no 'i'
  union all select '丌'
  union all select '咔'
  union all select '垃'
  union all select '嘸'
  union all select '拏'
  union all select '噢'
  union all select '妑'
  union all select '七'
  union all select '呥'
  union all select '仨'
```

```
    union all select '他'
    union all select '屲' --no 'u'
    union all select '屲'  --no 'v'
    union all select '屲'
    union all select '夕'
    union all select '丫'
    union all select '帀'
    union all select @chn)as a
    order by chn COLLATE Chinese_PRC_CI_AS
  )as b
  else set @c=@chn
  set @return=@return+@c
  end
  return(@return)
  end
```

10.4.3　运行结果

有了 getPy 函数后，可以在 Transact-SQL 命令中调用它，如图 10.16 所示。

```
--直接调用
select  dbo.getPy('数据库') as 数据库简拼,
        dbo.getPy('SQL 数据库') as SQL数据库简拼,
        dbo.getPy('SQL 数据库 2014') as SQL数据库2014简拼
```

	数据库简拼	SQL数据库简拼	SQL数据库2014简拼
1	SJK	SQL SJK	SQL SJK 2014

图 10.16　getPy 函数直接调用

也可以在数据查询时调用，就像调用普通的系统函数一样，如图 10.17 所示。

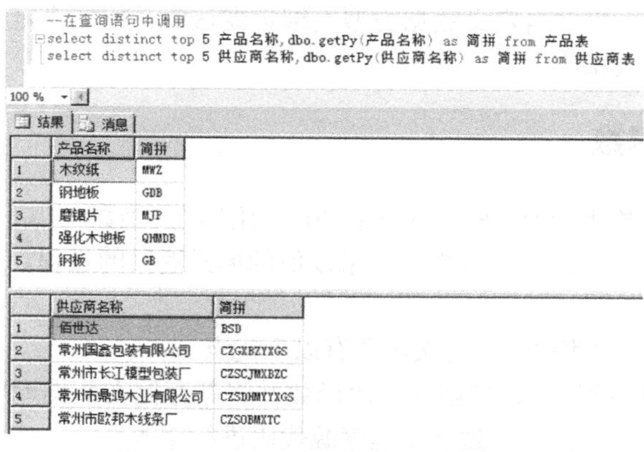

```
--在查询语句中调用
select distinct top 5 产品名称,dbo.getPy(产品名称) as 简拼 from 产品表
select distinct top 5 供应商名称,dbo.getPy(供应商名称) as 简拼 from 供应商表
```

	产品名称	简拼
1	木纹纸	MWZ
2	钢地板	GDB
3	磨锯片	MJP
4	强化木地板	QHMDB
5	钢板	GB

	供应商名称	简拼
1	佰世达	BSD
2	常州国鑫包装有限公司	CZGXBZYXGS
3	常州市长江模型包装厂	CZSCJMXBZC
4	常州市鼎鸿木业有限公司	CZSDHMYYXGS
5	常州市欧邦木线条厂	CZSOBMXTC

图 10.17　getPy 函数在查询语句中调用

工作任务 10.5 用 Transact-SQL 语句定义数据类型和函数

10.5.1 用户定义数据类型

SQL Server 2014 的用户自定义数据类型（User-Defined Type，简称 UDT）是对已有数据的一种描述方式，利用它可以加强数据库字段数据类型的一致性维护。它在整个数据库中有效。不过用户自定义数据类型建立之后其属性不可直接更改，要更改必须先删除再创建，但如果该自定义数据类型被引用，就无法删除了。

要创建自定义数据类型需要使用如下 Transact-SQL 进行创建。

```
sp_addtype [ @typename = ] type,
    [ @phystype = ] system_data_type
[ , [ @nulltype = ] 'null_type' ];
```

其中，第 1 个参数为新的数据类型名称；第 2 个参数为 SQL Server 提供的数据类型，某些情况下可以不用引号，但建议任何情况下都用单引号引起来；第 3 个参数默认值为处理空值的方式，必须用单引号引起来，可选值为 NULL 或 NOT NULL，默认为 NULL。

例如语句：

```
exec sp_addtype ut_ 身份证号, 'char（15）', 'NOT NULL'
```

创建一个不可为空的 char（15）数据类型用以存储身份证号码，命名为“ut_ 身份证号”，在创建身份证号字段、处理身份证号变量时就可以用“ut_ 身份证号”代替 char（15）。当发现 char（15）长度不够需要增加时，直接更改“ut_ 身份证号”即可，这相当于更改了所有的身份证号字段。需要说明的是，这里虽然指定了数据类型不可为 NULL，但假如在设计字段时显式地指定该字段可为 NULL（即指定了“允许空”），那么该字段仍然可为 NULL。

可以在自定义数据类型上绑定规则，如身份证号必须都是数字。当然，18 位身份证的末位可能是 X。同样，还可以在自定义数据类型上绑定默认值，但在表定义时，绑定的默认值不会起作用，需要另外显式指定。

10.5.2 用户定义函数

与编程语言中的函数相类似，SQL Server 2014 用户定义函数（User Defined Functions，简称 UDF）是接受参数、执行操作并将操作结果以值的形式返回的过程。返回值可以是单个标量值或结果集。

在 SQL Server 2014 中使用用户定义函数有以下优点。

① 允许模块化程序设计。只需创建一次函数并将其存储在数据库中，以后便可以在程序中调用任意次。用户定义函数可以独立于程序源代码进行修改。

② 执行速度更快。与存储过程相似，Transact-SQL 用户定义函数通过缓存计划并在重复执行时重用它来降低 Transact-SQL 代码的编译开销。这意味着每次使用用户定义函数时均无须

重新解析和重新优化，从而缩短了执行时间。

③ 减少网络流量。基于某种无法用单一标量的表达式表示的复杂约束来过滤数据的操作，可以表示为函数。然后，此函数便可以在 WHERE 子句中调用，以减少发送至客户端的数字或行数。

用户定义函数分类如下。

1. 标量函数

用户定义标量函数返回值是 RETURNS 子句中定义的类型的单个数据值。对于内联标量函数，没有函数体；标量值是单个语句的结果。对于多语句标量函数，定义在 BEGIN...END 块中的函数体包含一系列返回单个值的 Transact-SQL 语句。返回类型可以是除 text、ntext、image、cursor 和 timestamp 外的任何数据类型。

下面的例子创建了一个多语句标量函数。此函数输入一个值 ProductID，而返回一个单个数据值（获取某个产品的当前库存量）。

```
CREATE FUNCTION dbo.ufnGetStock (@ProductID varchar (50)) -- 指定参数名称、类型
RETURNS int                                            -- 指定返回值类型
AS
BEGIN                                                  -- 语句块开始
    DECLARE @ret int ;
    SELECT @ret = 产品数量
    FROM 产品表
    WHERE 产品表 . 产品编号 = @ProductID               -- 获取指定产品编号的库存量
    IF (@ret IS NULL) SET @ret = 0                     -- 为空表示没有相应的产品，返回 0
    RETURN @ret                                        -- 返回单值
END ;                                                  -- 语句块结束
GO
```

2. 表值函数

用户定义表值函数返回 table 数据类型。对于内联表值函数，没有函数主体，表是单个 SELECT 语句的结果集；对于多语句表值函数，在 BEGIN...END 语句块中定义的函数体包含一系列 Transact-SQL 语句，这些语句可生成行并将其插入即将返回的表中。

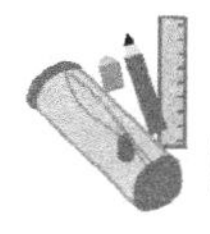

能力（知识）梳理

用户定义数据类型，其实就是用户自己对需要规范的数据类型的重新封装，对于数据库设计的规范化是非常有用的。

用户定义函数，包括标量函数和表值函数两种，本模块中所涉及的都是标量函数。

能力训练

1. 设计并创建一个“身份证号码”的用户定义数据类型，要求 15 位或 18 位，15 位为全数字字符，18 位的最后一位可以为大写 X。

2. 设计并创建一个“当日收入”用户自定义函数，根据资金往来表的数据信息，接受两个参数：日期、银行名称。要求返回指定日期指定银行的收入金额。

3. 设计并创建一个“当日支出”用户自定义函数，根据资金往来表的数据信息，接受两个参数：日期、银行名称。要求返回指定日期指定银行的支出金额。

4. 设计并创建一个“当日余额”用户自定义函数，根据资金往来表的数据信息，接受两个参数：日期、银行名称。要求返回到指定日期为止，指定银行账户的余额。

模块 11 设计触发器与游标

专业岗位工作过程分析

任务背景

数据库中多个数据表之间往往存在一定的关联性，所以在使用数据库的过程中，经常会出现这样的情况：当对一个数据表中的数据进行添加、修改和删除操作时，另外一个表的数据应该随之发生相应的改变。例如，在长江家具信息管理系统中，当添加一张产成品出库单的时候，需要同时填写客户表的信息（主要是客户名）。如果要用户手动完成这样的处理会很繁琐，更重要的是可能会导致数据不一致的严重错误。在 SQL Server 中提供了触发器来完成此类功能。

工作过程

销售部员工张晓军打电话给信息部门，反映他在操作仓库产品出库时，每次都要重复输入客户名称，这让他操作起来感觉很不方便。针对这个问题，王明检查了系统后台程序，发现导致这个问题产生的原因是没有将记录客户信息的数据表的信息与仓库出库操作的数据表信息自动关联同步。

王明准备用触发器来解决这个问题，他准备写一段触发器语句，以实现用户在添加客户基本信息后，能够由系统自动将客户信息同步到所有需要使用该信息的其他数据表中。

工作目标

终极目标

本模块中，将设计两个触发器——trg_客户、trg_删除员工；一个存储过程——资金往来。

促成目标

1. 设计“trg_客户”触发器。
2. 设计“trg_删除员工”触发器。
3. 设计“资金往来”存储过程。

工作任务

1. 工作任务 11.1　设计“trg_客户”触发器。
2. 工作任务 11.2　设计“trg_删除员工”触发器。
3. 工作任务 11.3　设计“资金往来”存储过程。

工作任务 11.1　设计“trg_客户”触发器

11.1.1　功能要求

在系统中，当添加一张产成品出库单的时候，需要同时填写客户的信息（主要是客户名）。这些客户信息会不止一次地被使用，因此，系统提供这样的功能：每当有新的客户（客户表中不存在）出现的时候，把客户信息记录到客户表中，以便以后使用。

这个功能可以由 SQL Server 2014 使用触发器来实现。在本次任务中，将在出库单表上创建一个 AFTER 触发器：trg_客户。

11.1.2　设计步骤

操作步骤：

1）打开 Microsoft SQL Server Management Studio，在“对象资源管理器”中，展开“数据库”DODB“表” | “dbo. 出库单表”，右击“触发器”，在弹出的快捷菜单中选择“新建触发器”命令。

2）在右边的代码编辑窗格中，会出现加了很多注释的代码。这是 SQL Server 2014 的触发器创建模版，其核心语句是 CREATE TRIGGER。创建触发器的 Transact-SQL 语句如下。

```
-- ================================================
-- Template generated from Template Explorer using:
-- Create Trigger(New Menu).SQL
--
-- Use the Specify Values for Template Parameters
-- command(Ctrl-Shift-M)to fill in the parameter
-- values below.
--
-- See additional Create Trigger templates for more
-- examples of different Trigger statements.
--
-- This block of comments will not be included in
-- the definition of the function.
-- ================================================
SET ANSI_NULLS ON
GO
SET QUOTED_IDENTIFIER ON
GO
-- ============================================
-- Author:                <Author,, Name>
```

```
-- Create date：<Create Date,, >
-- Description： <Description,, >
-- =============================================
CREATE TRIGGER<Schema_Name, sysname, Schema_Name>.<Trigger_Name, sysname,
  Trigger_Name>
   ON <Schema_Name, sysname, Schema_Name>.<Table_Name, sysname, Table_
   Name>
   AFTER<Data_Modification_Statements,, INSERT, DELETE, UPDATE>
AS
BEGIN
   -- SET NOCOUNT ON added to prevent extra result sets from
   -- interfering with SELECT statements.
   SET NOCOUNT ON；

   -- Insert statements for trigger here

END
GO
```

3）在本任务中，触发器名为“trg_客户”，针对的表为出库单表，类型为 AFTER，针对的操作是 insert、update（更新操作中，也有可能出现新客户信息）。代码如下。

```
CREATE TRIGGER [trg_客户] ON [dbo].[出库单表]
FOR INSERT, UPDATE
AS
declare @客户 varchar(50)
select @客户=收货单位 from inserted                --获取新增的客户信息
if(@客户 is not null)Or(@客户<>'')
begin
   if not exists(select * from 客户表 where 客户名称=@客户)--判断客户是否
                                                          --存在
   begin
      insert into 客户表(客户名称)values(@客户)
      print '新增了一个客户：'+@客户              --测试信息，正式发布时可以删除
   end
   else
   begin
      print @客户+'已经存在'                      --测试信息，正式发布时可以删除
   end
end
```

11.1.3 运行结果

为了测试该触发器，可以尝试添加或修改一条出库单记录，对其中的客户名称进行控制，然后查看输出的测试信息及客户表中的数据变化。运行结果如图 11.1 所示。

```
insert into 出库单表(出库单编号,收货单位) values('201505000001','2015新单位1')
insert into 出库单表(出库单编号,收货单位) values('201505000002','2015新单位1')
insert into 出库单表(出库单编号,收货单位) values('201505000003','2015新单位2')
insert into 出库单表(出库单编号,收货单位) values('201505000004','2015新单位2')

100 %
消息

(1 行受影响)
新增了一个客户：2015新单位1

(1 行受影响)
2015新单位1已经存在

(1 行受影响)

(1 行受影响)
新增了一个客户：2015新单位2

(1 行受影响)
2015新单位2已经存在

(1 行受影响)
```

图 11.1 "trg_ 客户"触发器运行结果

知识点

触发器

触发器（trigger）是个特殊的存储过程，它的执行不是由程序调用，也不是手工启动，而是由某个事件来触发，如当对一个表进行操作（insert、delete、update）时就会激活它执行。触发器经常用于加强数据的完整性约束和业务规则等。

触发器可以查询其他表，而且可以包含复杂的 SQL 语句。它们主要用于强制服从复杂的业务规则或要求。例如，可以根据当前的库存量，控制是否允许入库和出库。

触发器也可用于强制引用完整性，以便在多个表中添加、更新或删除行时，保留在这些表之间所定义的关系。例如，当从入库单表删除了一条记录时，与之对应的入库单明细表中的记录也必须被删除。

SQL Sever 2014 有 3 种触发器：AFTER、数据定义语言（DDL）和 INSTEAD-OF。AFTER 触发器是存储程序，它发生于数据操作语句作用之后，如删除语句等；DDL 是从 SQL Server 2014 开始有的触发器，允许响应数据库引擎中对象定义水平事件，如 DROP TABLE 语句；INSTEAD-OF 触发器是对象，在数据库引擎中可以取代数据操作语句而执行，如将 INSTEAD-OF INSERT 触发器附加到表，告诉数据库执行此触发器。本模块中涉及的触发器都是 AFTER 触发器，这种触发器是最常用的。

创建触发器可以使用 CREATE TRIGGER 语句。其语法格式如下。

```
CREATE TRIGGER [ schema_name. ] trigger_name
ON { table|view }
[WITH<dml_trigger_option> [, ...n]]
{ FOR|AFTER|INSTEAD OF }
{[ INSERT ][ , ][ UPDATE ][ , ][ DELETE ]}
[ WITH APPEND ]
[ NOT FOR REPLICATION ]
AS { sql_statement [ ; ][ ...n ] |EXTERNAL NAME<method specifier [ ; ] >}
```

在创建触发器前应考虑下列问题。

① CREATE TRIGGER 语句必须是批处理中的第 1 个语句，该语句后面的所有其他语句被解释为 CREATE TRIGGER 语句定义的一部分。

② 创建 DML 触发器的权限默认分配给表的所有者，且不能将该权限转给其他用户。

③ DML 触发器为数据库对象，其名称必须遵循标识符的命名规则。

④ 虽然 DML 触发器可以引用当前数据库以外的对象，但只能在当前数据库中创建 DML 触发器。

⑤ 虽然 DML 触发器可以引用临时表，但不能对临时表或系统表创建 DML 触发器。不应引用系统表，而应使用信息架构视图。

对于含有用 DELETE 或 UPDATE 操作定义的外键的表，不能定义 INSTEAD-OF DELETE 和 INSTEAD-OF UPDATE 触发器。

虽然 TRUNCATE TABLE 语句类似于不带 WHERE 子句的 DELETE 语句（用于删除所有行），但它并不会触发 DELETE 触发器，因为 TRUNCATE TABLE 语句没有记录。

WRITETEXT 语句不会触发 INSERT 或 UPDATE 触发器。

例如，要在入库单表上创建一个触发器，用于删除入库单明细表中的记录。

```
Create Trigger dbo.trg_del_Detail
On 入库单表
For Delete
AS
Delete from 入库单明细表 where 入库单编号 in ( select 入库单编号 from deleted)
```

上面的代码中使用了子查询，其中有一个特殊的表——deleted 表，里面存储了刚删除的记录信息。每个触发器有两个特殊的表：插入表（inserted）和删除表（deleted）。这两个表是逻辑表，并且这两个表是由系统管理的，存储在内存中，而不是存储在数据库中，所示不允许用户直接对其修改。这两个表的结构总是与被该触发器作用的表有相同的表结构。这两个表是动态驻留在内存中的，当触发器工作完成时，这两个表也被删除。这两个表主要保存因用户操作而被影响到的原数据值或新数据值。另外，这两个表是只读的，即用户不能向这两个表写入内容，但可以引用表中的数据。

① 插入表的功能。对一个定义了插入类型触发器的表来讲，一旦对该表执行了插入操作，那么对向该表插入的所有行来说，都有一个相应的副本存放到插入表中，即插入表就是用来存储向原表插入的内容。

② 删除表的功能。对一个定义了删除类型触发器的表来讲，一旦对该表执行了删除操作，

则将所有的删除行存放至删除表中。这样做的目的是，一旦触发器遇到了强迫它中止的语句被执行时，删除的那些行可以从删除表中得以恢复。

需要强调的是，更新操作包括两个部分，即先将更新的内容去掉，然后将新值插入。因此，对一个定义了更新类型触发器的表来讲，当报告会更新操作时，在删除表中存放了旧值，然后在插入表中存放新值。

工作任务 11.2 设计“trg_删除员工”触发器

11.2.1 功能要求

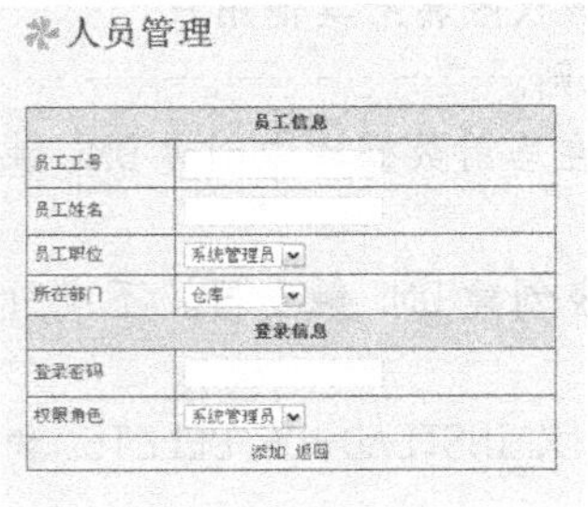

在系统中，当添加一个新员工的时候，需要同时填写这个员工的登录信息（主要是用户名和密码），同时，在 sys 用户表中会增加相应的记录，如图 11.2 所示。

新增和修改操作是由程序控制的，不需要数据库编程。但是对于删除，可以由 SQL Server 2014 来完成，当删除一个员工时，同时把对应的 sys 用户表中的记录也删除。这个功能要使用触发器来实现。在本次任务中，将在员工表中创建一个 AFTER 触发器：trg_删除员工。

图 11.2 添加员工界面

11.2.2 设计步骤

操作步骤：

1）打开 Microsoft SQL Server Management Studio，在“对象资源管理器”中，展开“数据库” | DODB | “表” | “dbo. 出库单表”，右击“触发器”，在弹出的快捷菜单中选择“新建触发器”命令。

2）在本任务中，触发器名为“trg_删除员工”，针对的表为员工表，类型是 AFTER，针对的操作是 delete。其代码如下。

```
CREATE TRIGGER [trg_删除员工] ON [dbo].[员工表]
FOR DELETE
AS
delete from sys 用户表 where 员工工号 in(select 员工工号 from deleted)
```

要注意的是，在获取要删除的员工工号时，没有像工作任务 1 中使用变量来获取，而是直接使用了子查询。这是有特殊原因的：一是子查询可以提高触发器的执行效率；二是对于 delete 语句来讲，有可能同时删除多条记录，如批量删除员工的操作。执行了批量操作后，在 deleted 表中就有不止一条记录，因此，使用变量来获取每个已删除的员工工号就不现实了。

11.2.3 运行结果

为了测试方便，事先输入了 3 名员工的数据（员工号分别为 Test1、Test2、Test3），然后用 delete 语句将这 3 名员工的信息删除，如图 11.3 所示。

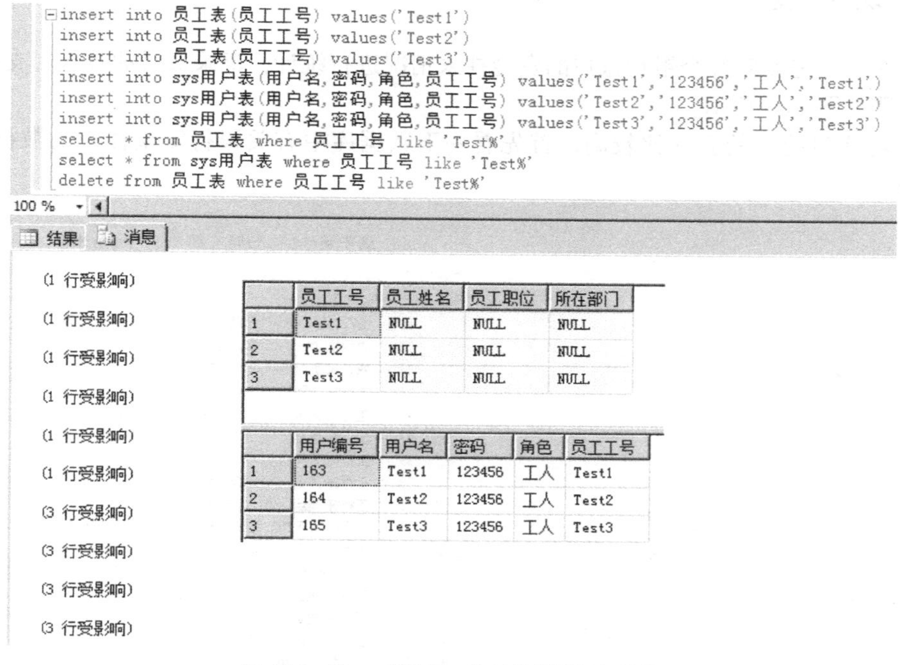

	员工工号	员工姓名	员工职位	所在部门
1	Test1	NULL	NULL	NULL
2	Test2	NULL	NULL	NULL
3	Test3	NULL	NULL	NULL

	用户编号	用户名	密码	角色	员工工号
1	163	Test1	123456	工人	Test1
2	164	Test2	123456	工人	Test2
3	165	Test3	123456	工人	Test3

图 11.3 “trg_删除员工”触发器的运行结果

运行结果中：

第 1 个“3 行受影响”是第 1 句 select 语句的执行结果。

```
select * from 员工表 where 员工工号 like 'Test%'                --显示 3 条员工记录
```

第 2 个“3 行受影响”是第 2 句 select 语句的执行结果。

```
select * from sys 用户表 where 员工工号 like 'Test%'    --显示 3 条用户记录
```

第 3 个“3 行受影响”是第 3 句 select 语句的执行结果。

```
delete from 员工表 where 员工工号 like 'Test%'              --删除 3 条员工记录
```

第 4 个“3 行受影响”是“trg_删除员工”触发器的执行结果。

工作任务 11.3 设计“资金往来”存储过程

游标（cursor）是读取一组数据并能够一次与一个单独的记录进行交互的方法。一般情况

下很少使用游标。然而，有时确实不能通过在整个行集中修改甚至选取数据来获得所需要的结果。行集是由所有行共有的一些东西产生的（通过 SELECT 语句定义），但是接下来需要逐一处理这些行。

11.3.1　功能要求

在系统中，需要对每个银行账户的资金往来情况进行统计，记录每天的收入、支出情况。银行往来账如图 11.4 所示。

这个功能对统计的要求比较高，首先看一下数据库中有关银行资金往来的数据表，如图 11.5 所示。

银行往来帐查询

日期：2009-5-1 至 2009-5-31 查询

日期	工行帐（美金）		
	存入	支出	余额
2009-5-22	10894	47651	27
2009-5-21	21340	0	36684
2009-5-20			
2009-5-19			
2009-5-18	14747	68387	16344
2009-5-15			
2009-5-14	68387	0	58984
2009-5-13	78755	124146	597
2009-5-12	2472	0	45988
2009-5-11	33900	0	43516
2009-5-8	9018	0	9615
2009-5-6	61335	141413	597
2009-5-4	80674	0	80674
2009-5-1			

图 11.4　银行往来账界面

```
select 编号,银行名称,日期,金额 from 资金往来表
```

结果　消息

	编号	银行名称	日期	金额
1	82	农行福欧帐	2009-05-01 00:00:00.000	249854.51
2	84	农行帐(美金)	2009-05-04 00:00:00.000	0.00
3	85	农行帐(人民币)	2009-05-04 00:00:00.000	953926.41
4	86	工行帐(美金)	2009-05-04 00:00:00.000	57019.06
5	87	工行帐(美金)	2009-05-04 00:00:00.000	23655.40
6	88	工行帐(人民币)	2009-05-04 00:00:00.000	1905610.47
7	89	工行帐(美金)	2009-05-06 00:00:00.000	9684.09
8	90	工行帐(美金)	2009-05-06 00:00:00.000	-80077.46
9	91	工行帐(人民币)	2009-05-06 00:00:00.000	545775.94
10	92	工行帐(人民币)	2009-05-06 00:00:00.000	-1000000.00
11	93	农行福欧帐	2009-05-06 00:00:00.000	121235.35
12	94	工行帐(美金)	2009-05-06 00:00:00.000	12376.98
13	95	工行帐(美金)	2009-05-06 00:00:00.000	39274.00
14	96	工行帐(人民币)	2009-05-06 00:00:00.000	418299.04
15	97	工行帐(人民币)	2009-05-06 00:00:00.000	-7200.00
16	98	农行帐(美金)	2009-05-06 00:00:00.000	24640.00
17	99	工行帐(美金)	2009-05-06 00:00:00.000	-61335.07
18	100	工行帐(人民币)	2009-05-06 00:00:00.000	-640.00
19	101	工行帐(人民币)	2009-05-08 00:00:00.000	-400000.00
20	102	工行帐(人民币)	2009-05-08 00:00:00.000	22040.57
21	103	工行帐(人民币)	2009-05-08 00:00:00.000	-5400.00
22	104	农行福欧帐	2009-05-08 00:00:00.000	23152.00
23	105	工行帐(美金)	2009-05-08 00:00:00.000	9018.36
24	106	工行帐(美金)	2009-05-11 00:00:00.000	33900.40

图 11.5　资金往来表结构

资金往来表是采用流水账的形式，记录下每天每个银行账户的金额的收支情况。要把这样一个表结构通过普通的查询语句生成如图 11.4 所示的格式是比较困难的。因此，在这个任务中，创建了一个“资金往来”的存储过程，用来生成这个报表。

11.3.2　设计步骤

对于图 11.4 这样的报表格式，首先想到的解决方案就是创建一个临时表，然后把资金往来表中的每一条数据通过判断，填充到这个临时表中，最后直接查询临时表。流程图如图 11.6 所示。

流程图中，对于资金往来表中每行的读取工作，需要用游标来完成，通过一个循环，读取每行中的数据，对这些数据作相应的判断、处理。完整的 Transact-SQL 代码如下。

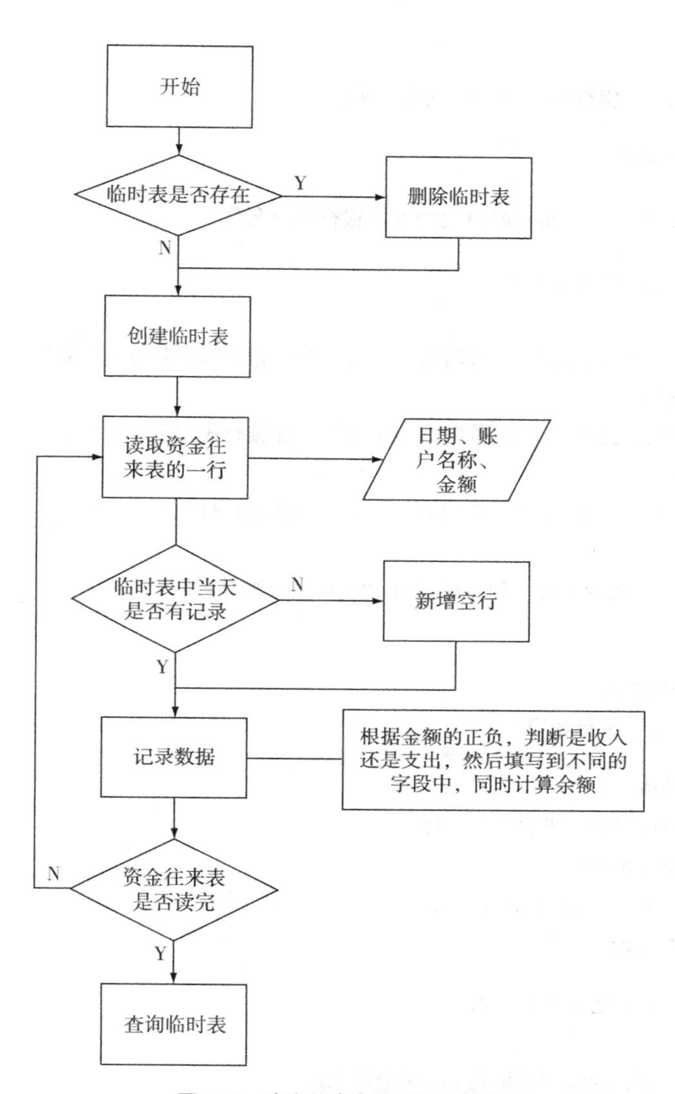

图 11.6　资金往来存储过程流程图

```
if exists(select * from sysobjects where id = object_id('dbo.临时表1'))
drop table dbo.临时表1
go
create table dbo.临时表1(日期 datetime primary key)
go

--根据银行账户，在临时表中创建对应的字段(使用游标)
declare @sql varchar(8000)
set @sql=''

declare @银行帐户名称 varchar(50)

DECLARE cur_银行帐户 CURSOR
```

```
FOR
select distinct 银行名称 from 资金往来表

OPEN cur_银行帐户

FETCH NEXT FROM cur_银行帐户 INTO @银行帐户名称

WHILE @@FETCH_STATUS = 0
BEGIN
    set @sql='Alter table 临时表1 add ['+@银行帐户名称+'收入] int default 0'
    exec(@sql)
    set @sql='Alter table 临时表1 add ['+@银行帐户名称+'支出] int default 0'
    exec(@sql)
    set @sql='Alter table 临时表1 add ['+@银行帐户名称+'余额] int default 0'
    exec(@sql)
    FETCH NEXT FROM cur_银行帐户 INTO @银行帐户名称
END

CLOSE cur_银行帐户
DEALLOCATE cur_银行帐户

--创建临时表结束
--填充数据，遍历资金往来表的每一行
declare @日期 datetime
declare @银行名称 varchar(50)
declare @金额 int

DECLARE cur_资金往来 CURSOR
FOR
select 日期,银行名称,金额 from 资金往来表

OPEN cur_资金往来

FETCH NEXT FROM cur_资金往来 INTO @日期,@银行名称,@金额

WHILE @@FETCH_STATUS = 0
BEGIN
    if not exists(select * from 临时表1 where 日期=@日期)
    insert into 临时表1(日期)values(@日期)--添加空行

    if @金额>=0   --记入收入
    begin
      set @sql='update 临时表1 set ['+@银行名称+'收入]=['+@银行名称+'收入]
        +'+Cast(@金额 as varchar(20))
```

```
            set @sql=@sql+' where 日期='''+cast(@日期 as varchar(50))+''''
            exec(@sql)
        end
        else              --记入支出
        begin
            set @sql='update 临时表1 set['+@银行名称+'支出]=['+@银行名称+'支出]
              +'+Cast((0-@金额)as varchar(20))
            set @sql=@sql+' where 日期='''+cast(@日期 as varchar(50))+''''
            exec(@sql)
        end
        --记录余额
        set @sql='update 临时表1 set['+@银行名称+'余额]=['+@银行名称+'余额]+'+Cast
          (@金额 as varchar(20))
        set @sql=@sql+' where 日期='''+cast(@日期 as varchar(50))+''''
        exec(@sql)
        FETCH NEXT FROM cur_资金往来 INTO @日期,@银行名称,@金额
    END

    CLOSE cur_资金往来
    DEALLOCATE cur_资金往来

    select * from 临时表1
```

11.3.3 运行结果

运行结果如图 11.7 所示。

	日期	工行帐(美金)收入	工行帐(美金)支出	工行帐(美金)余额	工行帐(人民币)收入	工行帐(人民币)支出	工行帐(人民币)余额
1	2009-05-01...	0	0	0	0	0	0
2	2009-05-04...	80674	0	80674	1905610	0	1905610
3	2009-05-06...	61334	141412	-80078	964074	1007840	-43766
4	2009-05-08...	9018	0	9018	22040	405400	-383360
5	2009-05-11...	33900	0	33900	0	1000000	-1000000
6	2009-05-12...	2472	0	2472	20000	3750	16250
7	2009-05-13...	78754	124145	-45391	846498	617	845881
8	2009-05-14...	58386	0	58386	0	1006120	-1006120
9	2009-05-15...	0	0	0	0	50703	-50703
10	2009-05-18...	14747	58386	-43639	398353	0	398353
11	2009-05-19...	0	0	0	63000	12000	51000
12	2009-05-20...	0	0	0	0	182025	-182025
13	2009-05-21...	21339	0	21339	0	102795	-102795
14	2009-05-22...	10993	47651	-36658	321155	0	321155

图 11.7　资金往来存储过程的运行结果

知识点

游标

要使用游标必须遵循以下 6 个步骤。

1. 定义游标定义

游标语句的核心是定义了一个游标标识名，并把游标标识名与一个查询语句关联起来。DECLARE 语句用于声明游标，它通过 SELECT 查询定义游标存储的数据集合。语句格式如下。

```
DECLARE 游标名称 [ INSENSITIVE ][ SCROLL ]
CURSOR FOR select 语句
[ FOR { READ ONLY|UPDATE [ OF 列名字表 ]}]
```

参数说明

（1）INSENSITIVE：说明所定义的游标使用 SELECT 语句查询结果的复制，对游标的操作都基于该复制进行。因此，在此期间对游标基本表的数据修改不能反映到游标中。这种游标也不允许通过它修改基本表的数据。

（2）SCROLL：指定该游标可用所有的游标数据定位方法提取数据。游标定位方法包括 PRIOR、FIRST、LAST、ABSOLUTE n 和 RELATIVE n 选项。

（3）select 语句：为标准的 SELECT 查询语句，其查询结果为游标的数据集合。构成游标数据集合的一个或多个表称作游标的基表。

在游标声明语句中，有下列条件之一时，系统自动把游标定义为 INSENSITIVE 游标。

① SELECT 语句中使用了 DISTINCT、UNION、GROUP BY 或 HAVING 等关键字。

② 任一个游标基表中不存在唯一索引。

③ 其他。

（4）READ ONLY：说明定义只读游标。

（5）UPDATE [OF 列名字表]：定义游标可修改的列。如果使用 OF 列名字表，说明只允许修改所指定的列，否则，所有列均可修改。

例如，查询库存数量为 0 的产品信息，定义游标的语句如下。

```
DECLARE TCURSOR CURSOR FOR
SELECT 产品编号，产品名称
FROM teacher, couse
WHERE 库存数量 =0
```

2. 打开游标

打开游标语句执行游标定义中的查询语句，查询结果存放在游标缓冲区中，并使游标指针指向游标区中的第 1 个元组，作为游标的默认访问位置。查询结果的内容取决于查询语句的设置和查询条件。

打开游标的语句格式如下。

```
EXEC SQL OPEN〈游标名〉
```

如果打开的游标为 INSENSITIVE 游标，则在打开时将产生一个临时表，将定义的游标数据集合从其基表中复制过来。

在 SQL Server 中，游标打开后，可以从全局变量 @@CURSOR_ROWS 中读取游标结果集合中的行数。

例 1 打开前面创建的查询库存数量为 0 的产品信息的游标。

```
OPEN tcursor
```

例 2 显示游标结果集合中的数据行数。

```
ELECT 数据行数 = @@CURSOR_ROWS
```

3. 读游标区中的当前元组

读游标区数据语句是读取游标区中当前元组的值，并将各分量依次赋给指定的共享主变量。FETCH 语句用于读取游标中的数据，语句格式如下。

```
FETCH [[NEXT|PRIOR|FIRST|LAST|ABSOLUTE n|RELATIVE n]
FROM] 游标名
[INTO @变量1, @变量2, ….]
```

参数说明

（1）NEXT：说明读取游标中的下一行。第 1 次对游标实行读取操作时，NEXT 返回结果集合中的第 1 行。

（2）PRIOR、FIRST、LAST、ABSOLUTE n 和 RELATIVE n：只适用于 SCROLL 游标。它们分别说明读取游标中的上一行、第 1 行、最后一行、第 *n* 行和相对于当前位置的第 *n* 行。*n* 为负值时，ABSOLUTE n 和 RELATIVE n 说明读取从游标结果集合中的最后一行或当前行倒数 *n* 行的数据。

（3）INTO 子句：将读取的数据存放到指定的局部变量中，每一个变量的数据类型应与游标所返回的数据类型严格匹配，否则将产生错误。

如果游标区的元组已经读完，那么系统状态变量 SQLSTATE 的值被设为 02000，意为 no tuple found。

例如，读取 tcursor 中当前位置后的第 2 行数据。

```
FETCH RELATIVE 2 FROM tcursor
```

4. 利用游标修改数据

SQL Server 中的 UPDATE 语句和 DELETE 语句也支持游标操作，它们可以通过游标修改或删除游标基表中的当前数据行。

UPDATE 语句的格式如下。

```
UPDATE table_name
SET 列名=表达式}[, …n]
WHERE CURRENT OF cursor_name
```

DELETE 语句的格式如下。

```
DELETE FROM table_name
WHERE CURRENT OF cursor_name
```

参数说明

CURRENT OF cursor_name：表示当前游标指针所指的当前行数据。CURRENT OF 只能在 UPDATE 和 DELETE 语句中使用。注意，使用游标修改基表数据的前提是声明的游标是可更新的；对相应的数据库对象（游标的基表）有修改和删除权限。

5. 关闭游标

关闭游标后，游标区的数据不可再读。CLOSE 语句关闭已打开的游标，之后不能再对游标进行读取等操作，但可以使用 OPEN 语句再次打开该游标。

CLOSE 语句的格式如下。

```
CLOSE 游标名
```

6. 释放游标语句

DEALLOCATE 语句释放定义游标的数据结构，释放后不可再用。语句格式如下。

```
DEALLOCATE 游标名
```

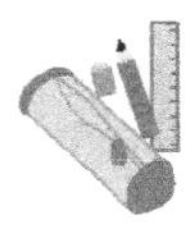

能力（知识）梳理

触发器其实就是预先定义好的一段 Transact-SQL 语句（也可以叫存储过程，但不能接受参数），在指定的事件（insert、update、delete）触发。在触发器中，经常会同 inserted、deleted 这两张临时表进行数据交流，需要注意的是，这两张表中的数据常常不止一行。

游标是逐行逐字段访问数据的一个最佳方法，它能单独对某一行数据进行处理。使用游标需要严格遵循 6 个步骤：定义、打开、读取、操作、关闭、删除。游标对系统性能会有非常大的影响，特别是可更新游标，因此，在数据库编程时，要尽量避免使用游标。例如，本模块中的工作任务 3 的要求，可以使用交叉表技术来实现，完整代码如下。

```
declare @s varchar(8000)
declare @start varchar(50)
declare @end varchar(50)
set @s='select 日期 '
select @s=@s+',['+银行名称+'收入]=sum(case when 银行名称='''+银行名称+'''
          then 收入 else 0 end)'+',['+银行名称+'支出]=sum(case when 银行
          名称='''+银行名称+''' then 支出 else 0 end)'+',['+银行名称+'余额]
          =sum(case when 银行名称='''+银行名称+''' then 余额 else 0 end)'
from 资金往来日汇总
group by 银行名称
```

```
set @s=@s+' from 资金往来日汇总  group by 日期 order by 日期 desc'
exec (@s)
```

其中，资金往来日汇总是一个视图，用到了用户定义函数，创建语句如下。

```
SELECT      银行名称,
  日期, SUM(金额)AS 总计,
  dbo.getSumSR(日期, 银行名称)AS 收入,
  dbo.getSumZC(日期, 银行名称)AS 支出,
  dbo.getSumYE(日期, 银行名称)AS 余额
FROM     dbo.资金往来表
GROUP BY 银行名称, 日期
```

能力训练

1. 设计并实现“trg_供应商”触发器，要求当填写入库单时，如果供应商的信息在供应商表中不存在，则将该供应商信息记录到供应商表中。

2. 改进“资金往来”存储过程，添加两个参数——开始日期、结束日期，统计这两个日期之间各银行账户的资金收支情况。

模块 12 安全管理

专业岗位工作过程分析

任务背景

由于数据库系统中包含大量的信息，所以数据库系统的安全性非常重要。数据库安全管理的目的就是确保授权的用户可以使用相应的数据，其他人不可以访问和使用数据，以防数据库中的数据出现问题。为此，SQL Server 2014 数据库管理系统提供了很完善的安全管理。例如，在使用“长江家具”数据库时，首先要在数据库系统中创建登录用户，然后设置该用户的访问权限，该用户才能访问“长江家具”数据库。

图 12.1 所示是通过系统管理员登录到数据库系统，为了便于数据库的安全管理，应该给不同的用户设定不同的权限。只有经过授权的用户才具有对数据库的操作权限。图 12.2 所示是用户登录与设置界面。

连接到服务器

Microsoft SQL Server 2014

服务器类型(T): 数据库引擎

服务器名称(S): YOS-1022101718

身份验证(A): Windows 身份验证

用户名(U): YOS-1022101718\Administrator

密码(P):

记住密码(M)

连接(C) 取消 帮助 选项(O) >>

图 12.1 登录连接数据库

工作过程

由于工作需要，IT 部门需要为不同的数据库系统用户建立多个用户名，并为这些用户授予不同的访问和操作权限，才能在一定程度上控制用户对数据库的访问和操作动作，确保数据安全。

在综合评估企业其他业务部门对数据库的关键应用需求后，王明采取创建数据库角色，然后为角色赋权（实现角色与权限间的匹配管理），最后创建一个个独立的用户账户，并为其制定具体的角色，从而使得企业数据库的安全使用得到有效保障。

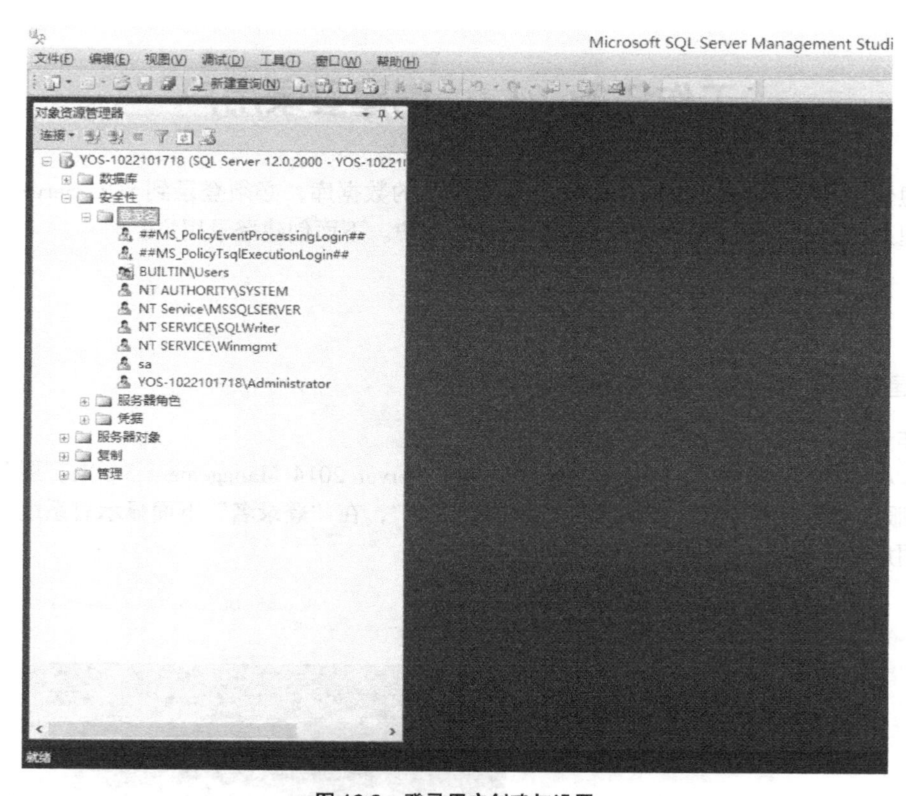

图 12.2 登录用户创建与设置

工作目标

终极目标

创建 SQL Server 2014 数据库系统登录用户和操作用户，进行权限管理和角色管理；改进 SQL Server 数据库系统安全的具体措施和方法。

促成目标

1. 设计 SQL Server 2014 中的用户登录管理。
2. 设计 SQL Server 2014 中的权限管理。
3. 设计 SQL Server 2014 中的角色管理。
4. SQL Server 2014 安装过程中安全管理的实现。

工作任务

1. 工作任务 12.1 创建登录用户。
2. 工作任务 12.2 创建数据库操作用户。
3. 工作任务 12.3 设置用户操作权限。
4. 工作任务 12.4 创建和管理角色。

工作任务 12.1　创建登录用户

要想使用 SQL Server 2014 数据库管理系统中的数据库，必须登录到 SQL Server 2014 数据库管理系统服务器上，即必须是服务器的合法用户。下面创建登录用户。

12.1.1　建立登录用户

1. 建立“SQL Server 身份验证模式”登录用户

操作步骤：

1）以系统管理员 Administrator 身份登录 SQL Server 2014 Management Studio，展开“服务器”（各服务器名字不同）｜“安全性”｜“登录名”，在“登录名”下面显示有系统当前所有的登录用户名，如图 12.3 所示。

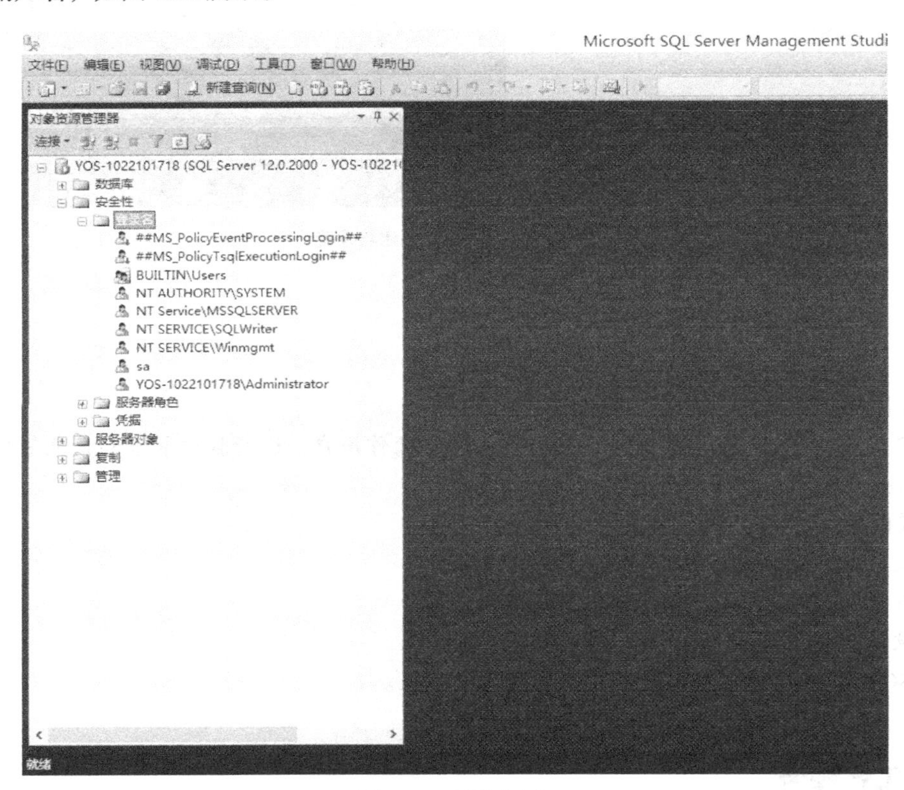

图 12.3　登录用户名

2）在“登录名”上右击，弹出快捷菜单，如图 12.4 所示。

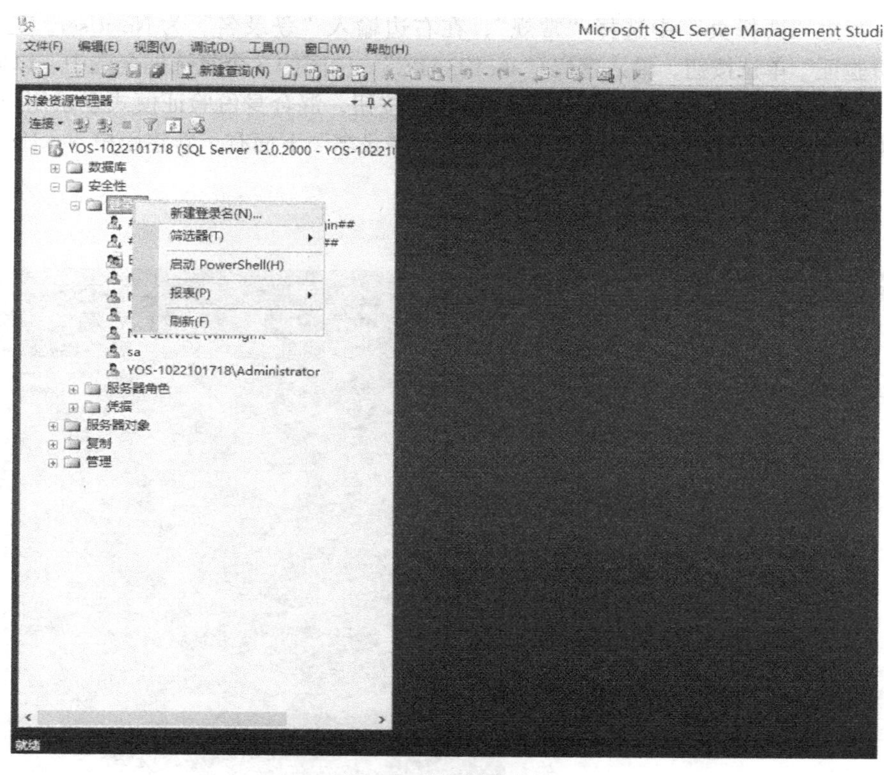

图 12.4 登录快捷菜单

3）选择“新建登录名”命令，出现如图 12.5 所示的“登录名 – 新建”对话框。

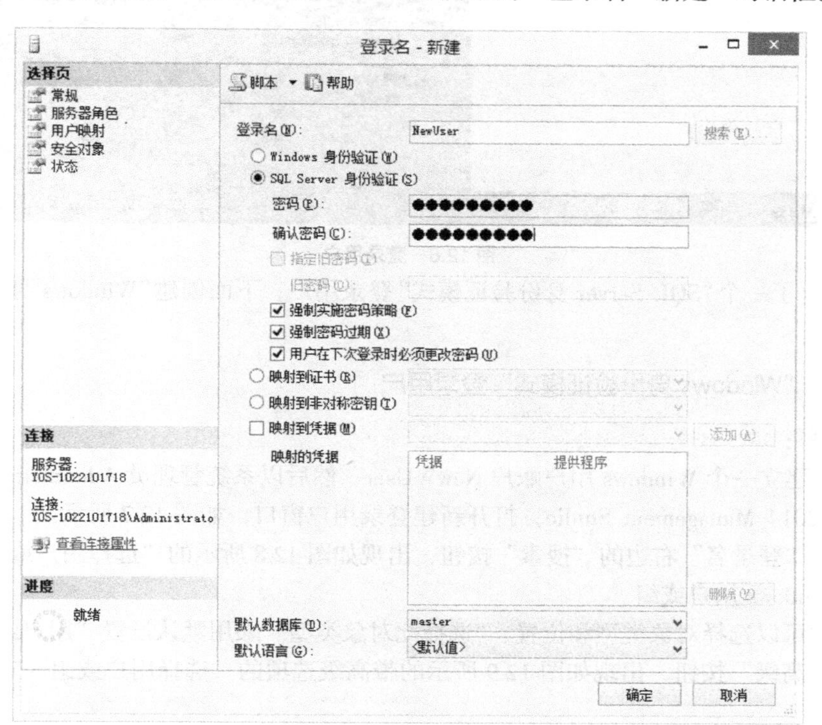

图 12.5 创建登录用户

4）在左边“选择页”中选择“常规”，在右边输入“登录名”为 NewUser，选中“SQL Server 身份验证”单选按钮，输入密码“abc123ABC”，中间的 3 个复选框全选中，以确保安全性，选择“默认数据库”为 master。单击“确定”按钮，混合身份验证模式登录用户创建好，系统返回如图 12.6 所示的界面。与图 12.3 相比，“登录名”下面有了新建用户 NewUser。

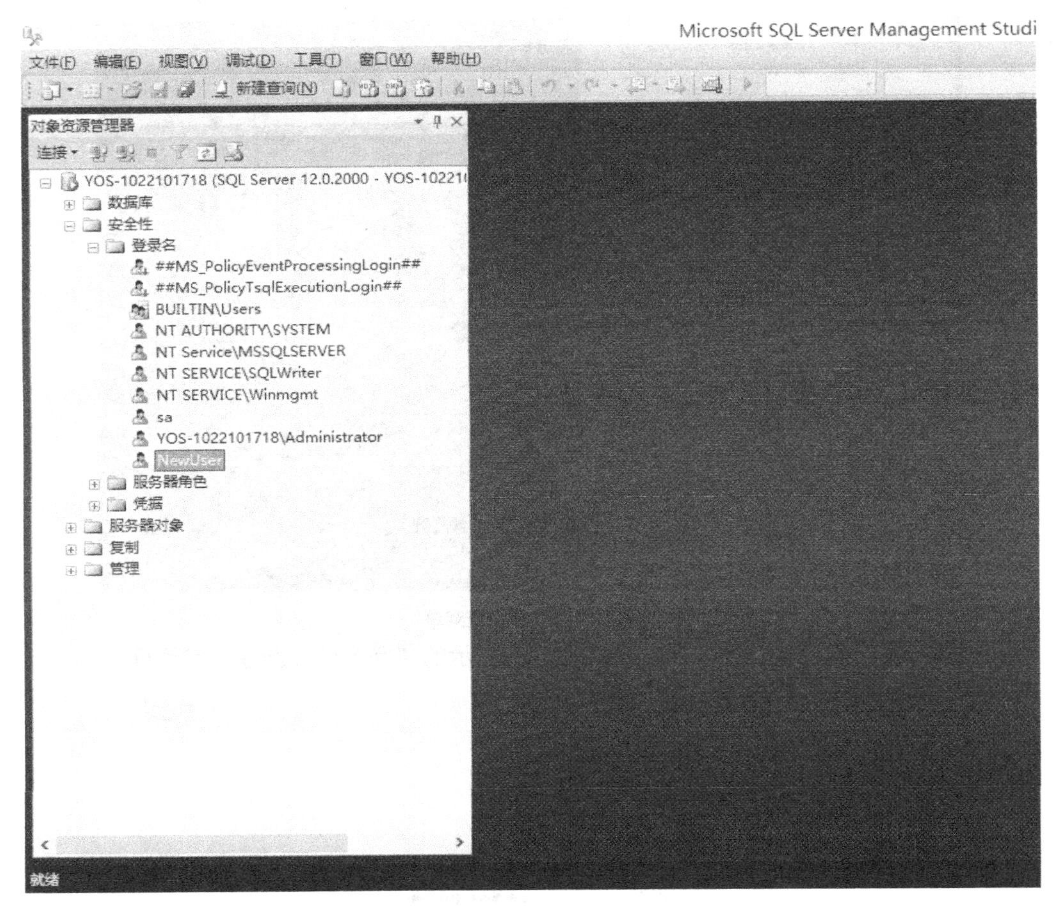

图 12.6 登录用户

这里建立了一个“SQL Server 身份验证模式”登录用户，下面创建“Windows 身份验证模式”登录用户。

2. 建立“Windows 身份验证模式”登录用户

操作步骤：

1）首先建立一个 Windows 用户账户 NewWUser，然后以系统管理员 Administrator 身份登录 SQL Server 2014 Management Studio，打开新建登录用户窗口，如图 12.7 所示。

2）单击“登录名”右边的“搜索”按钮，出现如图 12.8 所示的“选择用户或组”对话框，用来选择 Windows 用户或组。

3）在此可以选择对象类型和位置，“选择此对象类型”采用默认设置“用户或内置安全主体”。单击“高级”按钮，出现如图 12.9 所示的带高级选项的“选择用户或组”对话框，用来选择对象名。

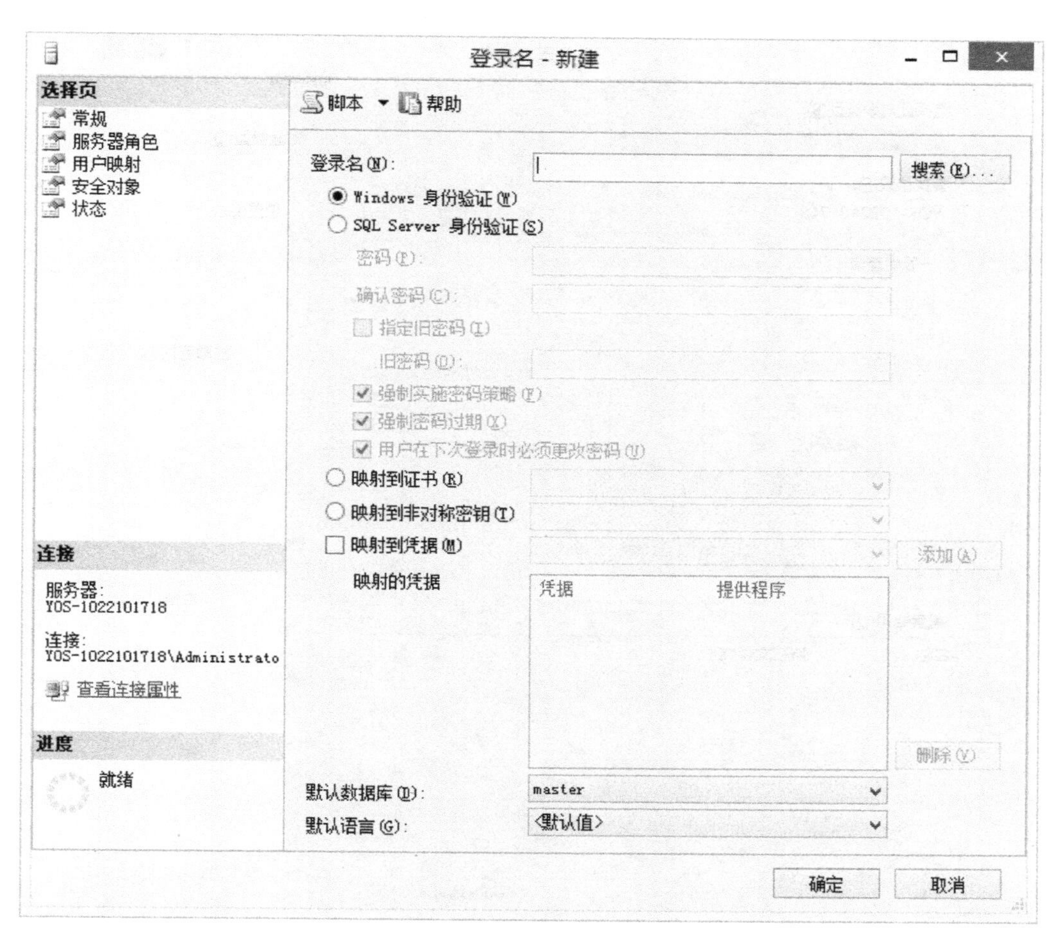

图 12.7 新建登录名

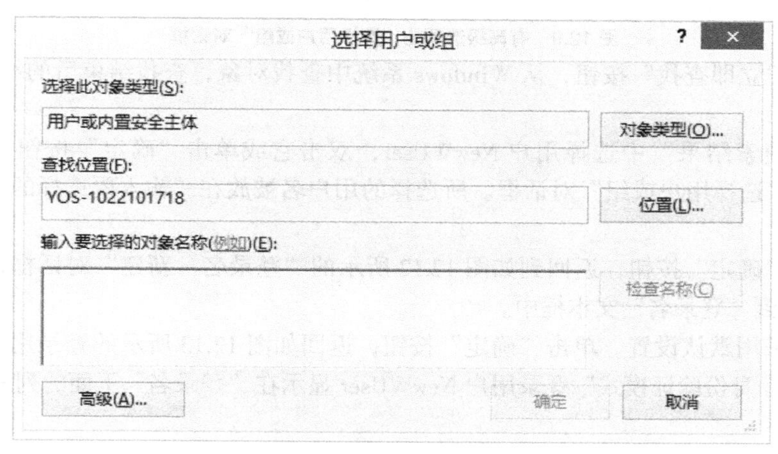

图 12.8 选择用户或组

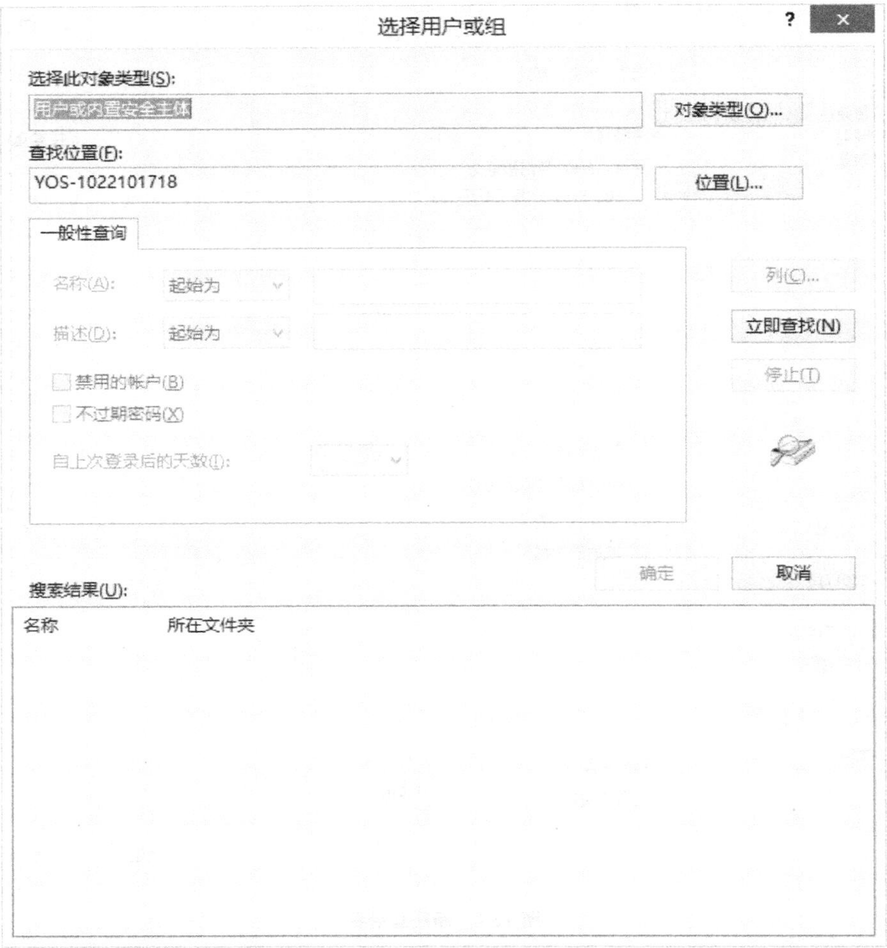

图 12.9　有高级选项的“选择用户或组”对话框

4）单击“立即查找”按钮，从 Windows 系统中查找对象，查找结束后的结果如图 12.10 所示。

5）在“搜索结果”中选择用户 NewWUser，双击它或单击“确定”按钮，返回到如图 12.11 所示的“选择用户或组”对话框。所选择的用户名被放在“输入要选择的对象名称”列表框中。

6）单击“确定”按钮，返回到如图 12.12 所示的“登录名 – 新建”对话框，此时选择的用户名被填充到“登录名”文本框中。

7）其他采用默认设置。单击“确定”按钮，返回如图 12.13 所示的登录用户名界面，新建的“Windows 身份验证模式”登录用户 NewWUser 显示在“登录名”下面的列表中。

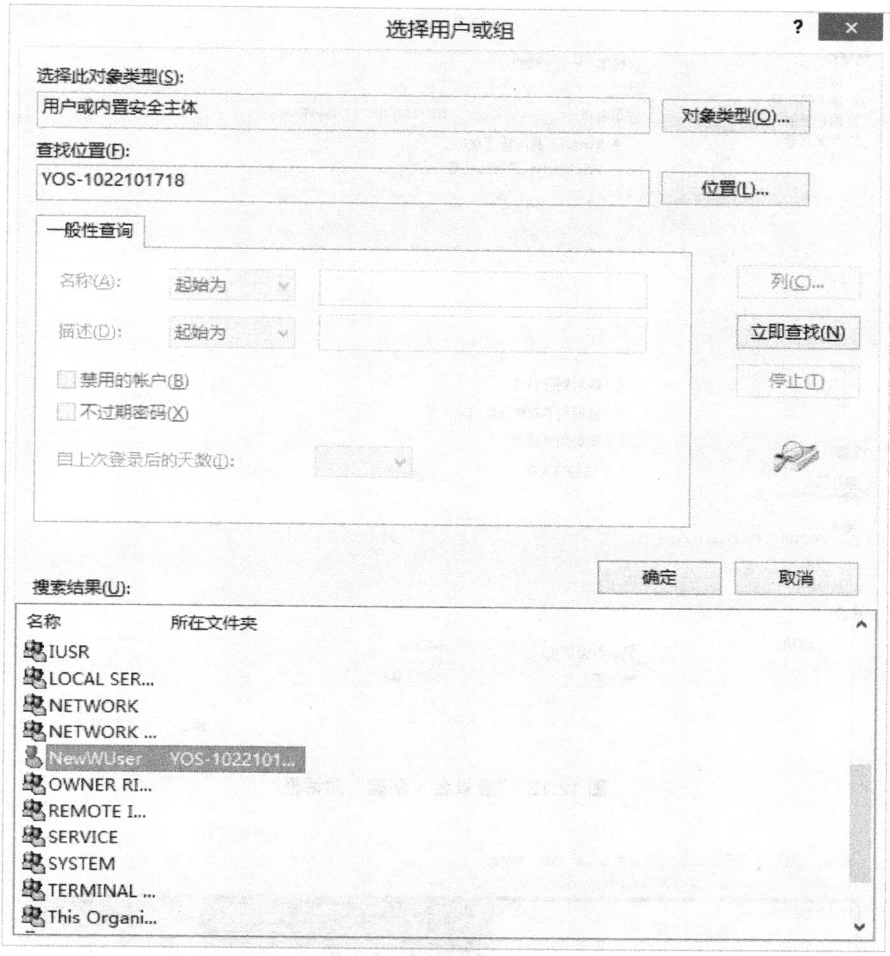

选择用户或组

选择此对象类型(S):

用户或内置安全主体　　对象类型(O)...

查找位置(F):

YOS-1022101718　　位置(L)...

一般性查询

名称(A): 起始为　　列(C)...

描述(D): 起始为　　立即查找(N)

禁用的帐户(B)　　停止(T)

不过期密码(X)

自上次登录后的天数(I):

确定　取消

搜索结果(U):

名称	所在文件夹
IUSR	
LOCAL SER...	
NETWORK	
NETWORK ...	
NewWUser	YOS-1022101...
OWNER RI...	
REMOTE I...	
SERVICE	
SYSTEM	
TERMINAL ...	
This Organi...	

图 12.10　查找结束后的结果

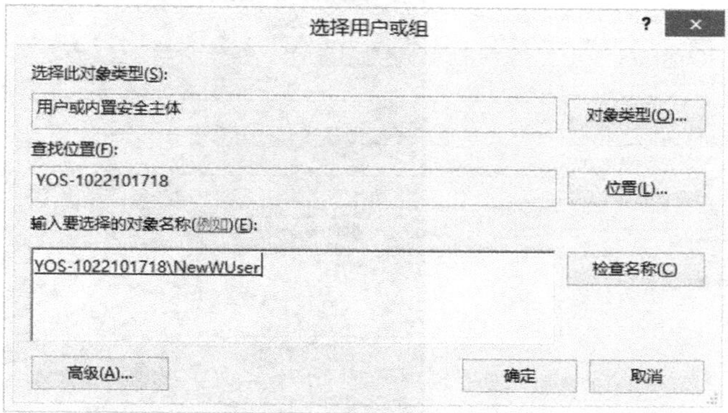

选择用户或组

选择此对象类型(S):

用户或内置安全主体　　对象类型(O)...

查找位置(F):

YOS-1022101718　　位置(L)...

输入要选择的对象名称(例如)(E):

YOS-1022101718\NewWUser　　检查名称(C)

高级(A)...　　确定　取消

图 12.11　选择用户或组

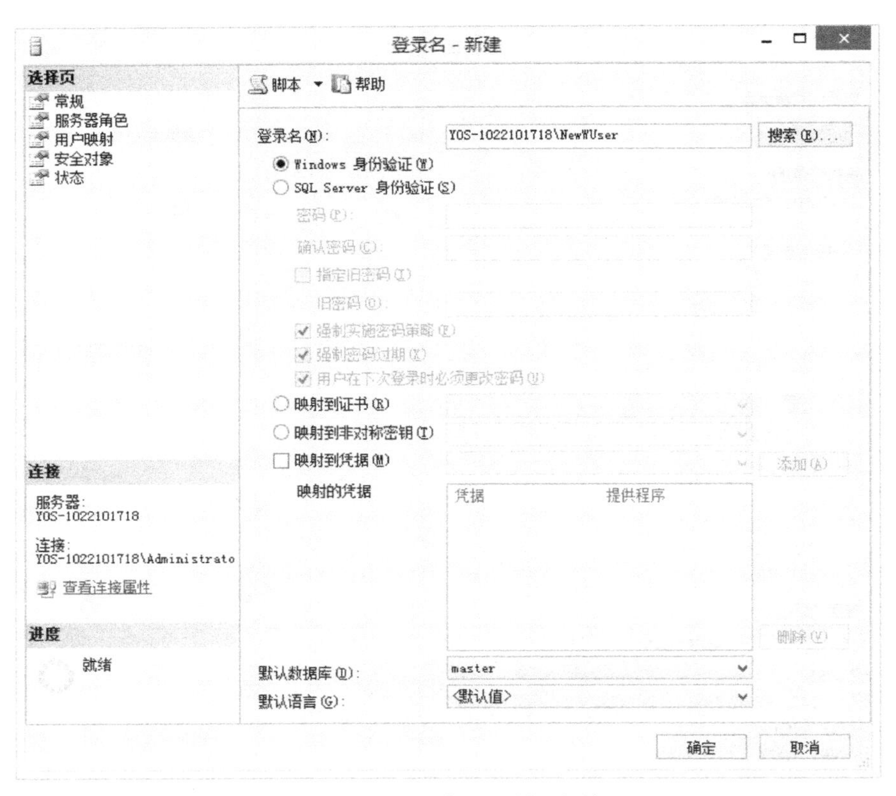

图 12.12 “登录名 – 新建”对话框

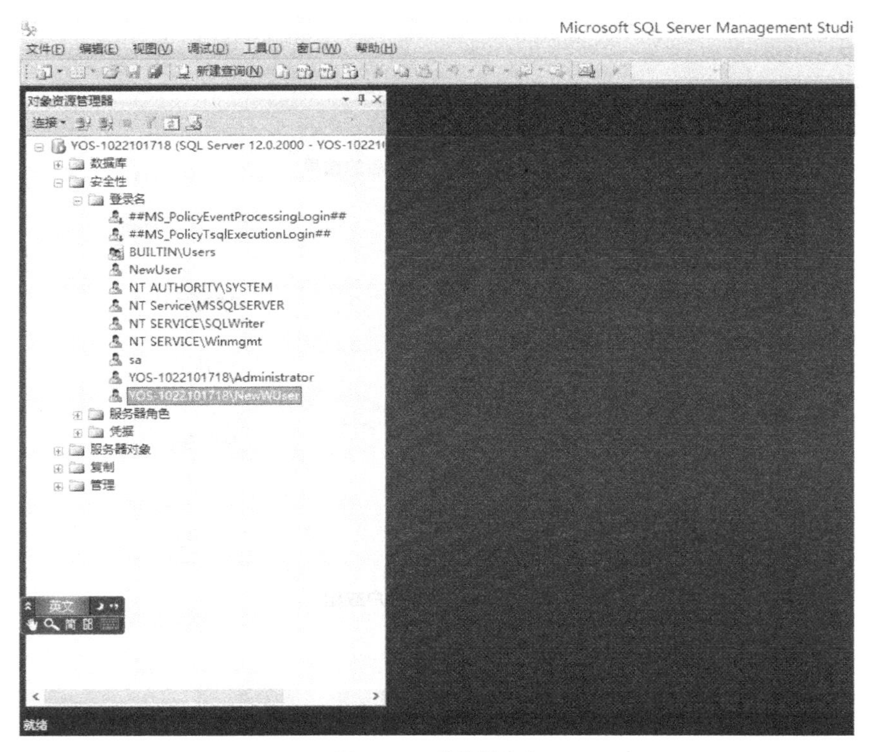

图 12.13 登录用户名

知识点

安全性

Microsoft 在 SQL Server 2014 中引入了非常丰富的安全特性，提供了极为严密的全新安全性设计，为企业的数据应用更好地保驾护航。

1. 使用 SQL Server 2014 数据库流程

流程如图 12.14 所示。

2. 登录服务器

这是从客户端连接到 SQL Server 2014 数据库系统服务器的过程。要想登录到 SQL Server 2014 数据库服务器，必须有合法的登录用户，这是由服务器的系统管理员创建的。

3. SQL Server 2014 安全验证（登录）模式

SQL Server 2014 有两种安全验证模式，分别是 Windows 身份验证模式和 SQL Server 混合身份验证模式（可以采用 Windows 身份验证模式或 SQL Server 身份验证模式）。使用 SQL Server 混合身份验证模式时，系统会判断是否存在 Windows 登录用户，如果存在，系统直接采用 Windows 身份验证，否则系统采用 SQL Server 身份验证。一般情况下，应采用 Windows 身份验证模式，因为安全性更高。

4. 系统默认登录用户（系统管理员）

安装 SQL Server 2014 数据库系统时，系统自动创建了两个具有系统管理员权限的登录用户。Windows 身份验证登录用户为（机器名）\Administrator，SQL Server 身份验证登录用户为 sa，密码为安装系统时或修改验证模式时指定的密码。

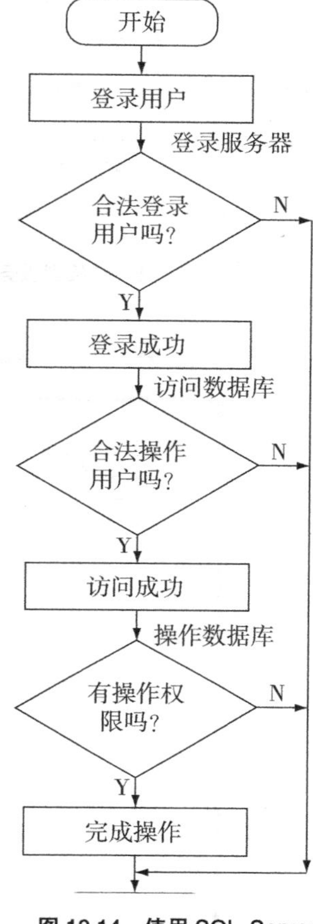

图 12.14 使用 SQL Server 2014 数据库流程

12.1.2 用新用户登录系统

此处只以“SQL Server 身份验证模式”登录为例，“Windows 身份验证模式”与此相似。

操作步骤：

1）退出 Microsoft SQL Server Management Studio，然后重新启动，出现如图 12.15 所示的“连接到服务器”对话框。

2）选择“身份验证”为“SQL Server 身份验证”，“登录名”输入刚才创建的新用户 NewUser，“密码”输入“abc1234ABC”，然后单击“连接”按钮，出现如图 12.16 所示的“更改密码”对话框。

3）输入并确认密码为 abcd1234ABCD，单击“确定”按钮，进入如图 12.17 所示的 Microsoft SQL Server Management Studio 主界面。

图 12.15　连接到服务器

图 12.16　更改密码

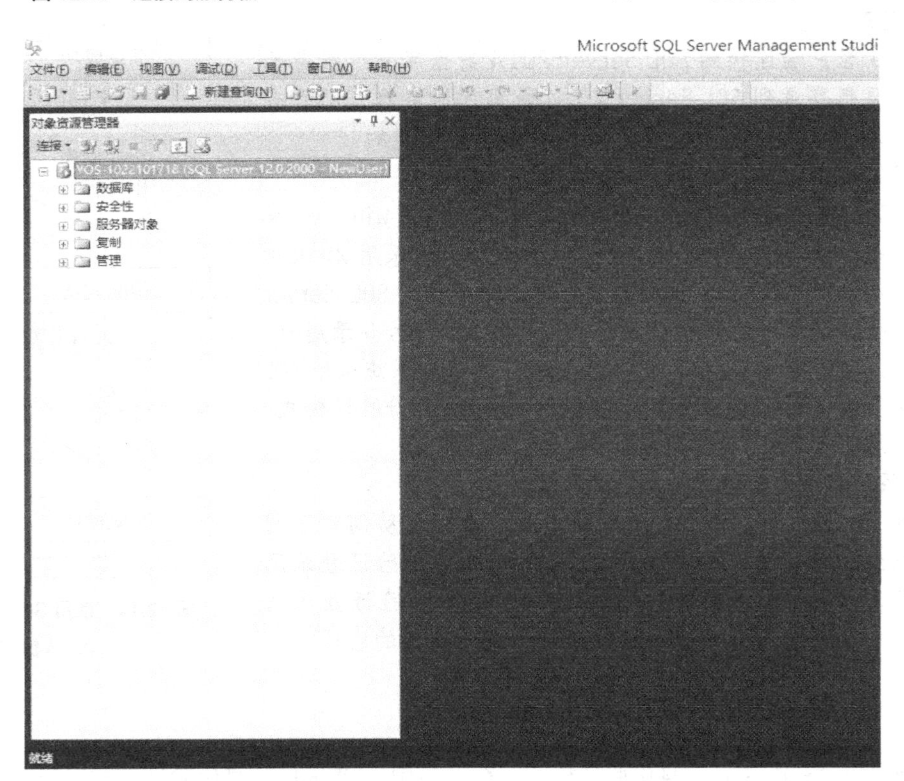

图 12.17　Microsoft SQL Server Management Studio 主界面

4）展开“数据库”，然后单击任一数据库，出现“无法访问数据库”提示框（见图 12.18）或出现如图 12.19 所示的界面，数据库里面为空。

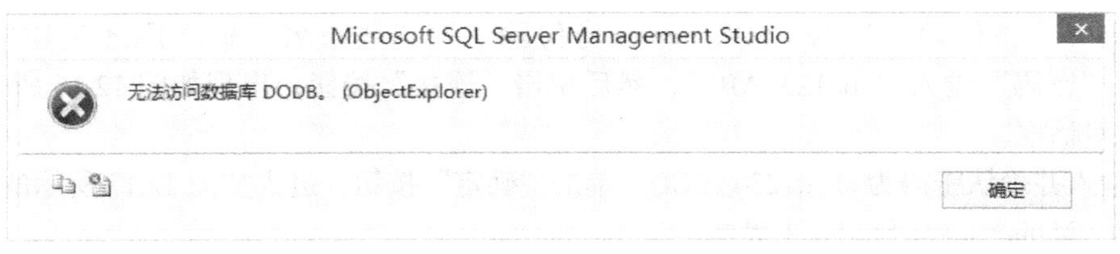

图 12.18　无法访问数据库

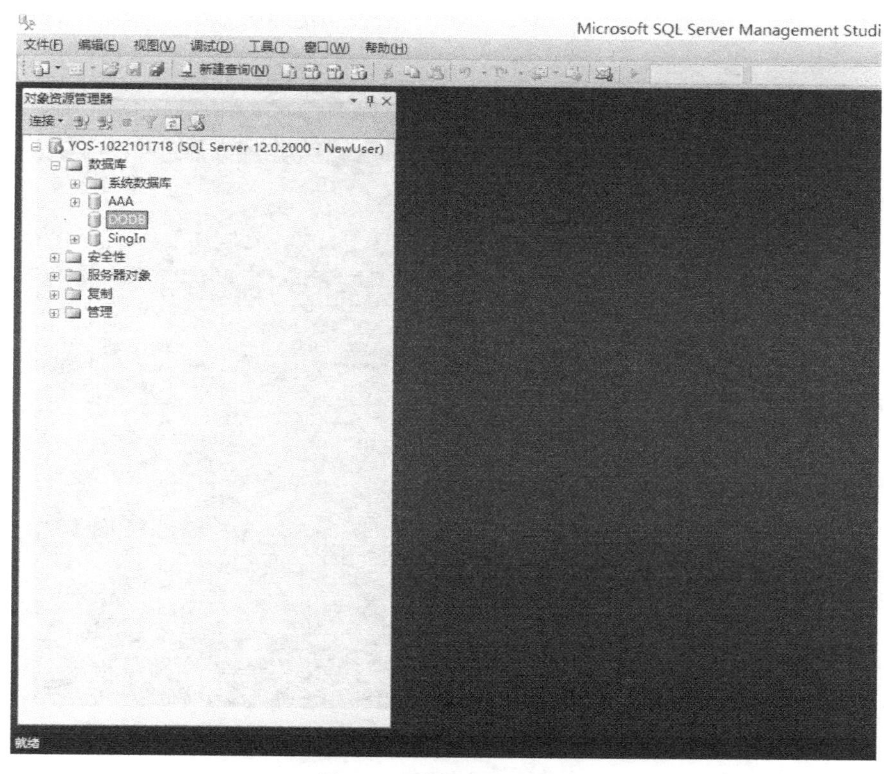

图 12.19　数据库内容为空

从上可知，用创建的新登录用户 NewUser 登录系统后，不能访问任何数据库，原因在于此用户只是登录用户，没有访问数据库的权限，如果要访问数据库系统对象，还必须把它映射成数据操作用户，即根据它创建数据库操作用户。

工作任务 12.2　创建数据库操作用户

12.2.1　创建数据库操作用户

操作步骤：

1）以系统管理员 Administrator 身份登录 Microsoft SQL Server Management Studio，展开“服务器”｜“数据库”｜DODB｜“安全性”｜“用户”，在下面显示了 DODB 数据库当前所有的操作用户，如图 12.20 所示。

2）在“用户”上右击，出现快捷菜单，如图 12.21 所示。

3）选择“新建用户”命令，出现如图 12.22 所示的“数据库用户 – 新建”对话框。

4）可以通过单击“用户类型”下拉列表框，进行用户类型选择，此处采用默认的“带登录名的 SQL 用户”。单击“登录名”文本框右边的按钮，出现如图 12.23 所示的“选择登录名”对话框。

5）单击“浏览”按钮，出现如图 12.24 所示的“查找对象”对话框。

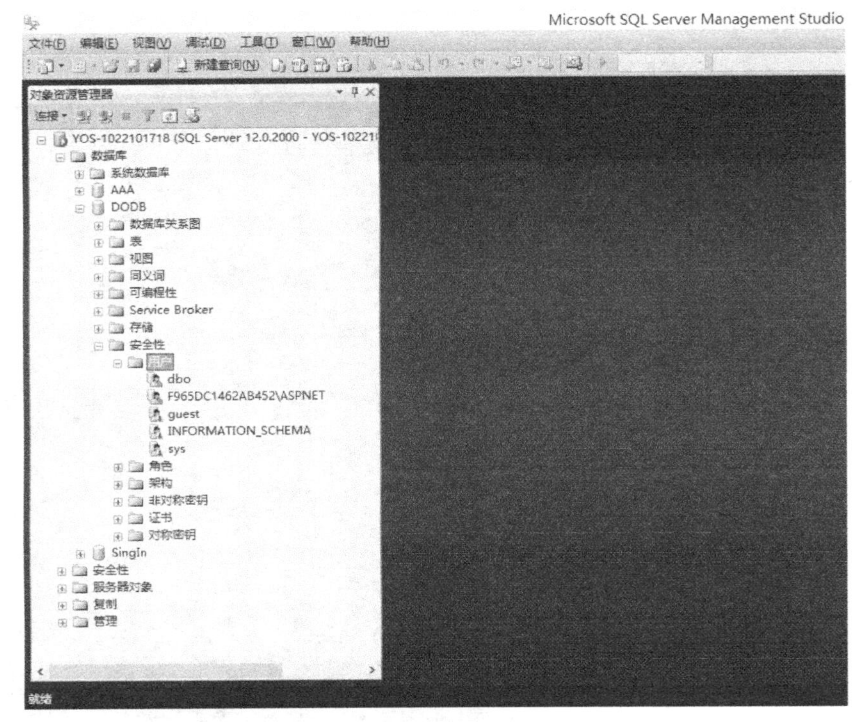

图 12.20　DODB 数据库当前所有的操作用户

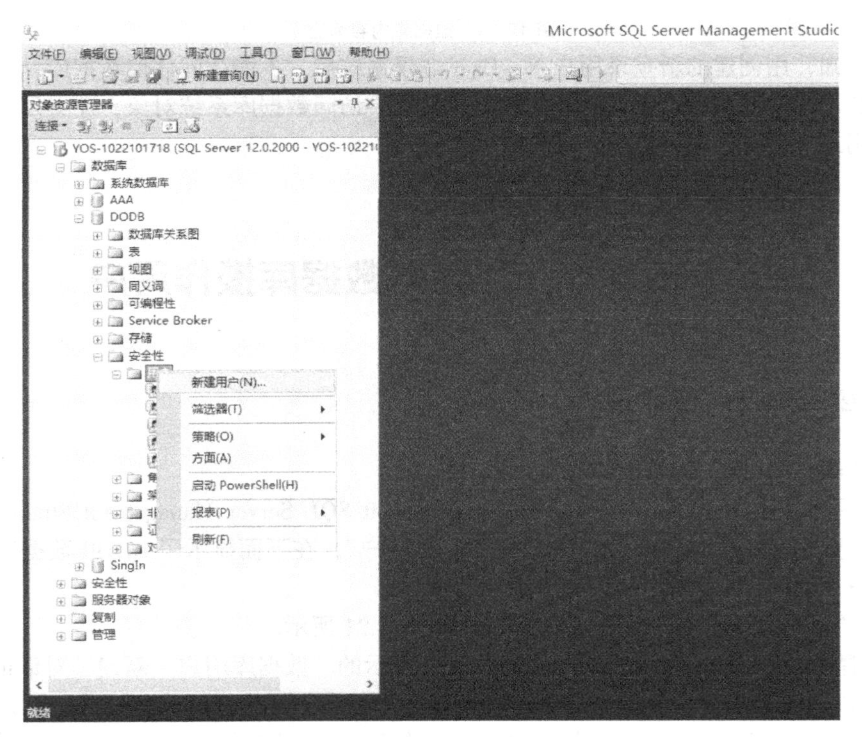

图 12.21　新建用户快捷菜单

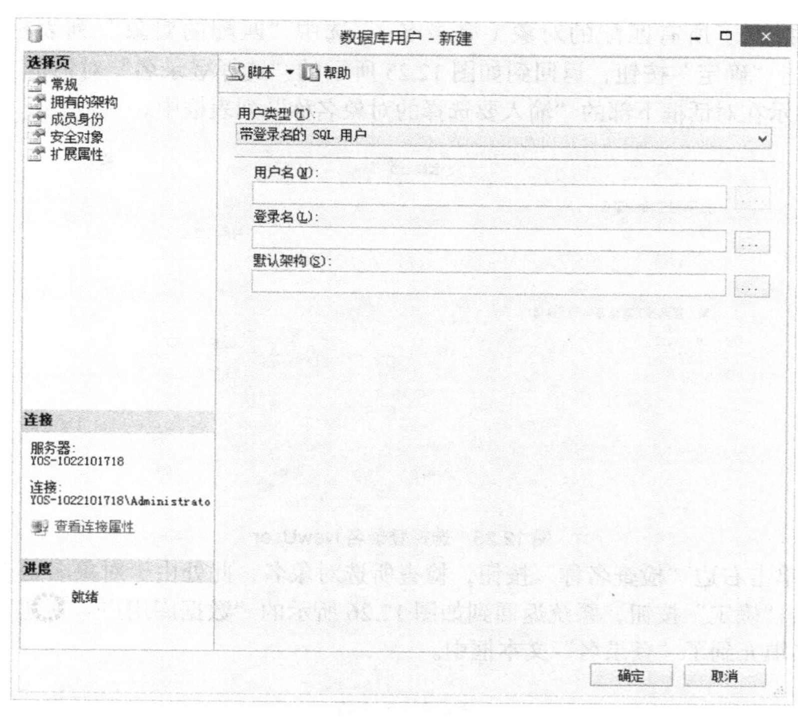

图 12.22　新建数据库用户

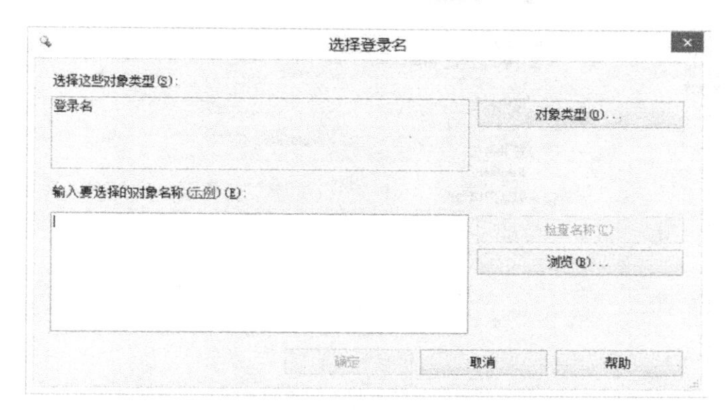

图 12.23　选择登录名

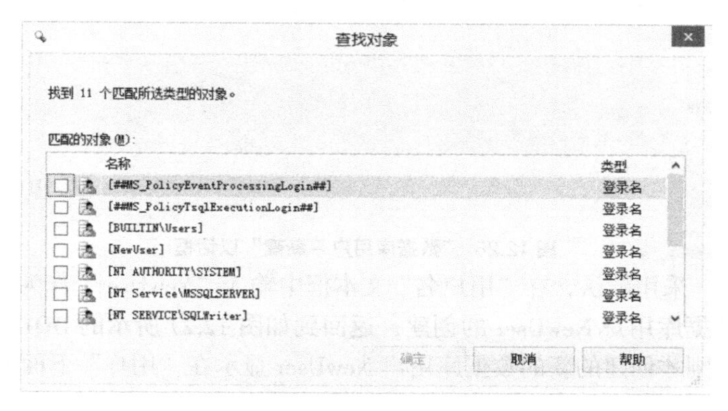

图 12.24　查找对象

6）此处找到了所有匹配的对象（登录名）。选中"匹配的对象"列表框中的登录名 NewUser，单击"确定"按钮，返回到如图 12.25 所示的"选择登录名"对话框。刚才所选的登录用户名显示在对话框下部的"输入要选择的对象名称"列表框中。

图 12.25　选择登录名 NewUser

7）可以单击右边"检查名称"按钮，检查所选对象名，此处由于对象名是查出的，故可以不查。单击"确定"按钮，系统返回到如图 12.26 所示的"数据库用户 – 新建"对话框，刚才所选登录名填充到了"登录名"文本框中。

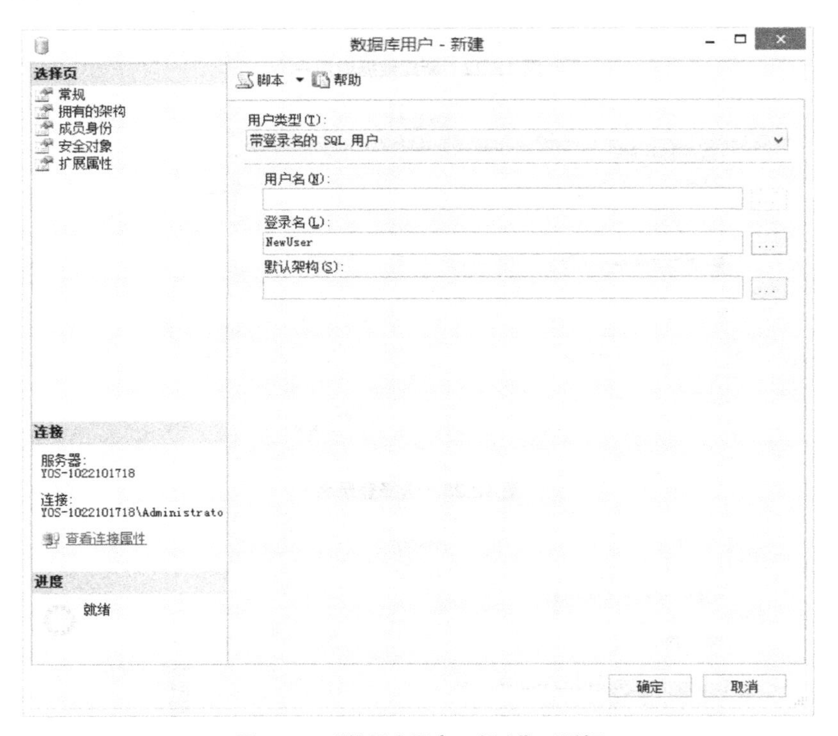

图 12.26　"数据库用户 – 新建"以话框

8）"默认架构"采用默认，在"用户名"文本框中输入"NewUser"作为用户名。单击"确定"按钮，完成数据库用户 NewUser 的创建，返回到如图 12.27 所示的 DODB 数据库当前所有的操作用户列表，刚才创建的新的数据库用户 NewUser 显示在"用户"下面的列表中。

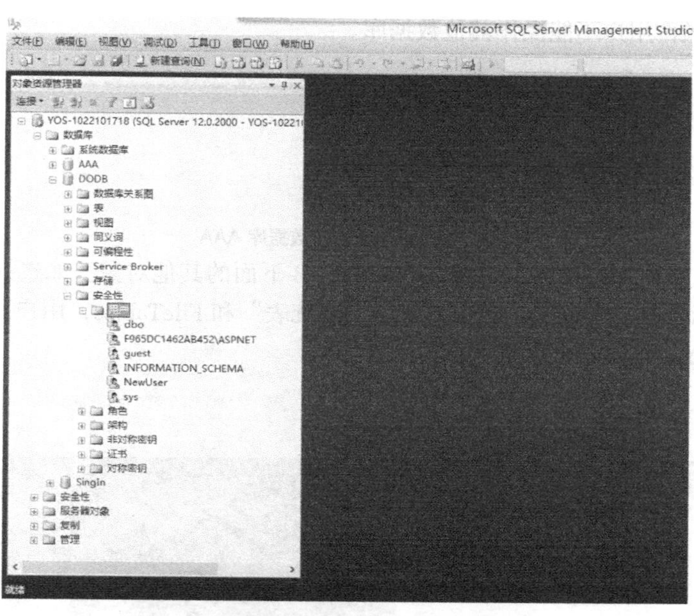

图 12.27　DODB 数据库当前所有的操作用户

12.2.2　用新用户登录系统

操作步骤：

1）重新用新登录用户 NewUser 登录数据库服务器，在“对象资源管理器”中选择数据库 DODB，出现如图 12.28 所示的界面，在左边 DODB 列表中显示了 DODB 数据的对象，说明此登录用户可以访问数据库 DODB。

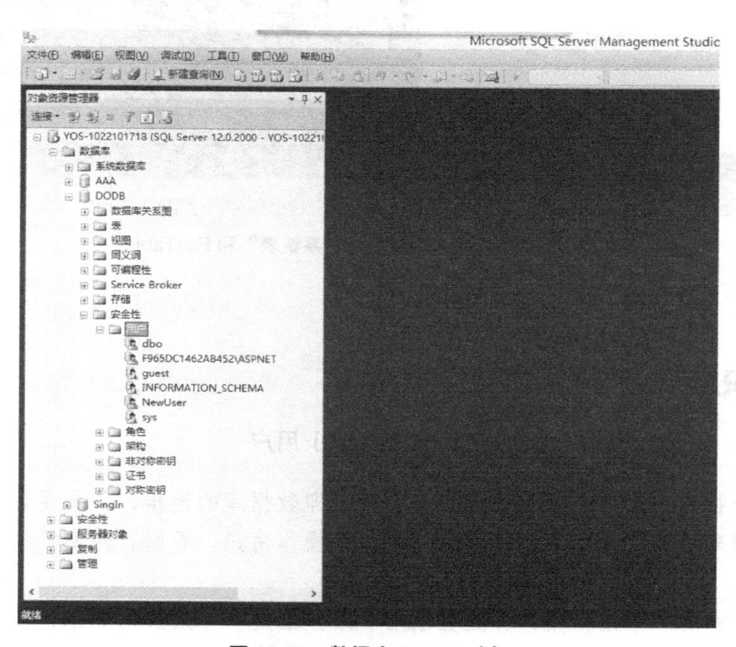

图 12.28　数据库 DODB 对象

2）选择服务器上的其他数据库，出现如图 12.29 所示的“无法访问数据库”，说明给数据库 DODB 创建的操作用户不能操作其他数据库。

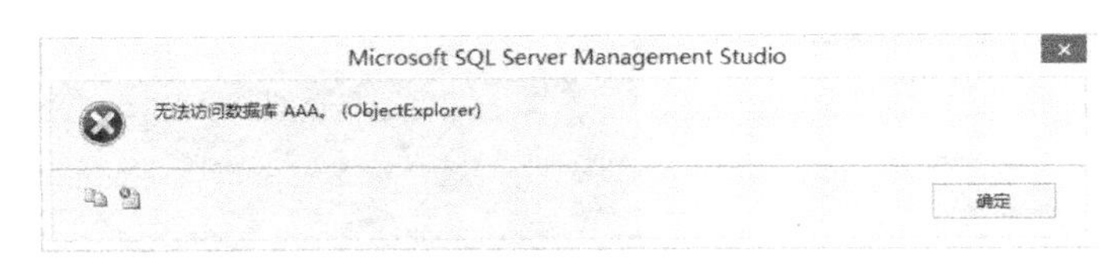

图 12.29　无法访问数据库 AAA

3）在“对象资源管理器”中选择数据库 DODB 下面的其他对象，如选择“表”对象，出现如图 12.30 所示的“表”列表，其中只显示“系统表”和 FileTables，用户所创建的表都没有出现，说明用户 NewUser 不能操作数据库对象。

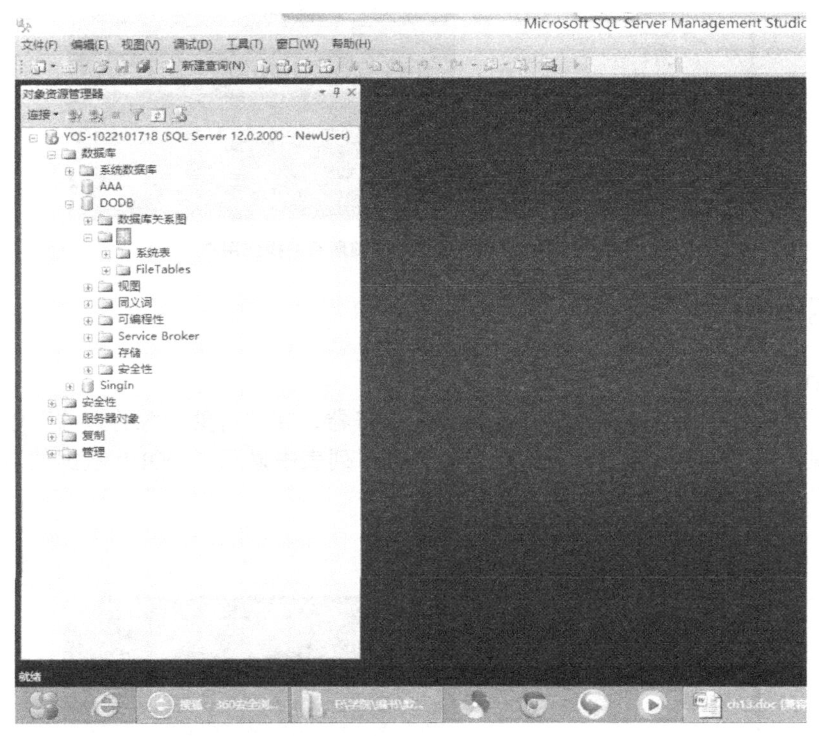

图 12.30　“表”列表中只显示“系统表”和 FileTables

知识点

数据库（操作）用户

这是访问数据库的用户。登录名提供身份验证即数据库的连接，如果要访问数据库，还必须把登录名映射到数据库操作用户，即创建数据库操作用户。否则，即使拥有登录名，还是无法访问数据库。

每个数据库都有一个用户集，并且登录名和用户名是一一对应的关系，即一个登录名在一个数据库中只能创建一个用户名，而一个登录名可以在每个数据库中分别创建一个用户名。

由登录名映射到数据库用户后，虽然能访问数据库，但还不能对数据库对象进行操作，要想让用户能操作数据库对象，需赋给一定的权限。

工作任务 12.3　设置用户操作权限

12.3.1　面向单一用户的操作权限设置

1. 设置用户操作权限

操作步骤：

1）以系统管理员 Administrator 身份登录 SQL Server 2014 Management Studio，展开“服务器”| DODB |“安全性”|“用户”，在列表中显示数据库的所有用户。在数据库用户清单中，右击 NewUser，出现如图 12.31 所示的快捷菜单。

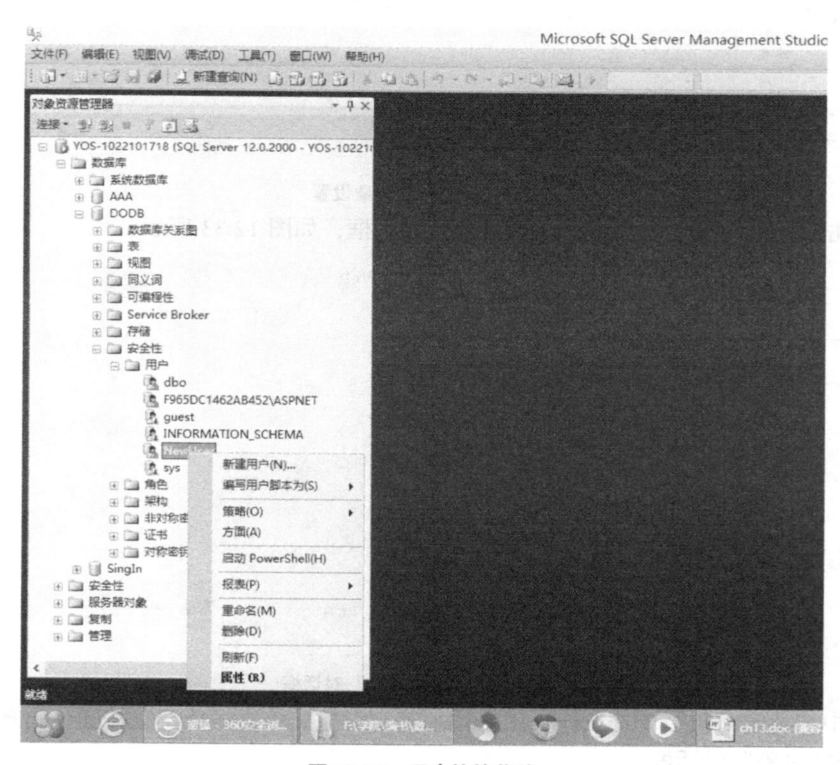

图 12.31　用户快捷菜单

2）选择“属性”命令，出现数据库用户 NewUser 的属性对话框，在左边“选择页”中选择“安全对象”，如图 12.32 所示。

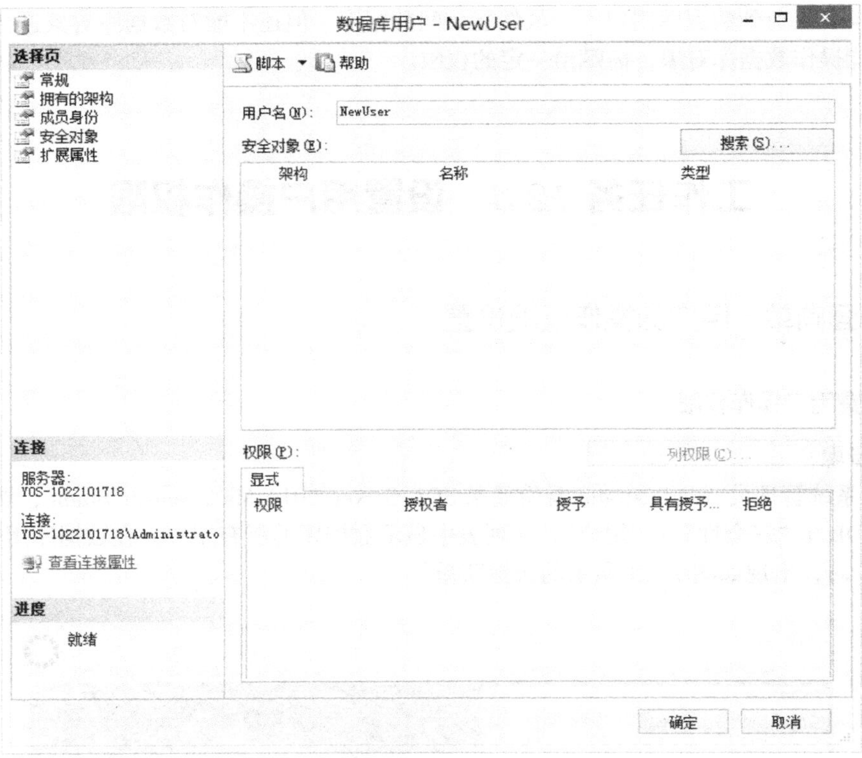

图 12.32　安全对象设置

3）单击“搜索”按钮，出现“添加对象”对话框，如图 12.33 所示。

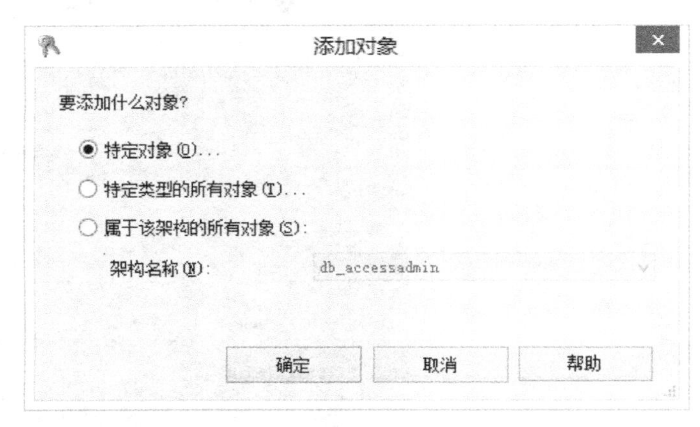

图 12.33　“添加对象”对话框

4）选中“特定对象”单选按钮，用来添加特定对象。单击“确定”按钮，出现如图 12.34 所示的“选择对象”对话框。

5）单击“对象类型”按钮来选择对象的类型，出现如图 12.35 所示的“选择对象类型”对话框。

6）选择“选择要查找的对象类型”中的“表”，即选中“表”复选框，如图 12.36 所示。

7）单击“确定”按钮，返回到如图 12.37 所示的“选择对象”对话框，刚才所选的“表”显示在了“选择这些对象类型”列表框中。

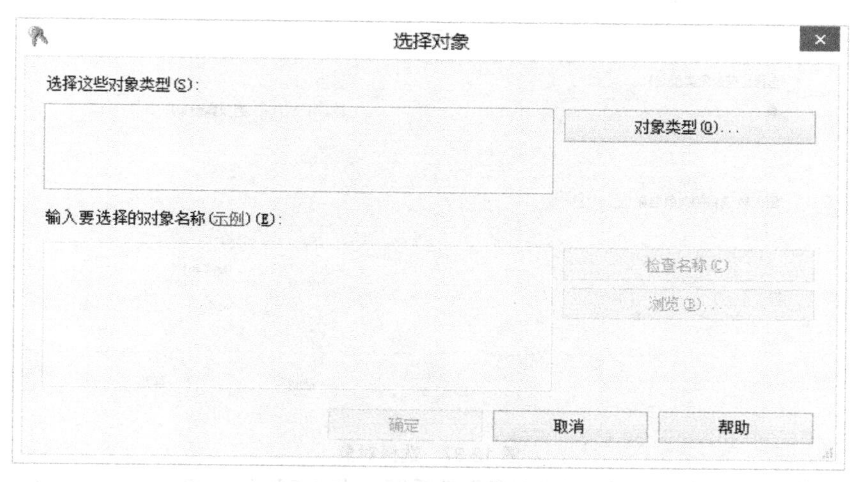

图 12.34 “选择对象”对话框

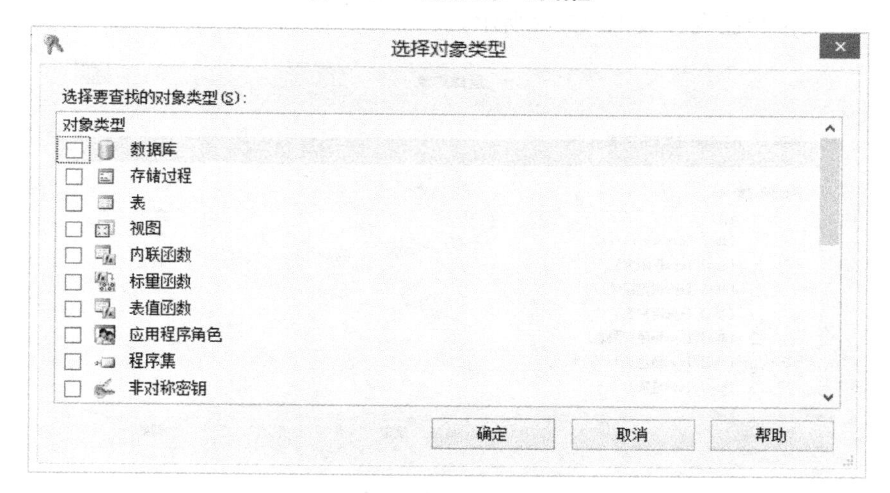

图 12.35 选择对象类型

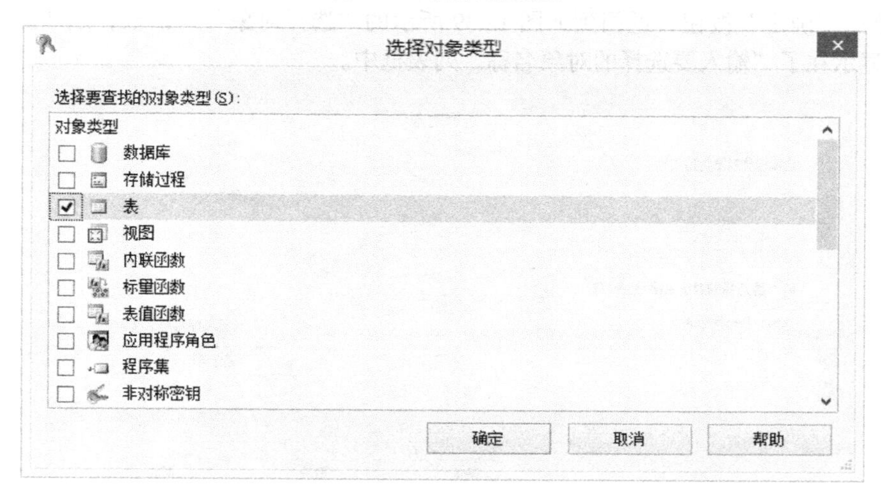

图 12.36 选中“表”

图 12.37 选择对象

8）单击“浏览”按钮，出现“查找对象”对话框，在“匹配的对象”中可以选择多个表对象，在此选一个表“sys 角色表”，如图 12.38 所示。

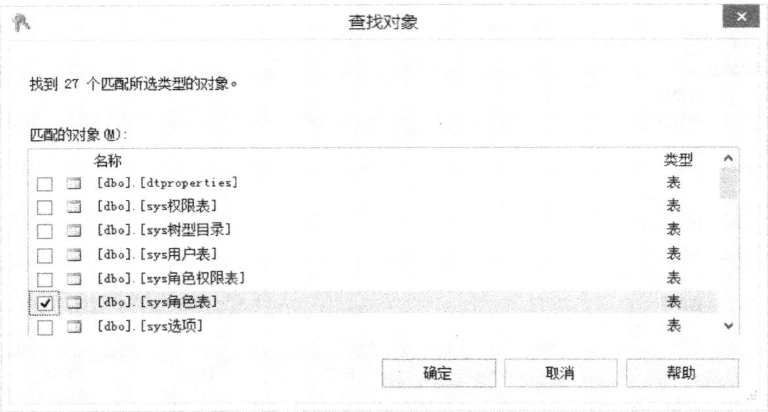

查找对象

找到 27 个匹配所选类型的对象。

匹配的对象(M):

	名称	类型
☐	[dbo].[dtproperties]	表
☐	[dbo].[sys权限表]	表
☐	[dbo].[sys树型目录]	表
☐	[dbo].[sys用户表]	表
☐	[dbo].[sys角色权限表]	表
☑	[dbo].[sys角色表]	表
☐	[dbo].[sys选项]	表

确定　取消　帮助

图 12.38 查找对象

9）单击“确定”按钮，返回到如图 12.39 所示的“选择对象”对话框，刚才所选的“sys 角色表”显示在了“输入要选择的对象名称”列表框中。

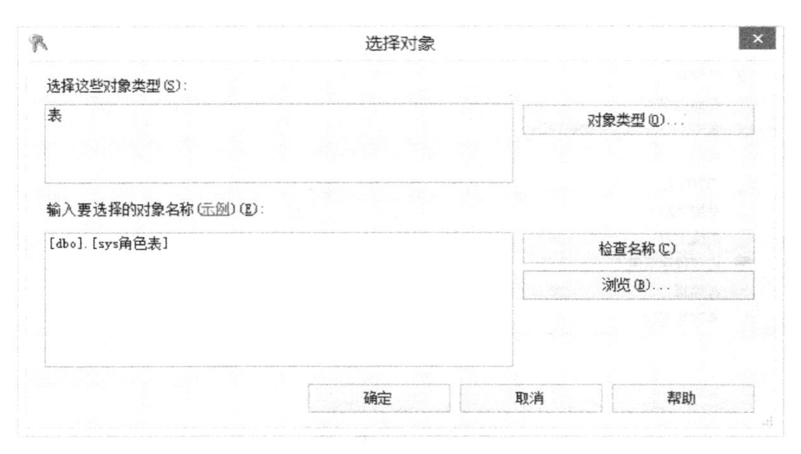

图 12.39 选择对象“sys 角色表”

10）单击“确定”按钮，出现如图 12.40 所示的对话框，刚才所选的“sys 角色表”显示在了“安全对象”列表中。在“sys 角色表的权限”下进行权限设置，选中“插入”，“列权限”按钮由灰变亮。

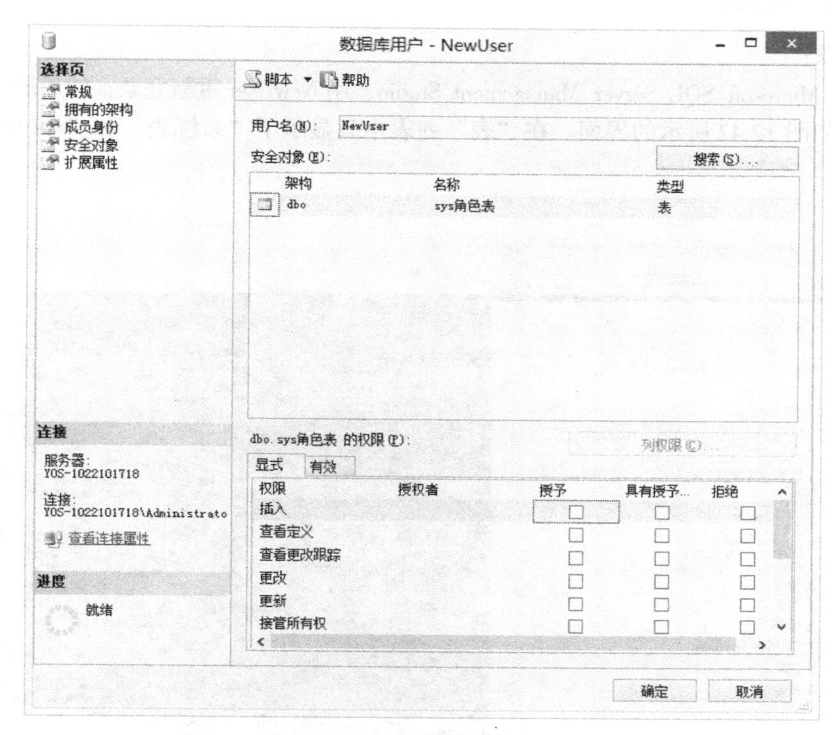

图 12.40　设置对象的权限

11）单击“列权限”按钮，出现“列权限”对话框，在该对话框中可以选择用户对哪些列具有哪些权限。选中“授予”下的所有复选框，即授予操作所有列的权限，如图 12.41 所示。

图 12.41　设置“列权限”对话框

12）单击“确定”按钮，返回到如图 12.40 所示的“数据库用户”对话框，然后单击“确定”按钮，完成数据库用户权限的设置。

2. 用新用户登录

操作步骤：

1）退出 Microsoft SQL Server Management Studio，用 NewUser 重新登录，然后展开 DODB | “表”，出现如图 12.42 所示的界面。在“表”列表中只显示了“系统表”和“sys 角色表”，其他没有显示。

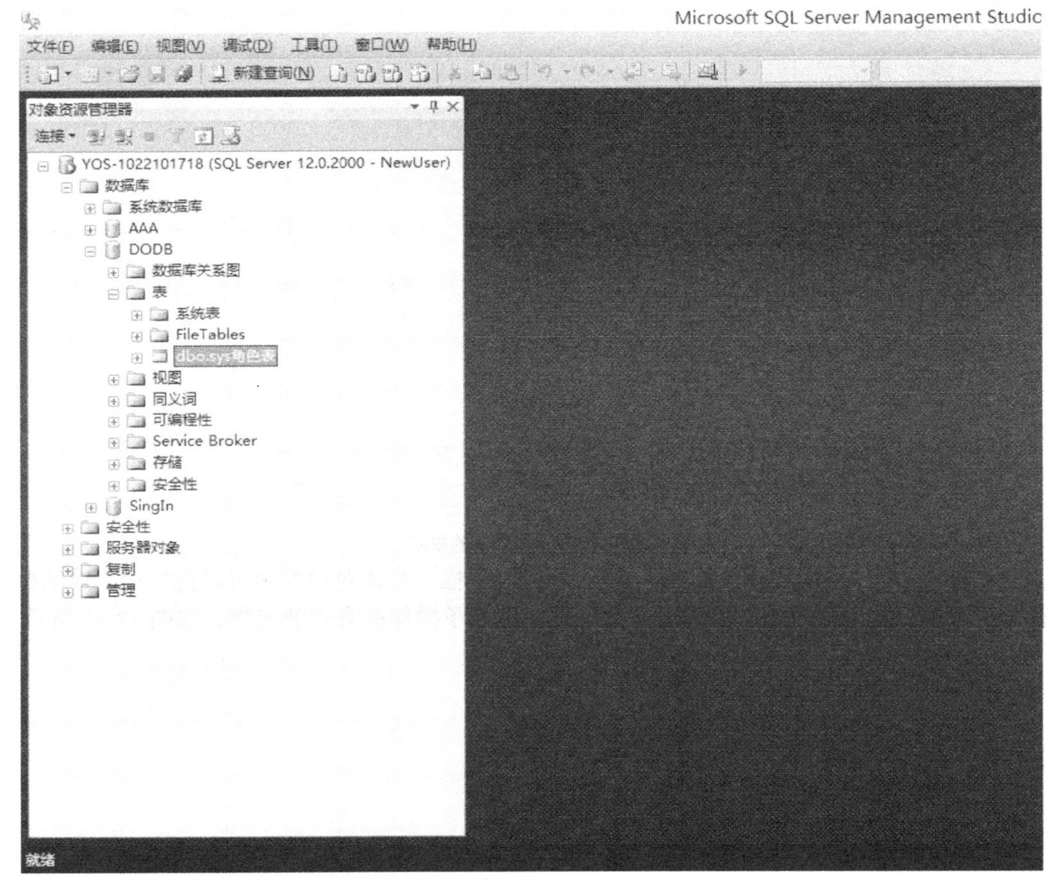

图 12.42 “表”列表

2）新建查询文件，在其中输入下面的语句。

```
use DODB
select * from sys 角色表
go
```

执行上面的语句，出现如图 12.43 所示的运行结果，说明 NewUser 用户能使用 select 语句操作数据库。

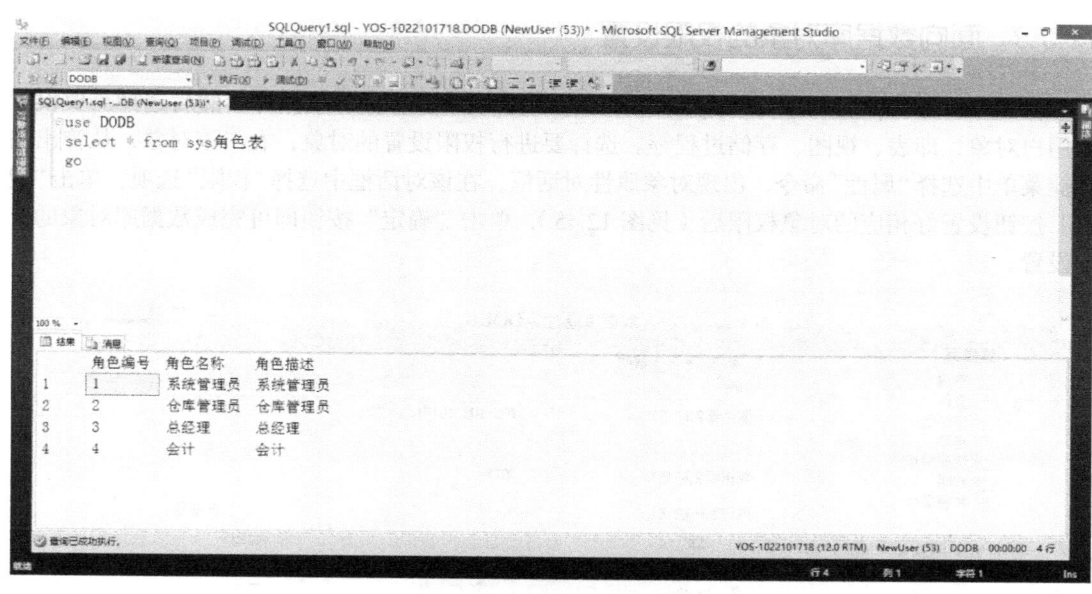

图 12.43　select 操作成功

3）在查询文件中输入下面的语句。

```
update sys 角色表
set 角色名称 =' 项目经理 '
where 角色编号 =4
go
```

执行上面的语句，出现如图 12.44 所示的运行结果，说明 NewUser 用户不能用 update 语句操作数据库，即没有此权限。

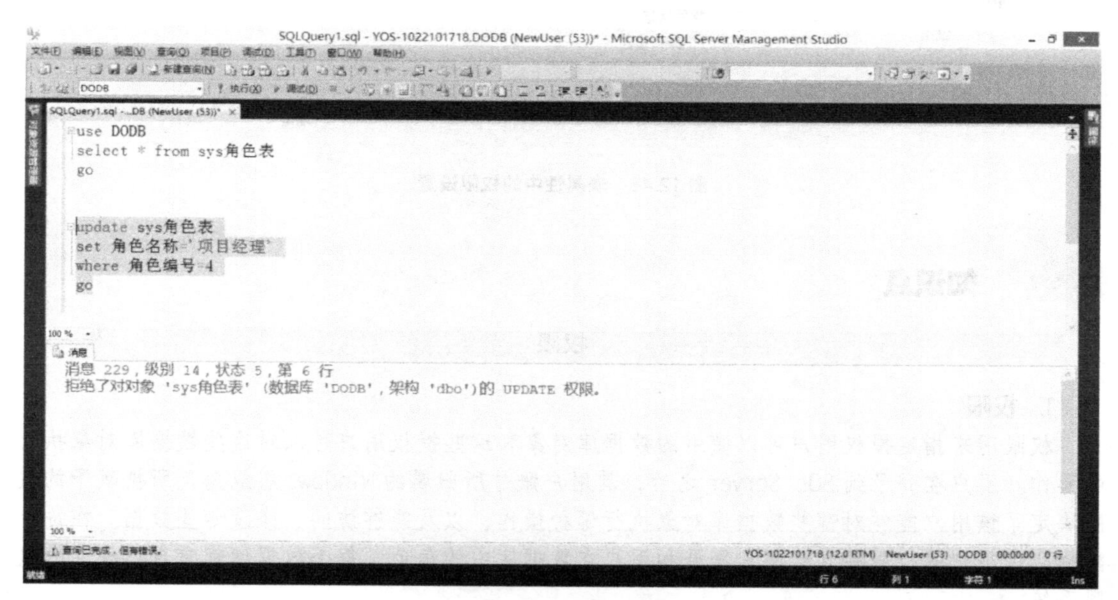

图 12.44　update 操作没有成功

12.3.2 面向数据库对象的权限设置

在 Microsoft SQL Server Management Studio 中，展开服务器和数据库，然后选择需要设置的用户对象，即表、视图、存储过程等。选择要进行权限设置的对象，右击该对象，从弹出的快捷菜单中选择“属性”命令，出现对象属性对话框，在该对话框中选择“权限”选项，单击“搜索”按钮设置好相应的对象权限后（见图 12.45），单击“确定”按钮即可完成数据库对象的权限设置。

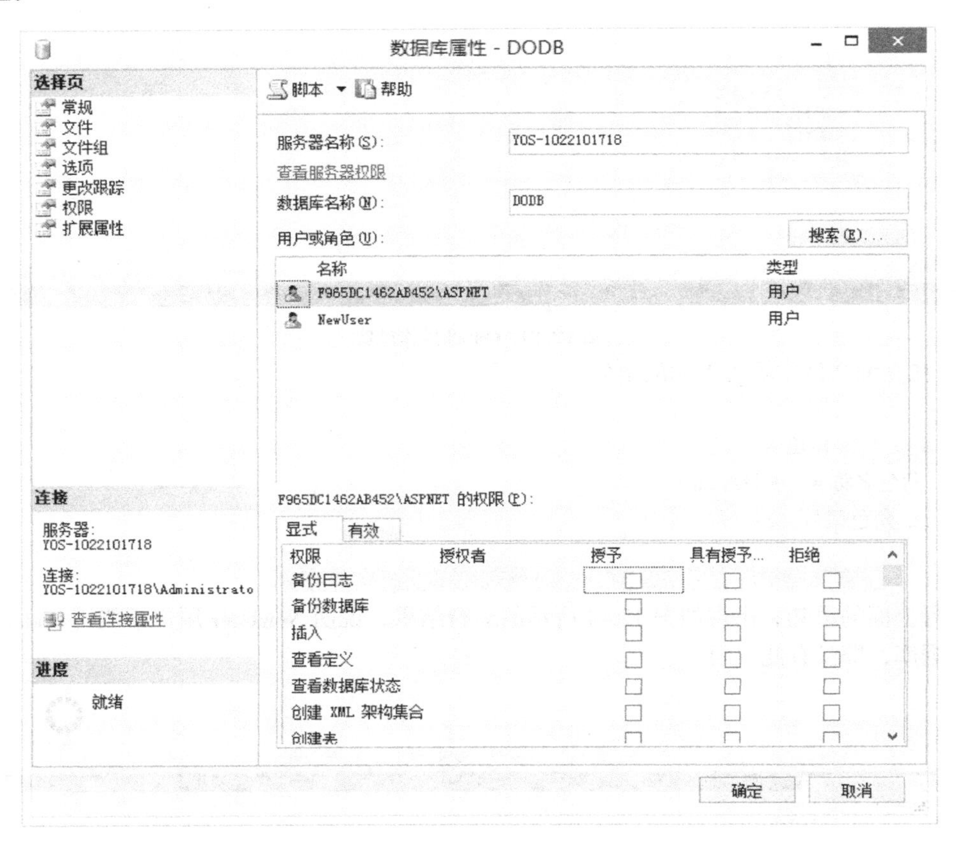

图 12.45 表属性中的权限设置

知识点

权限

1. 权限

权限用来指定授权用户可以使用的数据库对象和这些授权用户可以对这些数据库对象执行的操作。用户在登录到 SQL Server 之后，其用户账号所归属的 Windows 组或角色所被赋予的权限决定了该用户能够对哪些数据库对象执行哪种操作，以及能够访问、修改哪些数据。在每个数据库中用户的权限独立于用户账号和用户在数据库中的角色，每个数据库都有自己独立的权限系统。

2. SQL Server 实现对用户权限设定的途径

可通过两种途径实现对用户权限的设定。

① 面向单一用户。

② 面向数据库对象的权限设置。

3. 在 SQL Server 中权限的类型

有 3 种类型的权限，即对象权限、语句权限和预定义权限。

① 对象权限表示对特定的数据库对象（即表、视图、字段和存储过程）的操作权限，它决定了能对表、视图等数据库对象执行哪些操作。如果用户想要对某一对象进行操作，就必须具有相应的操作权限。表和视图权限用来控制用户在表和视图上执行 SELECT、INSERT、UPDATE 和 DELETE 语句的能力；字段权限用来控制用户在单个字段上执行 SELECT、UPDATE 和 REFERENCES 操作的能力；存储过程权限用来控制用户执行 EXECUTE 语句的能力。

② 语句权限表示对数据库的操作权限。也就是说，创建数据库或创建数据库中的其他内容所需要的权限类型称为语句权限。这些语句通常是一些具有管理性的操作，如创建数据库、表和存储过程等。这种语句虽然仍包含操作的对象，但这些对象在执行该语句之前并不存在于数据库中。因此，语句权限针对的是某个 SQL 语句，而不是数据库中已经创建的特定的数据库对象。

③ 预定义权限是指系统安装以后有些用户和角色不必授权就有的权限。其中的角色包括固定服务器角色和固定数据库角色，用户包括数据库对象所有者。只有固定角色或数据库对象所有者的成员才可以执行某些操作。执行这些操作的权限就称为预定义权限。

工作任务 12.4　创建和管理角色

前面为用户设置了权限，用前面所述的方法，有多少个用户就要重复操作多少次，而现实中很多时候有多个用户具有相同的权限，如果还用上面的方法就太繁琐了。在 SQL Server 中可以创建角色。这样只对角色进行权限设置便可实现对此角色所有用户权限的设置，从而减少了管理员的工作量。在 SQL Server 2014 中主要有两种角色类型：服务器角色与数据库角色。

12.4.1　管理服务器角色

1. 使用 Microsoft SQL Server Management Studio 查看服务器角色成员

操作步骤：

以系统管理员 Administrator 身份登录 Microsoft SQL Server Management Studio，展开“安全性”|“服务器角色”，如图 12.46 所示。在“服务器角色”列表中列出了服务器角色。

2. 设置登录名为服务器角色成员

操作步骤：

1）以系统管理员 Administrator 身份登录 Microsoft SQL Server Management Studio，展开“安全性”|“登录名”图标，右击登录用户 YOS-1022101718\NewWUser，从快捷菜单中选择“属性”命令，打开“登录属性”对话框，选择左侧的“服务器角色”，如图 12.47 所示。

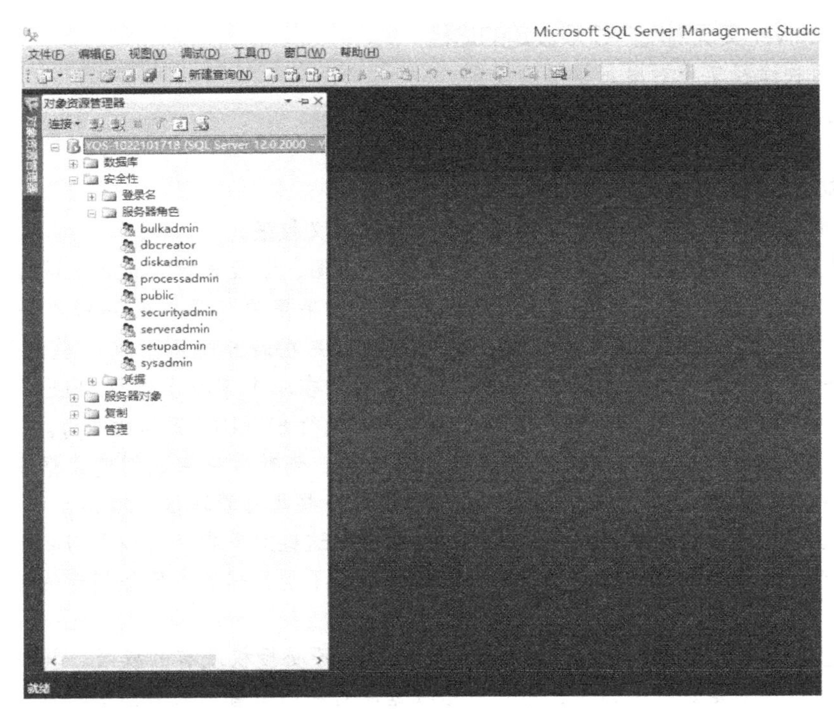

图 12.46 服务器角色

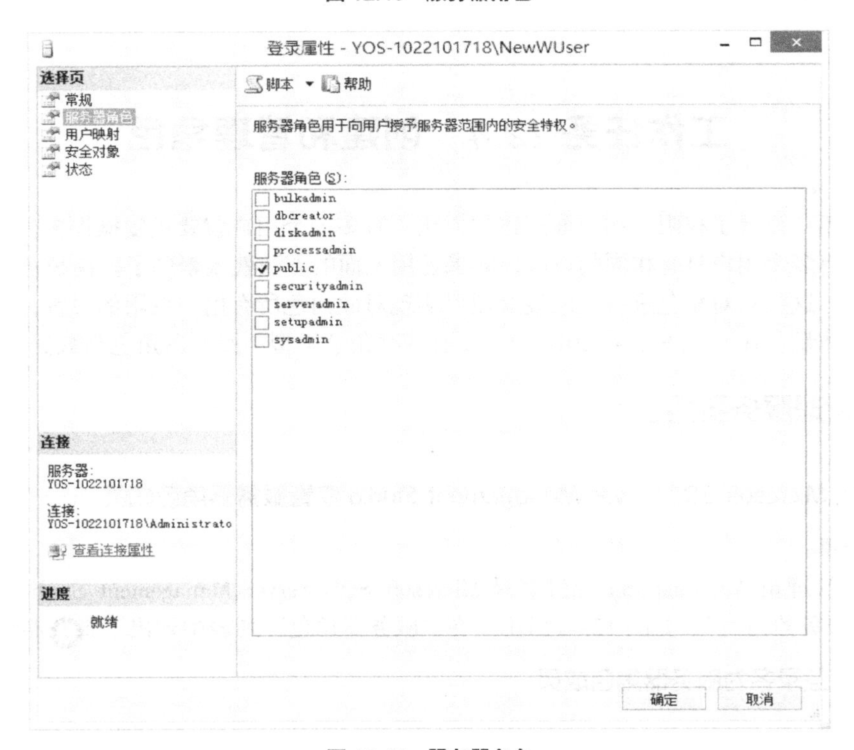

图 12.47 服务器角色

2）在右边“服务器角色”列表框中列出了服务器角色，选择需要授予服务器范围内的安全特性的服务器角色，然后单击“确定”按钮即可。

12.4.2 创建和管理数据库角色

与只能使用系统服务器角色不同，数据库角色不仅能使用系统角色，系统管理员还可以根据实际需要创建新数据库角色。

1. 创建数据库角色

操作步骤：

1）以系统管理员 Administrator 身份登录 Microsoft SQL Server Management Studio，展开“服务器”|DODB|“安全性”|“角色”|“数据库角色”，在“数据库角色”列表中显示了数据库的所有角色。在“数据库角色”上右击，出现如图 12.48 的快捷菜单。

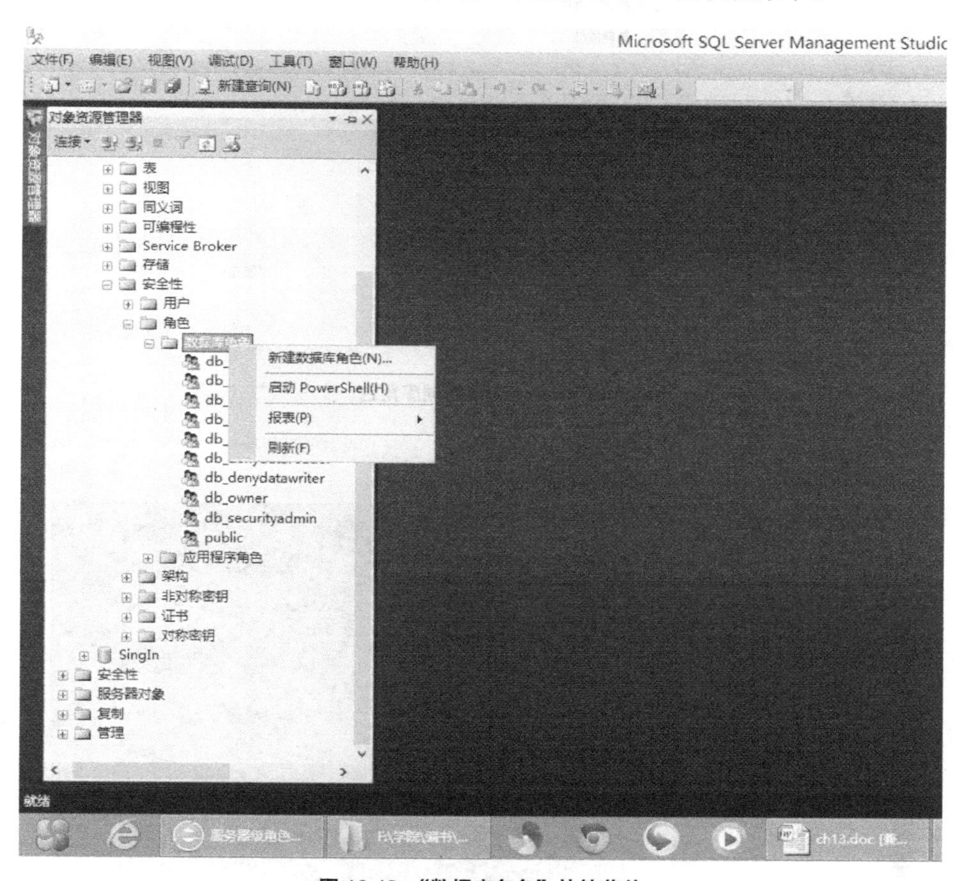

图 12.48 “数据库角色”快捷菜单

2）选择“新建数据库角色”命令，出现如图 12.49 所示的“数据库角色－新建”对话框。

3）在左边“选择页”中选择“常规”，右边的“角色名称”文本框中输入“NewRole”，然后单击“确定”按钮，成功创建了新数据库角色，返回到如图 12.50 所示的界面，在“数据库角色”列表中显示了新角色 NewRole。

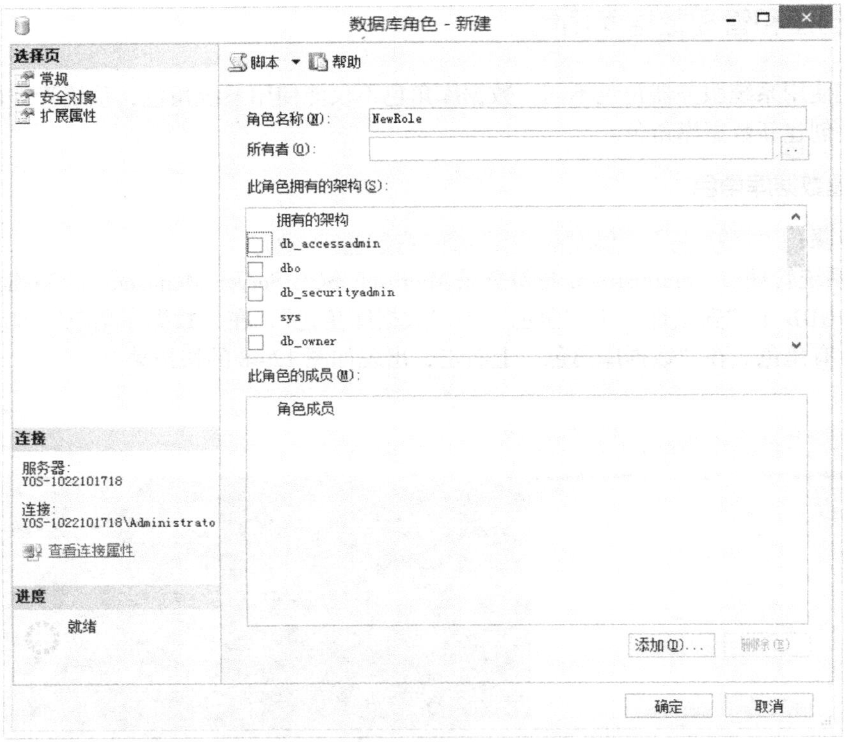

数据库角色 - 新建
选择页
常规
安全对象
扩展属性
脚本
帮助
角色名称(N):
NewRole
所有者(O):
此角色拥有的架构(S):
拥有的架构
db_accessadmin
dbo
db_securityadmin
sys
db_owner
此角色的成员(M):
角色成员
连接
服务器:
YOS-1022101718
连接:
YOS-1022101718\Administrato
查看连接属性
进度
就绪
添加(D)...
删除(E)
确定
取消

图 12.49 新建数据库角色

Microsoft SQL Server Management Studio
文件(F) 编辑(E) 视图(V) 调试(D) 工具(T) 窗口(W) 帮助(H)
新建查询(N)
对象资源管理器
连接
表
视图
同义词
可编程性
Service Broker
存储
安全性
用户
角色
数据库角色
db_accessadmin
db_backupoperator
db_datareader
db_datawriter
db_ddladmin
db_denydatareader
db_denydatawriter
db_owner
db_securityadmin
public
NewRole
应用程序角色
架构
非对称密钥
证书
对称密钥
SingIn
安全性
服务器对象
复制
管理
就绪

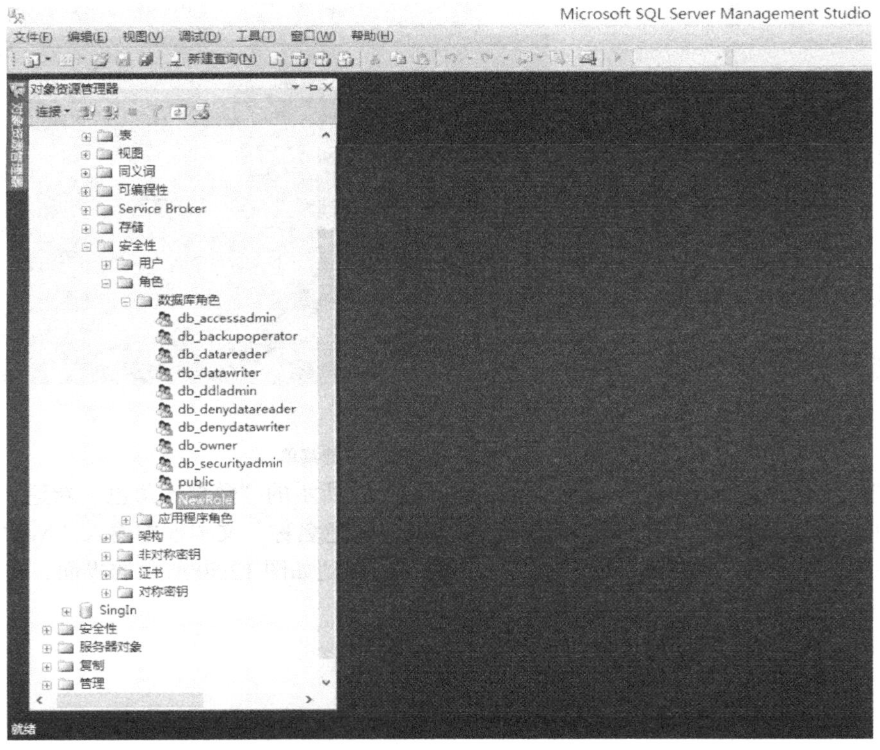

图 12.50 “数据库角色”列表

2. 设置新角色权限

操作步骤：

1）在图 12.50 所示的“数据库角色”列表中右击新角色 NewRole，在出现的快捷菜单中选择“属性”命令，打开如图 12.51 所示的“数据库角色属性”对话框。

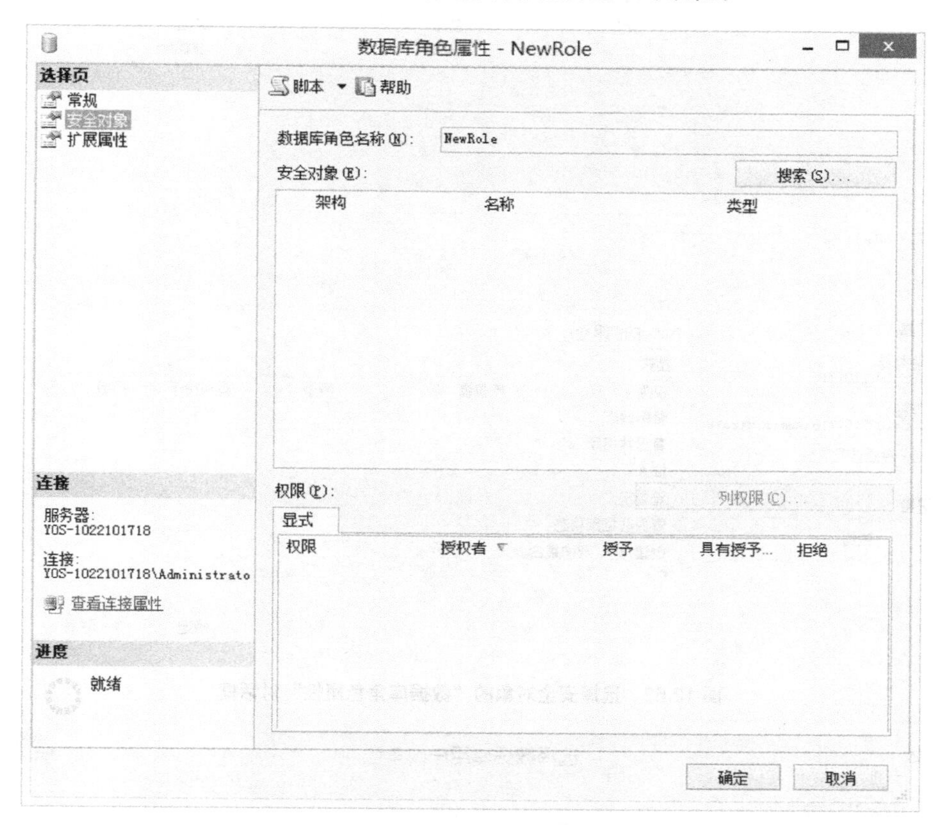

图 12.51　角色权限设置

2）在左边“选择页”中选择“安全对象”，单击右边的“搜索”按钮，选择数据库对象 DODB，选择了安全对象的“数据库角色属性”对话框如图 12.52 所示。

3）在右边“DODB 的权限”中选择“授予”列的所有复选框，然后单击“确定”按钮，即选择所有权限。

3. 添加角色成员

操作步骤：

1）在图 12.49 所示的“数据库角色”对话框中，单击“此角色的成员”列表框下的“添加”按钮，出现如图 12.53 所示的“选择数据库用户或角色”对话框。

2）不用选对象类型，默认“用户，数据库角色”，单击“浏览”按钮选择对象，出现如图 12.54 所示的“查找对象”对话框。

3）选择“匹配的对象”中的新用户 NewUser，然后单击“确定”按钮，返回到如图 12.55 所示的“选择数据库用户或角色”对话框，刚才所选用户显示在了“输入要选择的对象名称”列表框中。

数据库角色属性 - NewRole

选择页
常规
安全对象
扩展属性

脚本 ▾ 帮助

数据库角色名称(N): NewRole

安全对象(E): 搜索(S)...

架构	名称	类型
	DODB	数据库

连接
服务器:
YOS-1022101718
连接:
YOS-1022101718\Administrato
查看连接属性

进度
就绪

DODB 的权限(P): 列权限(C)...

显式

权限	授权者	授予	具有授予...	拒绝
备份日志		☐	☐	☐
备份数据库		☐	☐	☐
插入		☐	☐	☐
查看定义		☐	☐	☐
查看数据库状态		☐	☐	☐
创建 XML 架构集合		☐	☐	☐

确定　取消

图 12.52　选择安全对象的“数据库角色属性”对话框

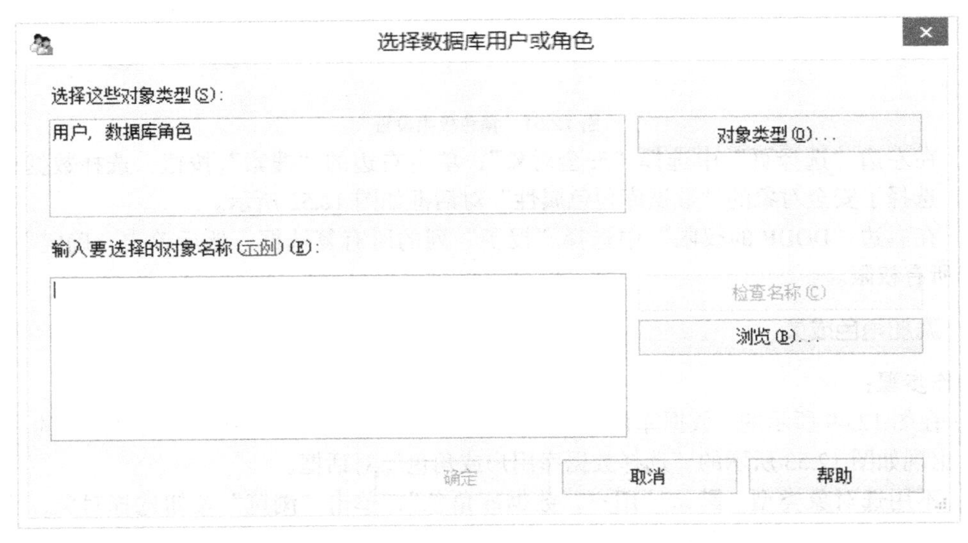

图 12.53　“选择数据库用户或角色”对话框

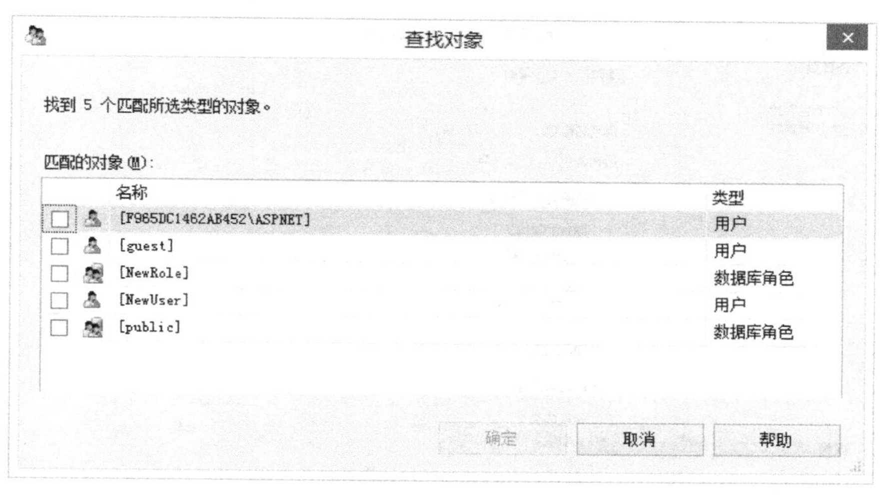

图 12.54 “查找对象”对话框

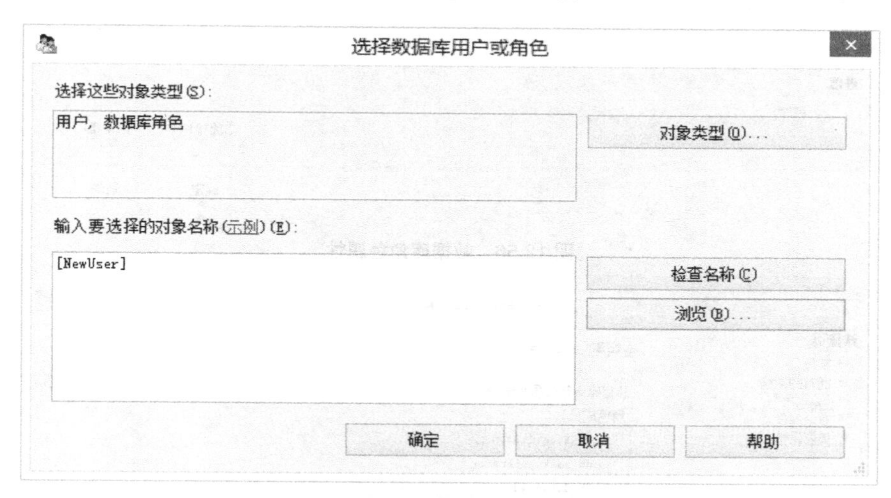

图 12.55 “选择数据库用户或角色”对话框

4）单击“确定”按钮，返回到如图 12.56 所示的“数据库角色属性”对话框，刚才选择的用户 NewUser 添加到了下部“此角色的成员”列表中，为 NewRole 角色添加了用户成员 NewUser。

5）单击“确定”按钮，完成添加角色成员。

4. 给用户指定所属角色

前面是在角色属性中给它添加用户成员，也可以在用户属性中给它指定所属角色。

操作步骤：

在“用户”列表中右击某用户，在出现的快捷菜单中选择“属性”命令，出现如图 12.57 所示的“数据库用户”对话框。在左边“选择页”中选择“成员身份”，在右边的“数据库角色成员身份”下面选择此用户所属的角色，最后单击“确定”即可完成操作。

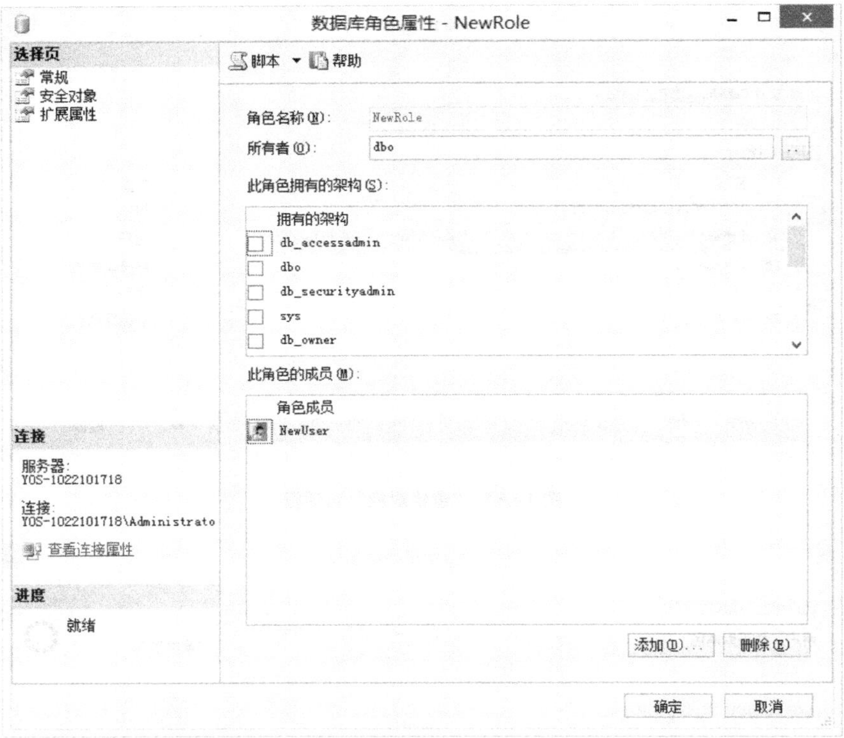

数据库角色属性 - NewRole
选择页
常规
安全对象
扩展属性
脚本 帮助
角色名称(N): NewRole
所有者(O): dbo
此角色拥有的架构(S):
拥有的架构
db_accessadmin
dbo
db_securityadmin
sys
db_owner
此角色的成员(M):
角色成员
NewUser
连接
服务器: YOS-1022101718
连接: YOS-1022101718\Administrato
查看连接属性
进度
就绪
添加(D)...
删除(E)
确定
取消

图 12.56 数据库角色属性

数据库用户 - NewUser
选择页
常规
拥有的架构
成员身份
安全对象
扩展属性
脚本 帮助
数据库角色成员身份(M):
角色成员
db_accessadmin
db_backupoperator
db_datareader
db_datawriter
db_ddladmin
db_denydatareader
db_denydatawriter
db_owner
db_securityadmin
NewRole
连接
服务器: YOS-1022101718
连接: YOS-1022101718\Administrato
查看连接属性
进度
就绪
确定
取消

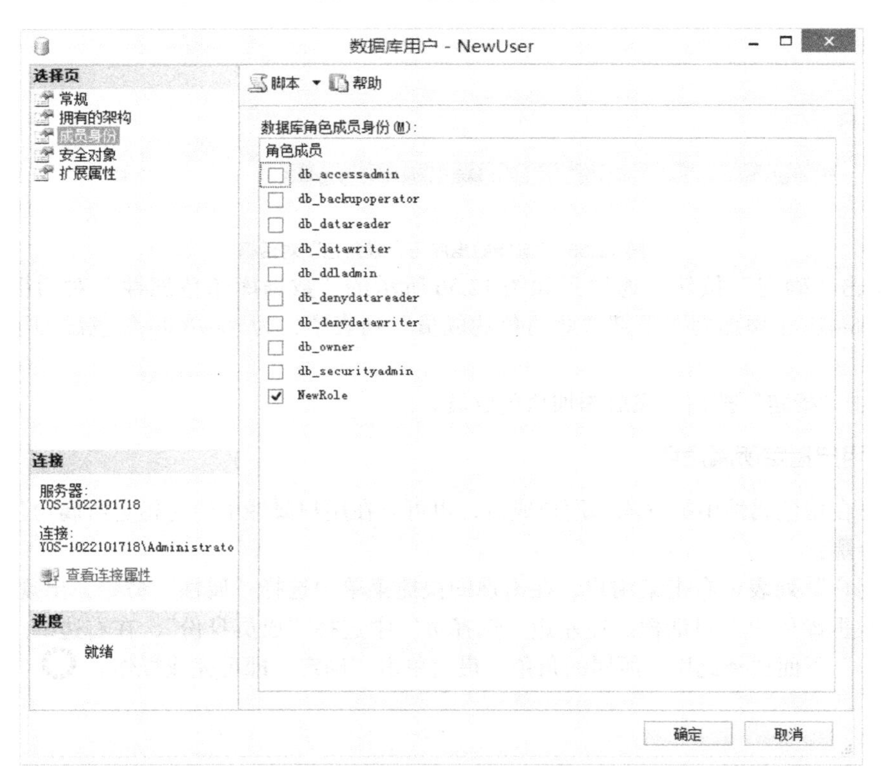

图 12.57 数据库用户

5. 用新用户登录

用新用户 NewUser 登录 Microsoft SQL Server Management Studio，访问和操作 DODB 数据库和其他数据库，请读者自己体会和理解结果。

知识点

角色

1. 服务器角色

服务器角色是指根据 SQL Server 的管理任务，以及这些任务相对的重要性等级来把具有 SQL Server 管理职能的用户划分成不同的用户组，每一组所具有管理 SQL Server 的权限已被预定义。服务器角色适用在服务器范围内，并且其权限不能被修改。例如，具有 sysadmin 角色的用户在 SQL Server 中可以执行任何管理性的工作，任何企图对其权限进行修改的操作都会失败。这一点与数据库角色不同。

SQL Server 2014 共有 7 种预定义的服务器角色，各种角色的具体含义如表 12.1 所示。

表 12.1 服务器角色

服务器角色	描 述
sysadmin	可以在 SQL Server 中做任何事情
serveradmin	管理 SQL Server 服务器范围内的配置
setupadmin	增加、删除连接服务器，建立数据库复制，管理扩展存储过程
securityadmin	管理数据库登录
processadmin	管理 SQL Server 进程
dbcreator	创建数据库，并对数据库进行修改
diskadmin	管理磁盘文件

2. 数据库角色

在 SQL Server 中常会发现，要将一套数据库专有权限授予给多个用户，但这些用户并不属于同一个 NT 用户组，或者虽然这些用户可以被 NT 管理者划为同一 NT 用户组，但我们却没有管理 NT 账号的权限。这时，就可以在数据库中添加新数据库角色或使用已经存在的数据库角色，并让这些有着相同数据库权限的用户归属于同一角色。

由此可见，数据库角色能为某一用户或一组用户授予不同级别的管理，或者访问数据库或数据库对象的权限。这些权限是数据库专有的。而且，还可以使一个用户具有属于同一数据库的多个角色。

SQL Server 提供了两种数据库角色类型：预定义的数据库角色、用户自定义的数据库角色。

（1）预定义数据库角色

预定义数据库角色是指这些角色所有具有的管理、访问数据库权限已被 SQL Server 定义，并且 SQL Server 管理者不能对其所具有的权限进行任何修改。SQL Server 中的每一个数据库中都有一组预定义的数据库角色，在数据库中使用预定义的数据库角色可以将不同级别的数据库管理工作分给不同的角色，从而很容易实现工作权限的传递。例如，如果准备让某一用户临时或长期具有创建和删除数据库对象（表、视图、存储过程）的权限，那么只要将其设置为

db_ddladmin 数据库角色即可。

在 SQL Server 中，预定义的数据库角色如表 12.2 所示。

表 12.2　预定义的数据库角色

角　色	描　述
public	维护默认的权限
db_owner	执行数据库操作活动
db_accesadmin	增加或删除数据库用户、组合角色
db_ddadmin	增加或删除数据库对象
db_securityadmin	执行语句和对象权限
db_backupoerator	备份和恢复数据库
db_datareade	阅读任意表中的数据
db_datawriter	增加、修改或删除全部表中的数据
db_denydatareader	不能阅读任何一个表中的数据
db_denydatarwriter	不能修改任何一个表中的数据

（2）用户自定义的数据库角色

当打算为某些数据库用户设置相同的权限，但是这些权限不等同于预定义的数据库角色所具有的权限时，就可以定义新的数据库角色来满足这一要求，从而使这些用户能够在数据库中实现某一特定功能。

能力（知识）梳理

数据库的安全管理是指保护数据库以防止数据泄露、更改或破坏。系统安全保护措施是否有效是数据库系统的主要指标之一。

本模块围绕安全性管理介绍了 SQL Server 2014 的验证模式、登录管理、用户管理、权限管理及角色管理等。

1. SQL Server 2014 的验证模式

SQL Server 2014 有两种安全验证模式，分别是 Windows 身份验证模式和 SQL Server 混合身份验证模式（可以采用 Windows 身份验证模式或 SQL Server 身份验证模式）。使用 SQL Server 混合身份验证模式时，系统会判断是否存在 Windows 登录用户，如果存在，系统直接采用 Windows 身份验证，否则采用 SQL Server 身份验证。一般情况下，采用 Windows 身份验证模式的安全性更高。

2. 使用 SQL Server 2014 数据库流程

本模块中数据库主要采用“长江家具”数据库和“在线书店”数据库，其中给出的项目任务都是 SQL Server 2014 数据库安全管理中比较典型的案例，对系统掌握数据库的安全管理比较重要。本模块以数据库管理中几个重要的安全管理任务作为主要内容，展开了 SQL Server 2014 数据库安全管理操作的探讨，并在其中穿插了对数据库安全操作的基本知识要点的分析与描述。本模块内容对于 SQL Server 2014 数据库的初学者和熟练的工程师都具有较好的指导作用。对于本书未涉及的数据库安全管理内容，请读者自行查阅 SQL Server 联机丛书。

能力训练

1. 课内训练任务（利用“长江家具”数据库）。

（1）创建数据库登录名及用户名，使用户名与登录名不同，并分别进行权限设定。

（2）设定数据库角色，分配一定的权限，并利用所创建的角色给新建的用户授权。

2. 课外训练任务（利用“在线书店”数据库）。

（1）参照教材的任务指导，完成 SQL Server 2014 的安装并进行安全管理设置。

（2）通过编程获取管理员的账号密码，并通过设置使管理员不能接触数据库。

模块 13 管理与维护数据库

专业岗位工作过程分析

任务背景

长江家具管理信息系统数据库投入正式运行后，下一步的工作就是对实际运行的数据库的管理和维护了。这些日常工作也是体现企业数据库应用能力和管理水平的重要环节。由于数据库中存储着重要的信息和数据，为领导及决策部门提供综合信息查询的服务，为网络环境下的大量客户机提供快速高效的信息查询、数据处理和网络等各项服务，因此，如何管理和维护好系统数据库是一项十分重要的任务。

工作过程

在经历了复杂且繁重的数据库设计和创建工作后，王明终于可以放缓一下忙碌的工作节拍了，不过接下来他要面对的是更加琐碎和状况百出的数据库日常运行维护工作。王明需要解决数据库中数据的备份，以免数据库出现故障时数据丢失；同时，他还需要实时观察数据库服务器的运行状态和效率，以免出现死机事故。

总之，数据库的设计、实现与维护对于用户而言是一项系统性工程，需要统一管理、持续改进才能够保障数据库的价值得以有效实现。

工作目标

终极目标

设计并实现对“长江家具”及“在线书店”系统的数据库管理与维护的工作；通过数据库的管理与维护，保证系统的安全运行。

促成目标

1. 备份及还原“长江家具”数据库的实现。
2. “长江家具”数据库实现导入、导出数据。
3. 监视服务器性能和活动的实现。
4. 事务日志功能。
5. 自动化管理的实现。
6. 执行作业功能。
7. 响应事件功能。

工作任务

1. 工作任务 13.1　备份及还原“长江家具”数据库。
2. 工作任务 13.2　导入、导出数据。
3. 工作任务 13.3　监视服务器性能和活动。
4. 工作任务 13.4　事务日志。
5. 工作任务 13.5　自动化管理。
6. 工作任务 13.6　执行作业。
7. 工作任务 13.7　响应事件。

工作任务 13.1　备份及还原“长江家具”数据库

13.1.1　备份“长江家具”数据库

通过备份操作，可以保证数据在发生数据故障后能及时通过备份数据来进行恢复，从而保证系统能够正常地运行。

1. 自动备份

有关自动备份的内容，请参见 13.5 节。

2. 手工备份

由于长江家具企业的数据备份采用的是常规的完整备份，所以下面对手工操作的完整备份进行详细介绍。

操作步骤：

1）打开 Microsoft SQL Server Management Studio，选择对应的数据库实例后右击，弹出快捷菜单，如图 13.1 所示。

2）选择“任务”|“备份”命令，进入“备份数据库”对话框，如图 13.2 所示。注意，在“备份类型”下拉列表框中，可以选择 3 种备份类型，分别是完整、差异和事物日志。在“目标”选项组中，可以进行磁盘和 URL 的选择，并进行备份目的地的添加。最后，单击“确定”按钮，备份成功。

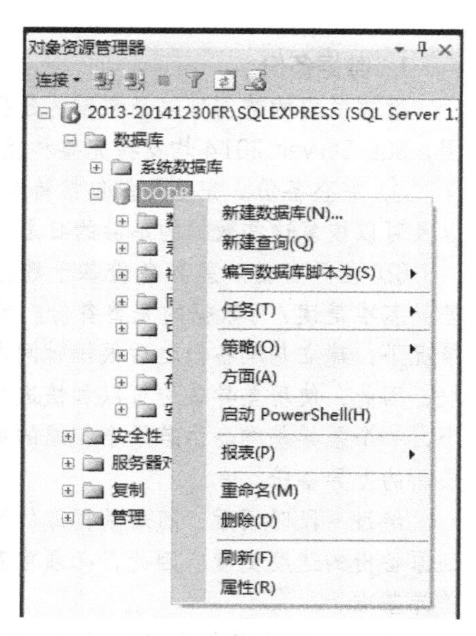

图 13.1　选择数据库实例

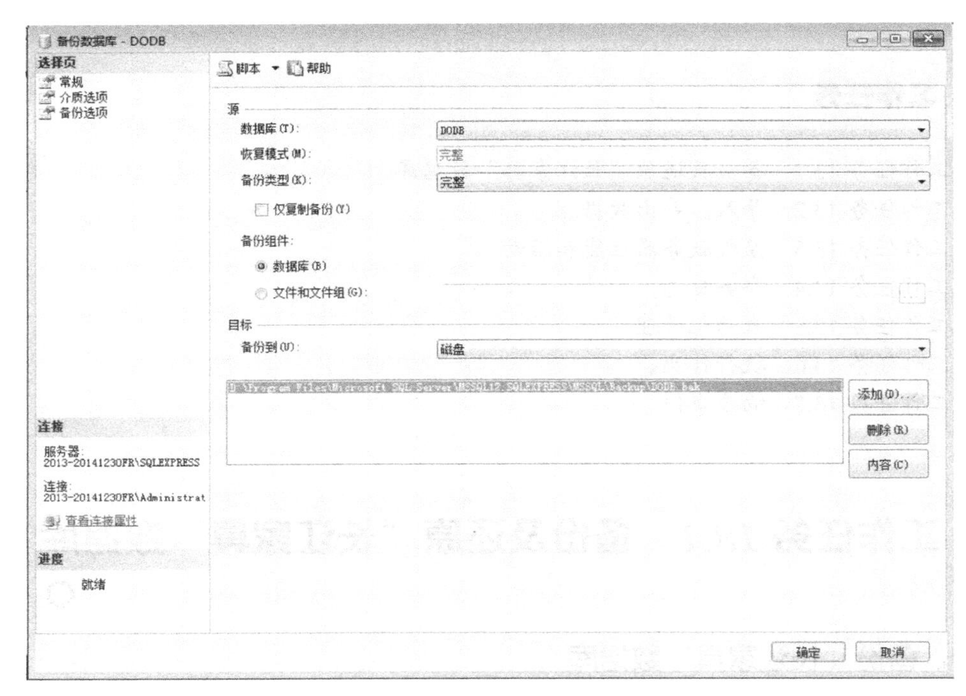

图 13.2　“备份数据库”对话框

知识点

备份

1. 数据备份

数据备份的范围可以是完整的数据库、部分数据库，或者一组文件或文件组。对于这些范围，SQL Server 2014 均支持完整和差异备份。

① 完整备份。完整备份包括特定数据库（或者一组特定的文件组或文件）中的所有数据，以及可以恢复这些数据的足够的日志。

② 差异备份。差异备份基于数据的最新完整备份。这称为差异的“基准”或差异基准。差异基准是读 / 写数据的完整备份。差异备份仅包括自建立差异基准后发生更改的数据。通常情况下，建立基准备份之后很短时间内执行的差异备份比完整备份的基准更小，创建速度也更快，因此，使用差异备份可以加快进行频繁备份的速度，从而降低数据丢失的风险。一般情况下，一个差异基准会由若干个相继的差异备份使用。还原时，首先还原完整备份，然后再还原最新的差异备份。

经过一段时间后，随着数据库的更新，包含在差异备份中的数据量会增加，这使得创建和还原备份的速度变慢。因此，必须重新创建一个完整备份，为另一个系列的差异备份提供新的差异基准。

③ 每个数据备份都包括部分事务日志，以便备份可以恢复到该备份的结尾。

④ 第 1 次数据备份之后，在完整恢复模式或大容量日志恢复的模式下，需要定期进行事务日志备份（或日志备份）。每个日志备份都包括创建备份时处于活动状态的部分事务日志，以及先前日志备份中未备份的所有日志记录。

2. **数据库备份**

数据库备份易于使用，在数据库大小允许时都建议使用这种方式。SQL Server 2014 支持以下数据库备份类型。

（1）完整数据库备份

这是对整个数据库进行备份，包括对部分事务日志进行备份，以便能够恢复完整数据库备份。

① 数据库备份易于使用。完整数据库备份包含数据库中的所有数据。对于可以快速备份的小数据库而言，最佳方法就是使用完整数据库备份。但是，随着数据库的不断增大，完整备份需花费更多时间才能完成，并且需要更多的存储空间。因此，对于大型数据库而言，可以用差异备份来补充完整数据库备份。

② 创建完整数据库备份。完整数据库备份通常计划为按设定的时间间隔执行。创建完整数据库备份所要求的 BACKUP 语法如下。

```
BACKUP DATABASE database_name TO backup_device
```

当然，也可以采用其他方式（如 Microsoft SQL Server Management Studio、SMO 等方式）进行完整数据库的备份。

（2）差异数据库备份

此备份只包含自每个文件的最新数据库备份之后发生了修改的数据区。

3. **部分备份**

部分备份的设计目的在于为在简单恢复模式下对包含一些只读文件组的数据库的备份工作提供更多的灵活性。但是，所有恢复模式都支持这些备份。

4. **文件备份**

可以分别备份和还原数据库中的文件。使用文件备份能够只还原损坏的文件，而不用还原数据库的其余部分，从而加快了恢复速度。例如，如果数据库由位于不同磁盘上的若干个文件组成，在其中一个磁盘发生故障时，只需还原故障磁盘上的文件。但计划和还原文件备份可能会十分复杂，因此，只有在文件备份能够为还原计划带来明显价值时，才应使用这种备份方式。

13.1.2　还原“长江家具”数据库

当数据库出现问题时，需要把以前备份的数据库恢复，即还原数据。

操作步骤：

1）打开 Microsoft SQL Server Management Studio，选择对应的数据库实例后右击，在弹出的快捷菜单中选择“任务” | “还原” | “数据库”命令，如图 13.3 所示。

2）在“还原数据库”对话框中，添加好相关信息，单击“确定”按钮，还原操作完成。具体操作如图 13.4 所示。

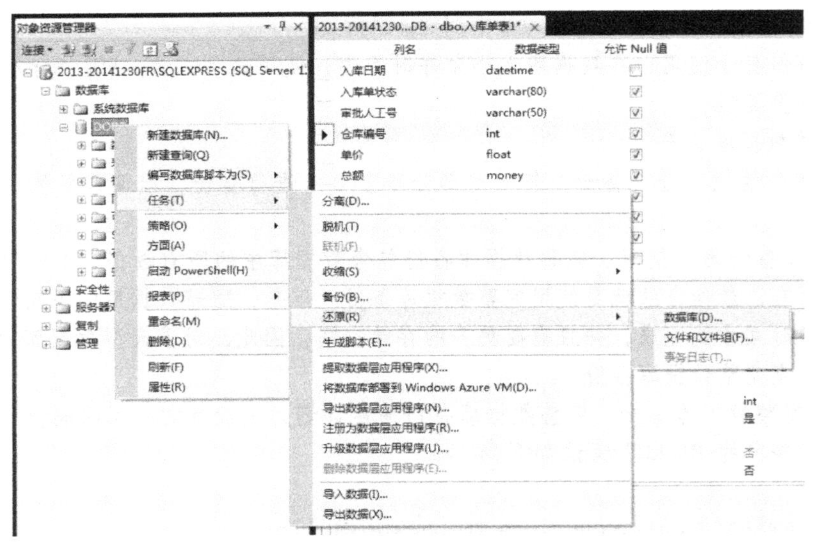

图 13.3　选择数据库实例

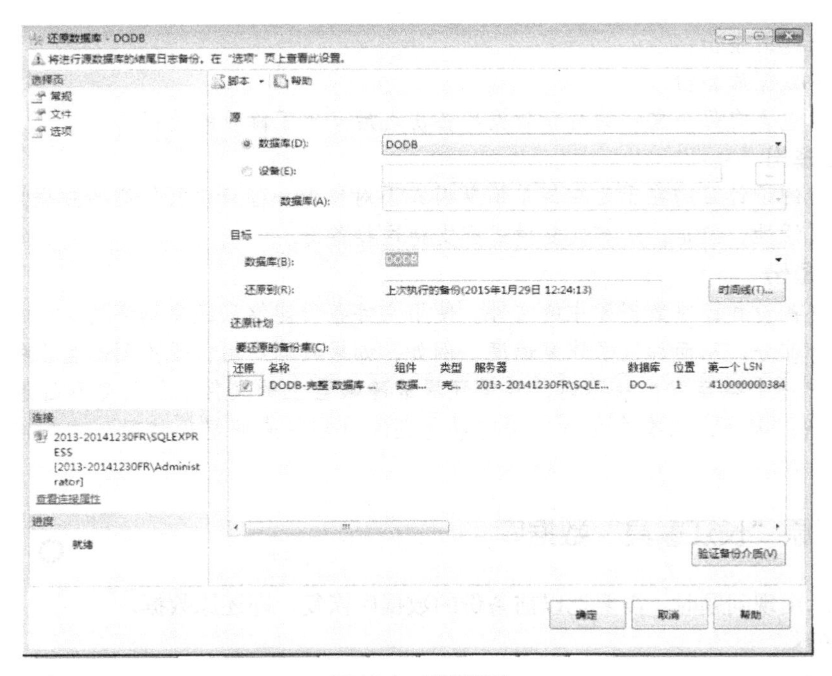

图 13.4　还原界面

知识点

还原

SQL Server 2014 支持在以下级别还原数据。

① 数据库（“数据库完整还原”）。这是还原和恢复整个数据库。

② 数据文件（“文件还原”）。这是还原和恢复一个数据文件或一组文件。

还原策略有以下两种。

① 数据库完整还原。这是基本的还原策略。数据库完整还原可以是完整数据库备份的简单还原和恢复，也可以是还原和恢复差异备份。

② 文件还原。还原损坏的只读文件，但不还原整个数据库。

工作任务 13.2　导入、导出数据

为了与其他数据文件进行转换，SQL Server 2014 提供了数据转换功能，可以把数据表中的数据转换成其他数据文件，也可以把其他常见数据文件转换为数据表。

13.2.1　导出数据到 Excel 文件

操作步骤：

1）打开 Microsoft SQL Server Management Studio，选择对应的数据库实例后右击，在弹出的快捷菜单中选择“任务”｜“导出数据”命令，如图 13.5 所示。

2）打开“SQL Server 导入和导出向导”对话框，如图 13.6 所示。

3）单击“下一步”按钮，进入“选择数据源”界面，如图 13.7 所示。

4）单击“下一步”按钮，进入“选择目标”界面，在长江家具企业中，需要将一些数据库信息导出到 Excel 中，设置如图 13.8 所示。

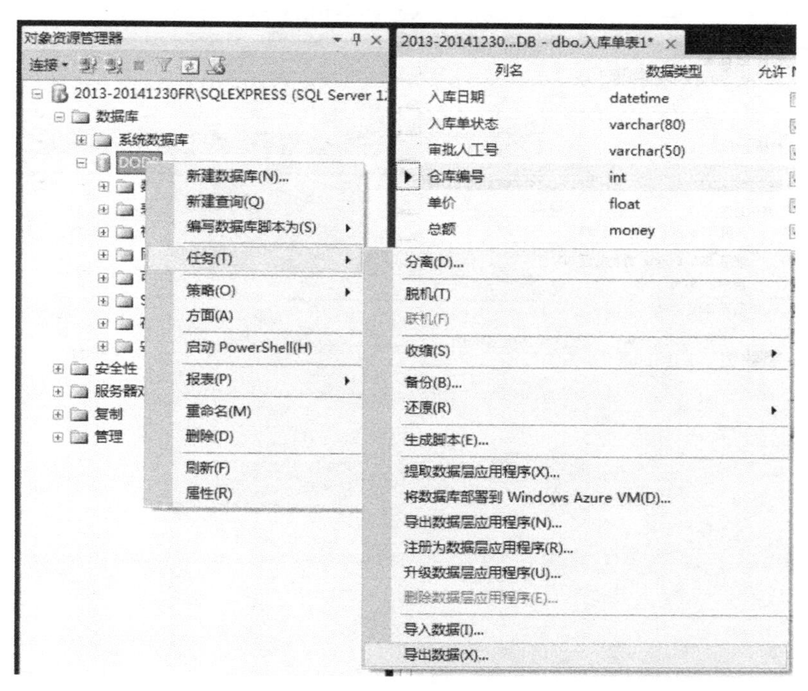

图 13.5　选择数据库实例后右击

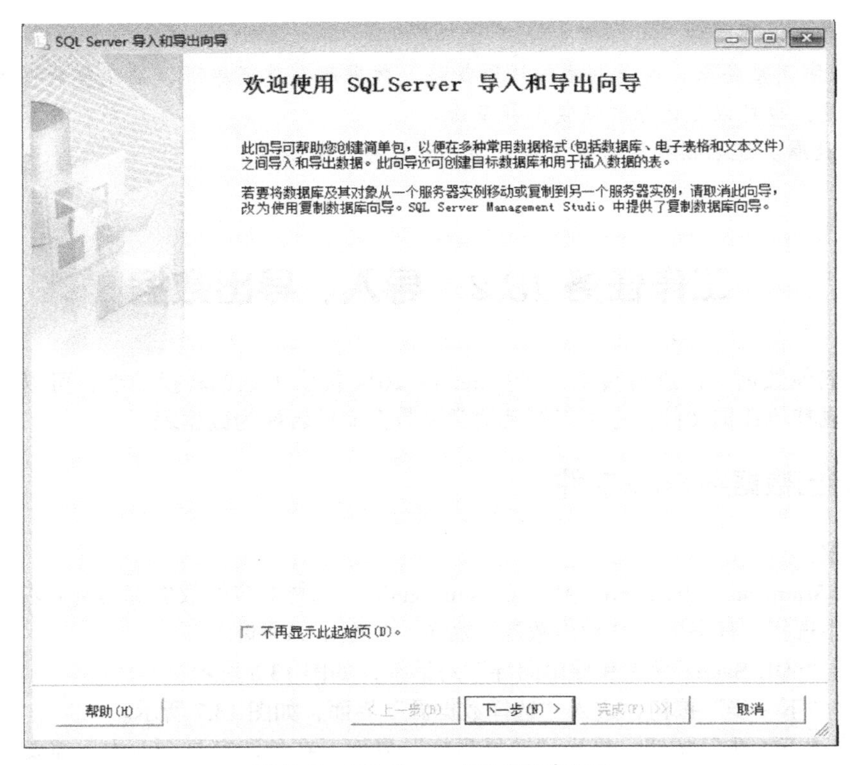

图 13.6　SQL Server 导入和导出向导

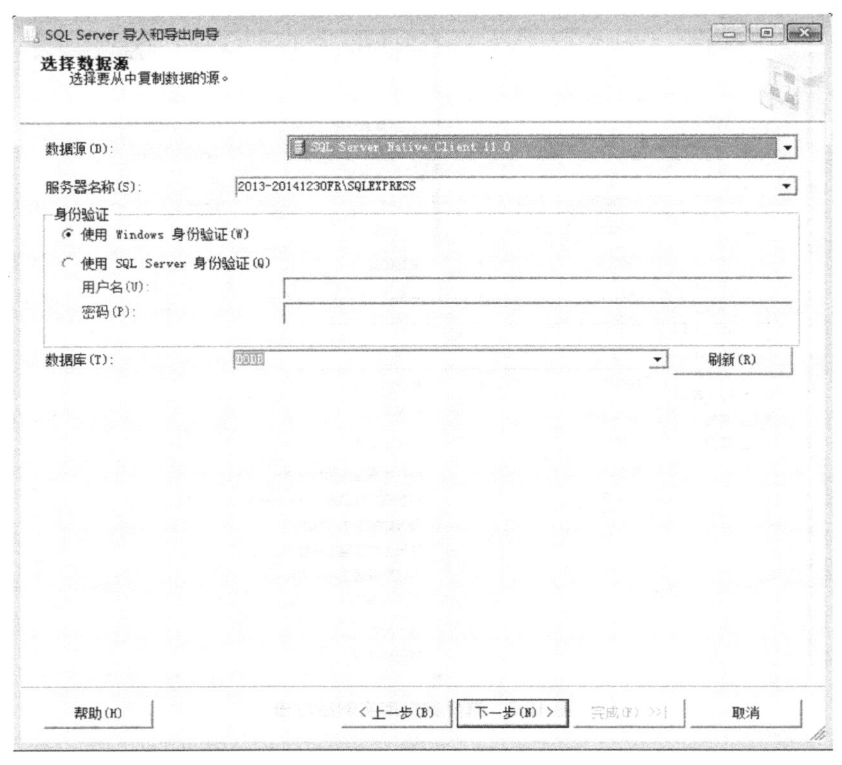

图 13.7　选择数据源

图 13.8　选择目标

5）单击“下一步”按钮，进入“指定表复制或查询”界面，用以确定是从数据源复制一个或多个表和视图，还是从数据源复制查询结果，如图 13.9 所示。

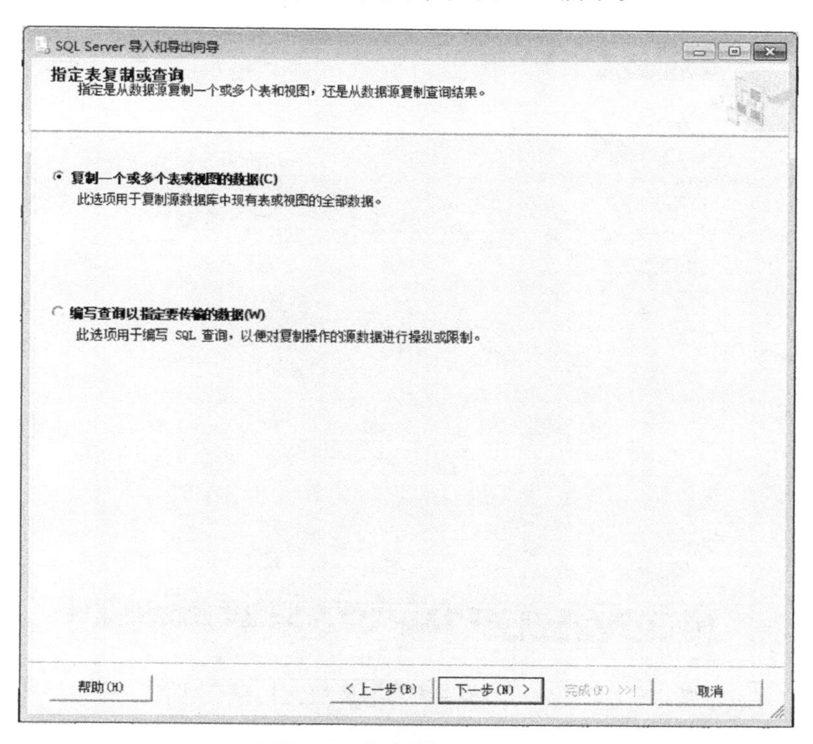

图 13.9　指定表复制或查询

6）单击“下一步”按钮，进入“选择源表和源视图”界面，如图 13.10 所示。

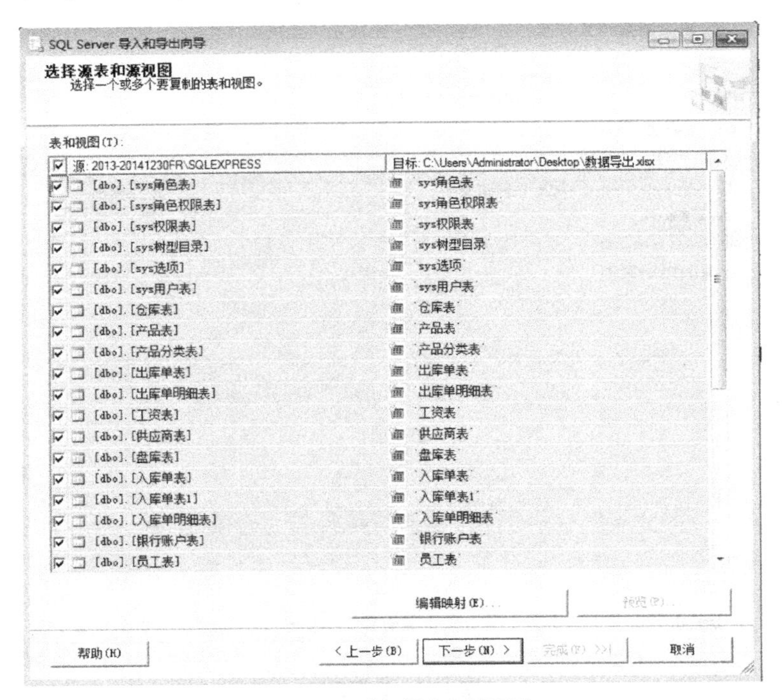

图 13.10　选择源表和源视图

7）单击“下一步”按钮，进入“运行包”界面。单击“完成”按钮，完成数据导出，如图 13.11 所示。

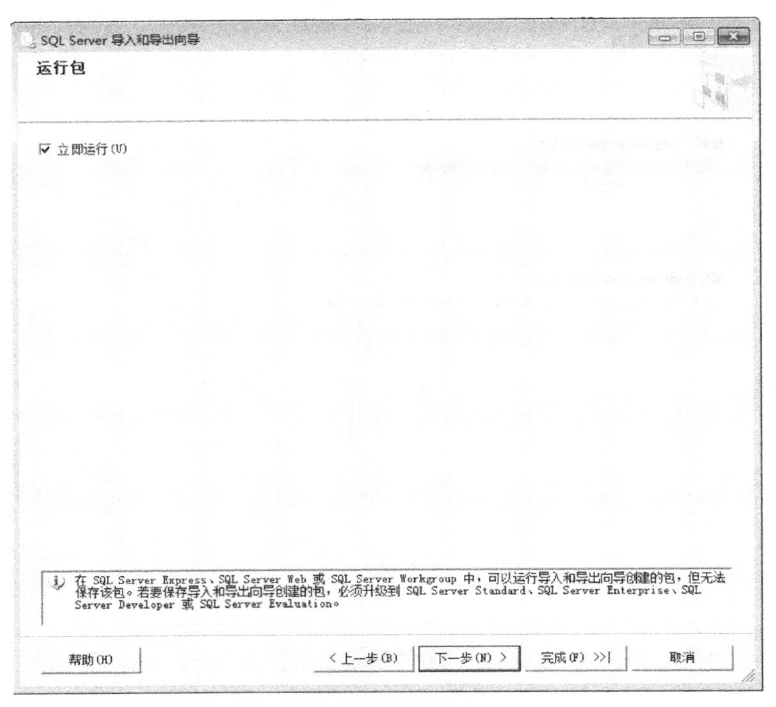

图 13.11　保存并运行包

13.2.2 从 Excel 导入数据

导入操作与导出操作相似，由于篇幅关系，在这里留给读者自己进行实践。

工作任务 13.3 监视服务器性能和活动

监视数据库的目的是评估服务器的性能。有效的监视包括定期获取当前性能的快照以隔离引起问题的进程，并一直不断收集数据以跟踪性能走向。

13.3.1 系统监视器操作

在操作系统的“开始”菜单上选择“运行”命令，在“运行”对话框的“打开”下拉列表框中输入“perfmon”，然后单击“确定”按钮。接下来可以按照需要使用性能监视器监视系统资源的使用率。使用计数器形式收集和查看服务器资源（如处理器和内存使用），以及许多 Microsoft SQL Server 资源（如锁和事务）的实时性能数据，如图 13.12 所示。

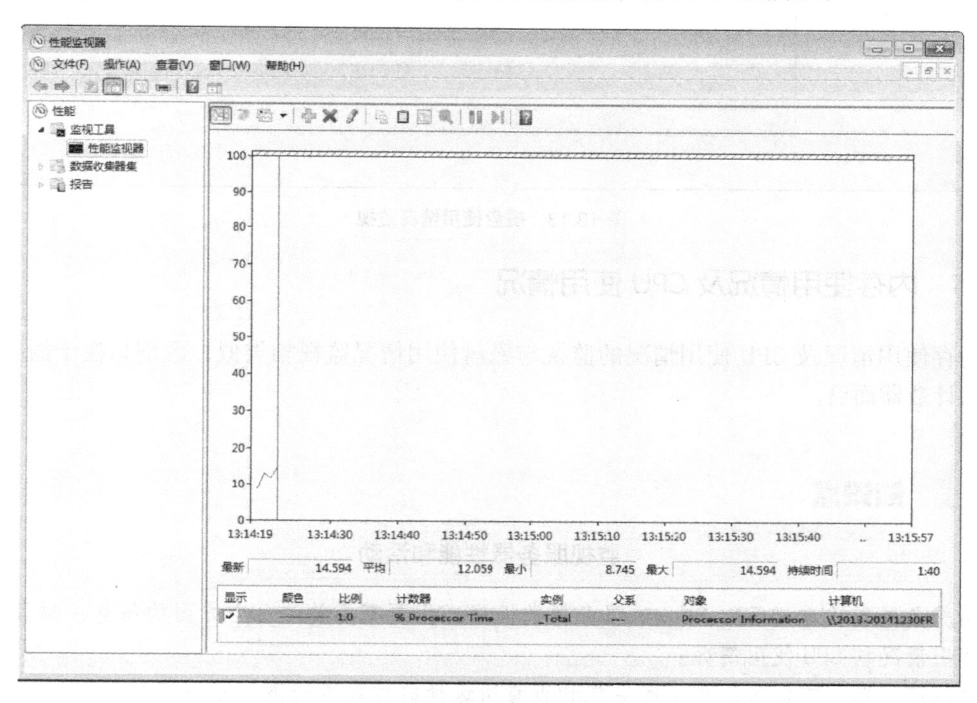

图 13.12 性能监视器

13.3.2 磁盘使用情况监视

使用性能监视器中的下述两个计数器进行监视以确定磁盘活动。

- PhysicalDisk：%Disk Time
- PhysicalDisk：Avg.Disk Queue Length

其中，PhysicalDisk：%Disk Time 计数器监视磁盘忙于读/写活动所用时间的百分比；PhysicalDisk：Avg.Disk Queue Length 计数器了解等待进行磁盘访问的系统请求数量，如图 13.13 所示。

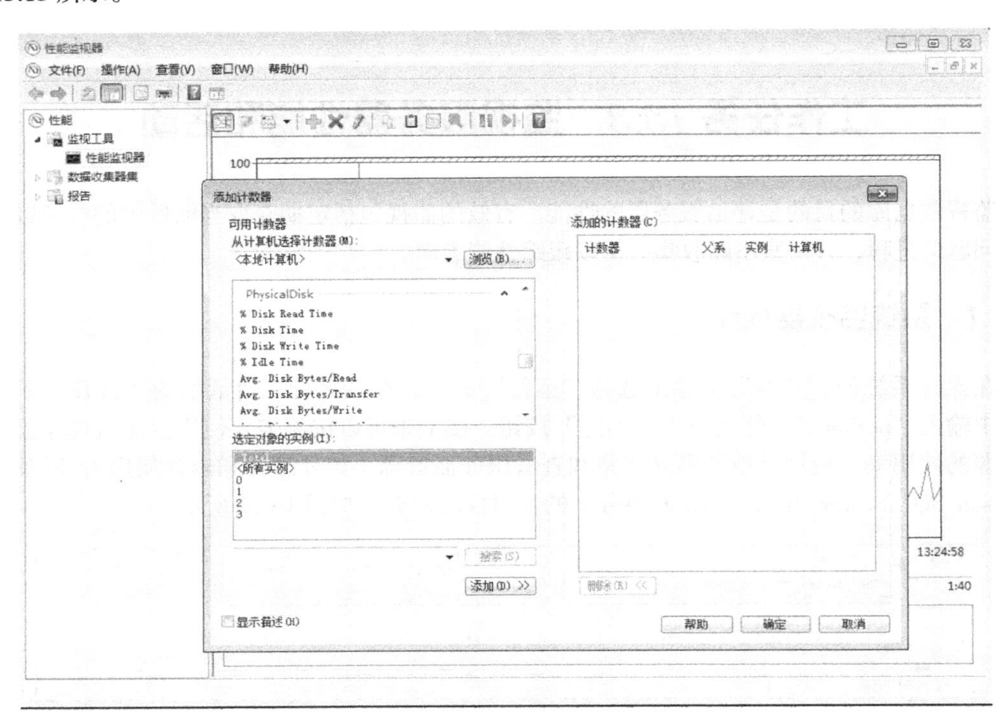

图 13.13 磁盘使用情况监视

13.3.3 内存使用情况及 CPU 使用情况

内存使用情况及 CPU 使用情况的监视与磁盘使用情况监视相类似，区别只在于需要使用不同的计数器而已。

知识点

监视服务器性能和活动

在服务器层次监视 SQL Server 服务器的性能，主要需要关注 3 个方面的信息：磁盘活动、内存使用情况和 CPU 使用情况。

性能监视器一方面可用于实时监视和查看所选择的计数器的值，另一方面也可用于查看指定监视文件中的数据。

1. 磁盘使用情况

磁盘的 I/O 性能对 SQL Server 服务器性能的影响至关重要，磁盘的 I/O 也是导致系统瓶颈的最常见原因。

2. 内存使用情况

内存监视的目的主要是确定内存使用量是否在正常范围内。

3. CPU 使用情况

监视 CPU 使用率是否在正常范围内，可以确定 CPU 是否需要升级或增加 CPU 个数，或者调整应用程序以减少 CPU 的使用率。

工作任务 13.4 事务日志

管理信息系统在企业长年累月的操作下，可能会出现事务日志过大的情况，这时候就需要采取一定的手段来收缩管理信息系统的数据库。

收缩事务日志的步骤如下。

1）在“对象资源管理器”中，连接到 SQL Server 2014 数据库引擎实例，再展开该实例。

2）展开“数据库”，再右击要收缩的数据库。

3）在快捷菜单中选择“任务” | “收缩” | “文件”，打开如图 13.14 所示的对话框。

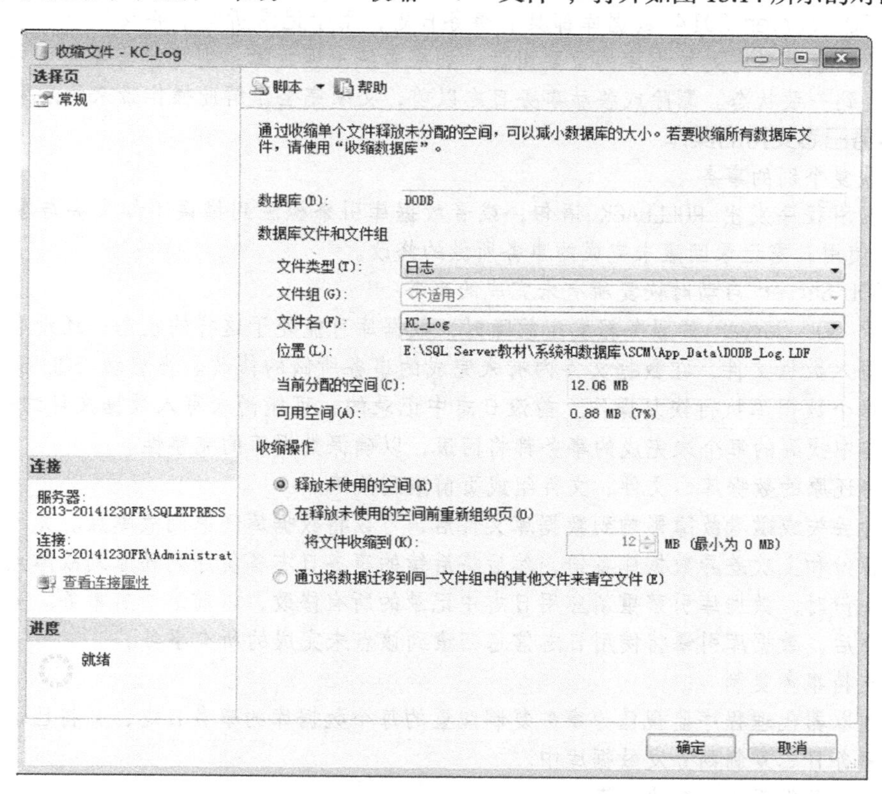

图 13.14 收缩事务日志

4）选择文件类型和文件名。

5）根据需要，选中“释放未使用的空间”单选按钮。选中此单选按钮后，将为操作系统释放文件中所有未使用的空间，并将文件收缩到上次分配的区。这将减小文件的大小，但不移动任何数据。

6）根据需要，可以选中“在释放未使用的空间前重新组织页”单选按钮。如果选中此单选按钮，则必须指定“将文件收缩到”的值。默认情况下，该单选按钮为未选中状态。

选中此单选按钮后，将为操作系统释放文件中所有未使用的空间，并尝试将行重新定位到未分配页。

7）根据需要，输入在收缩数据库后数据库文件中要保留的最大可用空间百分比，允许的值介于 0 至 99 之间。只有在选中了“在释放未使用的空间前重新组织文件”单选按钮时，此选项才可用。

8）根据需要，选中“通过将数据迁移到同一文件组中的其他文件来清空文件”单选按钮。

选中此单选按钮后，将指定文件中的所有数据移至同一文件组中的其他文件中，然后就可以删除空文件。此单选按钮与执行包含 EMPTYFILE 选项的 DBCC SHRINKFILE 相同。

9）单击“确定”按钮。

知识点

事务日志

每个 SQL Server 2014 数据库都具有事务日志，用于记录所有事务及每个事务对数据库所做的修改。事务日志是数据库的重要组件，如果系统出现故障，则可能需要使用事务日志将数据库恢复到一致状态。删除或移动事务日志以前，必须完全了解此操作带来的后果。

1. 事务日志支持的操作

（1）恢复个别的事务

如果应用程序发出 ROLLBACK 语句，或者数据库引擎检测到错误（如失去与客户端的通信），就会使用日志记录回滚未完成的事务所做的修改。

（2）SQL Server 启动时恢复所有未完成的事务

当运行 SQL Server 的服务器发生故障时，数据库可能处于这样的状态：还没有将某些修改从缓存写入数据文件，在数据文件内有未完成的事务所做的修改。当启动 SQL Server 实例时，它对每个数据库执行恢复操作。前滚日志中记录的、可能尚未写入数据文件的每个修改、在事务日志中找到的每个未完成的事务都将回滚，以确保数据库的完整性。

（3）将还原的数据库、文件、文件组或页前滚到故障点

在硬件丢失或磁盘故障影响到数据库文件后，可以将数据库还原到故障点。先还原上次完整数据库备份和上次差异数据库备份，然后将后续的事务日志备份序列还原到故障点。当还原每个日志备份时，数据库引擎重新应用日志中记录的所有修改，以前滚所有事务。当最后的日志备份还原后，数据库引擎将使用日志信息回滚到该点未完成的所有事务。

（4）支持事务复制

日志读取器代理程序监视已为事务复制配置的每个数据库的事务日志，并将已设复制标记的事务从事务日志复制到分发数据库中。

（5）支持备份服务器解决方案

备用服务器解决方案、数据库镜像和日志传送极大程度地依赖于事务日志。在日志传送方案中，主服务器将主数据库的活动事务日志发送到一个或多个目标服务器，每个辅助服务器将该日志还原为其本地的辅助数据库。

2. 事务日志特征

① 事务日志是作为数据库中的单独的文件或一组文件实现的。日志缓存与数据页的缓冲区高速缓存是分开管理的，因此可在数据库引擎中生成简单、快速和功能强大的代码。

② 日志记录和页的格式不必遵守数据页的格式。

③ 事务日志可以在几个文件上实现。通过设置日志的 FILEGROWTH 值可以将这些文件定义为自动扩展，这样可减少事务日志内空间不足的可能性，同时减少管理开销。

④ 重用日志文件中空间的机制速度快且对事务吞吐量影响最小。

3. 管理事务日志文件的大小

（1）监视日志空间使用情况

可以使用 DBCC SQLPERF（LOGSPACE）监视日志空间的使用情况。此命令返回有关当前使用的日志空间量的信息，并指示何时需要截断事务日志。如果要了解有关日志文件的当前大小、最大大小及此文件的自动增长选项的信息，还可以在 sys.database_files（Transact-SQL）中针对此日志文件使用 size、max_size 和 growth 等列。

（2）收缩日志文件的大小

通过日志截断可释放磁盘空间以供重新使用，但它不会减少物理日志文件的大小。如果要减少日志文件的物理大小，必须收缩此文件以删除一个或多个不包含任何逻辑日志部分的虚拟日志文件（即“不活动的虚拟日志文件”）。在收缩事务日志文件时，将从日志文件的末端删除足够的不活动虚拟日志文件，以便将日志减小到接近目标大小。

（3）添加或扩大日志文件

可以通过扩大现有的日志文件（如果磁盘空间允许）或将日志文件添加至数据库（尤其是其他磁盘上的数据库）来获得空间。

如果要将日志文件添加至数据库，可以使用 ALTER DATABASE 语句的 ADD LOG FILE 子句。添加日志文件可以使日志获得空间。

如果要扩大日志文件，可以使用 ALTER DATABASE 语句的 MODIFY FILE 子句，并指定 SIZE 和 MAXSIZE 语法。

工作任务 13.5　自动化管理

长江家具企业需要用到的自动化管理简单地来说就是数据的自动定时备份，从而可以在现行数据出现问题时及时用最近的备份数据进行备份。通过将自动定时备份与手工备份结合使用，可以尽可能地保证系统数据的安全性。

操作步骤：

1）打开 Microsoft SQL Server Management Studio，展开窗口左边的 SQL 服务器，选择“SQL Server 代理”后右击，在弹出的快捷菜单中选择“启动”（未启动的话）命令，如图 13.15 所示。

2）选择“作业”|“新建作业”命令，如图 13.16 所示。

3）在“常规”页中输入作业的名称，如图 13.17 所示。

4）进入“步骤”页，选择 Transact-SQL，在“命令”中输入下面语句（语句部分要根据自己的实际情况更改，D：\bak\ 改为自己的备份路径，databasename 修改为想备份的数据库的名称），如图 13.18 所示。

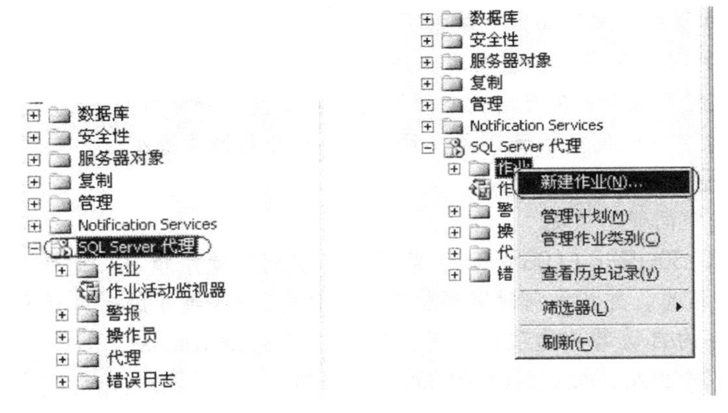

图 13.15　启动 SQL Server 代理　　　　图 13.16　新建作业

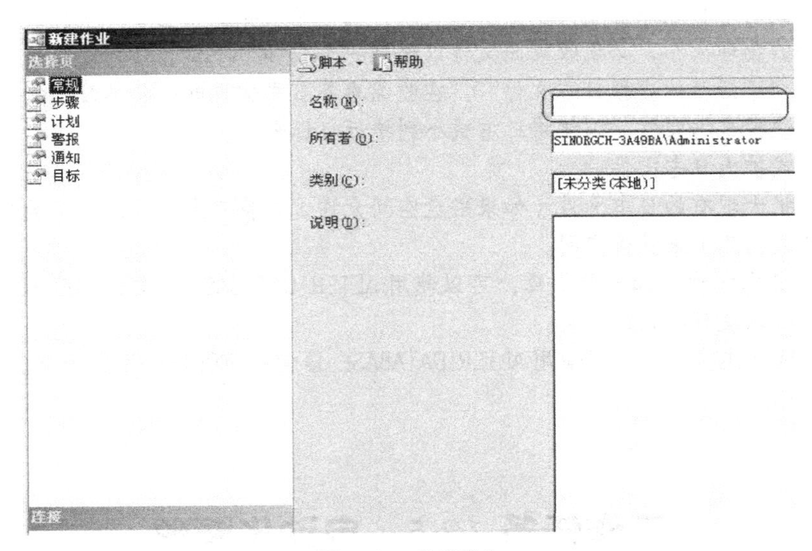

图 13.17　信息输入

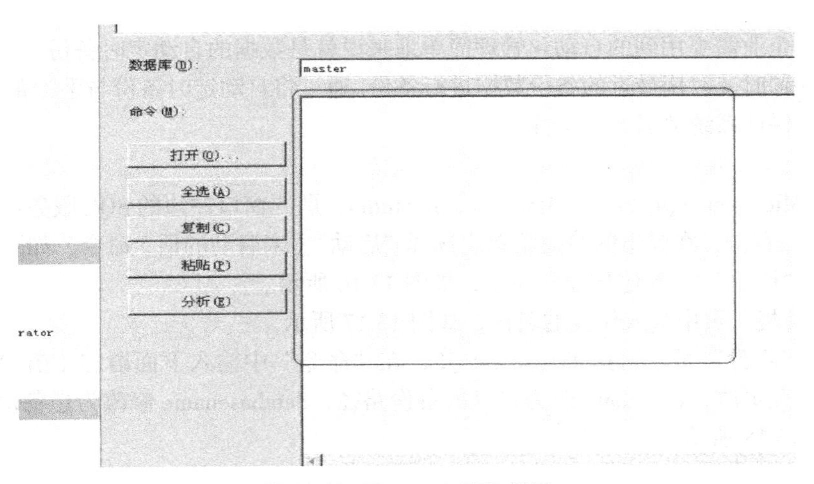

图 13.18　Transact-SQL 语句

Transact-SQL 语句如下。

```
DECLARE @strPath NVARCHAR(200)
    set @strPath = convert(NVARCHAR(19), getdate(), 120)
    set @strPath = REPLACE(@strPath, ':', '.')
    set @strPath = 'D:\bak\' + @strPath + '.bak'
    BACKUP DATABASE [databasename] TO DISK = @strPath WITH NOINIT,
NOUNLOAD, NOSKIP, STATS = 10, NOFORMAT
```

5）添加计划，设置频率、时间等，如图 13.19 所示。

新建作业计划

名称(N): BackUpDataBase

计划类型(S): 重复执行

执行一次

日期(D): 2007-11- 6　时间(T): 11:19:50

频率

执行(R): 每天

执行间隔(C): 1 天

每天频率

执行一次，时间为(A): 0:00:00

执行间隔(U): 4 小时　开始时间(T): 9:00:00

结束时间(G): 22:00:00

持续时间

开始日期(D): 2007-11- 6　结束日期(E): 2007-11- 6

图 13.19　新建作业计划

6）注意在“服务”里面启用 SQL Server Agent 服务，如图 13.20 所示。

Remote Packet Capture Protocol v.0 (experimental)	Allows to …		手动	LocalSystem
Remote Procedure Call (RPC)	提供终结…	已启动	自动	LocalSystem
Remote Procedure Call (RPC) Locator	管理 RPC …		手动	LocalSystem
Remote Registry Service	允许远程…	已启动	自动	LocalSystem
Removable Storage	管理可移…	已启动	自动	LocalSystem
Routing and Remote Access	在局域网…		已禁用	LocalSystem
RunAs Service	在不同凭…	已启动	自动	LocalSystem
Security Accounts Manager	存储本地…	已启动	自动	LocalSystem
Server	提供 RPC …	已启动	自动	LocalSystem
Simple Mail Transport Protocol (SMTP)	跨网传送…	已启动	自动	LocalSystem
Smart Card	对插入在…		手动	LocalSystem
Smart Card Helper	提供对连…		手动	LocalSystem
SQL Server (MSSQLSERVER)	提供数据…	已启动	自动	LocalSystem
SQL Server (SQLEXPRESS)	提供数据…	已启动	自动	LocalSystem
SQL Server Active Directory Helper	支持与 A…		已禁用	LocalSystem
SQL Server Agent (MSSQLSERVER)	执行作业…	已启动	自动	LocalSystem
SQL Server Analysis Services (MSSQLSERVER)	为商业智…	已启动	自动	LocalSystem
SQL Server Browser	将 SQL Se…	已启动	自动	LocalSystem
SQL Server FullText Search (MSSQLSERVER)	快速创建…	已启动	自动	LocalSystem
SQL Server Integration Services	为 SSIS …	已启动	自动	LocalSystem
SQL Server Reporting Services (MSSQLSERVER)	管理、执…	已启动	自动	LocalSystem
System Event Notification	跟踪系统…	已启动	自动	LocalSystem
Task Scheduler	允许程序…	已启动	自动	LocalSystem
TCP/IP NetBIOS Helper Service	允许对“T…	已启动	自动	LocalSystem
Telephony	提供 TAPI…	已启动	手动	LocalSystem
Telnet	允许远程…		手动	LocalSystem

图 13.20　启动服务

知识点

自动化管理

为了系统能安全稳定高效地运行，必须时常对数据库进行维护、优化管理。在数据库比较多的情况下，这种维护工作会变得不堪重负。SQL Server 2014 提供了十分实用的自动化管理，一些日常的维护优化工作可以让 SQL Server 2014 自己完成，从而减低管理员的负担。

SQL Server 2014 允许自动执行管理任务。如果要让 SQL Server 2014 自动执行管理任务，就必须先定义好管理任务的内容，然后指定执行该任务的时间或条件，通过使用 SQL Server 代理由 SQL Server 2014 自动执行。SQL Server 代理是一个 Windows 的后台服务，可以执行安排的管理任务，这个管理任务又叫做“作业”。每个作业包含了一个或多个作业步骤，每个步骤都可以完成一个任务。SQL Server 代理可以在指定的时间或在特定的事件条件下执行作业里的步骤，并记录作业的完成情况，一旦执行作业步骤出现错误，SQL Server 代理还可以设法通知管理员。SQL Server 代理可以完成的工作一般有以下几种：作业、警报、操作员。如果想完成这 3 个操作，那么所依托的就是 SQL Server 代理服务。由于 SQL Server 代理是一个服务，因此如果要让 SQL Server 代理运行作业、处理警报，就必须先启动 SQL Server 代理服务器，这样作业才会自动运行。这个服务在安装完 SQL Server 时自动安装，但默认情况下不启动。

工作任务 13.6 执行作业

作业是一系列由 SQL Server 代理按顺序执行的指定操作。作业可以执行一系列活动，包括运行 Transact-SQL 脚本、命令行应用程序、Microsoft ActiveX 脚本、Integration Services 包、Analysis Services 命令和查询或复制任务。作业可以运行重复任务或那些可计划的任务，它们可以通过生成警报来自动通知用户作业状态，从而极大地简化了 SQL Server 管理。根据具体情况，可以手动运行作业，也可以将作业配置为根据计划或响应警报来运行。

1. 创建作业

操作步骤：

1）在“对象资源管理器”中，连接到 SQL Server 数据库引擎实例，再展开该实例。

2）展开“SQL Server 代理”。

3）右击“作业”，再选择“新建作业”命令。

4）在“常规”页的“名称”文本框中，输入作业名称。

5）如果不希望在创建作业后立即运行作业，需要取消选中“启用”复选框。例如，如果要在按计划运行之前测试某个作业，则禁用该作业。

6）在“说明”文本框中输入对作业功能的说明，最大字符数为 512。

2. 创建作业步骤

作业步骤是作业对数据库或服务器执行的操作。每个作业必须至少有一个作业步骤。

操作步骤：

1）在“对象资源管理器”中，连接到 SQL Server 数据库引擎实例，再展开该实例。

2）展开“SQL Server 代理”，创建一个新作业或右击一个现有作业，再选择“属性”命令。

3）在“作业属性”对话框中，单击“步骤”页，再单击“新建”按钮。

4）在“新建作业步骤”对话框中，输入作业的“步骤名称”。

5）在“类型”列表中，选择“操作系统（CmdExec）”。

6）在“运行身份”列表中，选择具有作业将使用的凭据的代理账户。默认情况下，CmdExec 作业步骤在 SQL Server 代理服务账户的上下文中运行。

7）在“成功命令的进程退出代码”文本框中，输入一个介于 0 到 999 999 之间的值。

8）在“命令”文本框中，输入操作系统命令或可执行程序。

9）单击“高级”选项卡以设置作业步骤选项。例如，作业步骤成功或失败后要采取的操作、SQL Server 代理应尝试执行作业步骤的次数，以及 SQL Server 代理可以将该作业步骤输出写入的文件。只有 sysadmin 固定服务器角色的成员才可以将作业步骤输出写入到操作系统文件中。

3. 创建计划

计划管理作业就是定义使作业开始运行的条件。可以计划任何类型的作业，多个作业可以使用同一个作业计划。用户可以将计划附加到作业，也可以从作业分离计划。

操作步骤：

1）在“对象资源管理器”中，连接到 SQL Server 数据库引擎实例，然后展开该实例。

2）展开“SQL Server 代理” | “作业”，右击要计划的作业，并选择“属性”命令。

3）选择“计划”页，再单击“新建”按钮。

4）在“名称”文本框中，输入新计划的名称。如果不希望计划在创建后立即生效，则取消选中“启用”复选框。

5）对于“计划类型”，可以选择下列操作之一。

① 选中“SQL Server 代理启动时自动启动”，在启动 SQL Server 代理服务时启动作业。

② 选中“CPU 空闲时启动”，在 CPU 达到空闲条件时启动作业。

③ 如果希望反复运行计划，则选中“重复执行”。如果要重复执行计划，应设置对话框上的“频率”“每天频率”和“持续时间”选项。

④ 如果希望仅运行一次计划，选中“执行一次”。如果要执行一次计划，应设置对话框上的“执行一次”选项。

4. 运行作业（手工运行）

如果需要经常（但不是定期）运行一个作业，那么只需根据需要手动运行该作业即可，而不用安排作业。

操作步骤：

1）在“对象资源管理器”中，连接到 SQL Server 数据库引擎实例，再展开该实例。

2）展开“SQL Server 代理” | “作业”，再根据希望作业以何种方式启动，执行下列操作之一。

① 如果使用的是单台服务器或目标服务器，或者正在一台主服务器上运行一个本地服务器作业，可以右击要启动的作业，再选择“启动作业”命令。

② 如果要启动多个作业，可以右击“作业活动监视器”，然后选择“查看作业活动”命令。在作业活动监视器中，可以选择多个作业，右击所选作业，再选择“启动作业”命令。

③ 如果使用的是主服务器并且希望所有目标服务器同时运行作业，可以右击要启动的作业，选择“启动作业”命令，再选择“在所有目标服务器上启动”命令。

④ 如果使用的是主服务器并且希望指定运行作业的目标服务器，可以右击要启动的作业，选择“启动作业”命令，再选择“在指定的目标服务器上启动”命令。在“发布下载指令”对话框中，选中“以下目标服务器”复选框，然后选择运行该作业的每台目标服务器。

5. 指定作业响应

作业响应指定完成作业后 SQL Server 代理服务将执行的操作。作业响应可确保数据库管理员知道作业完成的时间和作业运行频率。

操作步骤：

1）在“对象资源管理器”中，连接到 SQL Server 数据库引擎实例，再展开该实例。

2）展开“SQL Server 代理” | “作业”，右击要编辑的作业，选择“属性”命令。

3）在“作业属性”对话框中，选择“通知”页。

4）如果想通过电子邮件通知操作员，选中“电子邮件”，再从列表中选择操作员，然后选择下列选项之一。

① 当作业成功时。在作业成功完成后通知操作员。

② 当作业失败时。如果作业未成功完成，则通知该操作员。

③ 当作业完成时。无论完成情况如何，都通知该操作员。

5）如果想通过寻呼程序来通知操作员，可以选中“寻呼程序”，再从列表中选择操作员，然后选择下列选项之一。

① 当作业成功时。在作业成功完成时通知操作员。

② 当作业失败时。如果作业未成功完成，则通知该操作员。

③ 当作业完成时。无论完成情况如何，都通知该操作员。

6）如果想通过 net send 通知操作员，可以选中 net send，再从列表中选择操作员，然后选择下列选项之一。

① 当作业成功时。在作业成功完成时通知操作员。

② 当作业失败时。如果作业未成功完成，则通知该操作员。

③ 当作业完成时。无论完成情况如何，都通知该操作员。

6. 查看和修改作业

运行完一个作业后，可以查看它的历史记录。通过查看作业历史记录可以查看作业何时运行、整个作业的状态，以及作业中每步作业的状态。在作业成功完成后，可以查看该作业过去是否曾失败，还可以查看作业每次运行时创建的输出内容。sysadmin 固定服务器角色的成员可以查看或修改任何作业，而无论作业的所有者是谁。

（1）查看作业

操作步骤：

1）在“对象资源管理器”中，连接到 SQL Server 数据库引擎实例，再展开该实例。

2）展开“SQL Server 代理” | “作业”。

3）右击作业，选择“属性”命令。

（2）查看作业历史记录

操作步骤：

1）在“对象资源管理器”中，连接到 SQL Server 数据库引擎实例，再展开该实例。

2）展开“SQL Server 代理” | “作业”。

3）右击一个作业，选择“查看历史记录”命令。

4）在日志文件查看器中，查看作业历史记录。

5）如果要更新作业历史记录，可以单击“刷新”按钮；如果只查看几行，可以单击“筛选”按钮并输入筛选参数。

（3）修改作业

操作步骤：

1）在“对象资源管理器”中，连接到 SQL Server 数据库引擎实例，再展开该实例。

2）展开“SQL Server 代理” | “作业”，然后右击要修改的作业，选择“属性”命令。

3）在“作业属性”对话框中，使用相应的页更新作业的属性、步骤、计划、警报和通知。

工作任务 13.7　响应事件

对事件的自动响应称为“警报”。警报与作业不同，作业是由 AGENT 服务来掌控在什么时间做什么事情，也就是说要做什么事情都是事先预定好的，能意识到将要处理的事情是什么样的结果。但是警报不是，警报是在出现意外的情况下应该怎么去做。新增警报界面如图 13.21 所示。

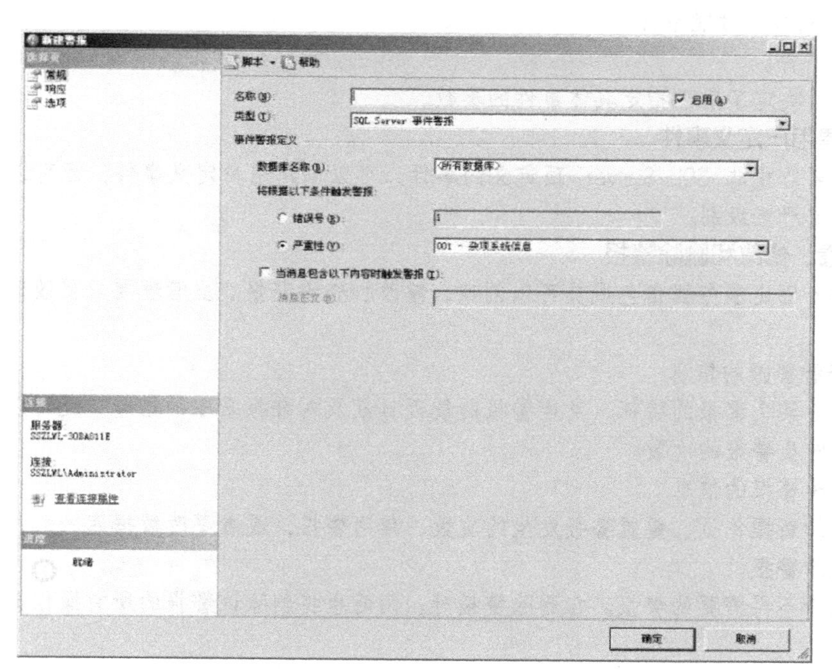

图 13.21　新增警报

知识点

响应事件

SQL Server 代理可监视并自动响应“事件”，如来自 SQL Server 的消息、特定的性能条件，以及 Windows Management Instrumentation（WMI）事件。

对事件的自动响应称为“警报”。可以针对一个或多个事件定义警报，指定希望 SQL Server 代理如何响应发生的这些事件。警报可以通过通知管理员和（或）运行某项作业来响应事件。警报还可以将事件转发到其他计算机上的 Microsoft Windows 应用程序日志中。

1. 定义警报

事件由 Microsoft SQL Server 生成并被输入到 Microsoft Windows 应用程序日志中。SQL Server 代理读取应用程序日志，并将写入的事件与定义的警报比较。当 SQL Server 代理找到匹配项时，将发出自动响应事件的警报。除了监视 SQL Server 事件以外，SQL Server 代理还监视性能条件和 Windows Management Instrumentation（WMI）事件。

如果要定义警报，需要指定以下几项。

① 警报的名称。

② 触发警报的事件或性能条件。

③ SQL Server 代理响应事件或性能条件所执行的操作。

一个警报响应一种特定的事件。警报响应下列事件类型。

① SQL Server 事件。

② SQL Server 性能条件。

③ WMI 事件。

事件类型决定了用于指定具体事件的参数。

2. 创建用户定义事件

如果需要监视非 SQL Server 预定义的事件，可以创建用户定义事件，还可以为每个用户定义事件指定严重级别。

3. 查看、修改和删除警报

sysadmin 固定服务器角色成员可以创建、修改和查看警报。当管理要求更改时，最好修改警报。

（1）查看警报的信息

可以查看某个警报的特征、发生警报的最近日期及对警报采取的措施，还可以查看自上次重置计数后发生警报的次数。

（2）修改警报的信息

可以添加新操作员、重置警报发生的次数、禁用警报，或者更改数据库。

（3）删除警报

可以删除不再需要的警报。在删除警报时，同时也将删除该警报的所有操作员通知。

能力（知识）梳理

通过本模块的知识学习及项目训练，读者了解和掌握了数据库管理和维护的内容，具体包括：

- 备份及还原
- 导入、导出数据
- 监视服务器性能和活动
- 事务日志
- 自动化管理
- 执行作业
- 响应事件

需要注意的是，管理和维护是一项长期和细致的工作，同时又是一项十分重要的任务，因此，需要系统管理员对数据库管理和维护的知识非常熟悉，才能在具体的工作中得心应手。读者在学习本模块的过程中，应重点对备份及还原这个技术的应用加以练习。

能力训练

1. 对“长江家具”数据库进行完全数据库备份和恢复。

2. 对“长江家具”数据库制定自动化管理，管理功能为每周六 12：00 数据库执行自动备份操作。

模块 14
使用 Reporting Services

专业岗位工作过程分析

任务背景

SQL Server 从 2005 版开始就提供了 Reporting Services 这个报表服务工具，发展到 SQL Server 2014 时，Reporting Services 已经是一个基于服务器的报表平台，能为各种数据源提供完善的报表功能。它包含一整套可用于创建、管理和传送报表的工具。

使用 Reporting Services，可以从多种数据源（各类数据库、XML 等）创建交互式、表格式、图形式或自由格式的报表。报表可以包含丰富的数据可视化内容，并提供多种查看格式，也可以将报表导出到其他应用程序，如 Microsoft Excel。

工作过程

长江家具公司准备在长江家具信息管理系统中增加一些功能，其中包括产品销售统计报表和区域销售数据统计报表。李新安排王明使用 Reporting Services 创建。

工作目标

终极目标

本模块将使用 Reporting Services 创建一个产品销售统计报表和一个区域销售数据统计报表。

促成目标

1. 安装及配置 Reporting Services。
2. 使用 Reporting Services 创建产品销售统计报表。
3. 使用 Reporting Services 创建区域销售数据统计报表。

工作任务

1. 工作任务 1：安装及配置 Reporting Services。
2. 工作任务 2：使用 Reporting Services 创建产品销售统计报表。
3. 工作任务 3：使用 Reporting Services 创建区域销售数据统计报表。

工作任务 14.1　安装及配置 Reporting Services

本任务中，将在 Windows Server 2008 R2 环境中安装并配置 SQL Server Reporting Services（SSRS）。

14.1.1 安装 SQL Server 2014 Express with Advanced Services

安装 SQL Server 2014 Express with Advanced Services 的过程与安装普通的 Express 版大体一致，唯一需要注意的是，高级服务器版由于自带了 Reporting Services，所以在安装过程中，首选要在功能选择时选中 Reporting Services，如图 14.1 所示。

在安装向导的第 12 步，会提示选择 Reporting Services 的配置模式，如图 14.2 所示。由于在后期，SQL Server 2014 提供了专用的配置工具，所以在安装到这步时，选择“仅安装”即可。

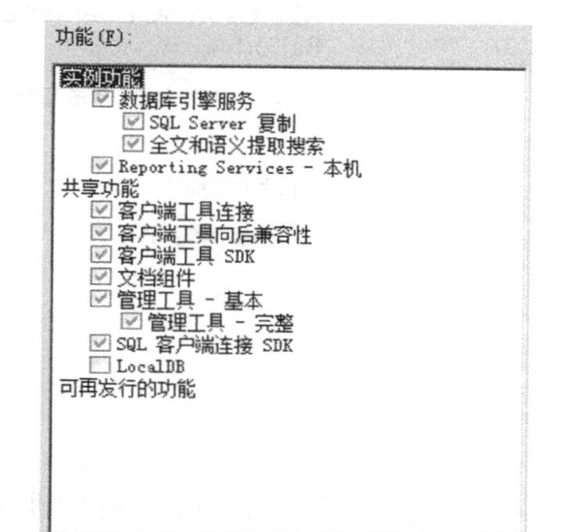

图 14.1 功能选择

Reporting Services 本机模式

安装和配置(C)。

在本机模式中安装和配置报表服务器。报表服务器将在安装完成后正常运行。

仅安装(O)。

安装报表服务器文件。安装完成后，使用 Reporting Services 配置管理器配置报表服务器用于本机模式。

Reporting Services SharePoint 集成模式

仅安装(S)。

安装报表服务器文件。安装完成后，使用 SharePoint 管理中心完成配置。确认 SQL Server Reporting Services 服务已启动并且创建至少一个 SQL Server Reporting Services 服务应用程序。有关详细信息，请单击“帮助”。

图 14.2 安装 Reporting Services 时的选择

14.1.2 配置 SQL Server Reporting Services（SSRS）

Microsoft SQL Server 2014
SQL Server 2014 Management Studio
SQL Server 2014 导入和导出数据(32 位
SQL Server 2014 导入和导出数据(64 位
下载 Microsoft SQL Server Compact
Analysis Services
Integration Services
配置工具
SQL Server 2014 Reporting Servic
SQL Server 2014 安装中心 (64 位)
SQL Server 2014 错误和使用情况报
SQL Server 2014 配置管理器
文档和社区
性能工具

图 14.3 启动 Reporting Services 配置管理器

安装结束后，可以启动“SQL Server 2014 Reporting Services 配置管理器”来进行 Reporting Services 的配置，如图 14.3 所示。

启动 SQL Server Reporting Services 配置管理器后（见图 14.4），要求输入报表服务器实例的服务器名称和实例名（如果安装成功，默认已经填好）。

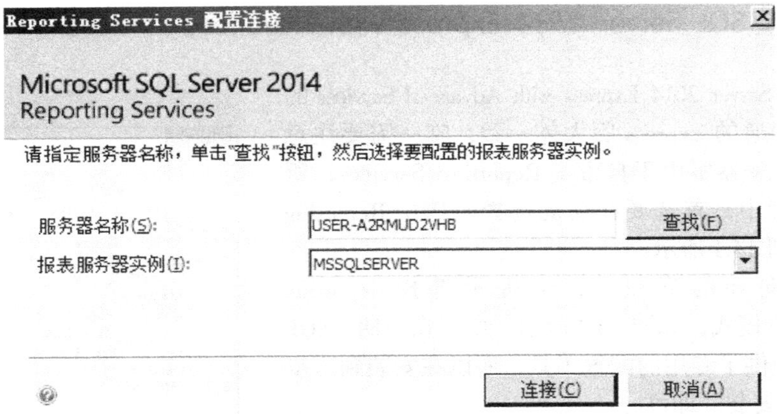

Reporting Services 配置连接

Microsoft SQL Server 2014
Reporting Services

请指定服务器名称，单击"查找"按钮，然后选择要配置的报表服务器实例。

服务器名称(S): USER-A2RMUD2VHB 查找(F)
报表服务器实例(I): MSSQLSERVER

连接(C) 取消(A)

图 14.4 配置连接

连接成功后，会显示当前报表服务器的状态，如图 14.5 所示。如果连接失败，应使用“SQL Server 2014 配置管理器”检查 Reporting Services 是否已经启动。

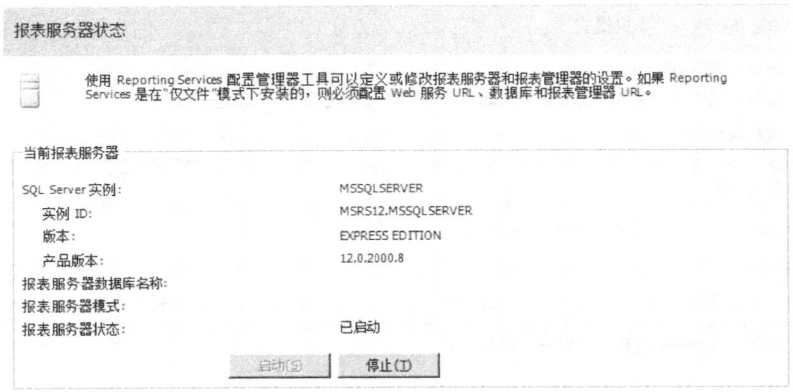

报表服务器状态

使用 Reporting Services 配置管理器工具可以定义或修改报表服务器和报表管理器的设置。如果 Reporting Services 是在"仅文件"模式下安装的，则必须配置 Web 服务 URL、数据库和报表管理器 URL。

当前报表服务器

SQL Server 实例: MSSQLSERVER
实例 ID: MSRS12.MSSQLSERVER
版本: EXPRESS EDITION
产品版本: 12.0.2000.8
报表服务器数据库名称:
报表服务器模式:
报表服务器状态: 已启动

启动(S) 停止(T)

图 14.5 启动报表服务器

在左侧导航中，单击“服务账户”，进入配置界面，如图 14.6 所示。当前可以选中“使用内置账户”进行登录，单击“应用”按钮进行保存。

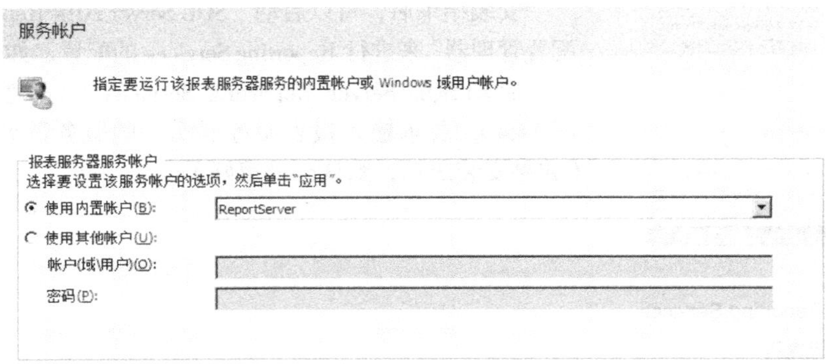

服务帐户

指定要运行该报表服务器服务的内置帐户或 Windows 域用户帐户。

报表服务器服务帐户
选择要设置该服务帐户的选项，然后单击"应用"。
使用内置帐户(B): ReportServer
使用其他帐户(U):
帐户(域\用户)(O):
密码(P):

图 14.6 指定服务账户

在左侧导航中，单击“Web 服务 URL”，进入配置界面，如图 14.7 所示。这里的所有选项可以统一使用默认设置：“虚拟目录”为 ReportServer、“IP 地址”为“所有已分配的（建议）”、

“TCP 端口”为 80、“SSL 证书”和“SSL 端口”为“未选择”。

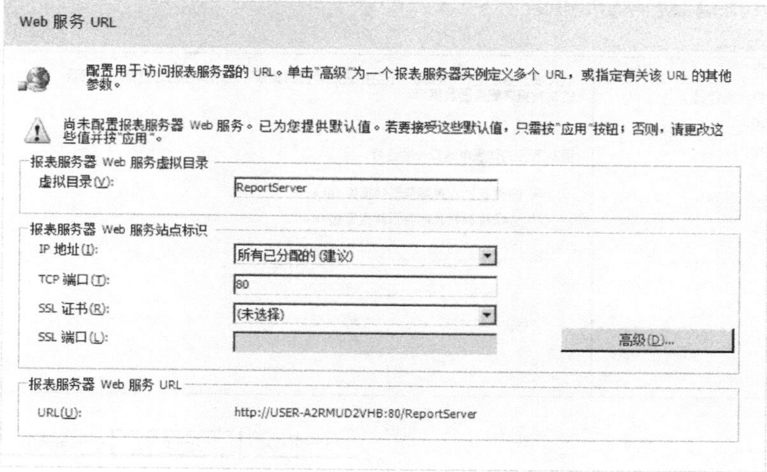

Web 服务 URL

配置用于访问报表服务器的 URL。单击“高级”为一个报表服务器实例定义多个 URL，或指定有关该 URL 的其他参数。

尚未配置报表服务器 Web 服务。已为您提供默认值。若要接受这些默认值，只需按“应用”按钮；否则，请更改这些值并按“应用”。

报表服务器 Web 服务虚拟目录
虚拟目录(V): ReportServer

报表服务器 Web 服务站点标识
IP 地址(I): 所有已分配的(建议)
TCP 端口(T): 80
SSL 证书(R): (未选择)
SSL 端口(L):
高级(D)...

报表服务器 Web 服务 URL
URL(U): http://USER-A2RMUD2VHB:80/ReportServer

图 14.7　配置 Web 参数

有一些网站开发经验的读者知道，在 Windows 操作系统下，是使用 IIS（Internet Information Service，Internet 信息服务）这个自带组件来提供网站发布的。在早期的 SQL Server 版本中，Reporting Services 的服务发布是依赖于 IIS 的，而 SQL Server 2014 的 Reporting Services 自带了一个简易的 Web 服务器，从而不再依赖 IIS。但要注意的是，如果当前的操作系统已经安装了 IIS，要确定 ReportServer 及后面步骤中的 Reports 这两个虚拟目录名称没有在 IIS 中设定过。

Reporting Services 的报表数据是需要存储在 SQL Server 数据库中的。单击左侧导航中的“数据库”，进行配置。默认情况下是没有已选择的数据库的。

单击“更改数据库”按钮进行数据库创建工作（见图 14.8），启动“报表服务器数据库配置向导”，如图 14.9 所示。选中“创建新的报表服务器数据库”单选按钮，按照向导一步步进行创建工作。

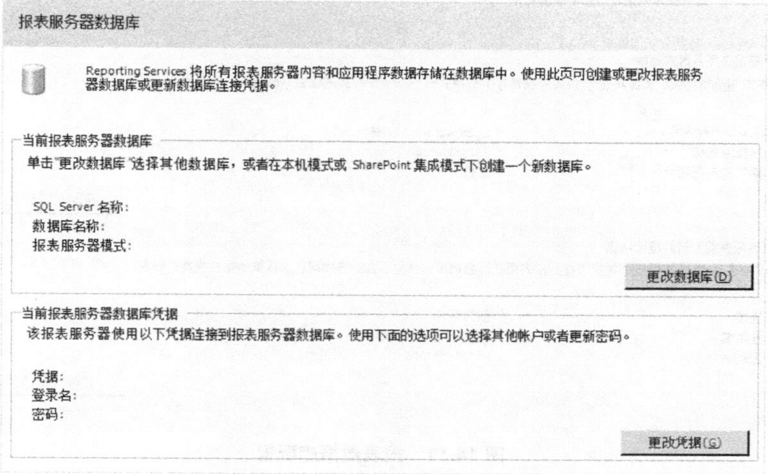

报表服务器数据库

Reporting Services 将所有报表服务器内容和应用程序数据存储在数据库中。使用此页可创建或更改报表服务器数据库或更新数据库连接凭据。

当前报表服务器数据库
单击“更改数据库”选择其他数据库，或者在本机模式或 SharePoint 集成模式下创建一个新数据库。
SQL Server 名称:
数据库名称:
报表服务器模式:
更改数据库(D)

当前报表服务器数据库凭据
该报表服务器使用以下凭据连接到报表服务器数据库。使用下面的选项可以选择其他帐户或者更新密码。
凭据:
登录名:
密码:
更改凭据(G)

图 14.8　报表数据库

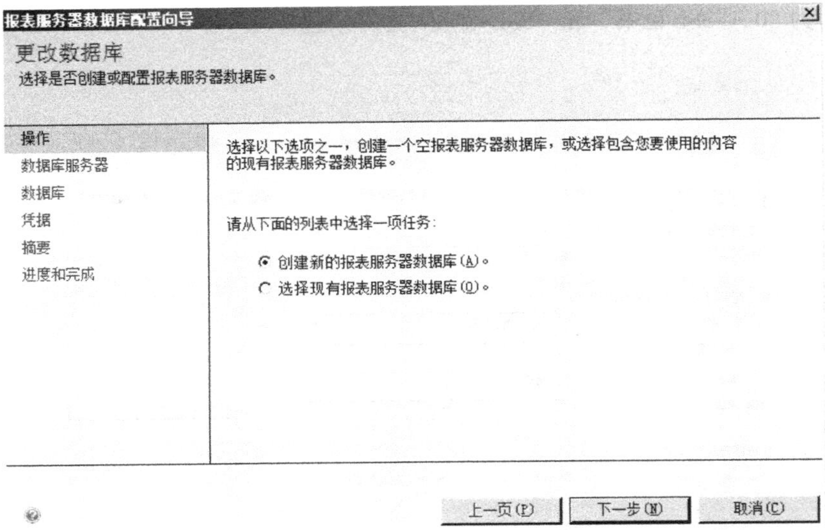

报表服务器数据库配置向导

更改数据库
选择是否创建或配置报表服务器数据库。

操作
数据库服务器
数据库
凭据
摘要
进度和完成

选择以下选项之一，创建一个空报表服务器数据库，或选择包含您要使用的内容的现有报表服务器数据库。

请从下面的列表中选择一项任务：

创建新的报表服务器数据库(A)。
选择现有报表服务器数据库(O)。

上一页(P) 下一步(N) 取消(C)

图 14.9 新建报表服务数据库向导

当创建成功后，使用 SQL Server Management Studio 可以看到默认创建了 ReportServer 和 ReportServerTempDB 这两个数据库，如图 14.10 所示。

图 14.10 新建报表数据库完成

同时，Reporting Services 会记录数据库的配置信息及登录凭据，如图 14.11 所示。

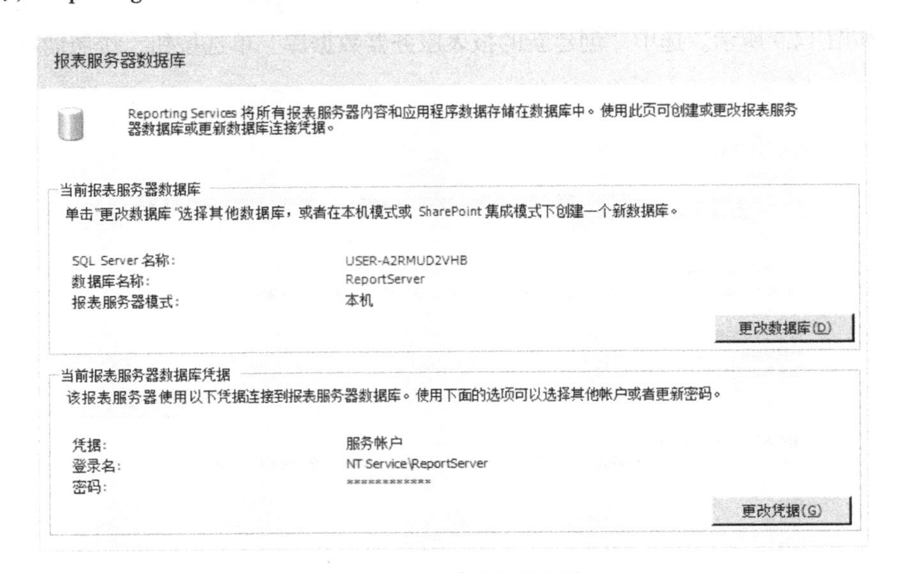

图 14.11 报表数据库配置

在左侧导航中，单击“报表管理器 URL”，进入配置界面，如图 14.12 所示。这里的虚拟目录默认为 Reports，单击“应用”按钮进行保存。

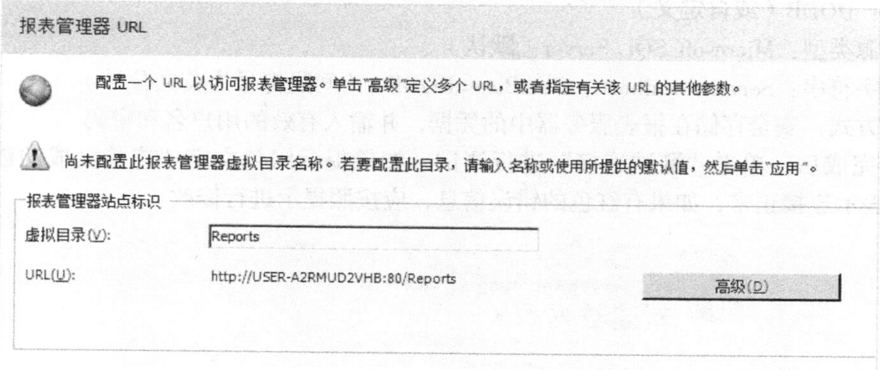

图 14.12 报表管理器 URL

对于左侧导航中的“电子邮件设置”“执行账户”“加密密钥”“扩展部署”，都可以使用默认的配置值，直接单击“应用”按钮即可。

至此，Reporting Services 的配置工作就完成了。

在浏览器中访问 http: //localhost/ReportServer/ 及 http: //localhost/Reports/， 如图 14.13 和图 14.14 所示。这两个 URL 可以分别测试报表服务器管理网页和报表服务器站点是否正常。

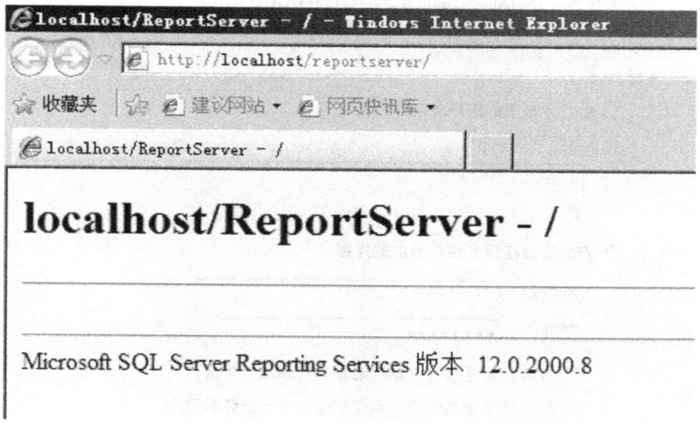

图 14.13 浏览报表服务器管理网页

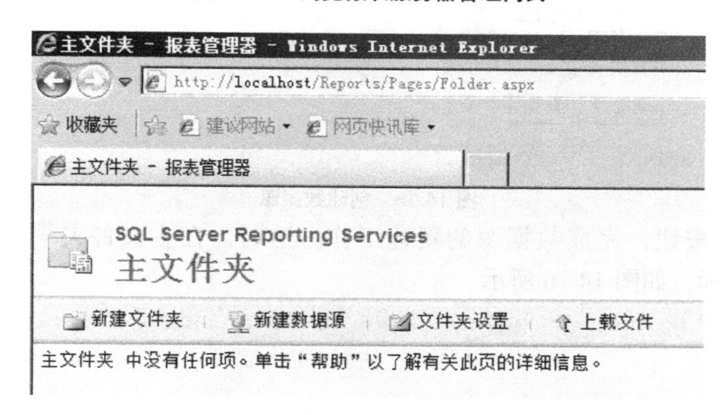

图 14.14 浏览报表服务器站点

由于本模块的两个报表都需要用到 DODB 这个数据库，所以，可以在“报表服务器站点”中，将 DODB 这个数据源先创建好。

单击“新建数据源”，如图 14.15 所示。在网页中输入下列数据源的信息。

名称：DODB（或自定义）

数据源类型：Microsoft SQL Server（默认）

连接字符串：Server=localhost；DataBase=DODB；（间隔符号为英文分号）

连接方式：安全存储在报表服务器中的凭据，并输入有效的用户名和密码

设置完成后，单击“测试连接”进行测试，如果提示绿色文字“连接已成功创建”，则图 14.15 表示连接正常；如果有红色的错误信息，应按照提示进行修改。

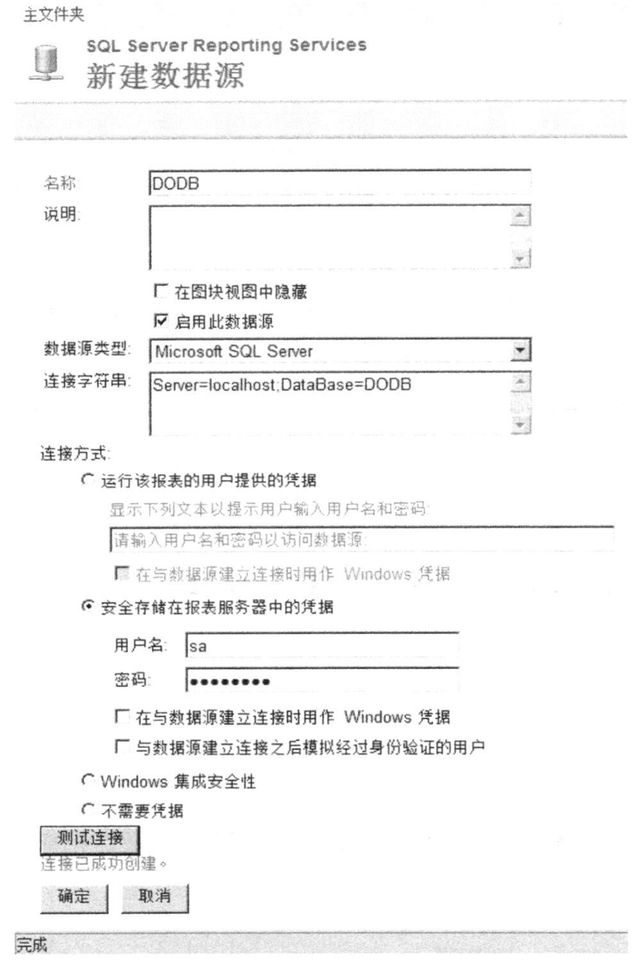

图 14.15　创建数据源

单击“确定”按钮，完成数据源的新建工作。这时，在主文件夹下，会出现一个名为 DODB 的数据源图标，如图 14.16 所示。

图 14.16　已经创建的数据源

14.1.3 安装 Microsoft SQL Server 2008 R2 Report Builder 3.0

SQL Server 2014 Reporting Services 是一个报表服务，为用户提供有关报表的各项服务，但是并没有包含报表设计工具。

对于有编程经验的人来说，可以使用微软的 Visual Studio 系列的开发工具进行报表的设计、发布工作，但是对于一个初学者来说，Visual Studio 的学习难度比较大。这里推荐使用 Microsoft SQL Server 2008 R2 Report Builder 3.0 这个免费的工具来进行报表设计。

首先，可以到微软网站上下载安装程序，启动安装文件，出现如图 14.17 所示的安装向导。

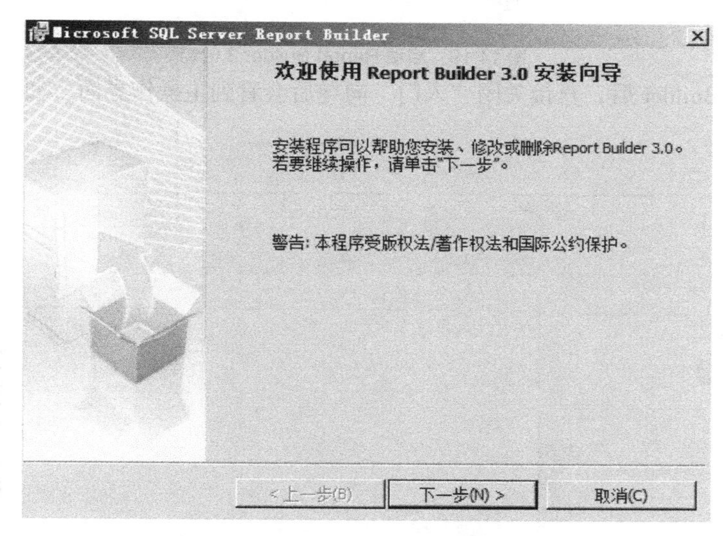

图 14.17 Report Builder 3.0 安装向导

安装过程比较简单，唯一需要注意的是其中有一个步骤是设置“默认目标服务器”，如图 14.18 所示。因为 Report Builder 是一个独立的报表设计器，并不依赖于某个 Reporting Services，所以在这步可以将默认目标服务器设置为空，等实际设计报表时，再连接到具体的某个服务器上。

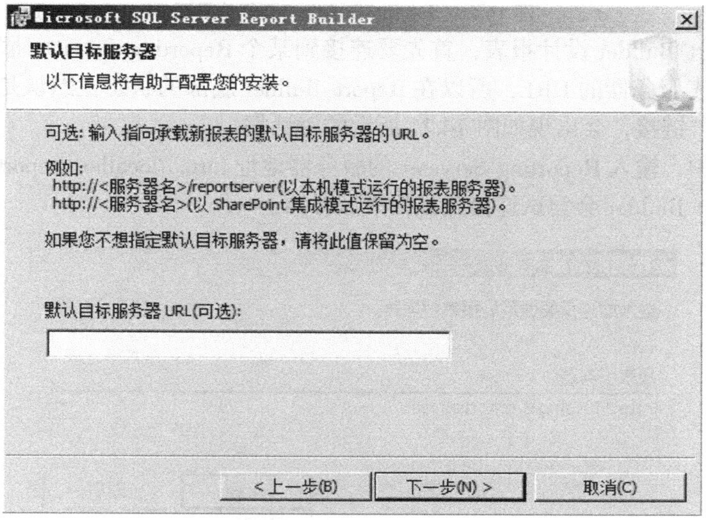

Microsoft SQL Server Report Builder

默认目标服务器

以下信息将有助于配置您的安装。

可选: 输入指向承载新报表的默认目标服务器的 URL。

例如:
http://<服务器名>/reportserver(以本机模式运行的报表服务器)。
http://<服务器名>(以 SharePoint 集成模式运行的报表服务器)。

如果您不想指定默认目标服务器，请将此值保留为空。

默认目标服务器 URL(可选):

< 上一步(B)　下一步(N) >　取消(C)

图 14.18 默认目标服务器

安装成功后，在“开始”菜单中会出现 Report Builder 3.0 的菜单项，如图 14.19 所示。

图 14.19 启动 Report Builder 3.0

启动 Report Builder 后，直接关闭“入门”向导后会看到主操作界面，如图 14.20 所示。

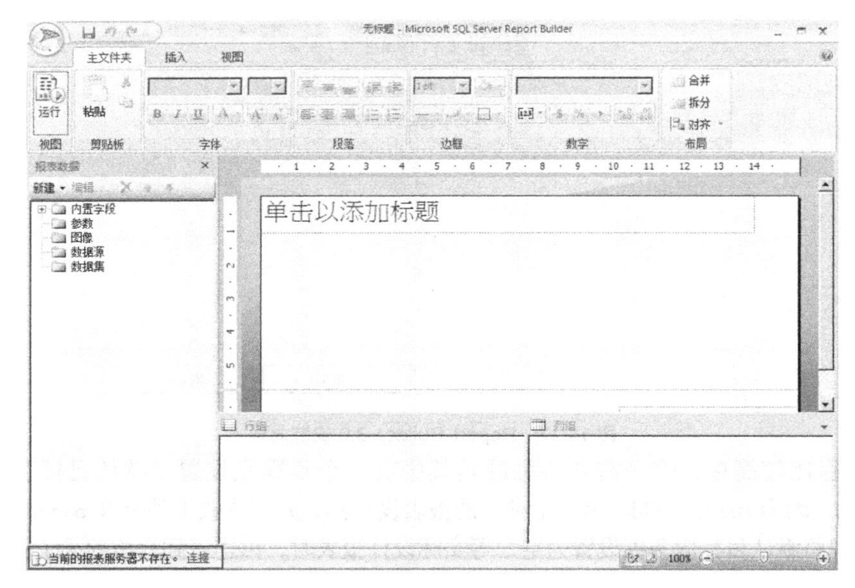

图 14.20 Report Builder 3.0 操作界面

要使用 Report Builder 设计报表，首先要连接到某个 Reporting Services 服务器。由于之前没有设置默认报表服务器的 URL，所以在 Report Builder 底部的状态栏默认是未连接状态。单击蓝色的“连接”链接，会出现如图 14.21 所示的对话框。

在该对话框中，输入 Reporting Services 的服务器地址 http: //localhost/reportserver，单击“连接”按钮，Report Builder 会尝试连接到该报表服务器。

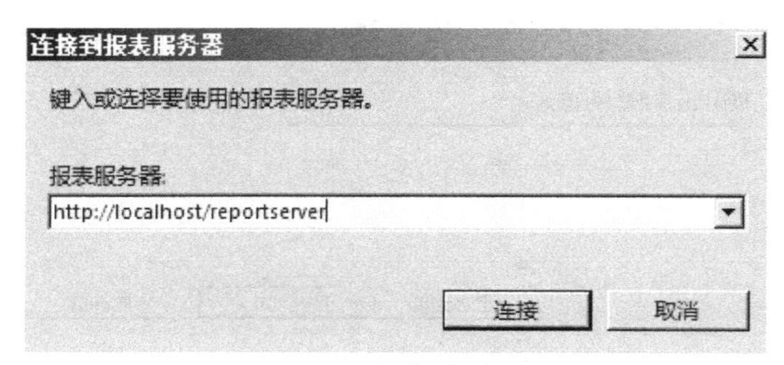

图 14.21 连接到报表服务器

如果 Reporting Services 服务已启动，会连接成功，底部的连接状态将提示当前的报表服务器地址，如图 14.22 所示。

当前报表服务器 http://localhost/reportserver 断开连接

图 14.22　连接报表服务器成功

14.1.4　创建测试报表

为了测试 Reporting Services 以及 Report Builder 是否部署成功，这里将以之前创建的 DODB 数据源为基础，用 Report Builder 设计一个简单的报表，并发布到 Reporting Services 中。

打开 Report Builder 设计器，连接到本地的 Reporting Services。由于之前已经成功连接过，所以以后连接只需要在报表服务器中的下拉列表中选择就可以直接连接。单击“插入”菜单，在工具栏中，单击“表”｜“表向导”命令，如图 14.23 所示。Report Builder 会启动一个表向导，帮助用户快速设计报表。

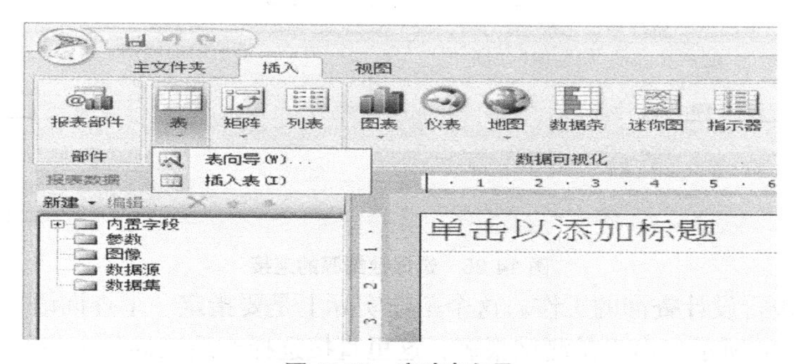

图 14.23　启动表向导

首先需要为报表选择数据集，如图 14.24 所示。这里需要创建一个新的数据集。

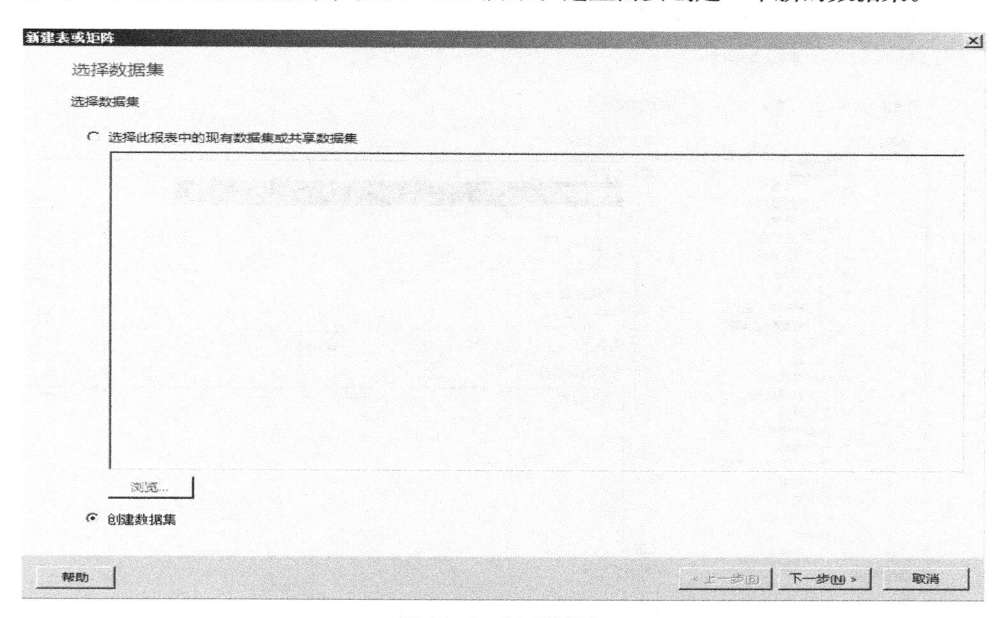

图 14.24　创建数据集

由于之前已经在 Reporting Services 中创建了一个名为 DODB 的数据源，Report Builder 会自动找到这个数据源。在这步中，选中这个数据源，然后单击右下方的“测试连接”按钮，成功连接如图 14.25 所示。

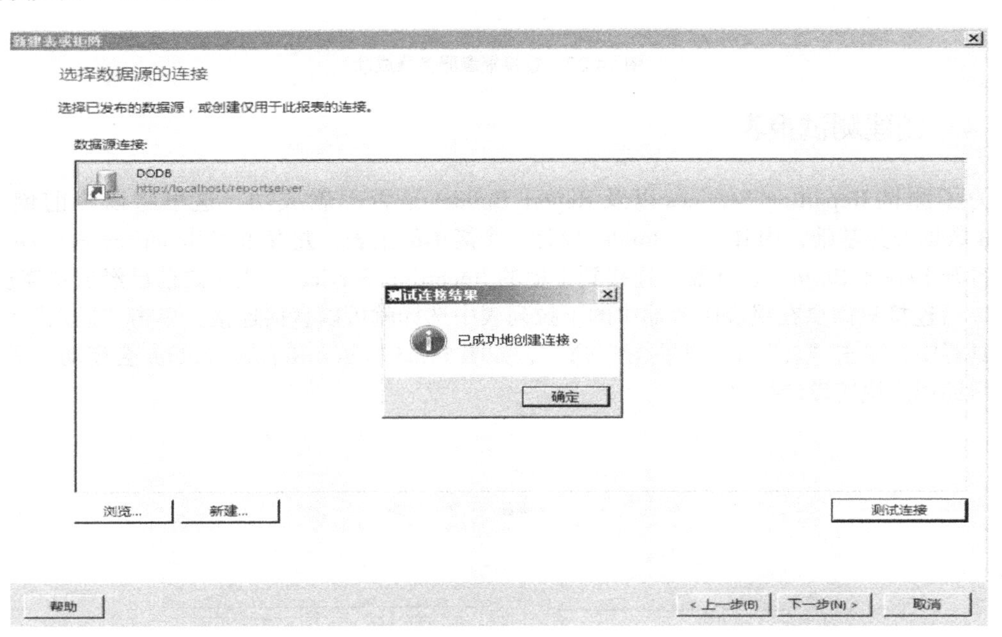

图 14.25 选择数据源的连接

接下来需要进行设计查询的工作。这个工作实际上是要指定一个查询语句用于从数据源获取数据，如图 14.26 所示。由于是测试报表，这里直接选择产品表的几个字段即可。

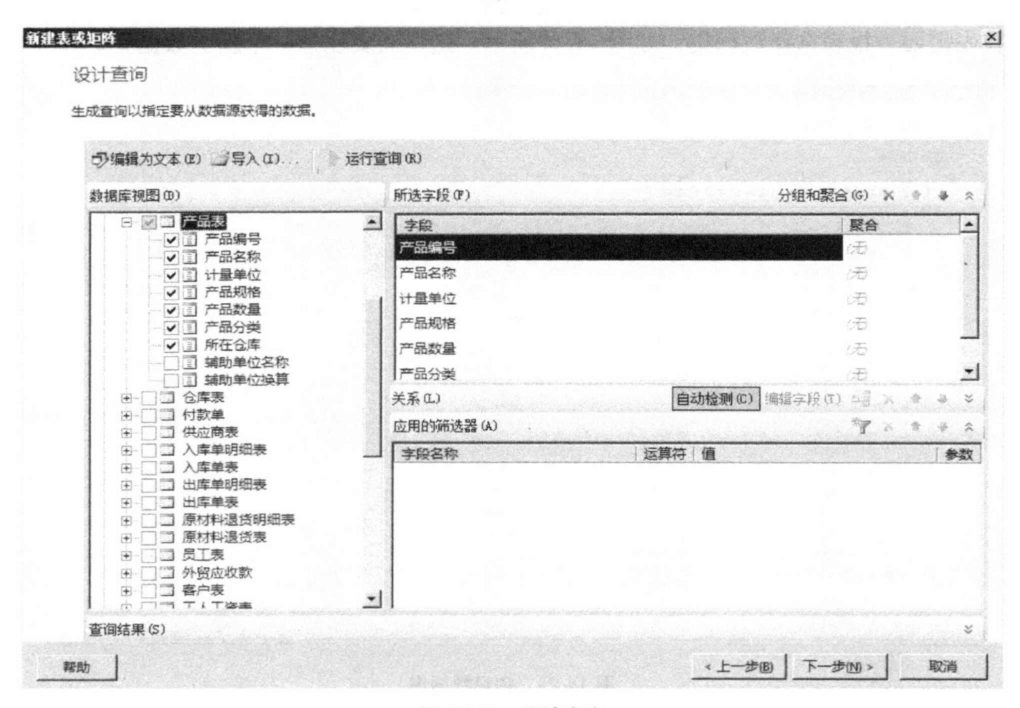

图 14.26 设计查询

设定了查询后，就有了一系列可用的字段了。对于这些可用字段，需要一个“排列字段”的工作，如图 14.27 所示。设置字段的“列组”“行组”“Σ值”。

测试报表是个简单的产品列表，所以可以把所有可用的字段拖动到“Σ值”中。

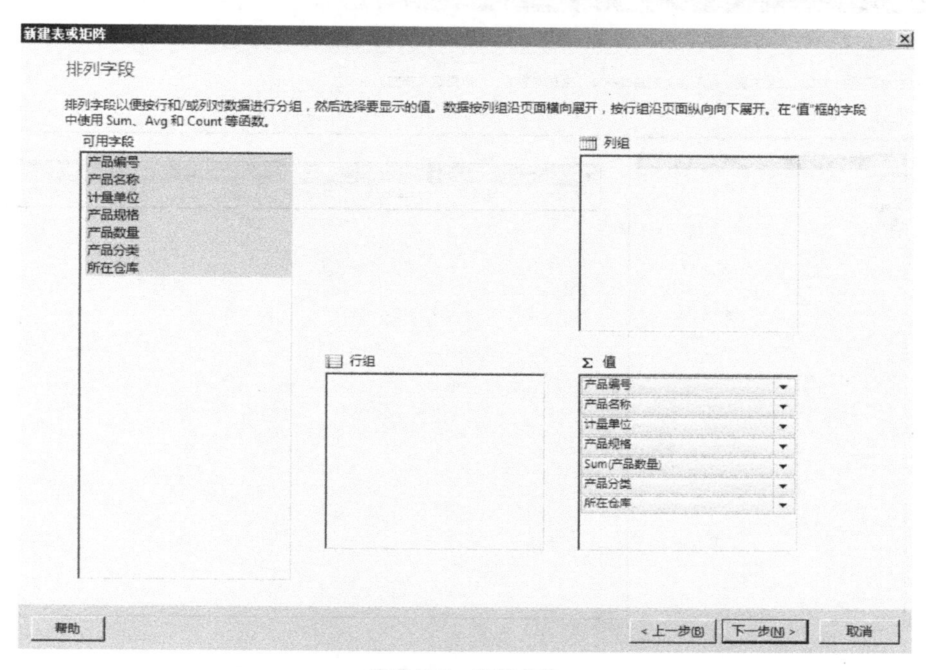

图 14.27　排列字段

由于没有设置“行组”或“列组”，在如图 14.28 所示的“选择布局”中就不需要再进行设置了，直接单击“下一步”按钮。

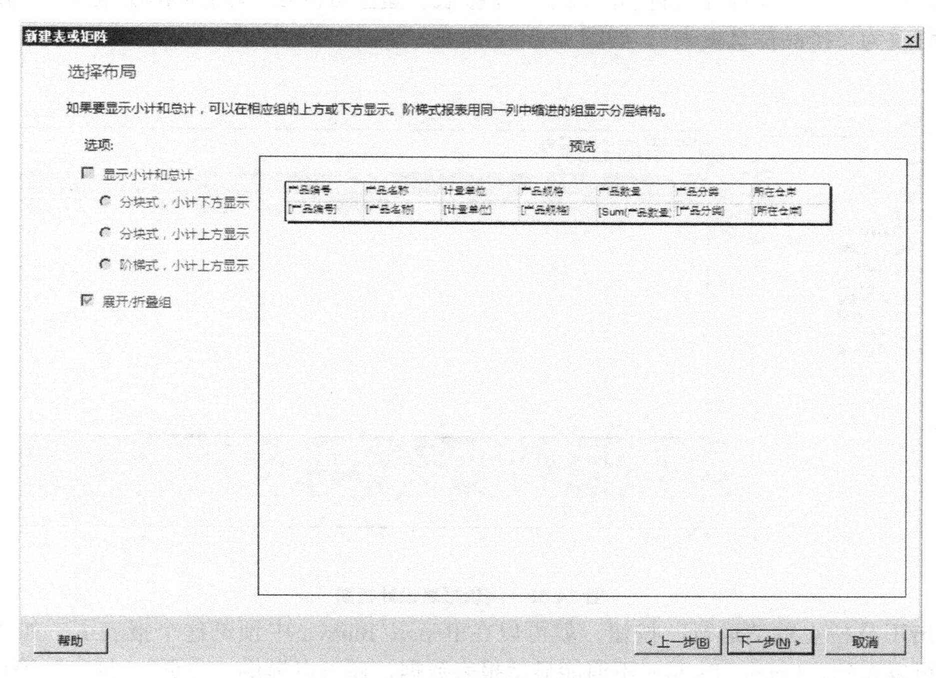

图 14.28　选择布局

在“选择样式”的步骤中（见图 14.29），Report Builder 自带了几个样式，任意选择一个，单击“完成”按钮，结束新建表向导。

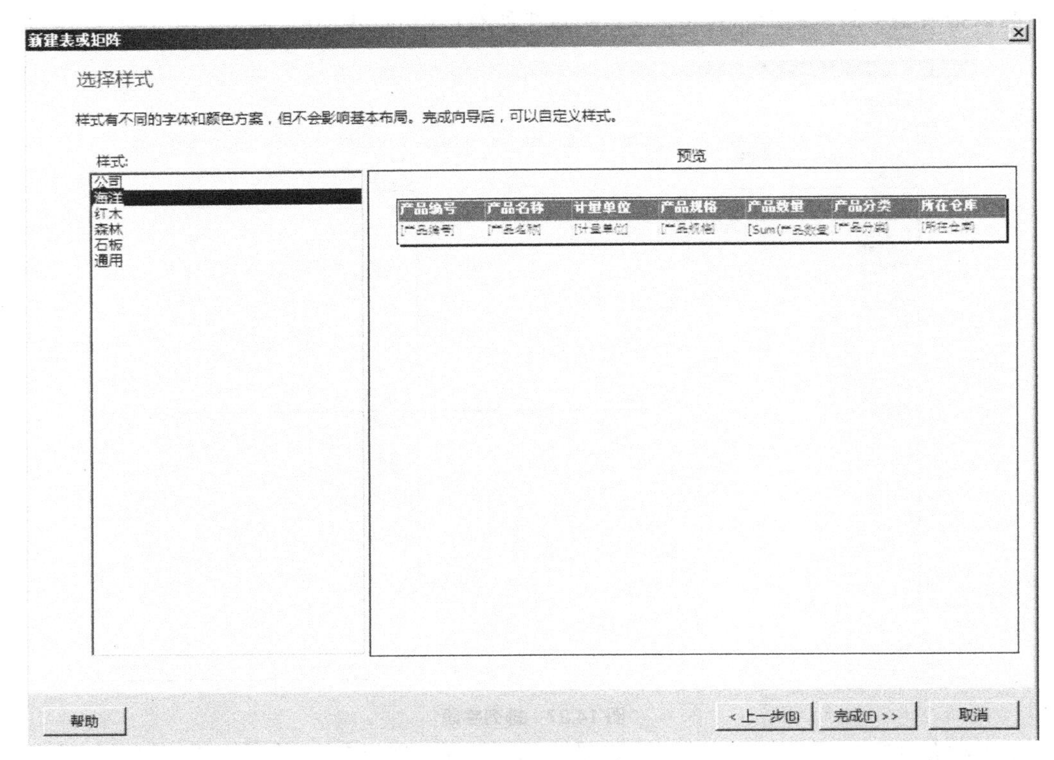

图 14.29　选择样式

结束向导后，在设计界面自动添加了一个报表，这里可以在“单击以添加标题”的地方将报表名称改为“产品信息报表”，如图 14.30 所示。

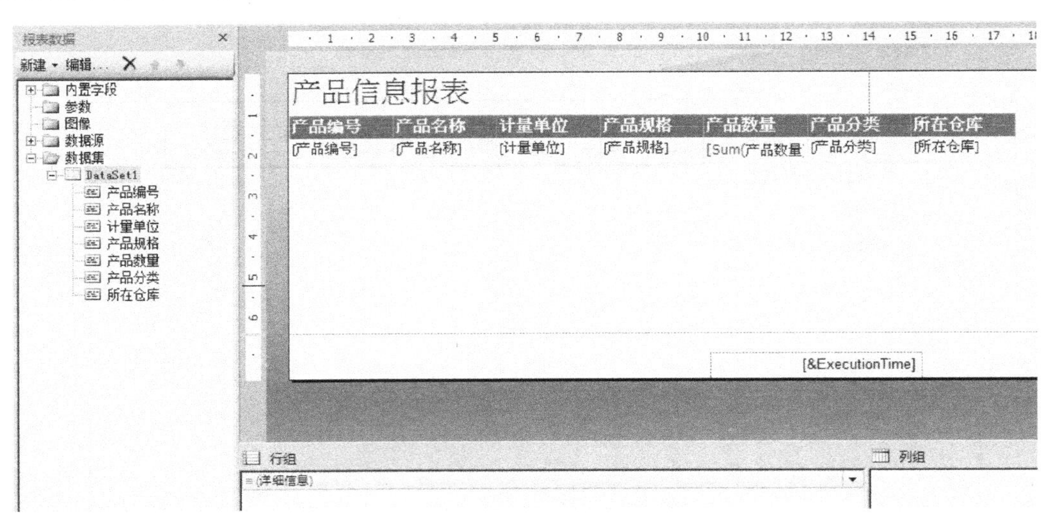

图 14.30　编辑报表设计视图

单击工具栏上的“运行”按钮，就可以在 Report Builder 中预览这个报表了，如图 14.31 所示。可以看到，Report Builder 不但能显示报表数据，还可以提供“分页”“打印”等功能。

产品信息报表

产品编号	产品名称	计量单位	产品规格	产品数量	产品分类	所在仓库
.000001	木纹纸	张	1508	245.00	01	01
.000002	木纹纸	张	H1728-2	0.00	01	01
.000003	木纹纸	张	H1656-3	0.00	01	01
.000004	木纹纸	张	D318	0.00	01	01
.000005	木纹纸	张	7576	5165.00	01	01
.000006	钢地板	只	吸盘	-2.00	03	02
.000008	木纹纸	张	778-12	0.00	01	01
.000009	钢地板	平方米	配件	-12.00	03	02
.000010	磨锯片	张	锯钢地板	0.00	01	01
.000011	强化木地板	平方米	DO-1201-1204	0.00	01	02

图 14.31 运行报表

单击“保存”按钮，出现如图 14.32 所示的对话框。在保存位置选择保存到报表服务器，报表文件名为“产品信息报表 .rdl”。

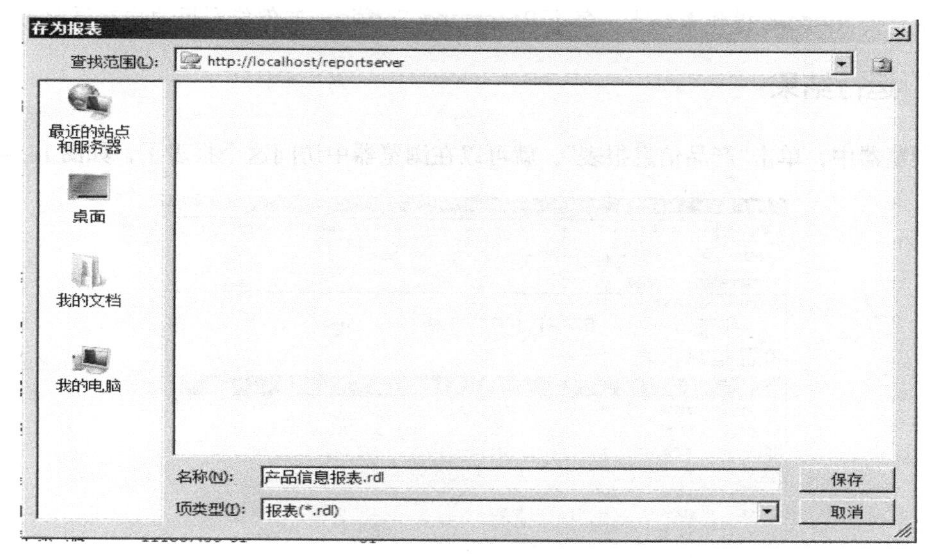

图 14.32 另存报表

保存完成后，可以打开 http：//localhost/Reports/，这时在主文件夹中就可以看到“产品信息报表”，如图 14.33 所示。

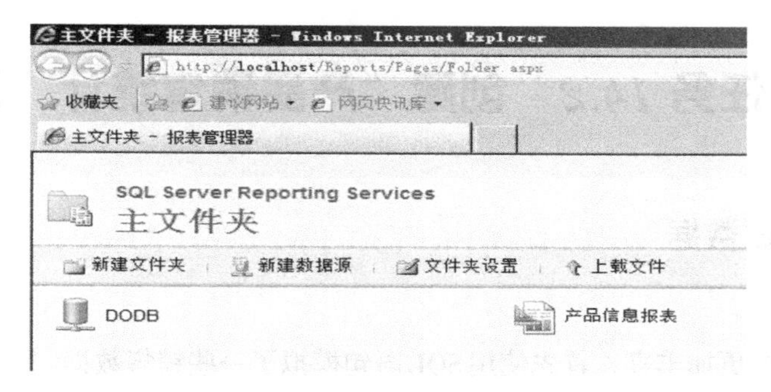

图 14.33 在网页中查看报表

知识点

SQL Server Reporting Services 运行环境

SQL Server 2014 是迄今为止微软发布的版本最多的一个 SQL Server，除了试用版和开发版以外还提供了 Enterprise（企业版）、Business Intelligence（商业智能版）、Standard（标准版）、Web（专业版）、Express（免费版）五大类正式版本，每个版本都分别提供 64 位和 32 位程序以适应不同的操作系统。其中，面向学生和小型企业的 Express（免费版）又分为 LocalDB（轻型版）、Express（标准版）、Express with Advanced Services（高级服务版）这三类。

值得注意的是，SQL Server 2014 的免费版要求的最低硬件配置为：1 个 CPU、1 GB 内存、10 GB 磁盘空间。这种软硬件限制已经能满足大部分中小企业的日常数据库要求。

如果要在个人电脑上学习 Reporting Services，建议安装 Express with Advanced Services 版本，这是唯一支持 Reporting Services 的免费版，能安装在包括 Windows 7、Windows 8 等面向个人用户的 Windows 操作系统上。每个 Reporting Services 实例能利用的内存限制为 4 GB。

14.1.5　运行结果

在浏览器中，单击“产品信息报表”，就可以在浏览器中访问这个报表了，如图 14.34 所示。

产品信息报表

产品编号	产品名称	计量单位	产品规格	产品数量	产品分类	所在仓库
.000001	木纹纸	张	1508	245.00	01	01
.000002	木纹纸	张	H1728-2	0.00	01	01
.000003	木纹纸	张	H1656-3	0.00	01	01
.000004	木纹纸	张	D318	0.00	01	01
.000005	木纹纸	张	7576	5165.00	01	01
.000006	钢地板	只	吸盘	-2.00	03	02
.000008	木纹纸	张	778-12	0.00	01	01
.000009	钢地板	平方米	配件	-12.00	03	02
.000010	磨锯片	张	锯钢地板	0.00	01	01

图 14.34　执行报表

工作任务 *14.2*　创建“产品销售统计”报表

14.2.1　生成测试数据

操作步骤：

为了使报表数据更加丰富，首先使用SQL语句模拟了一些销售数据。具体的SQL语句如下。

```
declare @i int
declare @j int
declare @id varchar(50)
declare @pid varchar(50)
declare @areaname varchar(20)

declare @t table(id int, name varchar(20))
insert into @t values(1,'北京')
insert into @t values(2,'上海')
insert into @t values(3,'江苏')
insert into @t values(4,'浙江')
insert into @t values(5,'山东')
insert into @t values(6,'广东')
insert into @t values(7,'四川')
insert into @t values(8,'云南')
insert into @t values(9,'福建')
insert into @t values(10,'河北')

--生成测试仓库(仓库编号为 99)
if not exists(select * from 仓库表 where 仓库编号='99' and 仓库名称='测试仓
 库 99')
begin
    insert into 仓库表(仓库编号,仓库名称)
    values('99','测试仓库 99')
end

--生成测试产品(产品编号以 Test 开头)
delete from 产品表 where 产品编号 like 'Test%'

set @i=1
while @i<=10
begin
    set @id = cast(9000+@i as varchar(50))
    insert into 产品表(产品编号,产品名称,计量单位,产品规格,产品数量,产品分类,
    所在仓库)
    values(
        'Test' + @id,
        '测试产品'+@id,
        '平方米',
        '默认',
        999999,
        '产成品'
```

```
        '99'
    )
    set @i = @i+1
end

-- 生成测试客户（客户名称以测试客户开头）
delete from 客户表 where 客户名称 like '测试客户%'

set @i=1
while @i<=20
begin
    set @id = cast(9000+@i as varchar(50))
    insert into 客户表(客户名称,客户说明)
    values(
        '测试客户'+@id,
        '随机生成'
    )
    set @i = @i+1
end
-- 生成测试出库单（出库单编号以测试出库单开头）
delete from 出库单表 where 出库单编号 like '测试出库单%'
delete from 出库单明细表 where 出库单编号 like '测试出库单%'
set @i=1
while @i<=3000
begin
    set @id = cast(80000+@i as varchar(50))
    select @areaname=name from @t where id = cast(rand()*10 as int)+1
    insert into 出库单表(出库单编号,仓库编号,出库日期,收货单位,出库单状态,备注)
    values(
        '测试出库单'+@id,
        '99',
        DATEADD(d, cast(365*rand() as int),'2015-1-1'),
        '测试客户'+cast(cast(rand()*20 as int)+9001 as varchar(10)),
        '已出库',
        @areaname
    )
    select @j = count(*) from 出库单明细表 where 出库单编号='测试出库单'+@id
  while @j<=5
  begin
        set @pid = 'Test'+cast(cast(rand()*10 as int)+9001 as varchar(10))
```

```
            if not exists (
                select * from 出库单明细表
                where 出库单编号 = '测试出库单'+@id
                and 产品编号 = @pid
            )
            begin
                insert into 出库单明细表(出库单编号,产品编号,产品数量,单价)
                values (
                    '测试出库单'+@id,
                    @pid,
                    cast(rand()*90 as decimal(18, 4))+10,
                    cast(rand()*80 as decimal(18, 3))+20
                )
            end
            select @j = count(*) from 出库单明细表 where 出库单编号='测试出库单'+@id
        end
        set @i = @i+1
    end
    declare @count int
    select @count = count(*) from 仓库表 where 仓库名称 like '测试仓库%'
    print '测试仓库数量: '+cast(@count as varchar(50))
    select @count = count(*) from 产品表 where 产品编号 like 'Test%'
    print '测试产品数量: '+cast(@count as varchar(50))
    select @count = count(*) from 客户表 where 客户名称 like '测试客户%'
    print '测试客户数量: '+cast(@count as varchar(50))
    select @count = count(*) from 出库单表 where 出库单编号 like '测试出库单%'
    print '测试出库单数量: '+cast(@count as varchar(50))
    select @count = count(*) from 出库单明细表 where 出库单编号 like '测试出库单%'
    print '测试出库单明细数量: '+cast(@count as varchar(50))
```

执行后，将生成如下测试数据。

测试仓库数量：1

测试产品数量：10

测试客户数量：20

测试出库单数量：3000

测试出库单明细数量：18000

14.2.2　编写用于报表的查询语句

操作步骤：

为了向报表提供数据，首先就要把查询语句准备好。产品销售统计报表的目的是统计所有客户的订单金额。具体 SQL 语句如下。

```
select
出库单明细表 . 出库单编号, 出库单明细表 . 产品编号, 产品表 . 产品名称,
出库单明细表 . 单价, 出库单明细表 . 产品数量,
出库单明细表 . 单价 * 出库单明细表 . 产品数量 as 金额,
出库单表 . 收货单位, 出库单表 . 出库日期
from 出库单表 join 出库单明细表
on 出库单表 . 出库单编号 = 出库单明细表 . 出库单编号
join 产品表 on 出库单明细表 . 产品编号 = 产品表 . 产品编号
where 出库单表 . 出库单状态 = '已出库'
and 出库单表 . 出库单编号 like '测试出库单 %'
```

14.2.3 使用 Report Builder 设计产品销售统计报表

操作步骤：

由于数据不同，在选择数据集时，要重新创建一个新的数据集。由于本次报表的数据来源于一个较为复杂的 SQL 语句，在报表的设计查询步骤中，单击工具栏“编辑为文本”按钮，出现如图 14.35 所示的对话框。在语名的编辑区中，将上述 SQL 语句复制进去，然后单击“！”按钮进行查询测试。

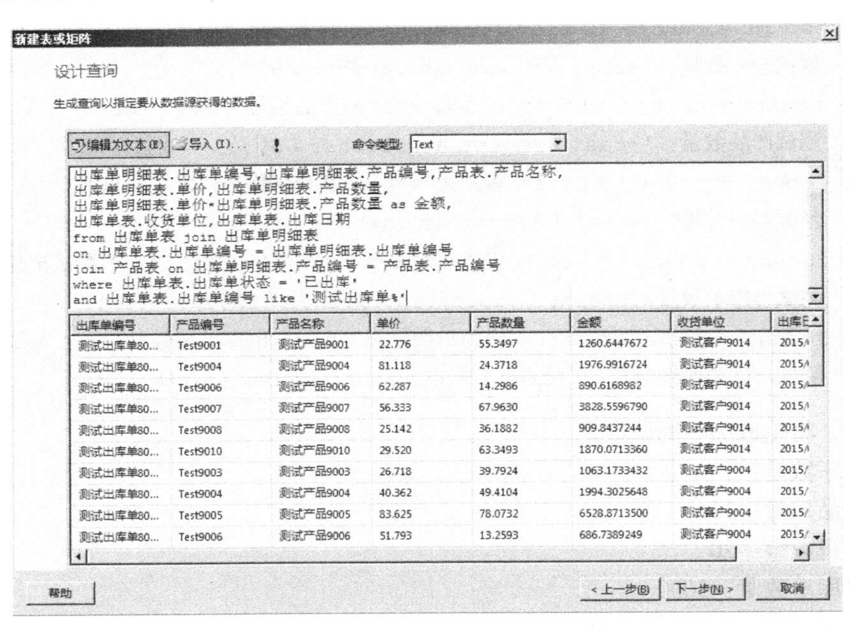

图 14.35 编辑报表查询语句

在如图 14.36 所示的排列字段步骤中，将“单价”“产品数量”“金额”依次拖动到“Σ值”列表框中；将“产品名称”“收货单位”“出库单编号”依次拖动到“行组”列表框中，注意这些字段的顺序与报表呈现格式有关，不要随意修改字段顺序。

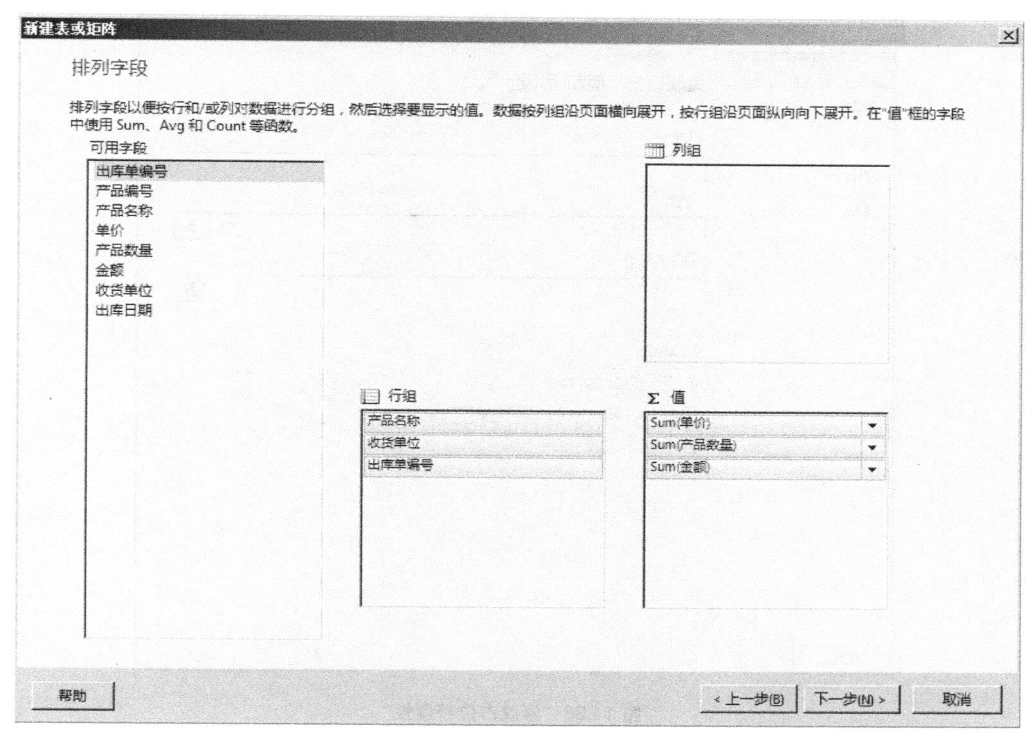

图 14.36　设置排列字段

完成向导后，报表编辑界面如图 14.37 所示。可以看到默认的报表呈现的样式，这里默认将“单价”“产品数量”“金额”3 个字段做了求和操作。对于“产品数量”和“金额”，求和操作是正确的，但是对于“单价”，在汇总值上求和是没有意义的，正确的计算应该是“加权平均”，即 SUM（金额）/SUM（产品数量），因此，需要对“单价”单元格进行重新设置。

另外，为了统一这 3 个数值字段的小数位数，还需要进行“四舍五入”的设置。

产品名称	收货单位	出库单编号	单价	产品数量	金额
[产品名称]	[收货单位]	[出库单编号]	[Sum(单价)]	[Sum(产品数量	[Sum(金额)]
		总计	[Sum(单价)]	[Sum(产品数	[Sum(金额)]
	总计		[Sum(单价)]	[Sum(产品数	[Sum(金额)]
总计			[Sum(单价)]	[Sum(产品数	[Sum(金额)]

图 14.37　报表设计界面

双击需要设置的单元格内容，会弹出“占位符属性”设置对话框，如图 14.38 所示。

单击“值”右边的 f_x 按钮，进入“表达式”对话框，如图 14.39 所示。在这个对话框中，Report Builder 提供了一个类似于 Excel 公式编辑器的功能，可以方便地将字段、数据集、变量、常用函数组成一个表达式。

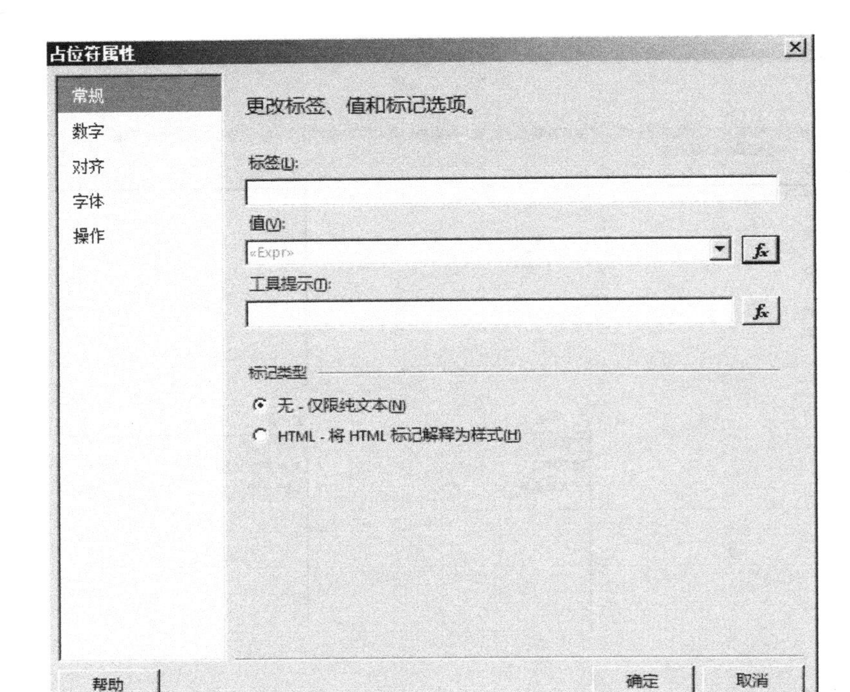

图 14.38　修改占位符属性

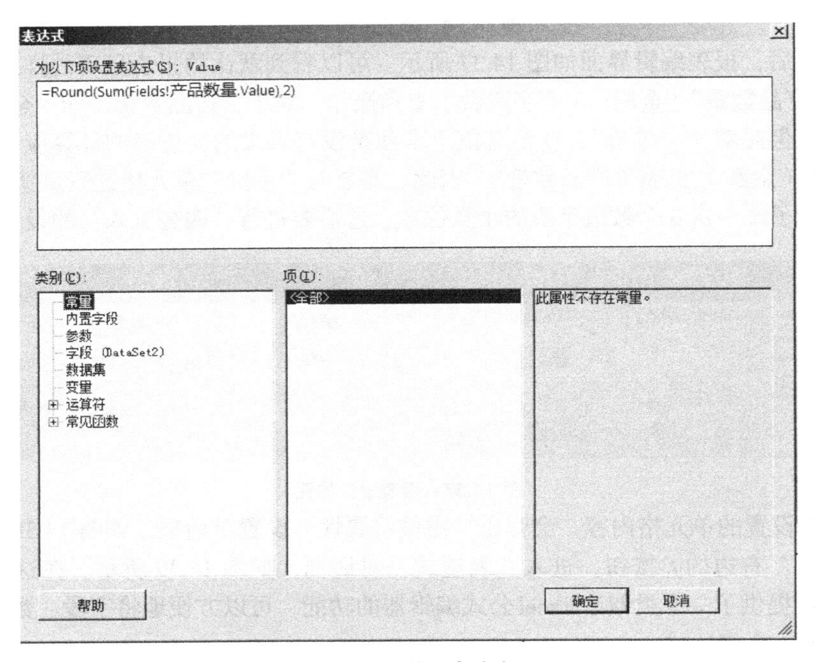

图 14.39　修改表达式

具体的表达式如下。

单价：

```
=Round(Sum(Fields!金额.Value)/Sum(Fields!产品数量.Value),2)
```

产品数量：

```
=Round(Sum(Fields!产品数量.Value), 2)
```

金额：

```
=Round(Sum(Fields!金额.Value), 2)
```

完成后，单击工具栏里的“运行”按钮，可以预览报表，如图 14.40 所示。

由于在“行组”依次添加了“产品名称”“收货单位”“出库单编号”3 个字段，报表的统计项便按照这 3 个字段的顺序显示，并提供了折叠功能，能十分方便地查看各级数据的汇总。

产品名称	收货单位	出库单编号	单价	产品数量	金额
⊟ 测试产品9001	⊞ 测试客户9001	总计	53.63	347.00	18610.18
	⊞ 测试客户9002	总计	58.44	447.88	26174.81
	⊟ 测试客户9003	测试出库单80157	41.07	66.08	2713.64
		测试出库单80567	78.37	24.02	1882.28
		测试出库单80632	21.73	80.00	1738.21
		测试出库单80782	41.00	81.77	3352.86
		测试出库单80787	76.89	70.50	5420.68
		测试出库单81331	57.48	13.71	787.82
		测试出库单81355	96.76	27.04	2616.75
		测试出库单82058	82.50	64.53	5323.96
		测试出库单82193	73.49	51.45	3780.87
		测试出库单82492	39.08	96.57	3774.30
		总计	54.53	575.67	31391.37
	⊞ 测试客户9004	总计	76.80	411.36	31590.74
	⊞ 测试客户9005	总计	54.11	495.84	26829.73
	⊞ 测试客户9006	总计	50.36	605.44	30490.90
	⊞ 测试客户9007	总计	54.93	506.27	27809.26
	⊞ 测试客户9008	总计	55.74	631.77	35213.94
	⊞ 测试客户9009	总计	51.64	284.71	14701.36
	总计		56.39	4305.94	242812.30
⊞ 测试产品9002	总计		63.06	3844.64	242450.09

图 14.40　报表运行测试

14.2.4　运行结果

保存到 Reporting Services 后，在浏览器上就可访问产品销售统计报表了，结果如图 14.41 所示。

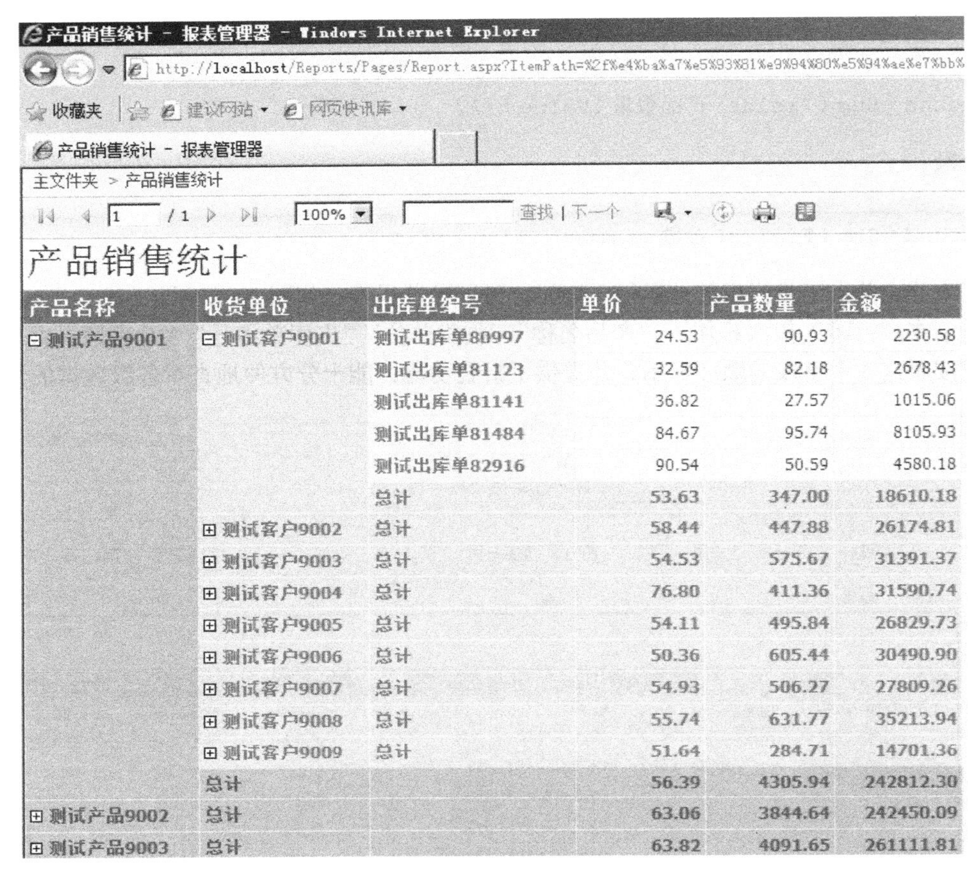

产品销售统计

产品名称	收货单位	出库单编号	单价	产品数量	金额
⊟ 测试产品9001	⊟ 测试客户9001	测试出库单80997	24.53	90.93	2230.58
		测试出库单81123	32.59	82.18	2678.43
		测试出库单81141	36.82	27.57	1015.06
		测试出库单81484	84.67	95.74	8105.93
		测试出库单82916	90.54	50.59	4580.18
		总计	53.63	347.00	18610.18
	⊞ 测试客户9002	总计	58.44	447.88	26174.81
	⊞ 测试客户9003	总计	54.53	575.67	31391.37
	⊞ 测试客户9004	总计	76.80	411.36	31590.74
	⊞ 测试客户9005	总计	54.11	495.84	26829.73
	⊞ 测试客户9006	总计	50.36	605.44	30490.90
	⊞ 测试客户9007	总计	54.93	506.27	27809.26
	⊞ 测试客户9008	总计	55.74	631.77	35213.94
	⊞ 测试客户9009	总计	51.64	284.71	14701.36
	总计		56.39	4305.94	242812.30
⊞ 测试产品9002	总计		63.06	3844.64	242450.09
⊞ 测试产品9003	总计		63.82	4091.65	261111.81

图 14.41　产品销售统计报表运行结果

工作任务 14.3　创建“区域销售数据统计”报表

本节将使用 Report Builder 设计产品销售统计报表。

在 14.2 节随机生成销售单据时，出库单表的“备注”字段的数据为随机的地区名称，本节的区域将引用该字段的取值。

在之前的测试报表和产品销售统计报表中，都是以文字表格的形式来显示的。其实，Report Builder 提供了丰富的图表格式，这样可以设计出更为优秀的报表。

14.3.1　编写用于报表的查询语句

操作步骤：

为了向报表提供数据，首先要把查询语句准备好。区域销售数据统计报表的目的是按地区统计订单金额。具体 SQL 语句如下。

```
select
出库单明细表 . 单价 * 出库单明细表 . 产品数量 /10000 as' 金额 ( 万元 )',
出库单表 . 出库日期,
出库单表 . 备注 as 地区
from 出库单表 join 出库单明细表
on 出库单表 . 出库单编号 = 出库单明细表 . 出库单编号
where 出库单表 . 出库单状态 = ' 已出库 '
and 出库单表 . 出库单编号 like ' 测试出库单 %'
```

14.3.2　使用 Report Builder 设计区域销售数据统计报表

操作步骤：

单击“插入”菜单，选择“图表” | “图表向导”命令，如图 14.42 所示。

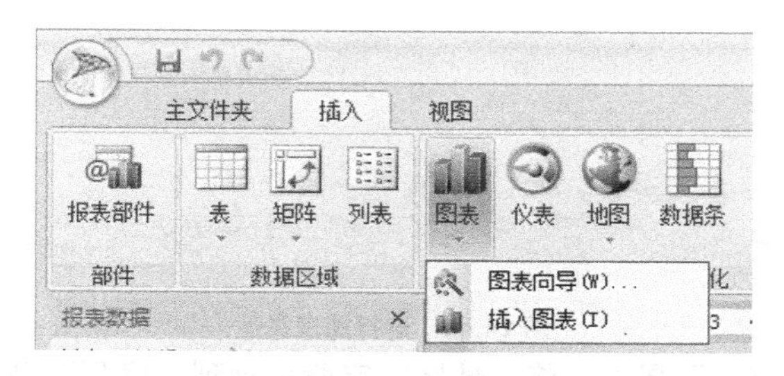

图 14.42　启动图表向导

图表向导首先会引导创建一个数据集，该操作与 14.2 节的操作一致。在设计查询步骤，填写之间调试好的 SQL 语句，如图 14.43 所示。

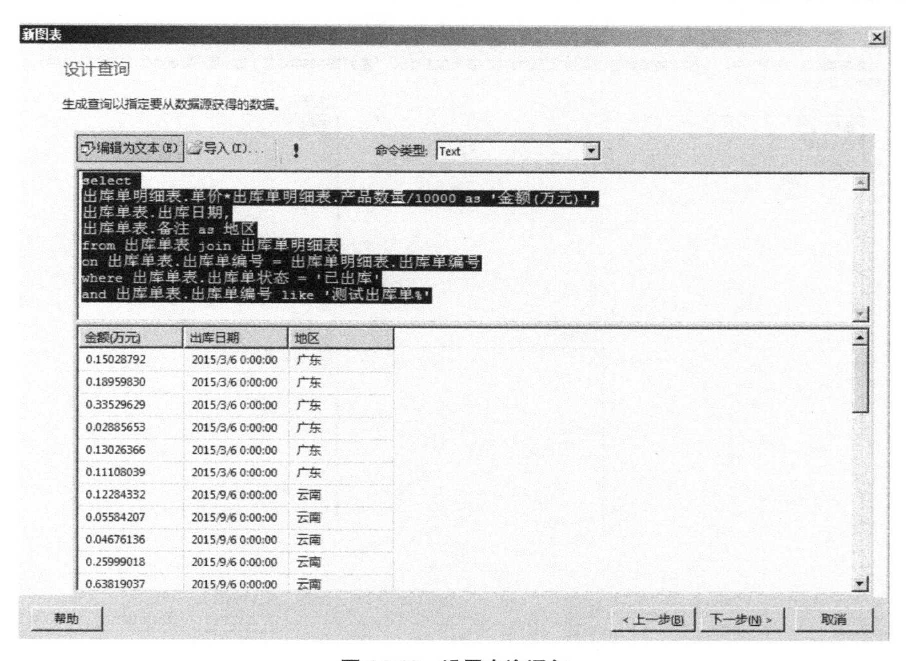

图 14.43　设置查询语句

设置了数据集后，图表向导会要求选择“图表类型”，如图 14.44 所示。这里选择“饼图”。

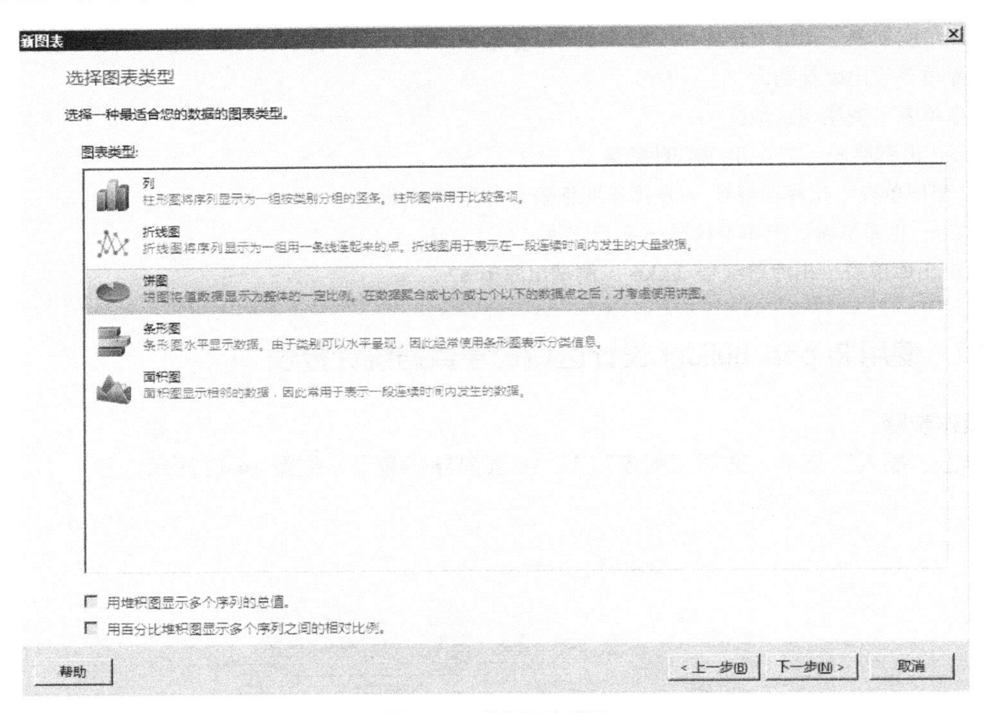

图 14.44 选择图表类型

在设置“排列图表字段”界面，将“地区”字段拖动到“序列”列表框，将“金额”拖到“Σ值”，如图 14.45 所示。

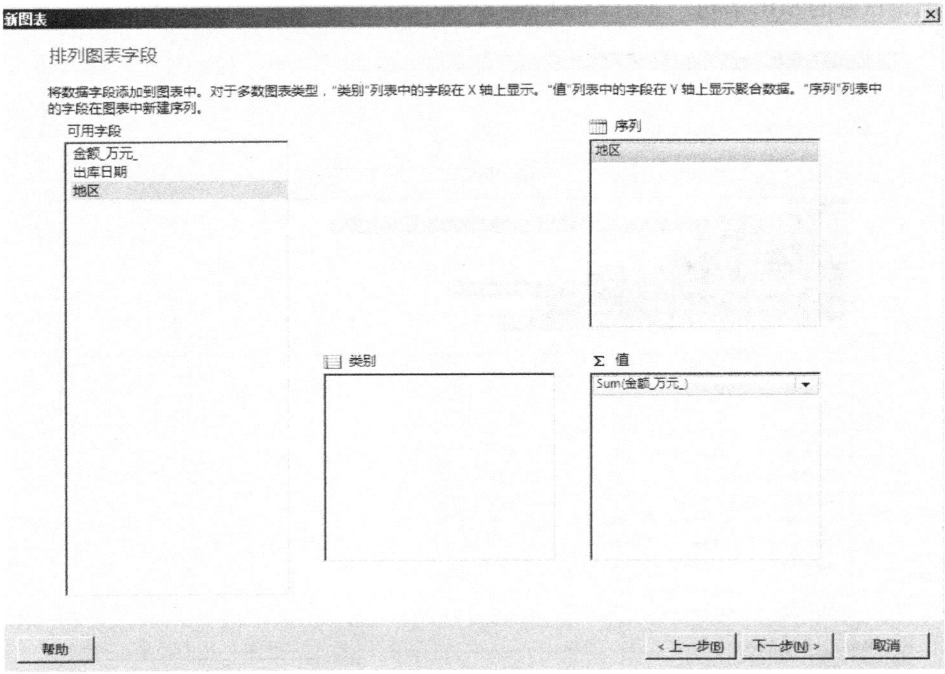

新图表
排列图表字段
将数据字段添加到图表中。对于多数图表类型，“类别”列表中的字段在 X 轴上显示。“值”列表中的字段在 Y 轴上显示聚合数据。“序列”列表中的字段在图表中新建序列。
可用字段
金额_万元_
出库日期
地区
序列
地区
类别
Σ 值
Sum(金额_万元_)
帮助
< 上一步(B)
下一步(N) >
取消

图 14.45 排列图表字段

完成后，在报表设计界面就能看到添加了一个饼图，如图 14.46 所示。

在饼图的圆形区域内右击数据，弹出的快捷菜单如图 14.47 所示。选择“显示数据标签”，可以在每个扇形区域内显示具体数值。

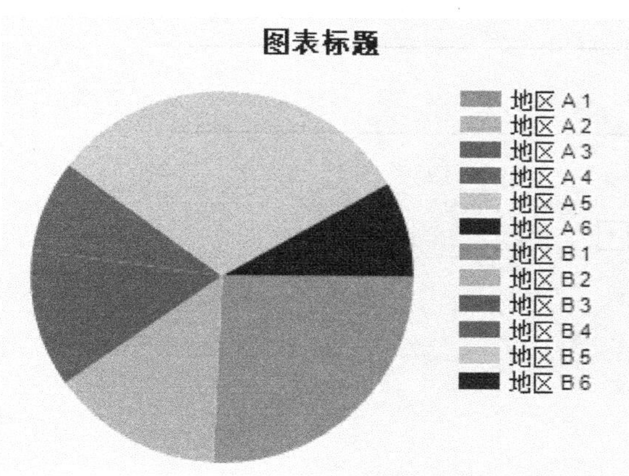

图 14.46　图表设计界面

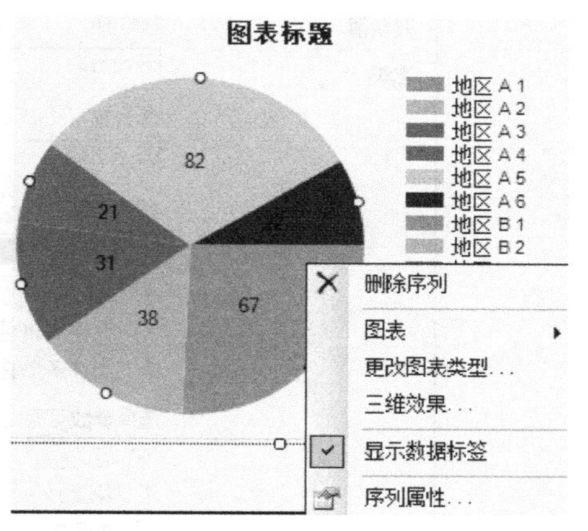

图 14.47　显示数据标签

为了调整显示数值的小数位数，可以按照 14.2 节的方法，通过编辑如图 14.48 所示的“金额”字段的表达式实现四舍五入。

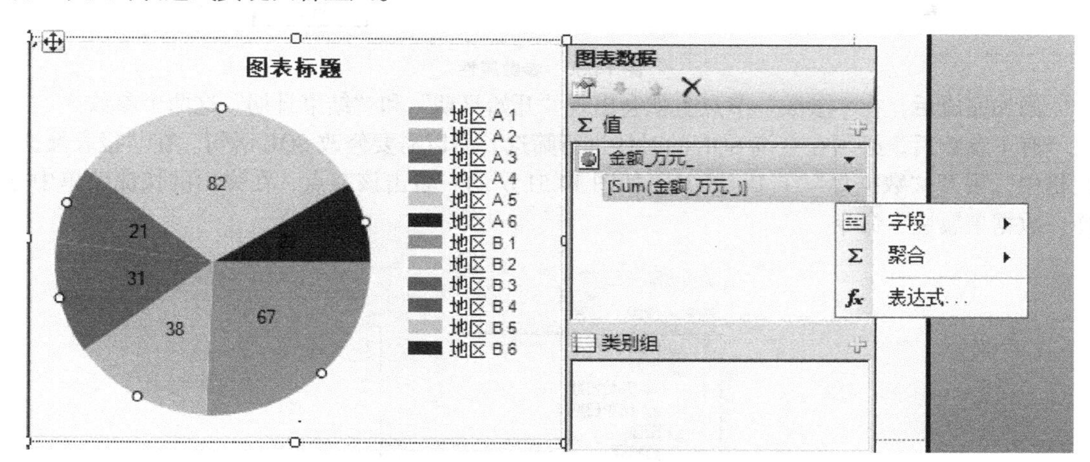

图 14.48　修改字段表达式

这里的查询语句默认是显示所有时间的销售统计，有些时候会需要在指定时间范围内进行统计，这时，可以通过设置参数的方式来实现。

左侧的报表数据窗格如图 14.49 所示。在“参数”节点上右击，选择“添加参数”命令。

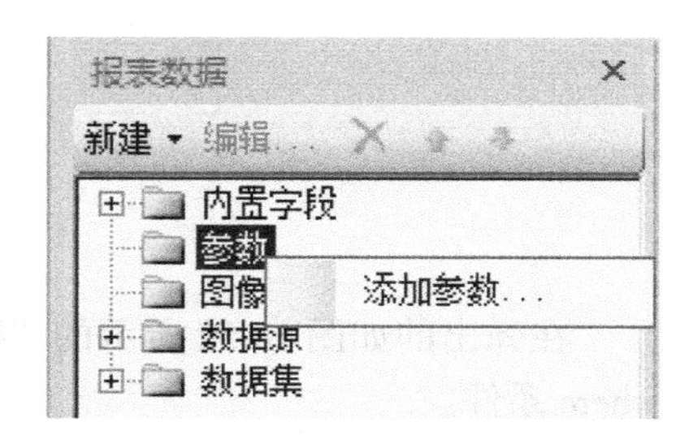

图 14.49　添加参数

为了能表示一段时间，需要有两个参数：开始日期、结束日期。在弹出的如图 14.50 所示的“报表参数属性”对话框中，设置参数的“名称”“提示”“数据类型”。

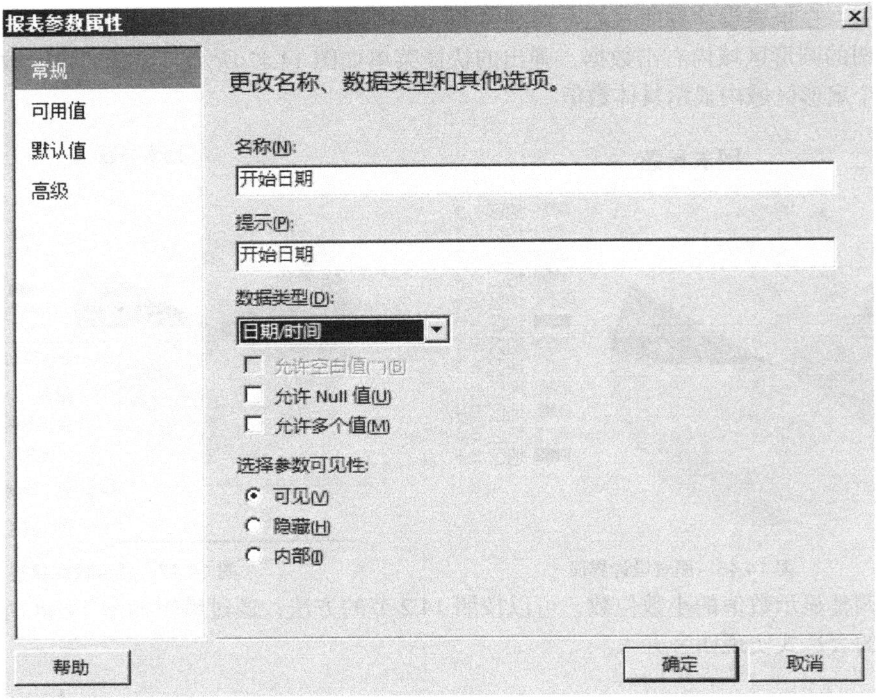

图 14.50　参数属性

添加完成后，在“参数”节点上就会出现“开始日期”和“结束日期”这两个参数。

有了参数后，必须在查询 SQL 的时候进行筛选，所以需要修改 SQL 语句。在“报表数据”窗格中，展开“数据集”｜DataSet1，如图 14.51 所示。右击该节点，在弹出的快捷菜单中选择“数据集属性”命令。

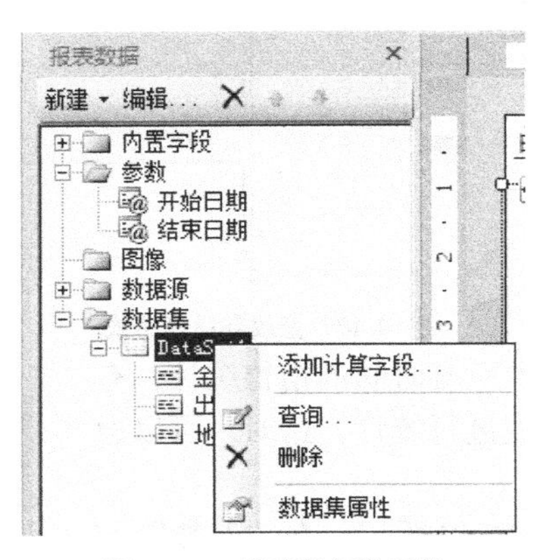

图 14.51　修改数据集属性

在弹出的如图 14.52 所示的“数据集属性”对话框中，编辑 SQL 语句，在最后添加一个 where 条件。

```
and 出库单表 . 出库日期 between @ 开始日期 and @ 结束日期
```

注意，在添加参数时，参数名称是不需要带 @ 符号的，但是在 SQL 语句中引用参数，就必须以 @ 符号开头，与 SQL 变量类似。

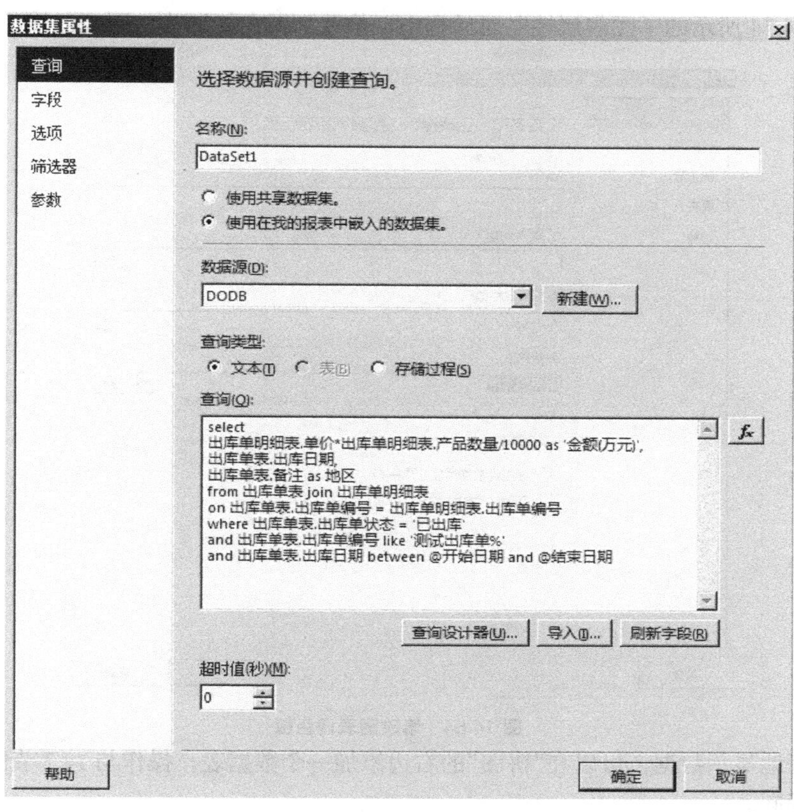

图 14.52　在查询语句中使用参数

由于在测试数据中，增加了 10 个地区，默认的饼图颜色区分不大，可以通过调整“图表属性”的“调色板”来实现。

在图表的空白区域右击，在弹出的快捷菜单中选择“图表属性”命令，如图 14.53 所示。

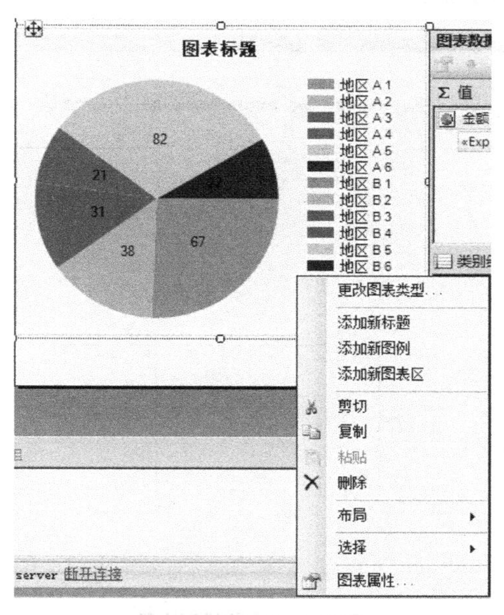

图 14.53　修改图表属性

在如图 14.54 所示的“图表属性”对话框中，修改“调色板”为“明亮的浅色”。

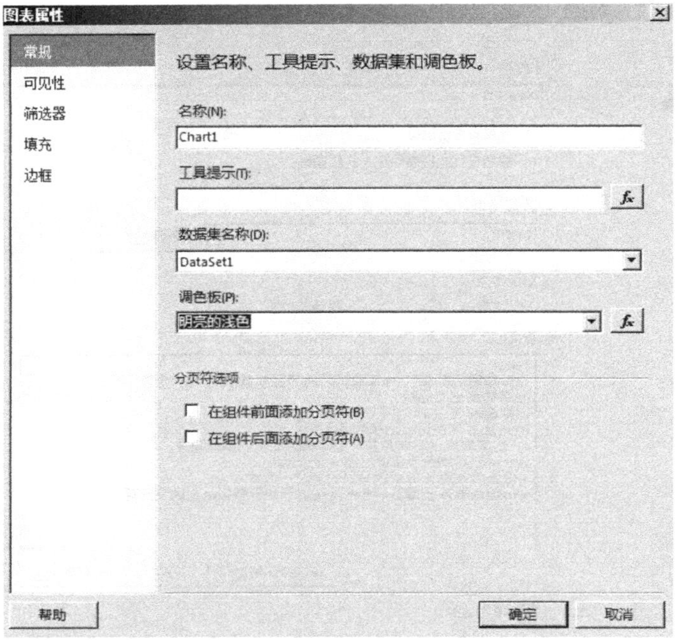

图 14.54　修改图表调色板

为了更好地显示数据，可以在“饼图”的右边添加一个数据表，操作与 14.2 节使用“表向导”的操作大致相同。

要注意的是，使用“表向导”的第 1 步不需要再创建一个数据集，而是使用现有的数据集 DataSet1，这样可以保证图表和数据表的数据是一致的。

在如图 14.55 所示设置数据表的排列字段时，将“地区”字段拖动到“行组”列表框，将“金额”字段拖动到“Σ值”列表框。

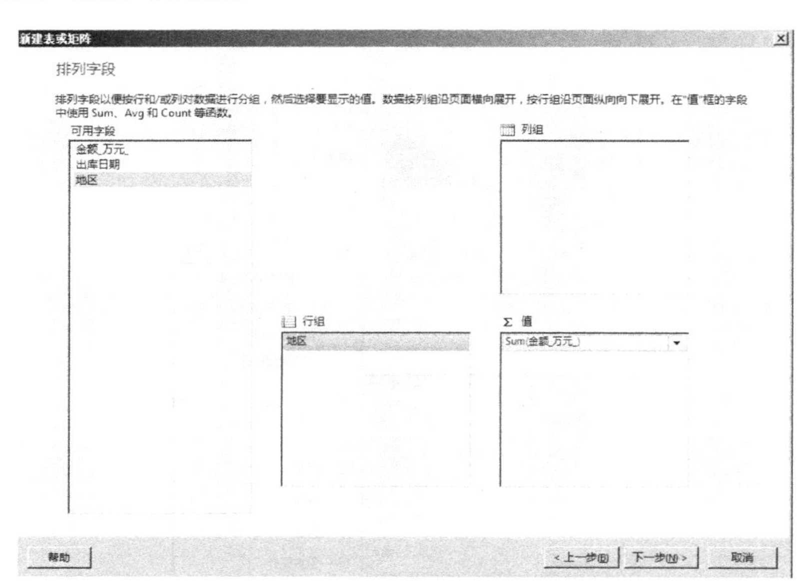

图 14.55　表格排列字段

如图 14.56 所示，在设计界面中修改“金额”的表达式。

```
=Round(Sum(Fields!金额_万元_.Value),2)
```

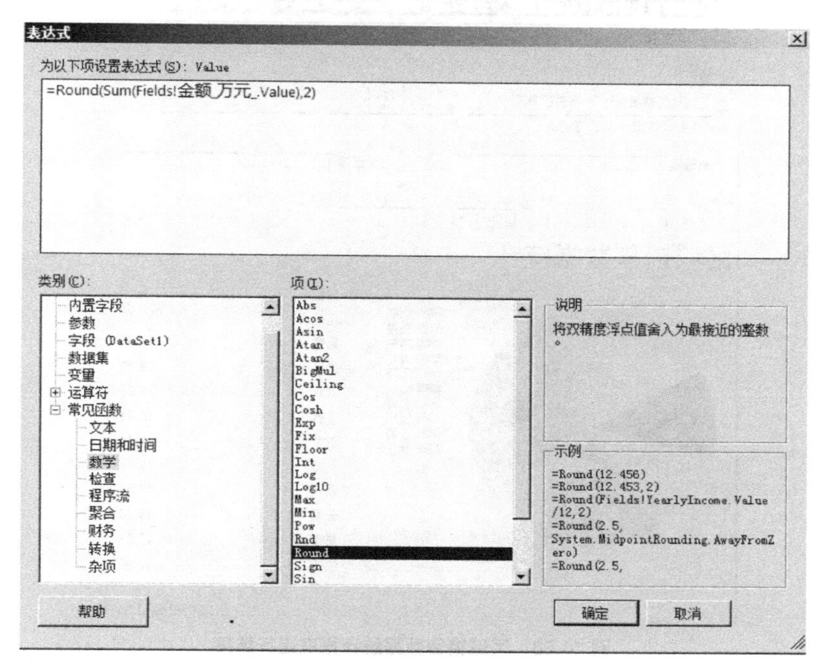

图 14.56　表达式设置

单击“运行”按钮，一开始会要求选择“开始日期”和“结束日期”。选择后，单击右侧的“查看报表”按钮就可以看到报表的界面，如图 14.57 所示。其中，左侧是“饼图”图表，右侧是“表格”统计表。

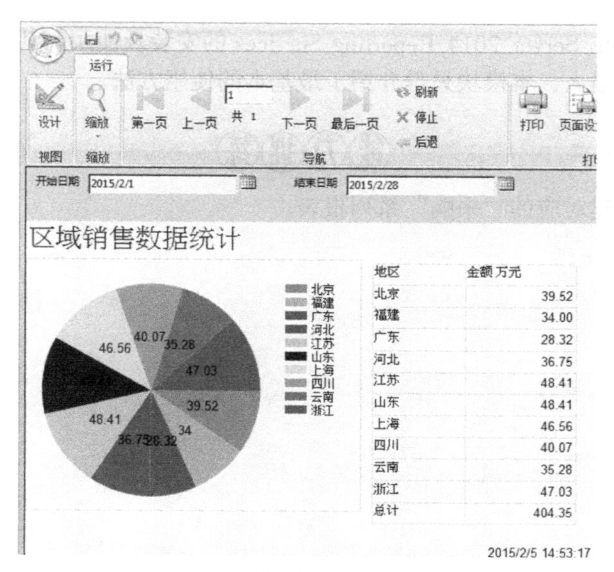

图 14.57　区域销售数据统计报表预览

14.3.3 运行结果

保存到 Reporting Services 后，在浏览器上访问区域销售数据统计报表，如图 14.58 所示。

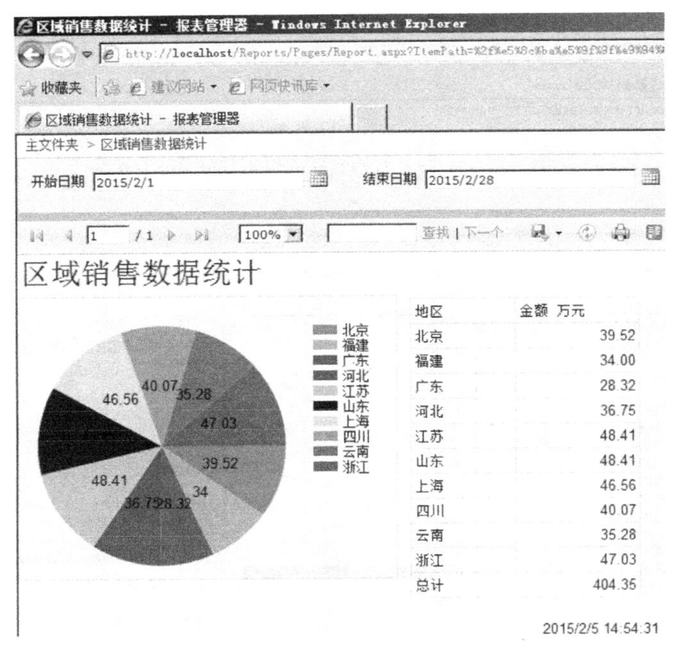

图 14.58　区域销售数据统计报表运行结果

能力（知识）梳理

本模块介绍了 SQL Server 2014 Reporting Services 的安装及使用。其实，Reporting Services 非常复杂，功能也很强大，本模块只是介绍了最基本的使用方法。

能力训练

仿照本模块，创建对应的“采购”系列报表。

模块15 实训：高招录取辅助系统数据库设计

高招录取辅助系统（下文简称辅助系统）主要介于高招录取系统和高校迎新系统之间，将省教育考试院统一的高招录取系统里的招生录取基础数据转入辅助系统，由辅助系统完成高考录取的后继工作：个性化录取通知书的生成、录取通知书的邮寄信息转出、个性化的报名与录取情况统计分析、跨年度的个性化统计分析、高校财务系统接口转出、高校教务管理系统接口数据转出、高校一卡通管理系统接口数据转出、高校数字化校园平台用户数据转出等。

通过该系统的设计与实现过程，要求能够做到如下几点：库的设计要能满足数据的相关规范性要求；对于各平台接口需要的数据转出工作，需要按统一的规则排序，以利于后继的通知书邮寄手工分拣操作；所设计的查询统计功能需具有共享性、灵活性；通过自动化管理，能定时执行相关事先制定好的数据库备份功能。

工作目标

终极目标

设计并实现高招录取辅助系统的数据库，并借助视图、存储过程、触发器等设计与实现，完成前台应用系统的合理功能要求；最后能通过数据库的管理与维护措施，保证系统的安全运行。

促成目标

1. 辅助系统数据库的设计与创建。
2. 视图的实现。
3. 存储过程的实现
4. 触发器的设计与实现。
5. 数据库的自动备份

工作任务

1. 工作任务 15.1　设计并创建辅助管理系统数据库。
2. 工作任务 15.2　设计统计分析用视图。
3. 工作任务 15.3　设计事务处理存储过程。
4. 工作任务 15.4　设计数据导入触发器。
5. 工作任务 15.5　自动化管理数据库。

工作任务 15.1　设计并创建辅助管理系统数据库

15.1.1　库的创建

招生录取辅助系统的高招录取基础数据来源于省招生考试院统一招生录取系统，所以辅助系统的主要任务是接收来自高招录取系统的数据源，并完成相应的数据格式、样式、类型与存储模式的转换工作，以利于录取后继和未来迎新系统对数据的要求。

这种由数据源到目标数据的转换、存储工作，可以在前台数据导入功能中由控制代码实现，但是数据后台需要提供必备的库结构支撑。因此，首先要求在数据库服务器上创建数据库（命名为 zsgl）。数据库的创建要求如下。

① 选择适宜的数据文件存放路径。

② 数据文件和日志文件采用默认名称。

③ 数据文件增长模式以 2 MB 为单位自增长，不限制增长。

④ 日志文件增长模式以百分比模式自增长，按 5% 增长模式递增，不限制增长。

15.1.2　数据表的创建

在录取辅助系统中，不同的用户、不同的角色对系统中数据的关注度是不同的。

① 招生就业处和各系部领导关注的是学生的基础高考信息（考生号、准考证号、姓名、性别、身份证号、录取专业、报名专业 1、报名专业 2、报名专业 3、录取成绩、毕业中学），以及毕业学生所在的省市的录取率、毕业中学的录取率、各专业的录取率、专业的第一志愿排名情况等。

② 学工处和各系部辅导员关注的是学生中学毕业评价、组织关系、简历情况等。

③ 财务管理人员关注的是学生的银行卡信息。

④ 教务管理人员关注的是学生的高考成绩，特别是语文、数学、英语成绩，以利于入学后的分层教学参考和后继高校学习成绩的对比分析，同时会提取学生的照片，作为学生在校期间的相关证件制作照单一来源。

⑤ 信息中心关注的是学生的一卡通信息。

因此，录取辅助系统数据库中的表结构需要做新的规划设计，大致设计成下面几部分。

① 省份代码表，基本结构如表 15.1 所示。

表 15.1　省份代码表

表名称：td_sfdm					
字段名称	字段类型	是否主键	是否允许空	含义描述	
id	int	pk	not null	序号	
sfdm	nvarchar（2）		null	省份代码	
sfmc	nvarchar（20）		null	省份名称	

② 权限代码表，基本结构如表 15.2 所示。

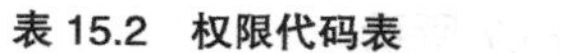

表 15.2　权限代码表

表名称：td_qxdm					
字段名称	字段类型	是否主键	是否允许空	含义描述	
id	int	pk	not null	序号	
qxdm	nvarchar（2）		null	用户权限代码	
qxmc	nvarchar（20）		null	用户权限名称	
bz	nvarchar（50）		null	备注	

③ 民族代码表，基本结构如表 15.3 所示。

表 15.3　民族代码表

表名称：td_mzdm					
字段名称	字段类型	是否主键	是否允许空	含义描述	
id	int	pk	not null	序号	
mzdm	nvarchar（2）		null	民族代码	
mzmc	nvarchar（20）		null	民族名称	

④ 地区代码表，基本结构如表 15.4 所示。

表 15.4　地区代码表

表名称：td_dqdm					
字段名称	字段类型	是否主键	是否允许空	含义描述	
id	int	pk	not null	序号	
dqdm	nvarchar（2）		null	地区代码	
dqmc	nvarchar（64）		null	地区名称	

⑤ 性别代码表，基本结构如表 15.5 所示。

表 15.5　性别代码表

表名称：td_xbdm					
字段名称	字段类型	是否主键	是否允许空	含义描述	
id	int	pk	not null	序号	
xbdm	nvarchar（2）		null	性别代码	
xbmc	nvarchar（4）		null	性别名称	

⑥ 院系代码表，基本结构如表 15.6 所示。

表 15.6　院系代码表

表名称：td_xdm					
字段名称	字段类型	是否主键	是否允许空	含义描述	
id	int	pk	not null	序号	
xdm	nvarchar（2）		null	院系代码	
xmc	nvarchar（64）		null	院系名称	

⑦ 专业表，基本结构如表 15.7 所示。

表 15.7　专业表

表名称：t_jhk					
字段名称	字段类型	是否主键	是否允许空	含义描述	
id	int	pk	not null	序号	
zydm	nvarchar（6）		null	专业代码	
zymc	nvarchar（64）		null	专业名称	

⑧ 院系与专业关系表，基本结构如表 15.8 所示

表 15.8　院系与志业关系表

表名称：t_xzygx					
字段名称	字段类型	是否主键	是否允许空	含义描述	
id	int	pk	not null	序号	
zydm	nvarchar（6）		null	专业代码	
xdm	nvarchar（2）		null	院系代码	

⑨ 登录用户表，基本结构如表 15.9 所示（非负责用户角色控制）。

表 15.9　登录用户表

表名称：t_yh					
字段名称	字段类型	是否主键	是否允许空	含义描述	
id	int	pk	not null	序号	
yhdm	nvarchar（20）		null	用户代码	
yhmc	nvarchar（20）		null	用户名称	
yhkl	nvarchar（60）		null	用户密码	
qxdm	nvarchar（2）		null	权限代码	
bz	nvarchar（200）		null	备注信息	

⑩ 高招投档单简表，基本结构如表 15.10 所示。

表 15.10　高招投档简表

表名称：t_tdd					
字段名称	字段类型	是否主键	是否允许空	含义描述	
id	int	pk	not null	序号	
ksh	nvarchar（14）		null	考生号	
zkzh	nvarchar（9）		null	准考证号	
xm	nvarchar（64）		null	学生姓名	
xbdm	nvarchar（2）		null	性别代码	
zzmmdm	nvarchar（2）		null	政治面貌代码	
mzdm	nvarchar（2）		null	民族代码	
zxdm	nvarchar（9）		null	毕业中学	
dqdm	nvarchar（6）		null	地区代码	
sfzh	nvarchar（18）		null	身份证	
jtdz	nvarchar（200）		null	通知书邮寄地址	
lxdh	narchar（200）		null	联系电话	

（续表）

表名称：t_tdd					
字段名称	字段类型	是否主键	是否允许空	含义描述	
sjr	narchar（20）		null	收件人	
lqzydm	nvarchar（6）		null	录取专业代码	
lqzymc	nvarchar（20）		null	录取专业名称	
tdcj	float		null	投档成绩	
zydm1	nvarchar（6）		null	志愿专业代码 1	
zymc1	nvarchar（20）		null	志愿专业名称 1	
zydm2	nvarchar（6）		null	志愿专业代码 2	
zymc2	nvarchar（20）		null	志愿专业名称 2	
zydm3	nvarchar（6）		null	志愿专业代码 3	
zymc3	nvarchar（20）		null	志愿专业名称 3	

⑪ 自动生成的录取通知书表，基本结构如表15.11所示。

表15.11　自动生成的录取通知书表

表名称：t_tzs					
字段名称	字段类型	是否主键	是否允许空	含义描述	
id	int	pk	not null	序号	
ksh	nvarchar（14）		null	考生号	
zkzh	nvarchar（9）		null	准考证号	
xm	nvarchar（64）		null	学生姓名	
sfzh	nvarchar（18）		null	身份证	
tzsbh	nvarchar（8）		null	通知书编号	
hzbh	nvarchar（16）		null	通知书汉字编号	
zp	iamge		null	学生照片	
xmc	nvarchar（64）		null	通知书系名称	
zymc	nvarchar（64）		null	通知书专业名称	
bdqsrq	datetime		null	通知书报道日期	

⑫ 录取通知书待打印表，基本结构如表15.12所示。

表15.12　录取通知书待打印表

表名称：t_tzs					
字段名称	字段类型	是否主键	是否允许空	含义描述	
id	int	pk	not null	序号	
dybz	int		null	打印标识 1——打印 0——不打印	
ksh	nvarchar（14）		null	考生号	
zkzh	nvarchar（9）		null	准考证号	
xm	nvarchar（64）		null	学生姓名	
sfzh	nvarchar（18）		null	身份证	

（续表）

表名称：t_tzs					
字段名称	字段类型	是否主键	是否允许空	含义描述	
tzsbh	nvarchar（8）		null	通知书编号	
hzbh	nvarchar（16）		null	通知书汉字编号	
zp	iamge		null	学生照片	
xmc	nvarchar（64）		null	通知书系名称	
zymc	nvarchar（64）		null	通知书专业名称	
bdqsrq	datetime		null	通知书报道日期	

⑬ 政治面貌代码表，基本结构如表 15.13 所示。

表 15.13 政治面貌代码表

表名称：td_zzmmdm					
字段名称	字段类型	是否主键	是否允许空	含义描述	
Id	int	pk	not null	序号	
Zzmmdm	nvarchar（2）		null	政治面貌代码	
Zzmmmc	nvarchar（64）		null	政治面貌名称	

⑭ 考试简历表，基本结构如表 15.14 所示。

表 15.14 考试简历表

表名称：td_zzmmdm					
字段名称	字段类型	是否主键	是否允许空	含义描述	
id	int	pk	not null	序号	
ksh	nvarchar（14）		null	考生号	
qsrq	datetime		null	简历开始日期	
zjrq	datetime		null	简历终止日期	
jl	nvarchar（64）		null	简历内容	
ryhzw	nvarchar（64）		null	荣誉或职务	
zmr	nvarchar（16）		null	证明人	

根据上述关系表，创建 zsgl 库下的对应物理表，并实现表间关系创建（外键），设置相关表的索引。

工作任务 15.2　设计统计分析用视图

招生工作阶段性任务结束后，各级单位均需要从系统里提取相应的数据，给后期决策支持提供分析依据。分别完成如下数据分析任务。

① 查询出分院系、分专业的录取人数。

② 查询出各专业第一志愿录取率排名。

③ 统计各地区录取总人数排名。

④ 基于前三专业总报名人数汇总进行分地区、分中学的录取率排序。

⑤ 查询出各专业的考试录取成绩最高分和最低分，并按最高分降序排序。

需要说明的几个问题：

① 考生号是有规则的部署，一般是依据年份、所在省区县、中学代码和个人序号来组成的，依据考生号可以分解出考试具体归属地。

② 考试报名志愿一般为 6 个，但是前 3 个志愿一般是分析和参考的重点，所以导入初始数据时，表中忽略了后 3 个报名志愿。

工作任务 15.3　设计事务处理存储过程

在软件开发过程中，为优化数据库服务性能，便利数据处理的共享性、可扩展性需要，前台编程语言对后台数据库的数据处理，很多都是通过调用库的存储过程来实现的。本项目中主要涉及如下几种存储过程。

① 依据通知书编号范围，删除指定的通知书。通知书在打印过程中，可能会发生修正情况，如专业调整需要等。此时已经生成的通知书需要删除，以便后面重新生成。由于删除通知书的原因未知（如专业调整、录取了错误人员等），不清楚是否待删人员在未来仍然是有限的需要录取人员，因而在删除通知书的同时需要同步删除通知书所隶属学生的一切信息，以便为后继的重新导入提供单一的、净化后的环境。

② 生成一个新的通知书编号。前文触发器创建中已经使用到了通知书编号生成功能，此处单独列出，并以触发器形式重现，主要是提高编程的模块化需要。通知书编号的基本规则和要求同前一致。如果此处建立了存储过程来负责产生通知书编号，则触发器里只需直接调用即可。

生成通知书编号的时候，需要充分考虑有序的编号和离散编号两种情况。

③ 依据提供的单一字符串，模糊查询姓名、考生号、准考证号、身份证号相符的通知书信息。

④ 依据给定的通知书编号范围，浏览学生的姓名、考生号、毕业中学、第一志愿、录取专业和院系、录取成绩等高考数据。

⑤ 已知考生号，删除学生所有信息。

工作任务 15.4　设计数据导入触发器

数据由招生考试院导入时，首先导入基础数据字典（各种代码表），然后是从考试报名录取数据（投档单），每导入成功一条记录后，系统需要自动将该录取对应的录取通知书产生，并转入录取通知书表，以便后继查询、打印录取通知书，以及迎新现场新生报到时候核准。

前期数据源数据的摘取、剥离工作由客户端编程语言实现，然后该编程环境会主动调用后台数据库的“投档单插入”存储过程来实现每一天录取数据的投档单表插入操作。但是，后继通知书的生成需要自动跟踪完成，这一工作是由触发器实现的。

针对表 t_tdd 设计一个触发器 trg_tdd_for_insert 实现上述的插入触发动作，基本功能是将插入的投档单记录继续转换插入到 t_tzs 表中，从而实现通知书的自动产生功能。

执行过程中，需要注意以下几个问题。

① 通知书是有编号的，所以每次插入一个新的通知书的时候，必须新生成一个编号。编号分阿拉伯数字和汉字大写编号两种（后者用于骑缝打印用），且通知书编号符合如下规则。

- 通知书编号基本规则为 xxxxyyyy。其中，xxxx 代表当前年份，如 2015 年招生录取的学生编号为 2015，年份由系统根据系统日期自动获取；yyyy 代表本张通知书在当前年份录取中的排序号，从 0001 号开始，每增加一张新的通知书，则排序号在当前年份中顺序递增。
- 通知书编号为依据插入的顺序依次有序的递增，不允许中间出现跳号现象。
- 本系统基于考生数一年总额在万人以内，所以排序号设定为 4 位，如果通知书序号超出 4 位长度，则自动转 0000，做出标识。

② 通知书中的考试照片信息是由前台编程环境来实现单一插入照片文件插入的，此次触发器功能中，可以暂时不予考虑具体数据内容。

工作任务 15.5　自动化管理数据库

招生模式、批次等的变化，决定了招生录取动作在同一年内的多次发生。在这一过程中，数据不定期的增、删、改、查动作可能会对前次的招生结果产生影响，所以数据的定期备份功能就显得尤为重要。

数据库系统的日常备份服务一般借助自动事务来完成。请依据数据库日常自动化管理需要，实现库的文件的自动完全备份，并选择适宜的空间来存储备份的文件。

参考文献

[1] [美] 勒布兰克（Patrick LeBlanc）著 . SQL Server 2012 从入门到精通 [M]. 潘玉琪，译 . 北京：清华大学出版社，2014.

[2] [美] 阿特金森（Paul Atkinson），[美] 维埃拉（Robert Vieira）著 . SQL Server 2012 编程入门经典（第 4 版）[M]. 王军，牛志玲，译 . 北京：清华大学出版社，2013.

[3] 壮志剑 . 数据库原理与 SQL Server 2008. [M]. 2 版 . 北京：高等教育出版社，2014.

[4] 蒋毅，林海旦 . SQL Server 2005 实训教程 [M]. 北京：中国人民大学出版社，2009.

[5] 张同光 . 信息安全技术实用教程 [M]. 北京：电子工业出版社，2008.

[6] 芦丽萍 . 网络数据库实用教程——基于 Visual Studio 2005 和 SQL Server 2005 [M]. 北京：电子工业出版社，2008.

[7] 赵松涛 . 深入浅出 SQL Server 2005 系统管理与应用开发 [M]. 北京：电子工业出版社，2009.

[8] 王淑江 . SQL Server 2005 系统管理与数据备份 [M]. 北京：电子工业出版社，2008.

[9] 文龙，张自辉，胡开胜 . SQL Server2005 中文版入门与提高 [M]. 北京：清华大学出版社，2007.

[10] [美] Paul Nielsen. SQL Server 2005 宝典 [M]. 赵五鹏，袁国忠，乔健，译 . 北京：人民邮电出版社，2008.

[11] [美] 维埃拉（Robert Viera）. SQL Server 2005 高级程序设计 [M]. 董明，译 . 北京：人民邮电出版社，2008.

[12] [美] 德莱尼 . Microsoft SQL Server 2005 技术内幕：查询、调整和优化[M]. 赵立东，唐灿，刘波，译 . 北京：电子工业出版社，2009.

[13] [美] 伍德，利特 . SQL Server 2005 数据库管理入门经典 [M]. 马振晗，胡晓，马洪德，译 . 北京：清华大学出版社，2007.

[14] 余金山，林慧 . SQL Server 2006/2005 数据库开发实例入门与提高 [M]. 北京：电子工业出版社，2006.

[15] 康会光，王俊伟，张瑞萍 . SQL Server 2005 中文版标准教程 [M]. 北京：清华大学出版社，2007.

反侵权盗版声明

举报电话：(010)88254396；(010)88258888
传　　真：(010)88254397
E-mail　：dbqq@phei.com.cn
通信地址：北京市万寿路173信箱
　　　　　电子工业出版社总编办公室
邮　　编：100036

尊敬的老师：

　　您好。

　　请您认真、完全地填写以下表格的内容(务必填写每一项)，索取相关图书的教学资源。

教学资源索取表

书　名				作者名	
姓　名		所在学校			
职　称		职　务		讲授课程	
联系方式	电话：		E-mail：		
地址(含邮编)					
贵校已购本教材的数量(本)					
所需教学资源					
系／院主任姓名					

系／院主任：________________(签字)

(系／院办公室公章)

20____年____月____日

注意：

① 本配套教学资源仅向购买了相关教材的学校老师免费提供。

② 请任课老师认真填写以上信息，并**请系／院加盖公章**，然后传真到(010)80115555转718438上索取配套教学资源。也可将加盖公章的文件扫描后，发送到fservice@126.com上索取教学资源。欢迎各位老师扫码关注我们的微信号和公众号，随时与我们进行沟通和互动。